家具设计与制造专业“十三五”规划教材

ThinkDesign 家具设计教程

——3D数字化家具敏捷设计平台

陈 哲 曾燕山 著

中国林业出版社

图书在版编目(CIP)数据

ThinkDesign 家具设计教程：3D数字化家具敏捷设计平台 / 陈哲，曾燕山著. -- 北京：中国林业出版社，2018.3
ISBN 978-7-5038-9450-3

Ⅰ. ①T… Ⅱ. ①陈… ②曾… Ⅲ. ①三维－家具－计算机辅助设计－教材 Ⅳ. ①TS664.01-39

中国版本图书馆CIP数据核字(2018)第034488号

中国林业出版社·建筑与家居出版分社

责任编辑：纪　亮　樊　菲

出　版　中国林业出版社
（100009 北京西城区德内大街刘海胡同 7 号）
发　行　中国林业出版社
电　话　(010) 83143610
印　刷　固安县京平诚乾印刷有限公司
版　次　2018 年 3 月第 1 版
印　次　2018 年 3 月第 1 次
开　本　1/16
印　张　13
字　数　300 千字
定　价　78.00 元

序

P R E F A C E

ThinkDesign 软件，简称 TD，诞生于意大利。1979 年推出了第一个 2D 版本，1990 年推出了当时世界上最先进的一款三维造型内核 Think_Core，其对 CAD 技术的发展产生了深远的影响。在 2001 年和 2006 年 ,TD 相继推出了 GSM 与 ISM 技术，不断创造着 CAD 技术的神话，是欧洲最为强大的产品设计软件之一。

现代中国家具企业，在“两化融合”和迈向“工业 4.0”的进程中，全流程数字化设计与制造必将成为企业赢得市场竞争的重要手段。自 2009 年，TD 联合广州思茂信息科技有限公司、华南农业大学家具设计学科的专家学者，基于大规模定制家具设计进行 TD 平台的二次开发以来，TD 家具平台不仅拥有了 3D 平台具备的强大的曲线、曲面建模功能，还具备家具榫卯结构、五金连接件、刀具库、木线库等专业部件库的全套功能模块。现在 TD 是家居行业唯一一款基于统一的数据平台，真正覆盖家具产品研发的概念和造型设计、拆单和结构设计、二维工程出图、无缝集成 CAM 软件与数控加工设备、工艺设计 BOM、无缝集成企业 ERP 系统的全流程的解决方案。它能够避免数据转换的繁琐与风险，保证产品研发的同步性，缩短产品研制周期，是真正意义上的 3D 数字化家具敏捷研发平台，是目前最适合国内家具企业应用的世界级软件产品。

通过在中山美盈、亚振、南洋迪克等 100 余家知名企业和高校的应用，成效显著，TD 现已成为国内主流的 3D 数字化设计与制造研发平台。国内其他的家居类软件平台，基本上都是解决板式家具设计问题。TD 不仅能够解决板式家具的设计研发，更突出的优势在于实木家具和定制家居的全流程解决方案。本书将在案例章节中做重点阐述。

本书由华南农业大学陈哲副教授和广州思茂信息科技有限公司总经理曾燕山统稿，担任著者，刘东强、陈健均、曾毅、陈雅青等参与编写。本书不仅可作为家具设计、工业设计、产品设计、木材科学与工程等专业的大中专教材使用，也可为家具企业、设计公司的设计师、结构师、工程师、营销人员作为工具书使用。

本书共分为12章节，适用性强，简单易懂，由浅入深，以案例讲解为主。作为第一本讲述ThinkDesign家具平台的书籍，书中的文字、图片、案例都是都是首次采写，因此在形式上不完善，内容上的疏漏在所难免。随着TD版本不断提升，家具生产技术不断进步，案例的应用不断增多，新的操作方法、技能也在不断出现，都有赖于以后的修订中予以修正和补充。对本书的不足和错漏，欢迎业内外专家、学者、企业家不吝指正。

本书的编写是在TD意大利总部CEO Massimo.Signani先生的建议下进行的，得到了广东省哲学社会科学“十三五”规划2016年度学科共建项目（项目编号：GD16XYS02）的基金资助，并得到了亚振家居股份有限公司、中山美盈实业有限公司等家居企业的帮助，更得到了中国林业出版社和纪亮先生的支持，在此一并表示衷心感谢。

作者于广州

2017年10月

目录

CONTENTS

第 1 章 ThinkDesign 2016 基础

1.1 ThinkDesign 2016 基本界面

打开 ThinkDesign 2016 时，会显示如图 1-1 所示的软件界面。选择模型，点击【确定】可以进入三维模型的用户界面。界面由标题栏、菜单栏、工具栏、文档浏览器和状态栏等组成，如图 1-2 所示。

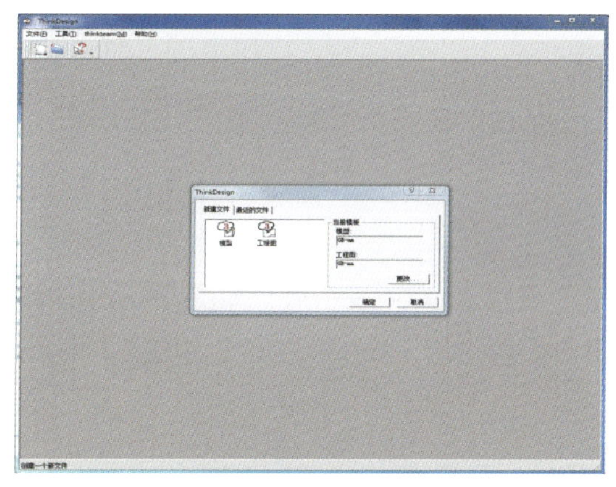

图 1-1　ThinkDesign 2016 初始界面

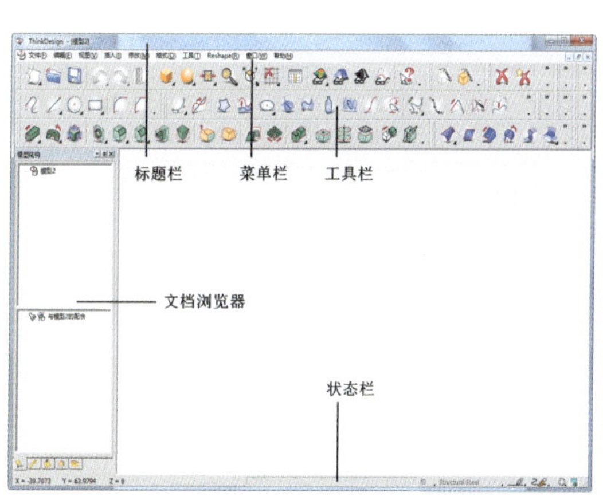

图 1-2　ThinkDesign 2016 用户界面

1.1.1　标题栏

显示当前工作模型的文件名称，保存模板时，会显示模板文件的所在路径。

1.1.2　菜单栏

ThinkDesign 所有操作命令由菜单栏分类排列，可以在此分类下快速找到相应的命令。

1.1.3　工具栏

建模常用的命令会以图标形式显示在工具栏，可以直接点击图标快捷使用命令。工具条可以灵活拖动，摆放在屏幕任何位置。

1.1.4 文档浏览器

文档浏览器由五个选项卡组成，分别是：模型结构、可视标签、注解、渲染和图层。

1.1.5 状态栏

左侧显示鼠标位置的三维坐标，中间显示当前命令所需要的操作，右侧是颜色、材料、线型、线粗和图形精度等的命令。

1.2 文件操作

1.2.1 新建文件

选择菜单命令【文件】→【新建】，或者单击工具栏上的图标，弹出如图 1-3 所示对话框。

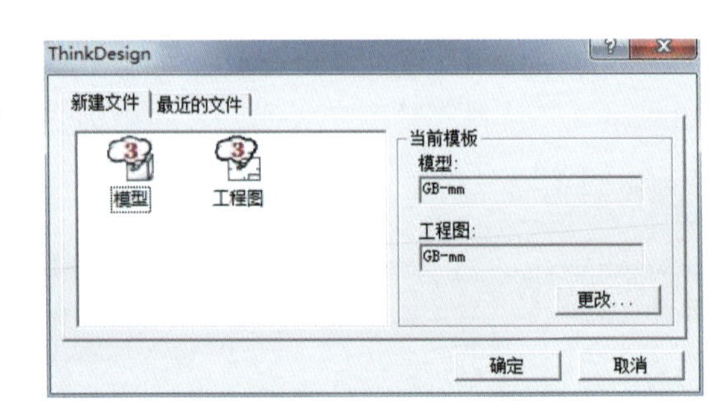

图 1-3　新建文件对话框

1.2.2 打开文件

选择菜单命令【文件】→【打开】，或者单击工具栏上的图标，弹出如图 1-4 所示对话框。在此可以打开 ThinkDesign 保存的文件或者 ThinkDesign 支持的格式文件，如图 1-5 所示。

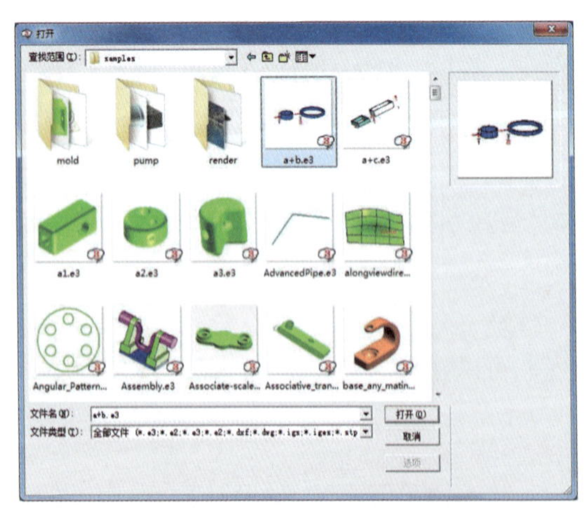

图 1-4　打开文件对话框

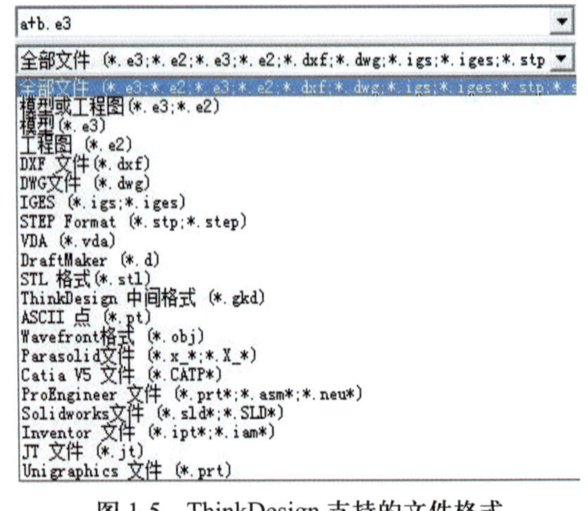

图 1-5　ThinkDesign 支持的文件格式

1.2.3　保存文件

选择菜单命令【文件】→【保存】，或者单击工具栏上的图标，可以保存当前工作的文件。

选择菜单命令【文件】→【另存为】，可以把当前文件更改文件名或者路径后保存，也可以选择其他保存类型，把模型保存为其他格式的文件，如图 1-6 所示。

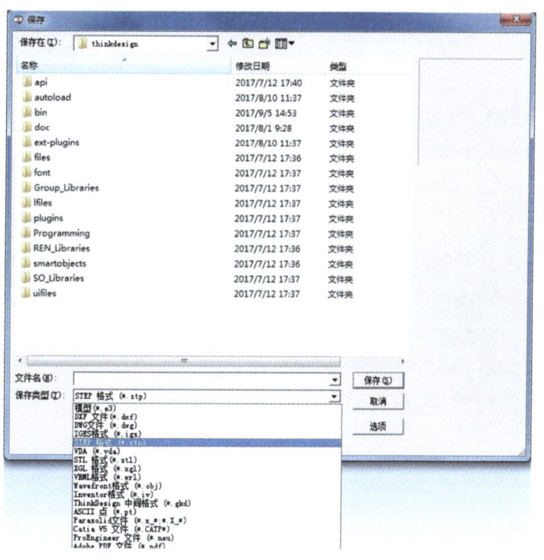

图 1-6　另存为对话框

1.2.4　关闭文件

点击窗口右上角的，可以关闭当前工作窗口的文件。

1.3　基本设置

1.3.1　选项 / 属性

在空白处单击鼠标【右键】→【选项 / 属性】，进入第一个【系统选项】对话框，如图 1-7 所示，下面将讲述几个常用的设置。

【结构】 勾选“特征创建时隐藏尺寸”，每创建一个新特征，会隐藏该特征的草图尺寸和特征尺寸，如图 1-8 所示。

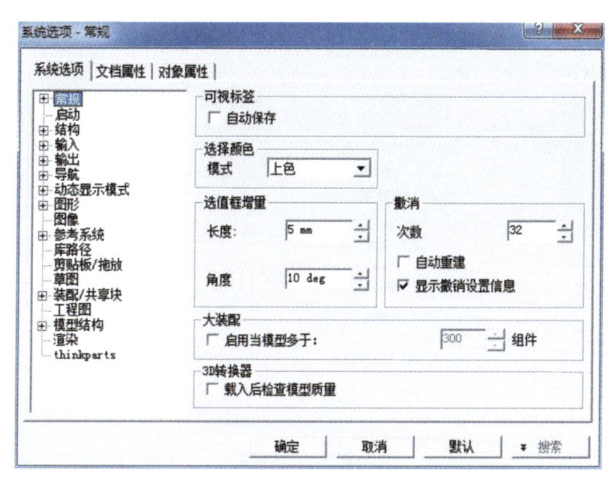

图 1-7　系统选项

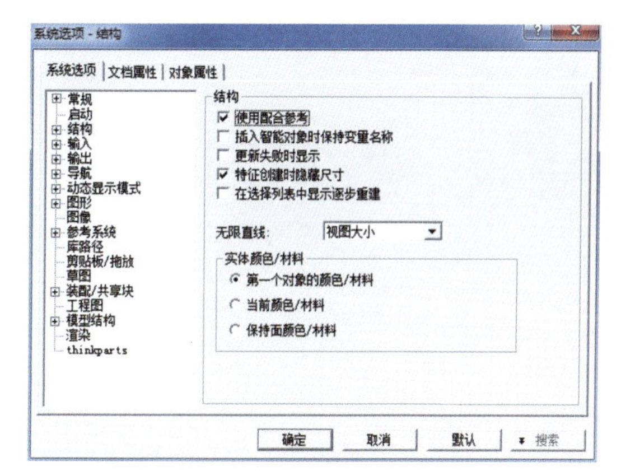

图 1-8　系统选项—结构

【参考系统】→【外观】：平面：可以对工作平面进行调整和设置；代理表示：设置代理坐标系的位置的大小；轴：设置坐标系三个方向轴的大小和粗细等，如图 1-9 所示。

【库路径】：设置自定义的智能对象和块的路径，如图 1-10 所示。

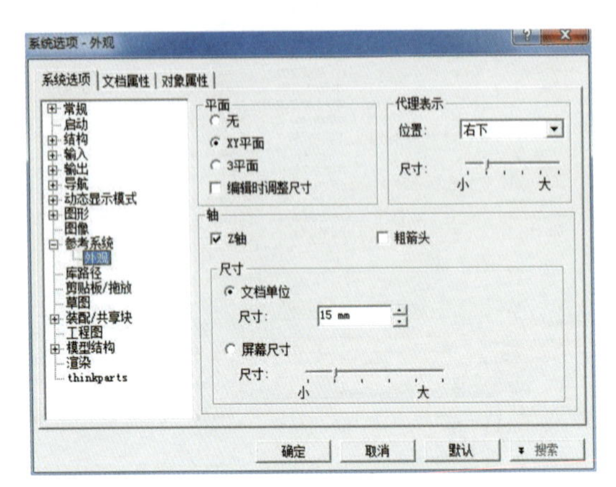

图 1-9　系统选项—外观

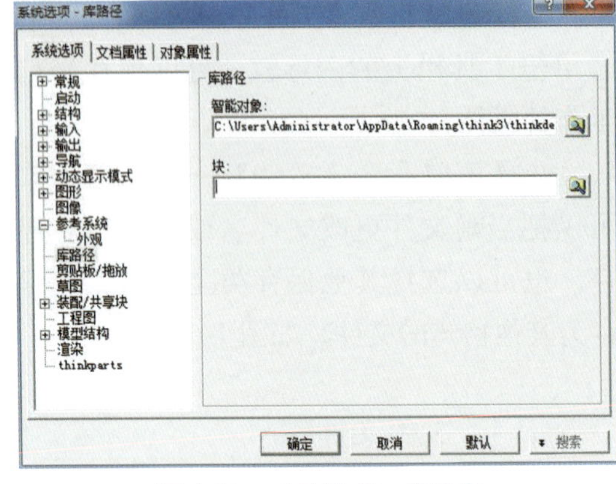

图 1-10　系统选项—库路径

【文档属性】可以设置常规、度量单位、文本、尺寸、中心线、网格、地面、基准平面、视图、缩放视图、钣金的文档属性，如图 1-11 所示。

【对象属性】可以设置常规、剖面线、曲线 / 曲面、显示精度、尺寸、文本和钣金的对象属性，如图 1-12 所示。

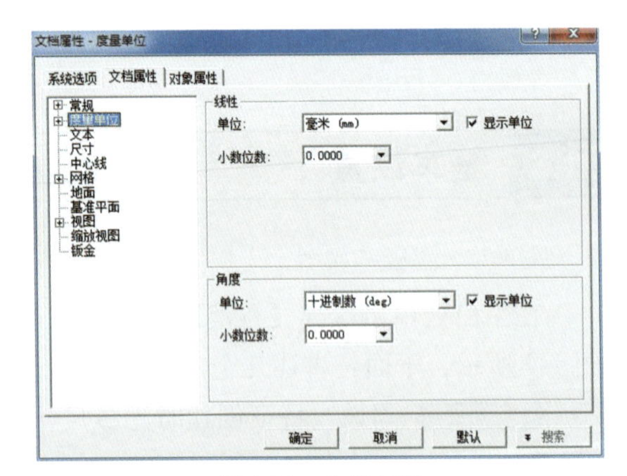

图 1-11　文档属性

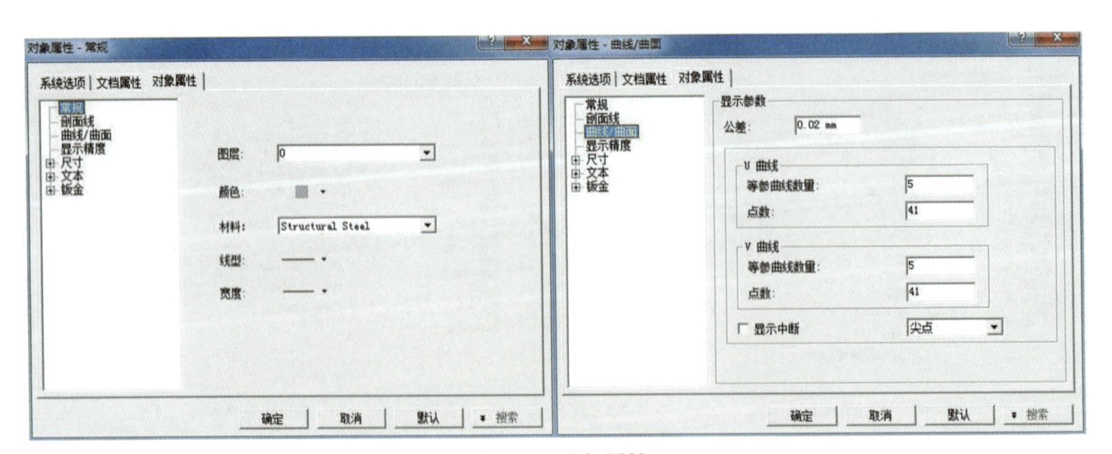

图 1-12　对象属性

1.3.2　自定义

【GUI 概要】在空白处单击鼠标【右键】→【自定义】，进入自定义对话框，如图 1-13 所示，【GUI 概要】是图形用户界面，在此可以切换不同类型的用户界面，软件提供的用户界面有以下几种：2D-3D Design、2D Drawing、Industrial Design、3D Learning、Machine Design、Mold Design、Sheet Metal 和 Viewing Tools。

【命令】选项卡包含了 ThinkDesign 2016 的所有命令，对于工具栏中没有显示的命令，可以在此拖动到工具栏中，如图 1-14 所示。

【工具栏】选项卡可以显示 / 关闭工具条，同时可以新建自己的工具条，右侧可以设计命令图标的外观和大小，如图 1-15 所示。

【状态栏】选项卡可以显示 / 关闭图形对象，如图 1-16 所示。

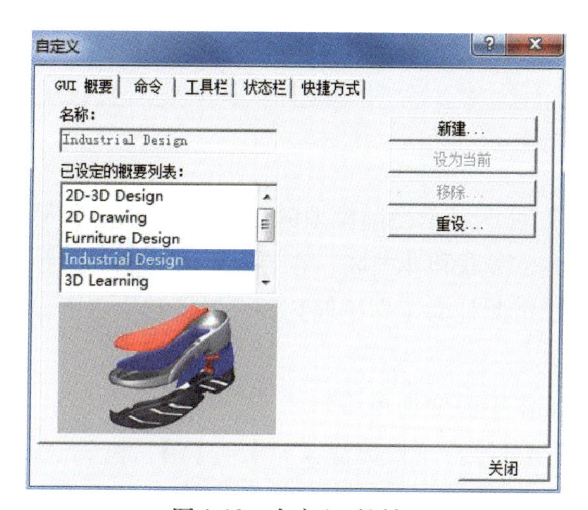

图 1-13　自定义对话框

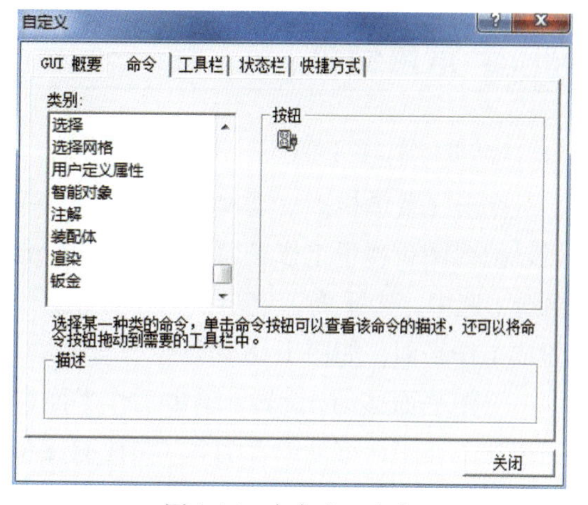

图 1-14　自定义—命令

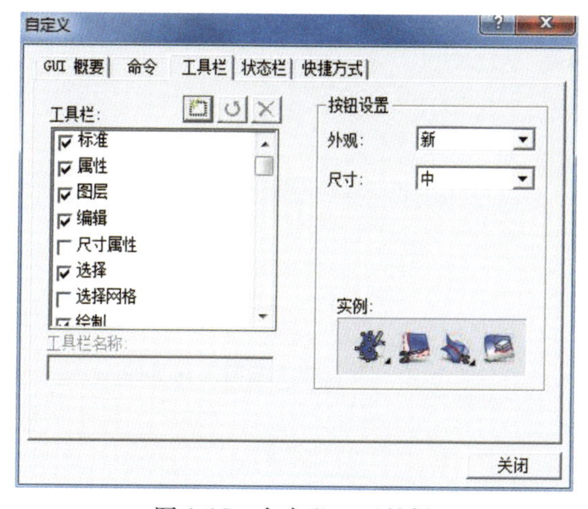

图 1-15　自定义—工具栏

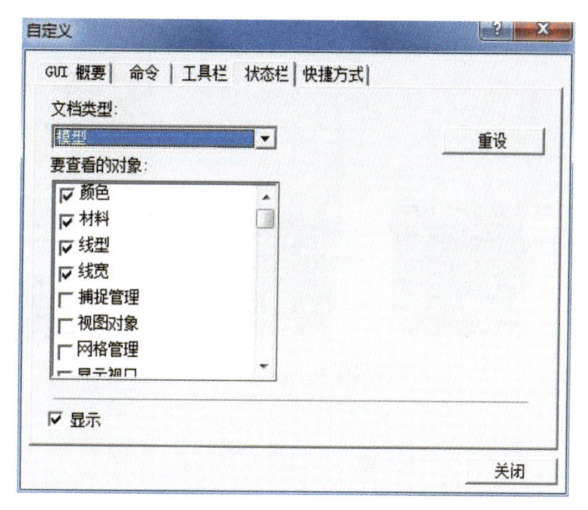

图 1-16　自定义—状态栏

【快捷方式】选项卡可以给命令设置自定义快捷键，如图 1-17 所示。

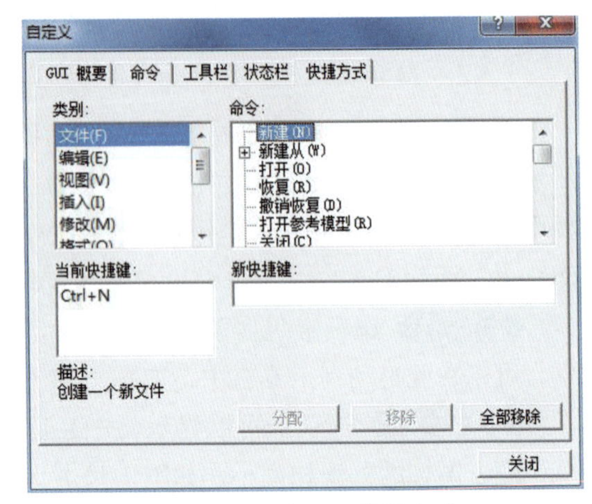

图 1-17 自定义—快捷方式

1.4 常用命令

1.4.1 工作平面

点击【菜单栏】→【视图】→【工作平面】可以显示当前模型的工作平面，按【F8】可以把视图正视于工作平面。工作平面分成两种：关联和非关联，在界面中以有锁和无锁区分；选中一个平面，单击鼠标【右键】→【指定此处为工作平面】可以把选中平面设置成工作平面，如图 1-18 所示。

工作平面移动 / 旋转：单击工作平面，使工作平面变为可编辑状态，如图 1-19 所示，可以让工作平面移动或者绕 X（快捷键:【Alt】+【X】)、Y（快捷键:【Alt】+【Y】）和 Z（快捷键：【Alt】+【Z】）轴旋转。

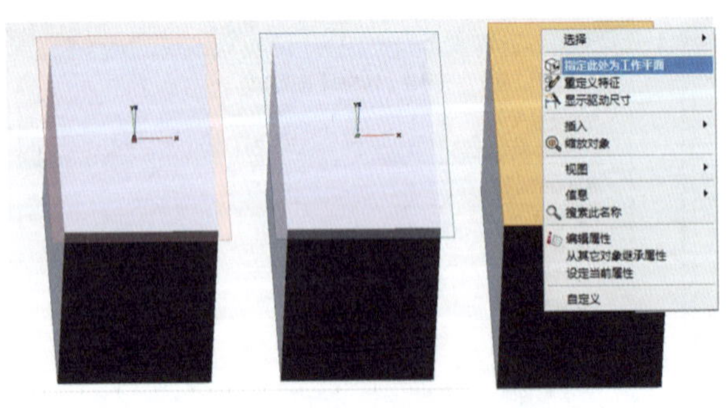

图 1-18 工作平面

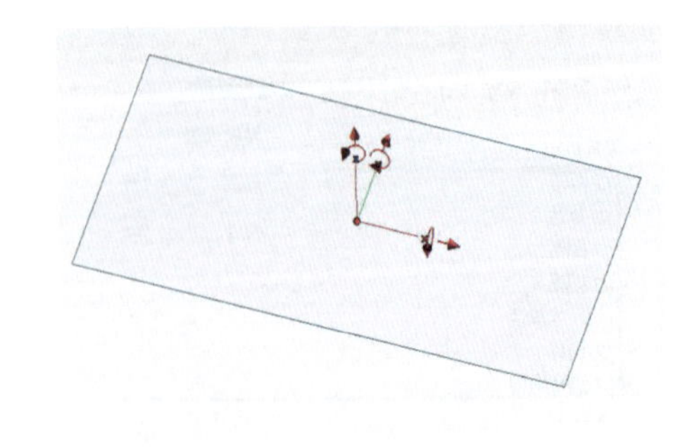

图 1-19 编辑工作平面

1.4.2 平移 / 旋转

按住【Ctrl】+ 鼠标【右键】移动鼠标时，可以实现模型的平移。

按住鼠标【右键】移动鼠标时，可以实现模型的旋转。

1.4.3　删除

【删除】：可删除被选择的对象。

1.4.4　智能删除

【智能删除】：删除被选择对象到与另一对象最近的相交的部分（或者是无相交的端点）。

1.4.5　剪裁 / 延伸

【剪裁 / 延伸】：根据模式下拉列表中选中的方式进行修剪或延伸，如图 1-20 所示。

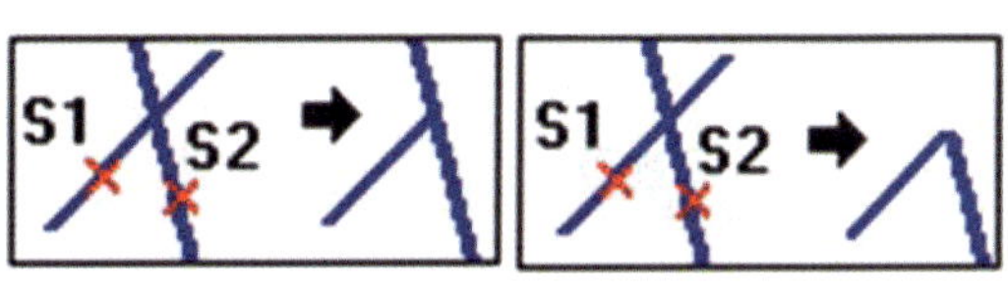

图 1-20　剪裁

第一：修剪和延伸第一条被选的曲线，终止在第二条曲线上。

两者：修剪和延伸两条被选的曲线，所以它们拥有一个共同的终点。

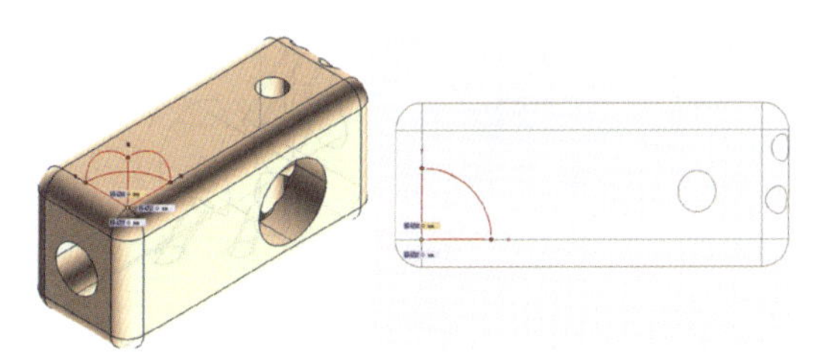

图 1-21　移动 / 复制命令

1.4.6　移动 / 复制

【移动 / 复制】：可以执行平移、旋转和旋转平移。启动该命令后，将显示一组球形控标，如图 1-21 所示。

（1）三条直线代表三个正交空间方向。

（2）三个圆弧代表三个旋转角（三个正交方向各一个旋转角）。通过拖动相应的圆弧，或在选取圆弧时显示的角度框中键入旋转值，可以围绕轴旋转所选对象。

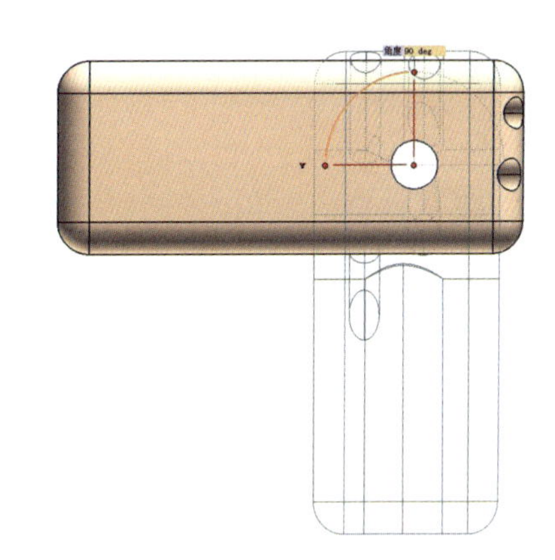

图 1-22　移动 / 复制 - 旋转

（3）在球体的原点和每个其他端点上均会显示一个圆形控标。您可以对所选的对象应用平移，方法是拖放原点，或者将 X、Y、Z 坐标中的位移值键入到在选取控标时显示的移动 X 、移动 Y 和移动 Z 框中，如图 1-22 所示。

（4）通过拖动各个端点的控标，或在选取控标时显示的三角形框中输入该平移的 X、Y、Z 分量，如图 1-23 所示，可以沿相应方向移动所选对象。

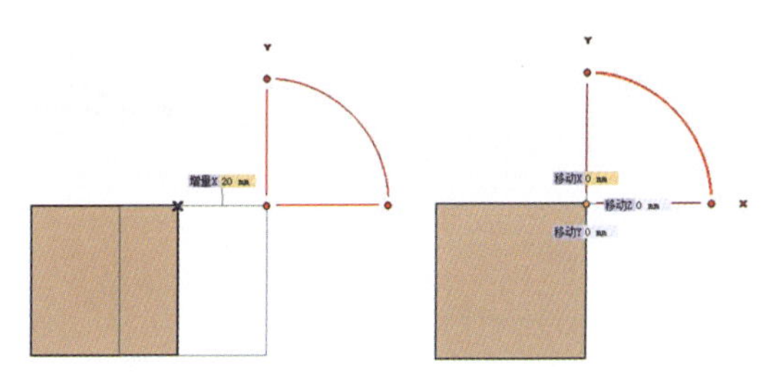

图 1-23　移动 / 复制 - 平移

（5）在选择列表中的更多选项项目处于选中状态时，代表 X、Y、Z 方向的三条线上均会显示一个方形控标。方形控标使您能够在一个平面上平移所选对象。

（6）拖动方形控标可以在一个平面上移动所选对象：

在 X 轴上选择方形控标时，可在平面 YZ 上移动所选对象；

在 Y 轴上选择方形控标时，可在平面 XZ 上移动所选对象；

在 Z 轴上选择方形控标时，可在平面 XY 上移动所选对象。

1.4.7 隐藏 / 显示对象

【隐藏对象】：可以隐藏选中的对象。要隐藏一个对象，只需简单地点击它。要选择多个对象，可以使用多选择操作。隐藏的对象将不再可见，但是这些对象还继续存在于当前模型 / 工程图中。可以使用【显示对象】命令使隐藏对象再次可见，如图 1-24 所示。

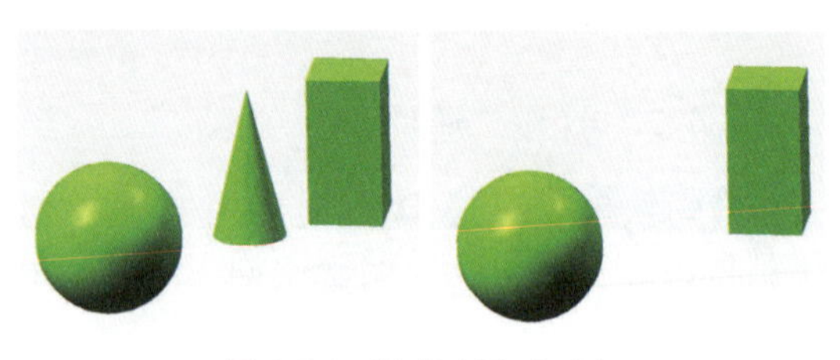

图 1-24 隐藏 / 显示对象

【显示对象】：可以把隐藏的对象显示出来。打开这个命令，所有被隐藏的对象都会显示出来（当所有可见的对象只是暂时被隐藏时）。可以简单地点击来显示一个对象。要选择多个对象，可以使用多选择操作。使用【隐藏对象】命令可以隐藏对象。

1.4.8 文档浏览器

文档浏览器包括五个部分：模型结构、可视标签、注解、渲染和图层，如图 1-25 所示。

（1）模型结构

【模型结构】：在建模的时候，模型结构树上会列出建模的每一个步骤，包括实体特征、阵列和约束等，如图 1-26 所示。当模型需要修改的时候，可以在模型结构中找到相应的事件，编辑该事件可以修改模型。

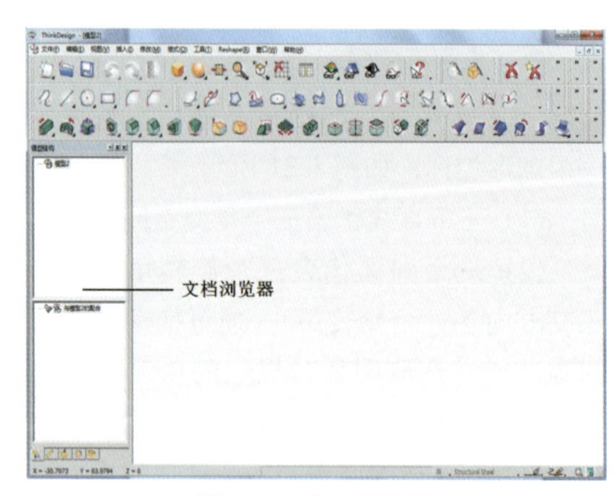

图 1-25 文档浏览器

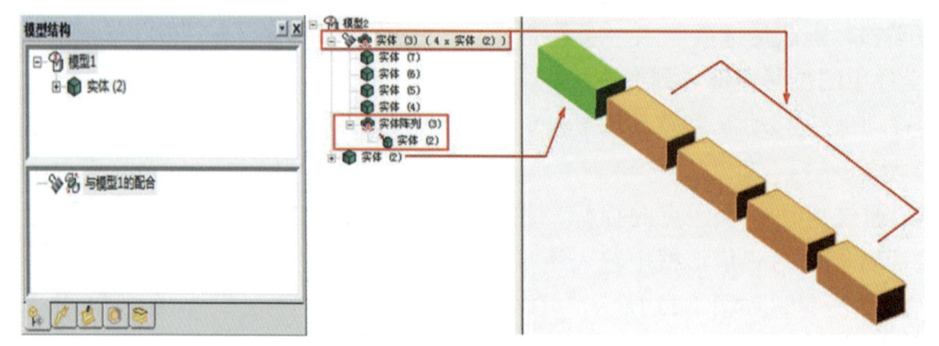

图 1-26 模型结构

（2）可视标签

【可视标签】：可视标签可以在任意视角创建一个标签，双击标签可以快速回到当时的视图角度，常用于记录模型的某个特殊视角，如图 1-27 所示。

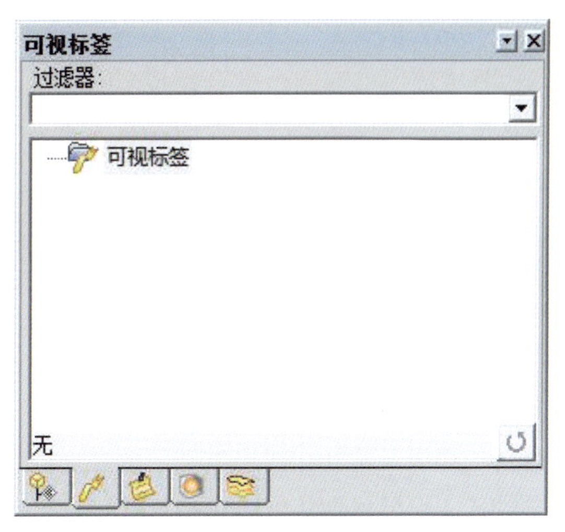

图 1-27　可视标签

（3）注解

【注解】：注解不同于传统意义上的表情，注解能在 3D 模型中查看，并浮在模型的插入点上，而且可以将这些注解展开，以显示出更多形式的信息，如图 1-28 所示。

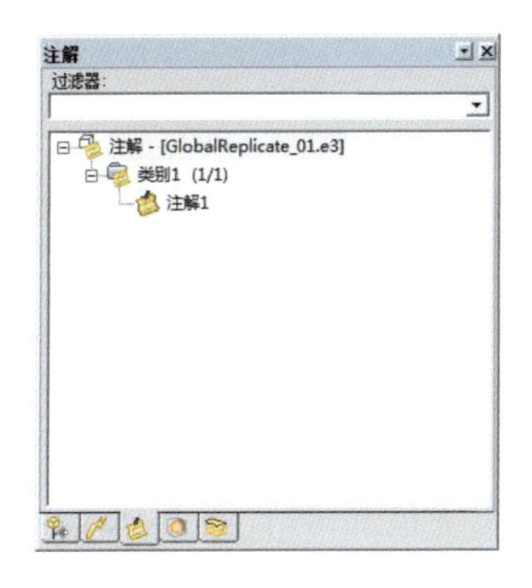

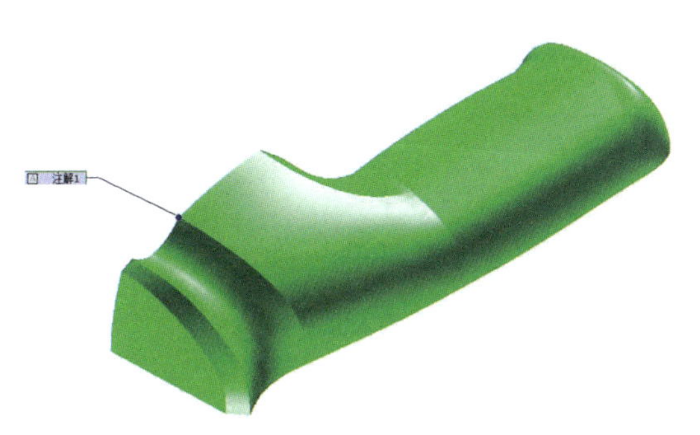

图 1-28　注解

（4）渲染

【渲染】：对模型应用渲染属性时，渲染结构会收集数据，并且在相应的节点下列出这些数据。使用列出的渲染属性，可以编辑、删除、重命名属性，并将属性保存到库中。渲染结构中提供了以下渲染属性，如图 1-29 所示。

图 1-29　渲染

- **材料**：显示已对模型应用的材料。
- **贴图**：显示对模型的各个面应用的贴图。
- **光源场景**：显示模型上当前处于活动状态的光源场景。
- **环境**：显示模型上当前处于活动状态的环境。
- **纹理空间**：显示对模型应用的纹理空间。

(5) 图层

图层选项卡有四个部分组成：图层编辑按钮、自定义过滤器控件、图层属性控件和过滤结果区域，如图 1-30 所示。

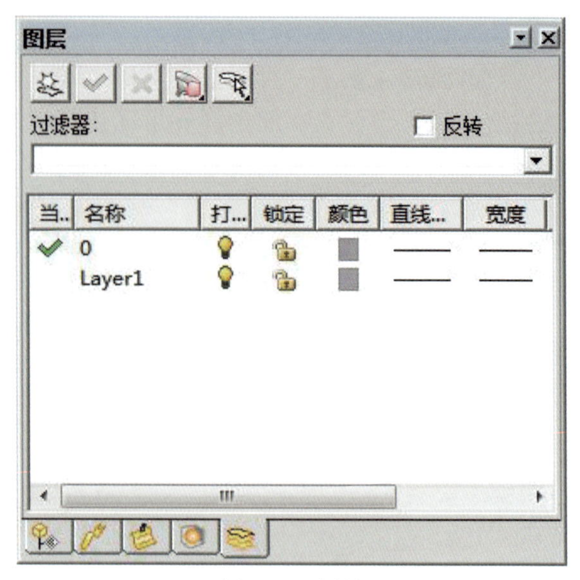

图 1-30 图层

图层编辑包括新建图层、设为当前图层、删除图层、过滤图层和选择图层。

【新建图层】：默认情况下，图层名称为 Layer 后加一个递增编号（例如，Layer1、Layer2）。还可以使用系统选项—常规—高级—图层类别中的在新图层名称中显示默认前缀选项来除去前缀 Layer。

可以通过单击名称单元格来重命名图层。新图层会继承图层列表中当前所选图层的属性，如图 1-31 所示。

【设为当前图层】：可以将所选图层设为当前图层。至少在图层列表中选择了一个图层时才可运行此命令，如图 1-32 所示。

【删除图层】：可以删除所选图层。要删除图层，请单击图层的名称以突出显示它，然后单击删除图层按钮。由于无法删除包含对象的任何图层，因此，将无法使用此过程来删除某个特定图层上的所有对象。无法删除当前图层和默认图层 0。

【过滤图层】：可以仅显示符合所选过滤标准的图层。也可以在右键单击任何图层栏或空白区域后显示的右键菜单中访问此命令。

【选择图层】：可以仅选择符合所选选择标准的图层。也可以在右键单击任何图层栏或空白区域后显示的右键菜单中访问此命令。

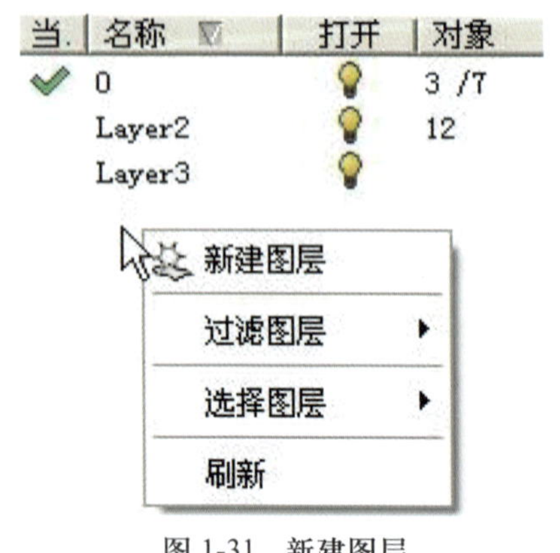

图 1-31 新建图层

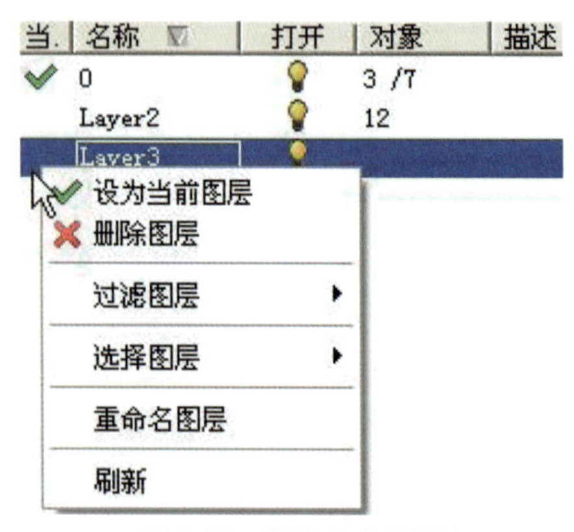

图 1-32 设为当前图层

【图层属性】：鼠标【右键】单击栏标题（属性标签）时，程序将显示带有复选框的九个属性，如图 1-33 所示。

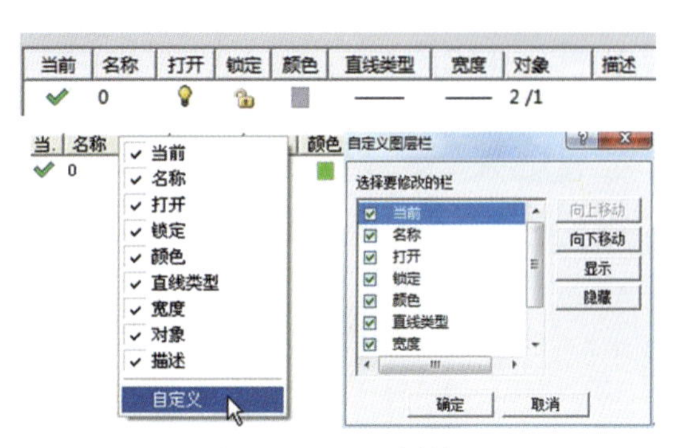

图 1-33 图层属性

当前：建立模型会生成在设为当前的图层。

名称：可以给图层命名。

打开：当打开的状态图标为黄色灯泡时，图形界面会显示该图层的模型；当打开的状态图标为灰色灯泡时，图形界面会隐藏该图层的模型。

锁定：表示该图层模型可以被选中；表示该图层模型不能被选中，但可以捕捉；表示该图层模型不能被选中或捕捉。

颜色：可以更改该图层模型的颜色（图 1-34）。

直线类型：可以更改该图层线条的类型（图 1-34）。

宽度：可以更改该图层线条的宽度（图 1-34）。

对象：显示该图层上的可见对象和隐藏对象的数量（图 1-34）。

描述：用户可添加内容帮助识别各个图层（图 1-34）。

图 1-34 图层颜色、直线类型和宽度

1.4.9 绘制

绘制命令包括直线、圆和圆弧、矩形和多边形、多段线、圆角、倒角和平面上偏移，如图 1-35 所示。在命令图标中，某些右下角会带有三角符号“◢”，表示该命令带有其他拓展命令，可以按鼠标【右键】显示。

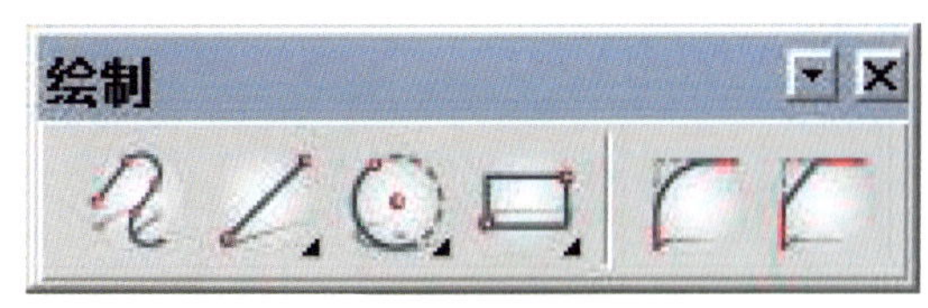

图 1-35 绘制

（1）直线（图 1-36）

【2 点线】：通过两点绘制一条直线，按【Tab】键可以确认长度并切换到角度值修改，按【Enter】键（或者空白处双击鼠标【左键】）完成绘制。

【平行线】：创建线平行到现有的线，可以选择作为参考在模型 / 工程图里。

【角度】：创建一条在一个特定角度相对于 X 轴通过指定的点和延伸到当前视图的边的直线。

【中心线】 ：给选定的圆或者圆弧创建中心线轴，也可以给模型某个轴表面的边的 2D 对象创建中心线轴。

【平分线】 ：创建两条选定直线的平分线。这两条直线可以有真实或虚拟交点，也可以是平行线。

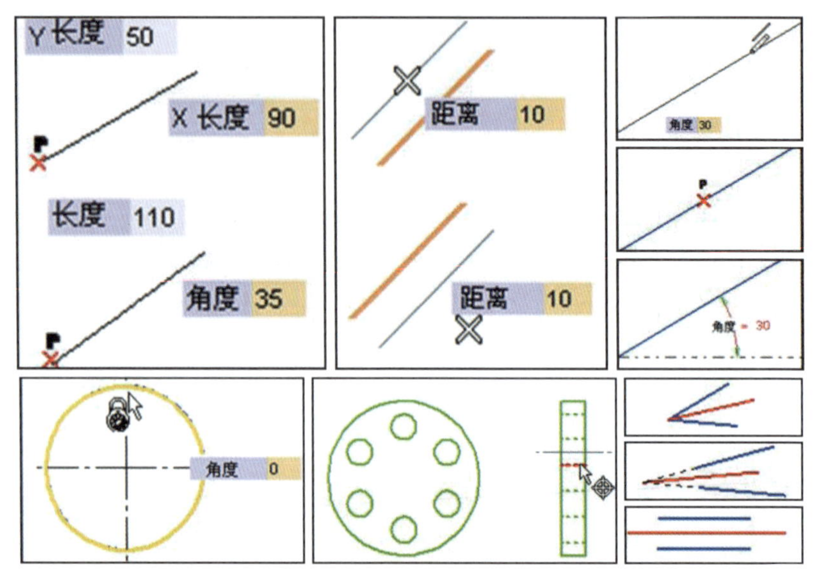

图 1-36 多种直线命令

（2）圆和圆弧（图 1-37）

【3 点圆】 ：通过三个指定点绘制的圆或圆弧。

【中心圆】 ：通过圆心和圆周上一个点绘制的圆或圆弧。

【半径圆】 ：通过圆心和输入的半径 / 直径值绘制的圆或圆弧。

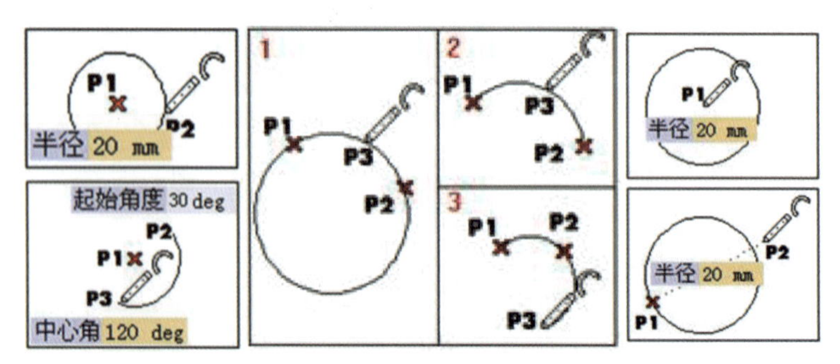

图 1-37 圆和圆弧命令

（3）矩形和多边形（图 1-38）

【矩形】 ：

2 顶点：指定 2 个对角顶点（角点）或者第一个顶点和 X 及 Y 的大小（输入相应的值，

按【Tab】确认并移动到其他输入框中，按【Enter】来创建矩形）。

中心 + 尺寸：指定矩形的中心，X、Y 的大小及角度（从 X 轴逆时针方向测量）。

【多边形】：可以创建内切或者外切多边形，基于半径、边线的数量和方向角度；在数字框中输入相应的值，按【Tab】确认并移动到其他数字框，按【Enter】创建多边形。

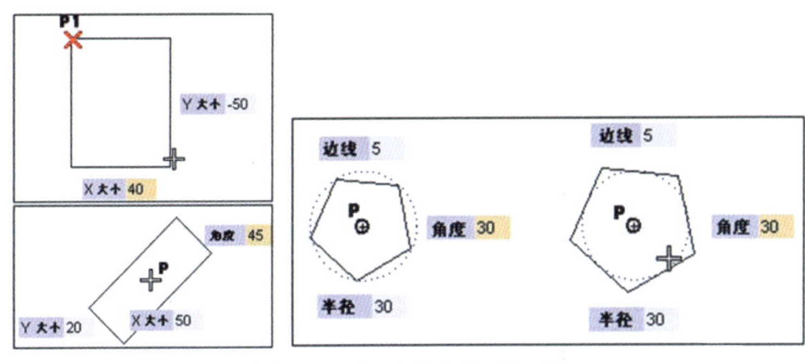

图 1-38　矩形和多边形命令

（4）多段线

【多段线】：可以创建连续的直线和圆弧。当在 3D 草图上使用该命令时，可以勾选“工作平面在最后的点上”，这对绘制 3D 草图十分实用，如图 1-39 所示。

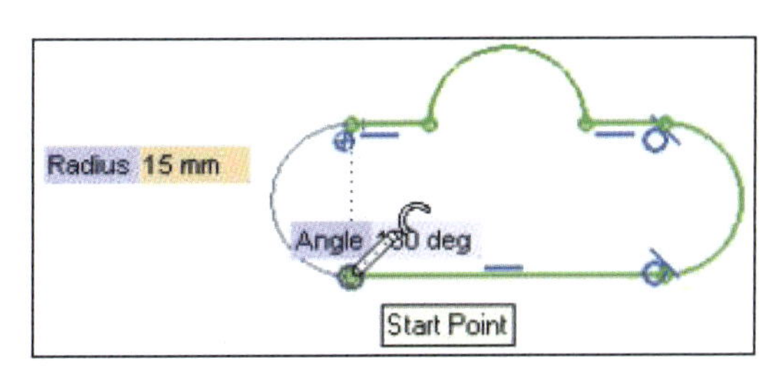

图 1-39　多段线

（5）圆角

【圆角】：可以在两条曲线间或者在一对由连续链组成的曲线间创建指定半径的弧倒角。如果曲线不相交，系统会延伸它们直到相交，并且修剪反向倒角线并且添加圆角圆弧，如图 1-40 所示。

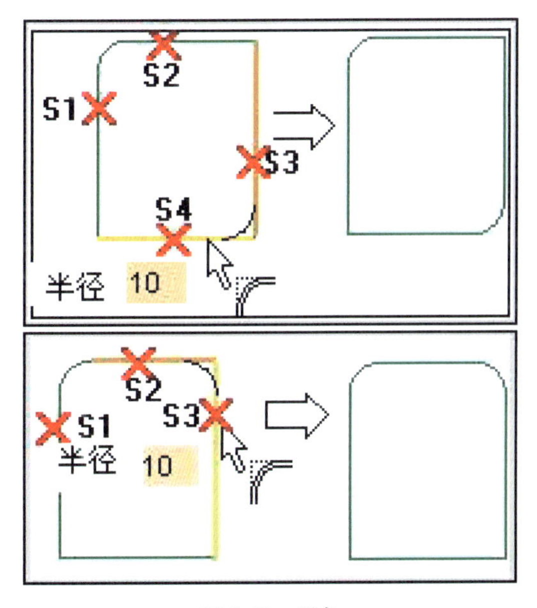

图 1-40　圆角

（6）倒角

【倒角】：在相连的两条线创建斜边或者斜面线。在选项下拉列表中提供两种方式：

角度距离：在倒角线和第一条线之间基于角度创建倒角，并且第一距离从两条线的交点沿着第一直线向后到倒角开始的位置，如图 1-41 所示。

2 个距离：以两个距离为基础创建倒角，沿着两条线的交点向反方向移动倒角的距离到倒角开始的位置，如图 1-42 所示。

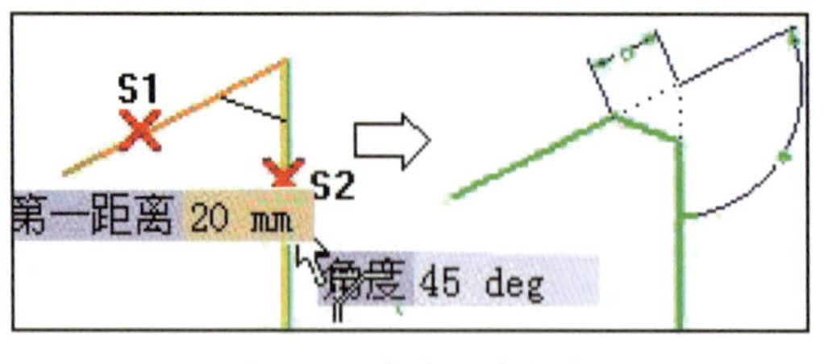

图 1-41　角度距离倒角

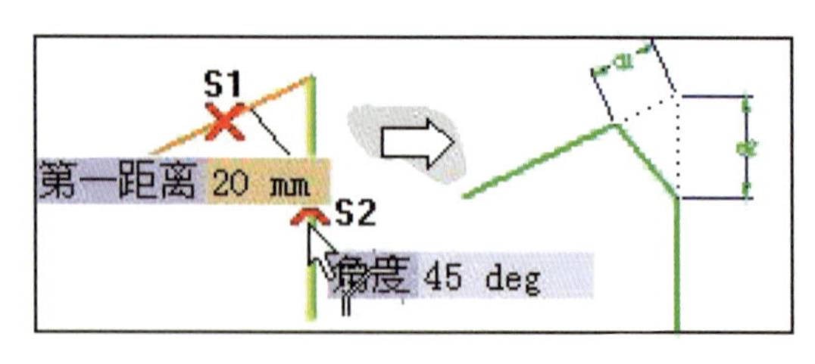

图 1-42　2 个距离倒角

（7）平面上偏移

【平面上偏移】：可以通过下拉列表中提供的两种模式进行偏移：

距离：使用该模式可以指定与参考曲线之间的距离，将从该距离处绘制偏移曲线，如图 1-43 所示。可使用距离控标：可以将其拖至所需的位置，也可以在相邻框中键入相应的值。使用此方法可以绘制任意数量曲线的偏移副本。

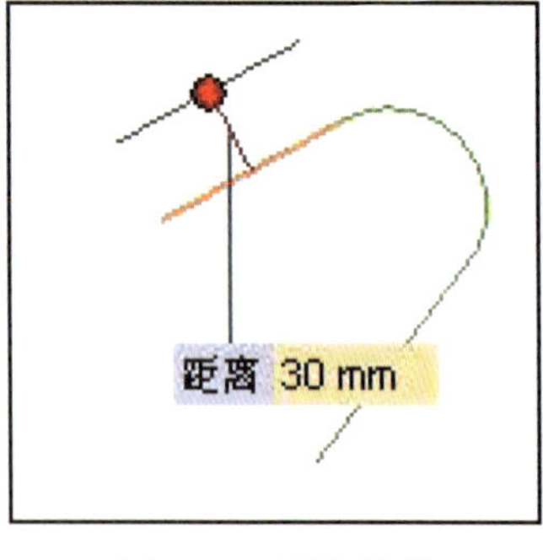

图 1-43　距离偏移

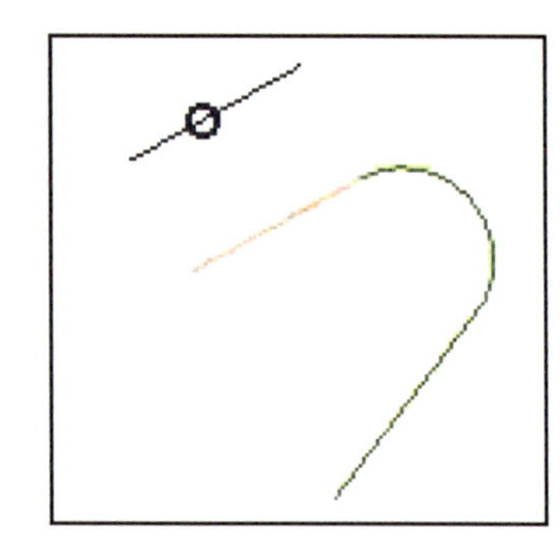

图 1-44　点偏移

点：使用该模式可以表示要使偏移曲线通过的点（将沿着反向加入的选择点与选定的参考曲线的距离来计算偏移距离），如图 1-44 所示。

1.4.10　选择

选择命令包括选择对象、选择全部、选择链、选择面、选择实体、选择子组件、选择顶层组件和选择过滤器，如图 1-45 所示。

图 1-45　选择

（1）对象

【选择对象】：在使用其他命令时使用【选择对象】，会中断当前命令，这意味着：

- 任何当前活动的行为都会停止。
- 任何当前选中的对象都被取消选择。
- 任何当前打开的对话框都将关闭。

** 注意：【Esc】键可以用来替换【选择对象】命令，它们两个具有相同的效果。

（2）全部

【选择全部】：可以选择所有可见对象。

（3）链

【选择链】：可以选择连接曲线链，这些曲线可以是一系列端点首尾相连（几何相连或者虚拟相连）的几个对象，如图 1-46 所示。

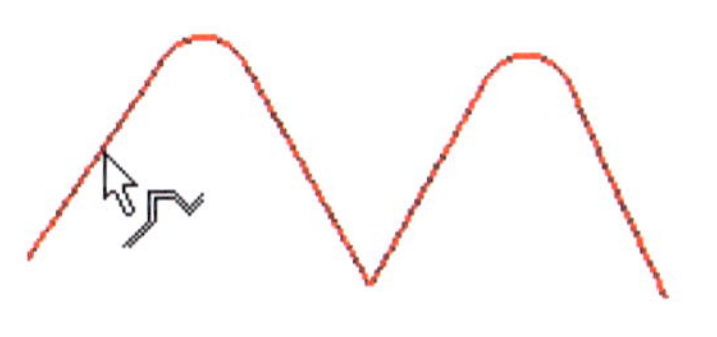

图 1-46 选择链

（4）面

【选择面】：当命令激活时，选择实体的单个面而不能选择整个实体。

（5）实体

【选择实体】：当命令激活时，选择的是整个实体，而不是它的个别面或边。

（6）子组件

【选择子组件】：当命名激活时，可以选择和重定义模型结构中底层的组件，而不需要将他们设为当前。

（7）顶层组件

【选择顶层组件】：当命令激活时，仅允许选择顶层组件。

（8）过滤器

【选择过滤器】：可以根据模型 / 工程图中的对象所共有的一个或多个属性（如颜色、类型或图层）来选择对象，如图 1-47 所示。

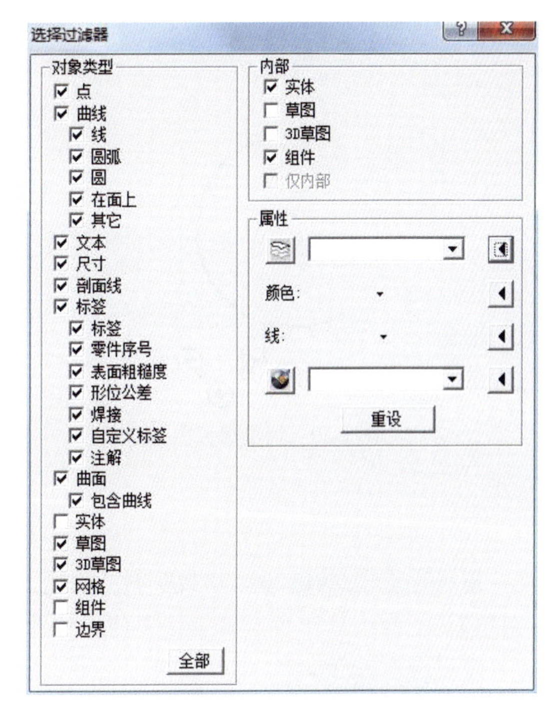

图 1-47 选择过滤器

1.4.11 捕捉

使用捕捉命令可以快捷选择模型中的几何点。

（1）端点

【捕捉到端点】：可以在端点附近选择曲线或直线的端点，如图 1-48 所示。

（2）曲面顶点

【捕捉曲面顶点】：可以选择曲面的顶点，如图 1-49 所示。

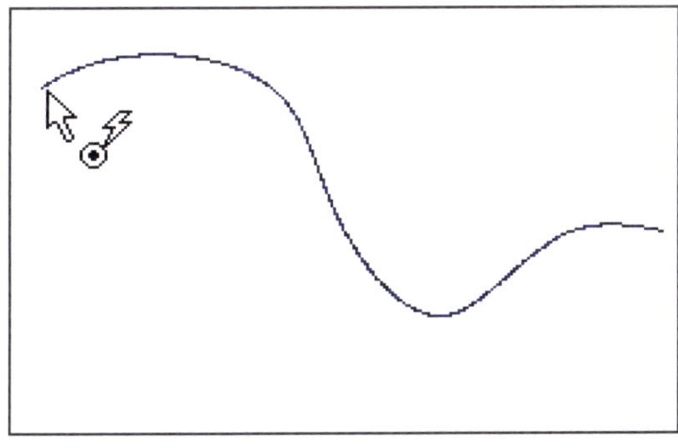

图 1-48 捕捉端点

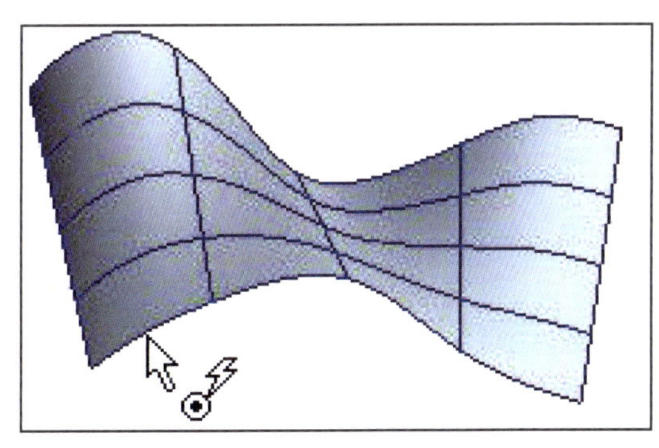

图 1-49 捕捉曲面顶点

(3) 网格节点

【捕捉网格节点】：可以选择网格上的节点。

(4) 圆弧中心点

【捕捉圆弧中心点】：可以通过点击实体上的一段圆弧选择圆心，如图 1-50 所示。

(5) 文本原点

【捕捉文本原点】：可以选择文本对象的原点，如图 1-51 所示。

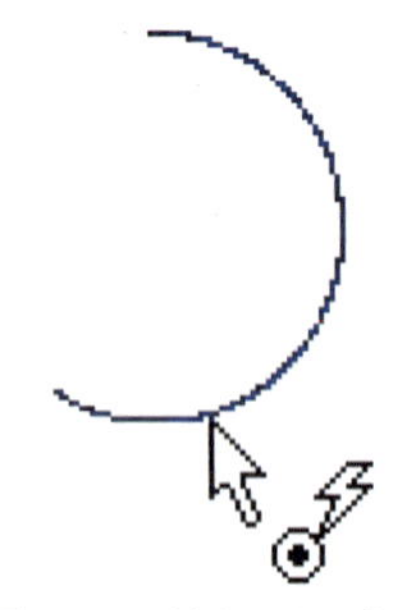

图 1-50 捕捉圆弧中心点

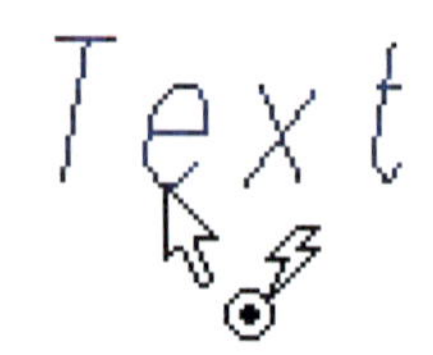

图 1-51 捕捉文本原点

(6) 块原点

【捕捉块原点】：可以通过点击对象选择块的原点，如图 1-52 所示。

(7) 交点

【捕捉交点】：可以通过点击交点附近选择两条曲线之间的交点，如图 1-53 所示。

图 1-52 捕捉块原点

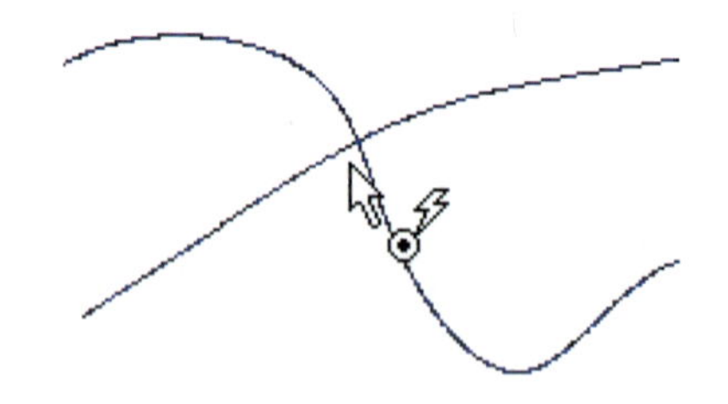

图 1-53 捕捉交点

(8) 中点

【捕捉中点】：可以通过点击对象来选择曲线或直线的中点。

(9) 曲线上点

【捕捉曲线上的点】：可以选择投影到曲线上的任意点。

(10) 连接点

【捕捉连接点】：可以通过点击连接点附近选择 NURBS 曲线的弧连接点，如图 1-54 所示。

(11) 延伸线的交点

【捕捉延伸线的交点】：可以选择延伸两条直线将会相交的点，如图 1-55 所示。

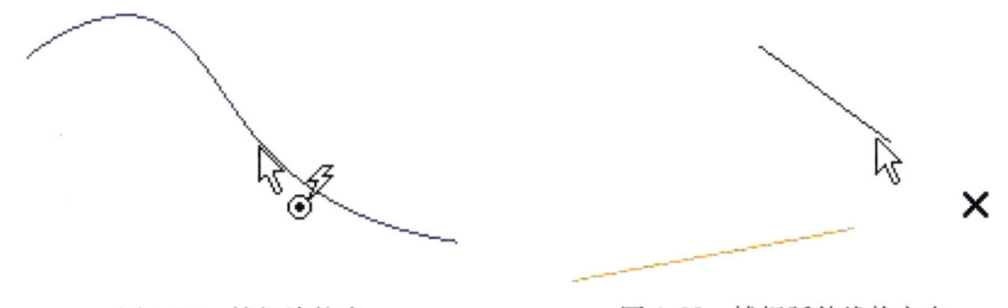

图 1-54 捕捉连接点　　图 1-55 捕捉延伸线的交点

(12) 垂点

【捕捉到垂点】：可以选择选中曲线的垂点，如图 1-56 所示。

(13) 相切点

【捕捉到相切点】：可以选择选中曲线的切点，如图 1-57 所示。

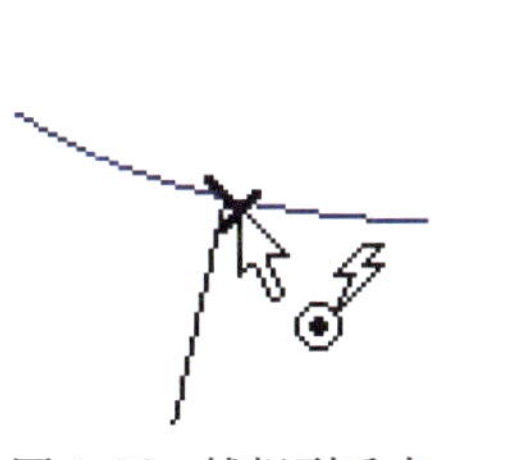

图 1-56 捕捉到垂点

图 1-57 捕捉到相切点

(14) 工作平面原点

【捕捉工作平面原点】：可以快速选择工作平面的原点。

1.4.12 组件

组件也叫组合零件或零件，是单个实体中的一组对象，它既可以处理成一个黑盒子，也可以个别编辑。通常来讲，组件（被作为子装配体的组件）是组成装配体的砖，组件也可用来在逻辑上组织模型的结构，如图 1-58 所示。

组件中对象的数量没有限制。它们可以是实体、参数和无参数实体和其他组件。一个装配体可以包含一个组件的多个副本，这些拷贝也可作为这个装配结构的不同的级。修改其中任何一个副本，都会使其他的拷贝发生改变。

图 1-58 装配体工具条

（1）新建组件

【新建组件】：点击命令程序将弹出新建组件对话框，你可以选取将要包含在组件里的对象，然后点击鼠标右键弹出对话框点击【结束选择】命令完成操作，并填入组件的名称，点击【确定】完成操作，如图 1-59 所示。

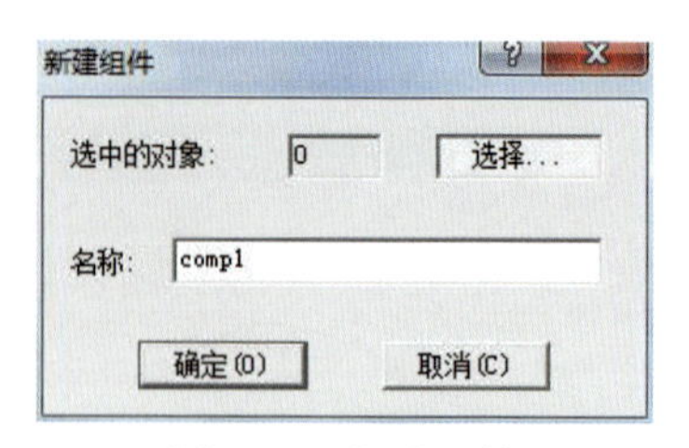

图 1-59　新建组件

（2）插入外部参考组件

【插入外部参考组件】：可以通过参考外部文件来插入组件的多个实例，如图 1-60 所示。组件的放置取决于光标位置。组件的预览附在光标上。

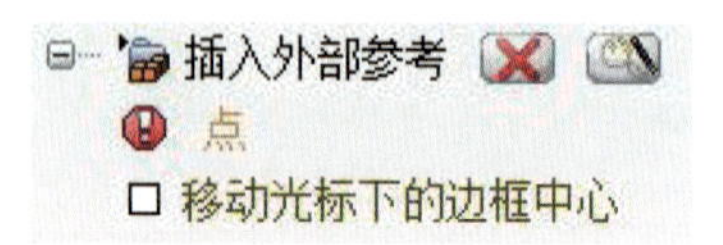

图 1-60　插入外部参考

（3）创建外部参考组件

【创建外部参考组件】：如图 1-61 所示，使用此命令时，程序会提示选择一个组件。选择组件后，会显示保存文件对话框。为外部参考组件指定文件名称，然后点击【保存】可以将本地组件转换为外部参考组件。值得注意的是，将组件保存为外部参考后，该组件将不再是模型的一部分，而是该模型包含了一个刚创建的文件参考。

（4）替换组件

【替换组件】：如图 1-62 所示，使用该命令后，选择需要替换的组件。如果选择的组件在模型里只有一个，标准的打开文件对话框将会打开。选择那个要用来替代被选择组件的文件名，然后点击打开。新的组件立即替代原有的，它是作为外部参考导入的。然后选择另外一个组件替代，或者取消命令。

（5）设为当前组件

【设为当前组件】：，如图 1-63 所示，可以在需要修改组件的时候选择一个组件作为修改组件（只要组件本身不是只读）。可以通过以下两种方法实现：

- 在想要设置的组件上单击鼠标【右键】，然后在弹出菜单中选择【设为当前】。
- 通过在绘图区域双击被选组件来实现这个操作。

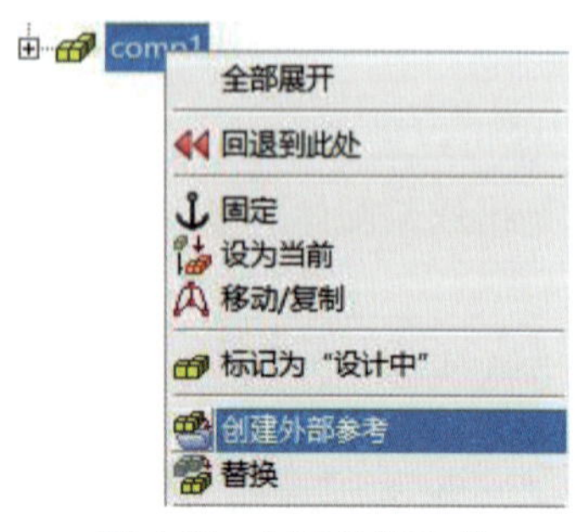

图 1-61　创建外部参考

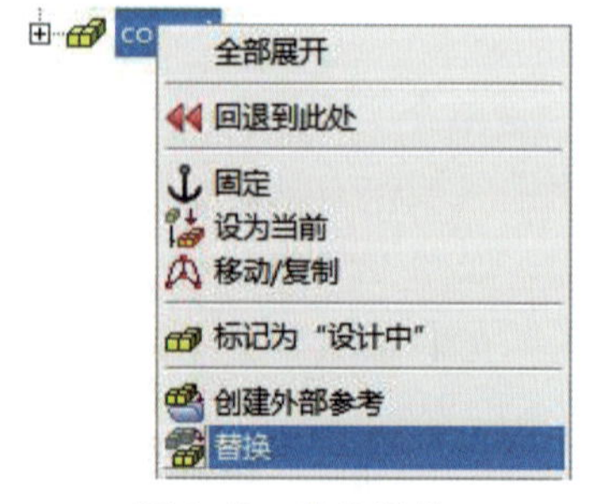

图 1-62　替换组件

图 1-63　设为当前

（6）顶层组件

【顶层组件】：该命令可以让编辑状态返回到顶层装配体，此命令只适用于被预先选中的当前组件。可以通过以下两种方法实现：

- 在模型结构的一个空白区域单击鼠标【右键】，在弹出菜单中点击【重设当前组件】命令。
- 在绘图的空白区域双击鼠标【左键】。

（7）打断组件

【打断组件】：该命令可以把组件打断成实体。使用命令时，程序会提示选择一个组件，如果组件没有包含变量，可以立即被打断，如果组件包含某些变量，会显示断开组件对话框。

（8）重新加载组件

【重新加载组件】：可以重载一个或多个要被修改或用卸载命令从存储的装配体中移除的组件，如图 1-64 所示。此命令只能被用在外部参考组件，在模型或模型结构树中单击鼠标【右键】就能执行此命令。

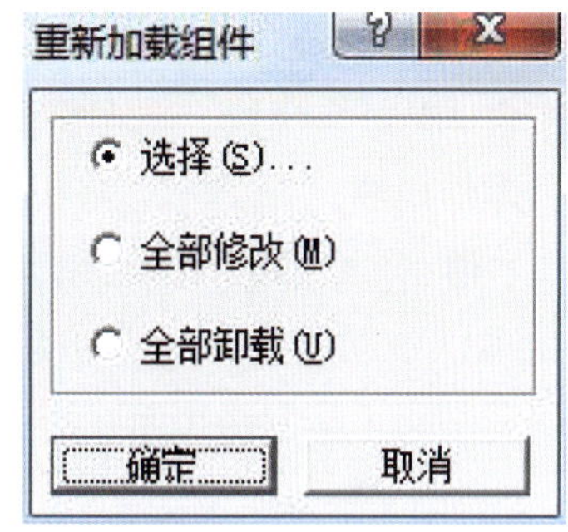

图 1-64　重新加载组件

（9）卸载组件

【卸载组件】：从以前存储的装配体中移除被选的组件，如图 1-65 所示。此命令只能被用在外部参考组件中，在模型或模型结构树中单击鼠标【右键】就能执行此命令。

通过操作此命令，此组件不再在此模型显示，但它的图标仍然显示在模型结构树中，通过一个表示删除操作的红色符号，以更新显示。

图 1-65　卸载组件

（10）断开链接组件

【断开链接组件】：断开一个外部组件与描绘它的文件之间的链接，如图 1-66 所示。这个操作之后，此外部组件被转换成了一个本地组件。同样地，此命令应用于一个包含多个断开的当前组件和其参考链接的单一的当前本地组件。

图 1-66　断开链接组件

(11) 爆炸装配体

【爆炸装配体】：可以创建或编辑一个装配体的爆炸视图，如图 1-67 所示。以下是这个命令的一些要点：

- 该命令可以爆炸装配体每个层次的零件（可使用选择过滤内部组件）。
- 该命令可以作为特殊类型“可视标签”来捕获爆炸视图，还可以使用书签来产生 2D 爆炸视图。根据需要，可以创建多个爆炸视图。
- 该命令可以自动创建“爆炸路径”，也可以手动设置，当产生爆炸运动后，可以非常明了地表达出来。

图 1-67 爆炸装配体

1.4.13 智能对象

能够构成智能对象的元素可以是：草图、实体、特征、组件、外部组件、布尔运算和装配关系。

(1) 定义智能对象

【定义智能对象】：点击该命令后，会弹出如图 1-68 所示对话框。

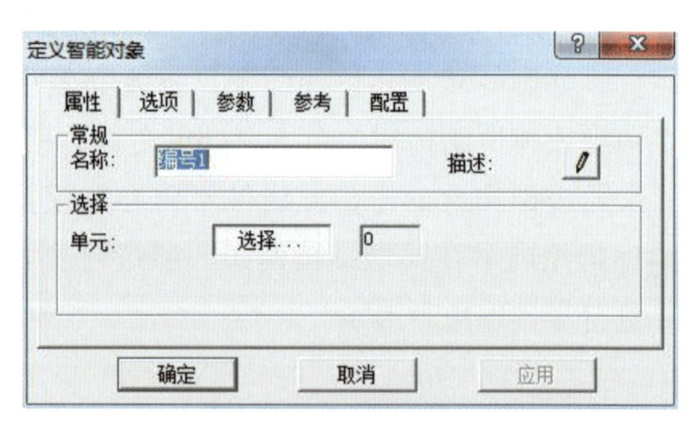

图 1-68 定义智能对象的对话框

①选择对象

- 在模型中直接选择。
- 在模型结构树内相应的图标上单击鼠标【右键】，在右键菜单内选择【添加】。

一旦选定了相应的元素，在模型树内一个五角星的符号会出现在选定的实体的图标前。要更改选择，可以点击在选择区内的【选择】按钮，这时先前的选择会被撤销，可以重新开始选择。

②设置属性

- 定义智能对象的名称。可以添加一个简短的描述，解释如何使用智能对象。
- 当对象不是唯一标识时定义它的定位点。为了修改当前的定位点，点击【选择】并且选择一个新定位点。

③设置选项（图 1-69）

自动拆分：决定智能对象在插入时是否会被打断。

只读：决定能否修改智能对象。

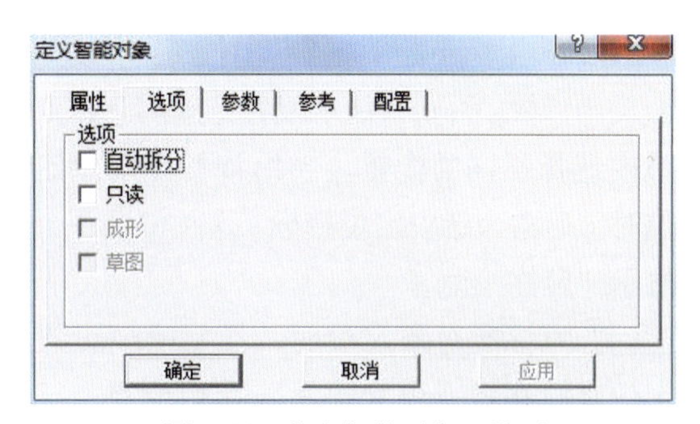

图 1-69　定义智能对象—选项

④设置参数（图 1-70）

一旦选定相应的对象，那么该对象内的所有参数会自动输入进来。可以修改这些参数值；也可以勾选相应尺寸是否为外部，以便在插入智能对象时是否显示这些参数。

消息：用于编写在插入智能对象时所显示参数的名称。

名称：用于编辑参数名称。

表达式：用于设定参数间的关系。

值：用于编辑参数值。

外部：决定插入时是否显示这些参数；勾选仅显示外部参数会自动隐藏未勾选外部的参数。

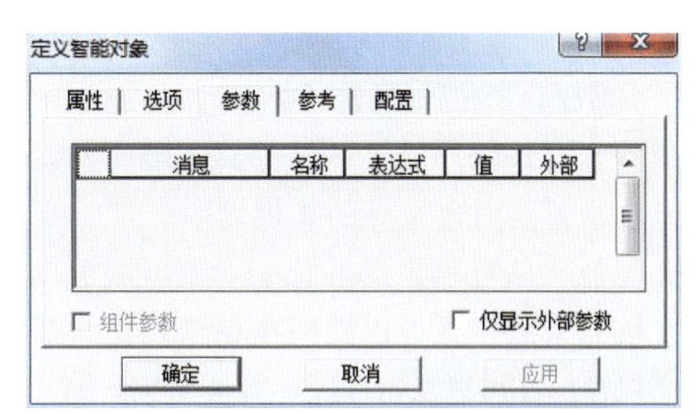

图 1-70　定义智能对象—参数

⑤设置参考（图 1-71）

消息：用于编写在插入智能对象时所需的参考关系的名称。

类型：用于修改插入时的参考类型。

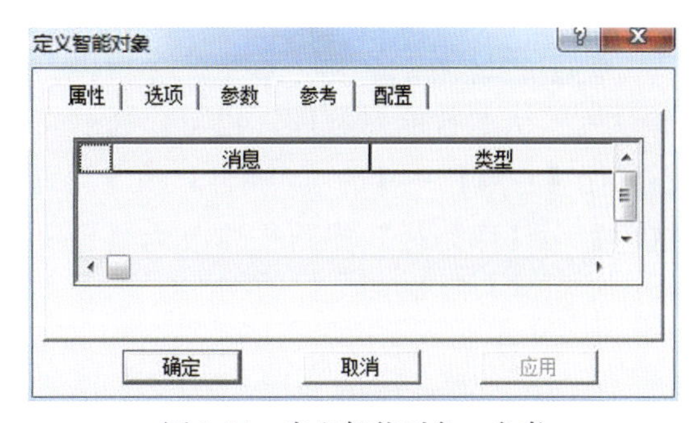

图 1-71　定义智能对象—参考

⑥设置配置（图 1-72）

默认配置内的参数实际为勾选了外部的参数。可以更改默认配置或者添加自定义配置。

配置名称：用于修改或添加新配置的名称。

清除配置和**清除表格**按钮，用于删除所有配置或者仅删除当前所选配置。

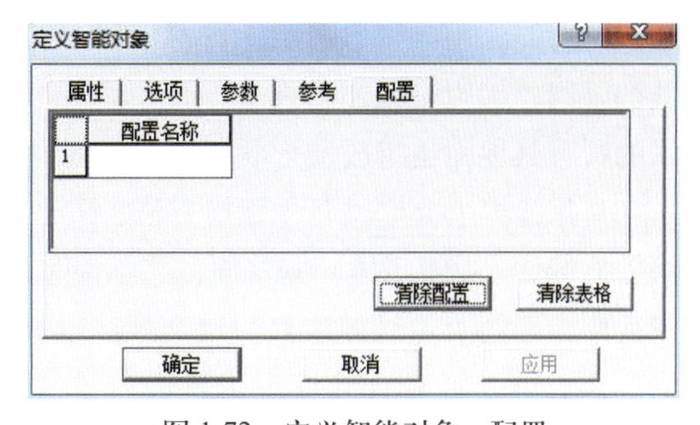

图 1-72　定义智能对象—配置

（2）插入智能对象

【插入智能对象】：用于将智能对象插入模型。当智能对象插入模型时，会选择强制的几何参考。

只有当没有定义配置表时才能修改外部尺寸参数；否则只能从配置选项的下拉菜单内选择不同的配置。当给该智能对象定位时，通常会选中定位控标：这种情况下会显示“定位控标”。

当为智能对象定位时，通常需要设置定位点，在该点上会显示一个由原点、三维坐标轴组成的控标，如图 1-73 所示。

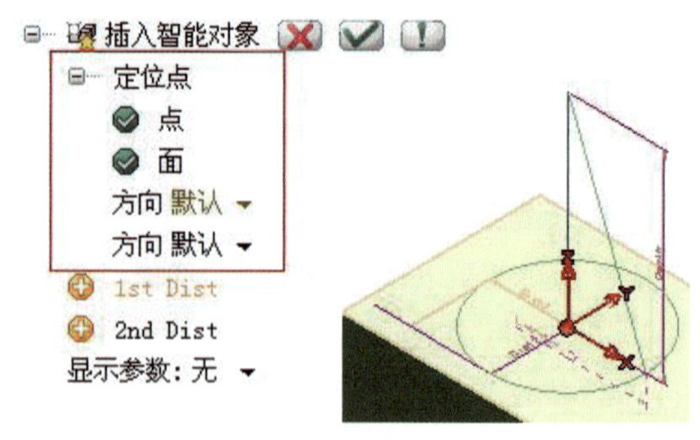

图 1-73　插入智能对象

（3）保存智能对象

【保存智能对象】：可以将已定义的智能对象保存成文件储存到本地文件系统中，智能对象文件的扩展名是“sf”。保存智能对象可以先选好智能对象（既可以在模型中点击也可以在模型树中点击）后再保存，亦可以点击【保存智能对象】命令后再选择智能对象。

（4）智能对象库

【智能对象库】：点击命令可以打开系统默认的智能对象库，也可以通过点击鼠标【右键】→【选项 / 属性】→【系统选项】→【库路径】把路径修改为自定义的库，如图 1-74 所示。

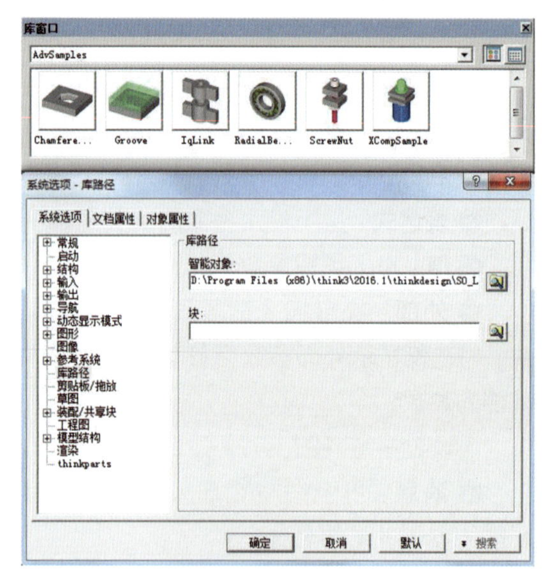

图 1-74　智能对象库

1.4.14　交互建模

交互建模开创了一种不同于传统的历史 / 参数编辑方法的全新实体编辑方法。使用交互建模功能，用户可以自由地进行编辑，而不受那些实际上对特征形状具有控制作用的参数的限制。编辑过程非常简单，就如同选择一个面并将其拖动到新位置一样。与所选面关联的所有其他面也将改变形状，以使模型保持一致。

交互建模主要提供五种建模方法：移动面、延伸面 / 封闭实体、偏移面、移除面和替换面，通过点击【修改】→【交互建模】的方式打开，或者直接点击工具条上的命令图标打开，如图 1-75 所示。

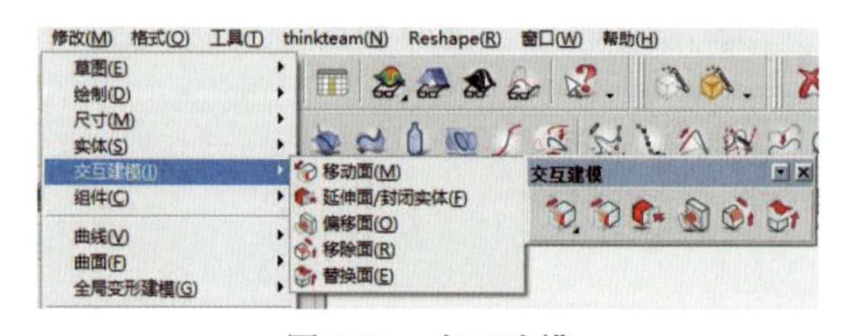

图 1-75　交互建模

（1）移动面

【移动面】：用于面的移动和旋转，同时也可以保持面的连续性。

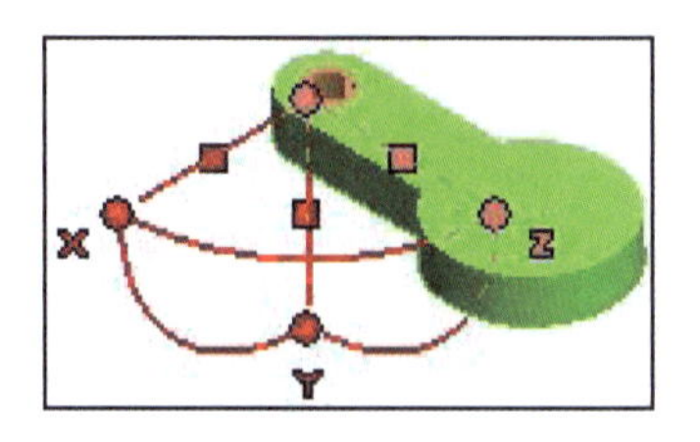

图 1-76　选择圆柱面

•案例：

打开“ISM_scale_copy.e3”文件。

如图 1-76 所示，点击【移动面】命令，选择里面的圆柱面。

如图 1-77 所示，鼠标【右键】点击起始点→【重设】，选择圆心。

如图 1-78 所示，向 Z 轴方向拖动或者在移动 Z 处输入 100。

如图 1-79 所示，在缩放系数处输入 2.5，勾选【复制】，点击完成移动，如图 1-80 所示。

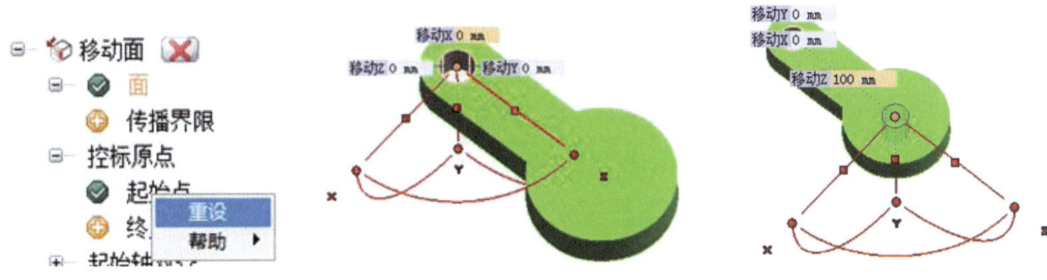

图 1-77　重设起始点　　　　图 1-78　向 Z 轴方向移动

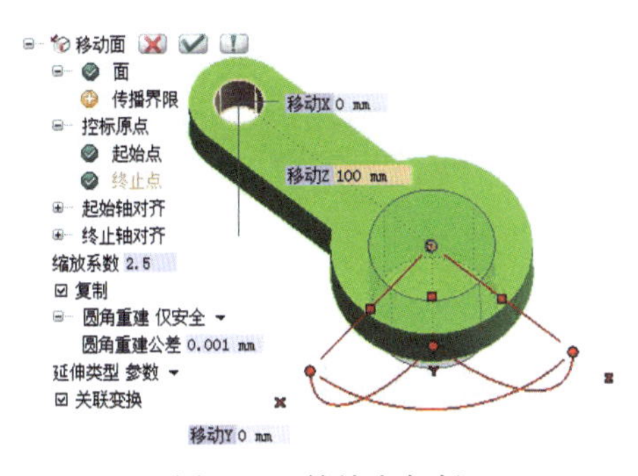

图 1-79　缩放和复制

图 1-80　完成移动面命令

（2）延伸面 / 封闭实体

【延伸面 / 封闭实体】：用于通过延伸和剪裁邻近开放边界的面来关闭开放实体。如果开放实体包含多个开环，则可能会有选择地封闭一些，而其余的则保持开放。在这种情况下，只会延伸面来封闭开环，且不会形成封闭实体。

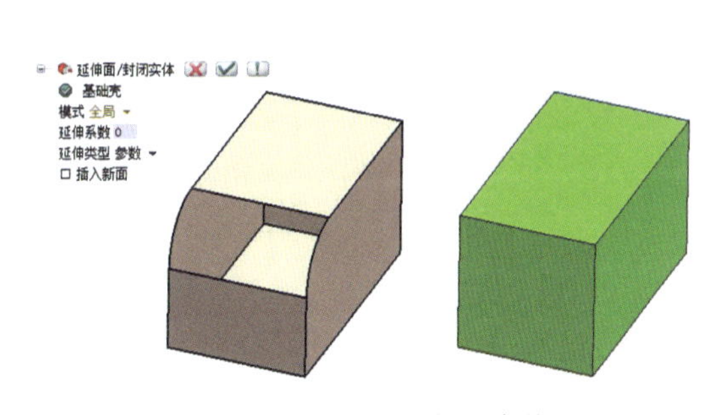

图 1-81　延伸面 / 封闭实体

•案例（图 1-81）：

打开“ISM_closure.e3”文件。

点击【延伸面 / 封闭实体】命令，选择实体表面，选择模式：全局，点击完成。

（3）偏移面

【偏移面】：用于向指定方向偏移所选面，如图 1-82 所示。

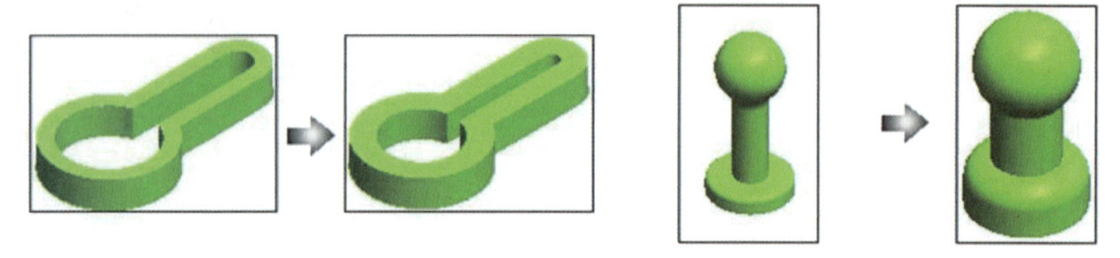

图 1-82 偏移面

•案例（图 1-83）：

打开“ISM_offset.e3”文件。

点击【偏移面】命令，选择圆弧面，偏移值：20（若方向不对，可以双击红点反转方向），点击完成。

图 1-83 偏移面案例

（4）移除面

【移除面】：用于移除由用户选择的一组面。这对移除模型上不需要的细节（如圆角、倒角、孔和切槽）非常有帮助。移除所选面时，将延伸和剪裁其相邻面，以填充空隙并保持模型的一致性。

•案例：

打开“ISM_remove_faces.e3”文件。

如图 1-84 所示，点击【移动面】命令，选择一个圆弧面，点击。

图 1-84 移除圆弧面

如图 1-85 所示，选择中心平面，点击完成。

图 1-85 移除中心面

（5）替换面

【替换面】：用于将用户选择的一组面替换为另一组面。要替换的面将经过必要的变换才能进行替换。所选面将占据其替换面的轮廓。此时将延伸和修剪所选面的其他附属面，以使模型保持一致。

•案例（图 1-86）：

打开“ISM_replace_face.e3”文件。

点击【替换面】命令，选择圆台顶面，再选择蓝色曲面作为目标面，点击完成。

图 1-86 替换面

第 2 章 草 图

草图是实体建模的基本，大部分的实体或者特征都要基于草图生成。草图工具条包括 2D 草图、3D 草图、草图约束、智能尺寸和检查草图的命令，如图 2-1 所示。

图 2-1　草图工具条

2.1 2D 草图

【2D 草图】：点击命令图标可进入 2D 草图环境，可以在该环境中创建和修改二维变化草图，如图 2-2 所示。也可以预先选择一些静态对象，然后启动 2D 草图命令。这样，此命令将启动 2D 草图环境并将所选静态对象转换为 2D 草图。

当 2D 草图环境处于活动状态时，便可以使用程序提供的用于创建和编辑几何对象的任何命令来开始绘制草图。

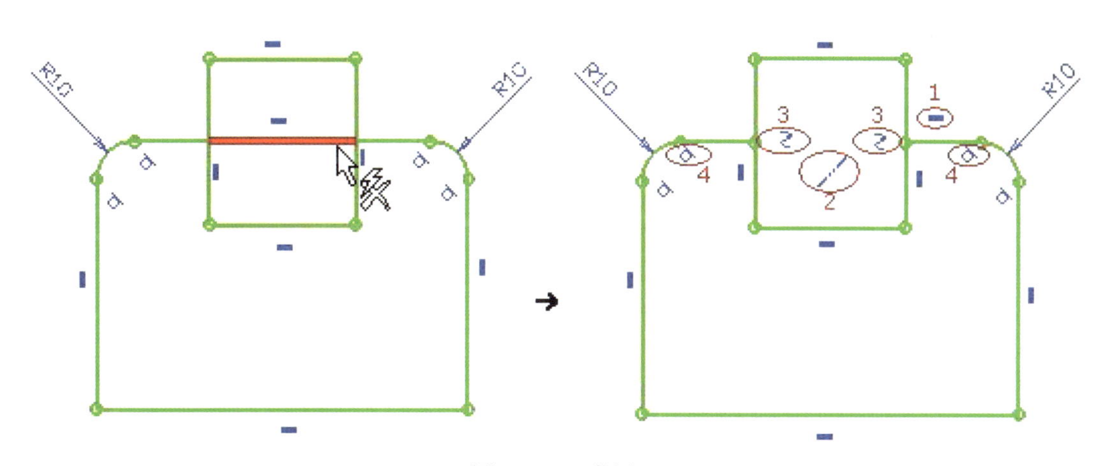

图 2-2　2D 草图

2.2 3D 草图

【3D 草图】：点击命令图标可进入 3D 草图环境，可以在该环境中创建和修改三维变化草图。也可以预先选择一些静态直线对象，然后启动 3D 草图命令。这样，此命令将启动 3D 草图环境并将所选静态对象转换为 3D 草图。

当 3D 草图环境处于活动状态时，便可以使用程序提供的用于创建和编辑直线几何对象的任何命令来开始绘制草图。用于创建和编辑弯曲几何对象的命令将不会处于活动状态。

2.3 草图约束

草图约束可以限制一个点或者一条线在草图中关于于参考系的位置。下面将介绍几个常用的约束命令：

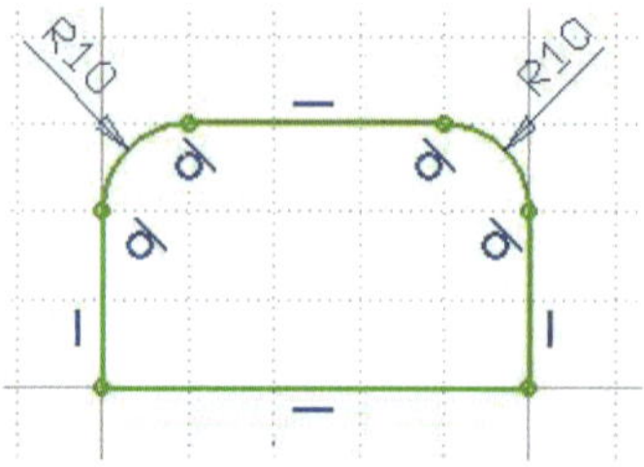

【相切】：可以使两条曲线相切，如图 2-3 所示。

【平行】：可以使两条直线相互平行，如图2-4所示。

【共线】：可以使两条线（直线或曲线）移动到同一直线上，如图 2-5 所示。

图 2-3　相切

【重合】：可以使两个点重合（完全重合、X 方向重合、Y 方向重合或 Z 方向重合），如图 2-6 所示。

【点在曲线上】：可以把点始终约束在曲线上，如图 2-7 所示。

【固定】：可以把点固定在当前位置，如图 2-8 所示。

【等长 / 等径】：可以使两条直线（圆弧）的长度（弧长）相等，如图 2-9 所示。

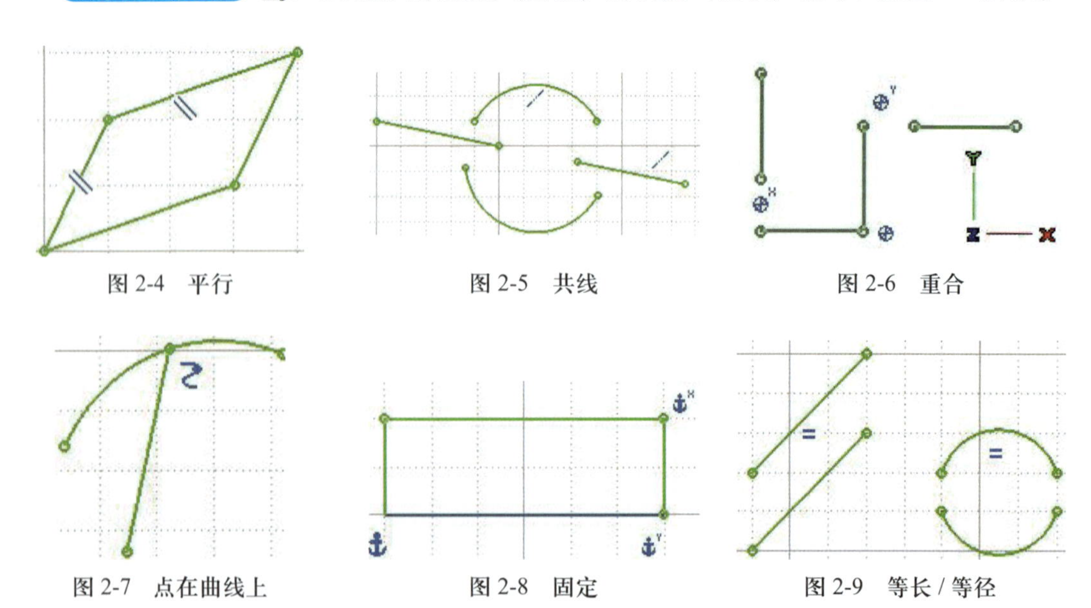

图 2-4　平行　　图 2-5　共线　　图 2-6　重合

图 2-7　点在曲线上　　图 2-8　固定　　图 2-9　等长 / 等径

2.4 智能尺寸

当启动【智能尺寸】命令时，程序会提示选择一个对象，选定对象后，根据选择，选择列表会发生以下变化：

2.4.1 直线或点（图 2-10）

使用如下选项之一（在【类型】下拉列表中选择），可以创建线性或角度尺寸：

- **距离**：平行于通过对象终点的直线。
- **水平**：平行于 X 轴。
- **垂直**：平行于 Y 轴。
- **投影**：按指定角投影。

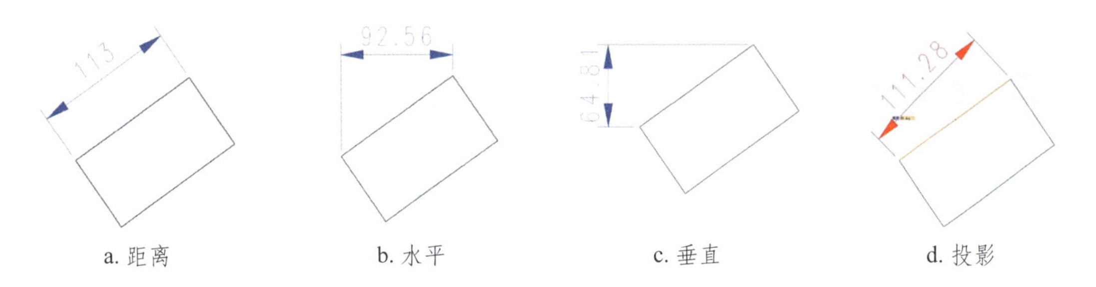

图 2-10 直线 / 边尺寸标注

2.4.2 特殊点（图 2-11）

使用如下选项之一（在【类型】下拉列表中选择），可以创建线性尺寸：

- **距离**：平行于通过两点的直线。
- **水平**：平行于 X 轴。
- **垂直**：平行于 Y 轴。
- **投影**：按指定角投影。

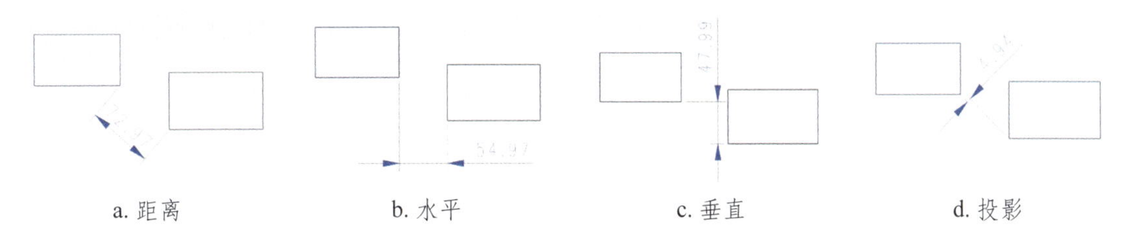

图 2-11 特殊点尺寸标注

2.4.3 圆弧或圆（图 2-12）

使用如下选项之一（在【类型】下拉列表中选择），可以创建半径、直径或圆弧长度尺寸。

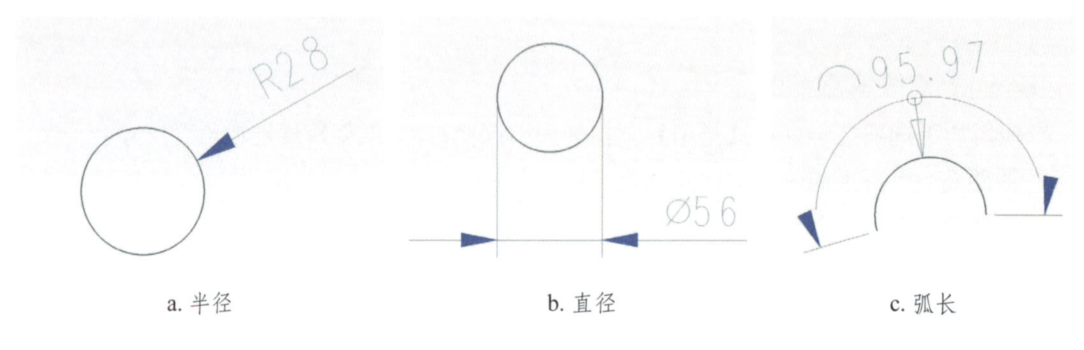

a. 半径　　b. 直径　　c. 弧长

图 2-12　圆弧或圆尺寸标注

2.5 检查草图

【检查草图】：可对草图进行检查，以确定其是否完全定义、欠定义、过定义或不一致，并显示对草图的当前约束状况的总结。此命令还可通过使用不同的颜色显示草图中欠约束、过约束或不一致的对象来将约束状况可视化。

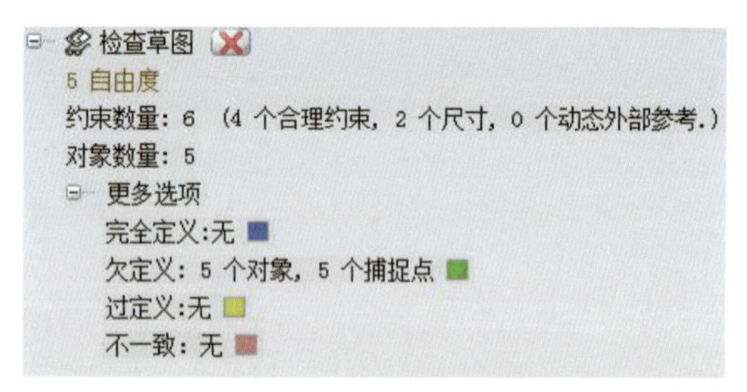

图 2-13　检查草图结果

启动命令后，结果将显示为一个选择列表，如图 2-13 所示：在结果列表中，软件将使用不同的颜色突出显示欠约束、过约束或不一致的任何对象。通过单击对象状态的各自颜色块，然后选取其他颜色，即可更改这些颜色，如图 2-14 所示。

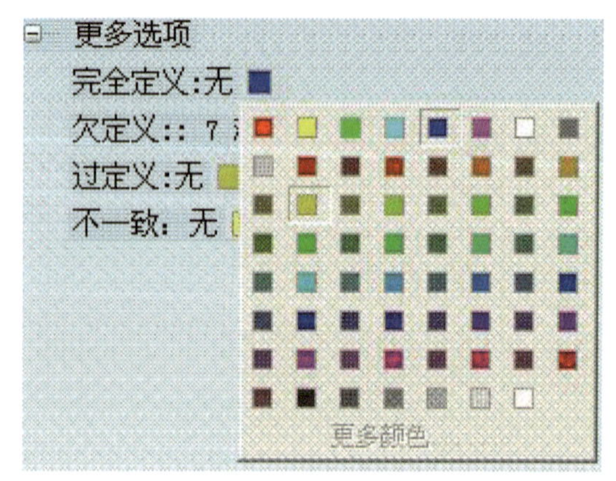

图 2-14　对象颜色更改

评估失败后，检查草图内将显示一个【警告】按钮。如果单击此按钮，选择列表底部将显示一条错误消息，说明失败的原因。再次单击【警告】按钮时，此消息将消失。

ThinkDesign

第 3 章 实体建模

实体建模命令是建模过程中使用最多的命令，2D 草图需要通过实体命令才能生成三维模型，生成的实体可以用于数控加工。本章将讲述实体命令的应用。

本章命令讲述部分案例文件可以在第 3 章的文件夹中获得。

3.1 扫描

3.1.1 线性实体

【线性实体】：通过沿某个线性路径扫描草图或曲线链来创建实体，如图 3-1 所示。如果扫描的是曲线链，则程序会自动将分开的曲线（必须是共面的）合并到单个草图中。

可以使用【方向】下拉列表中的选项设置草图的扫描方向。可以使用【拉伸】选项向一个或两个方向延伸草图。

在实体的预览中，可以选中【角度】复选框来以某个角度扫描草图。可以通过使用【厚度】复选框指定厚度来创建抽壳实体。【偏移】复选框用于在草图的某个偏移距离处扫描草图。

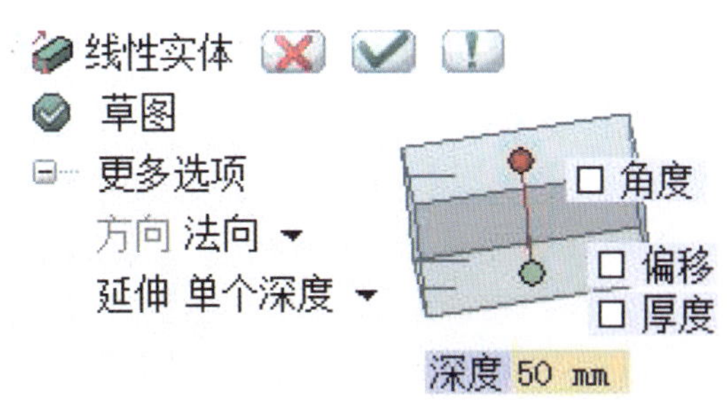

图 3-1　线性实体

3.1.2 线性凸台

【线性凸台】：过扫描轮廓或沿直线路径的曲线链从现有的实体上增加一个线性凸出的实体，如图 3-2 所示。

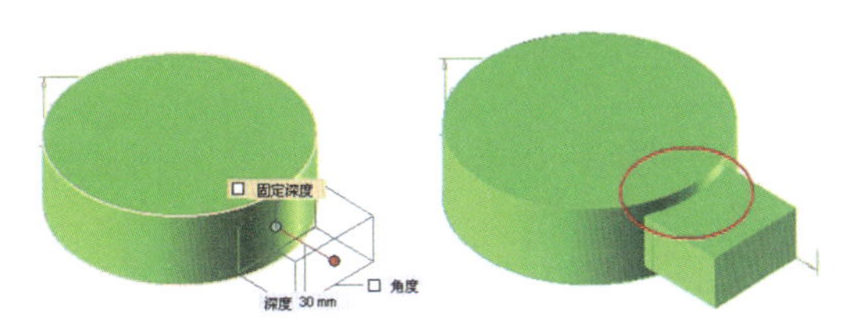

图 3-2　线性凸台

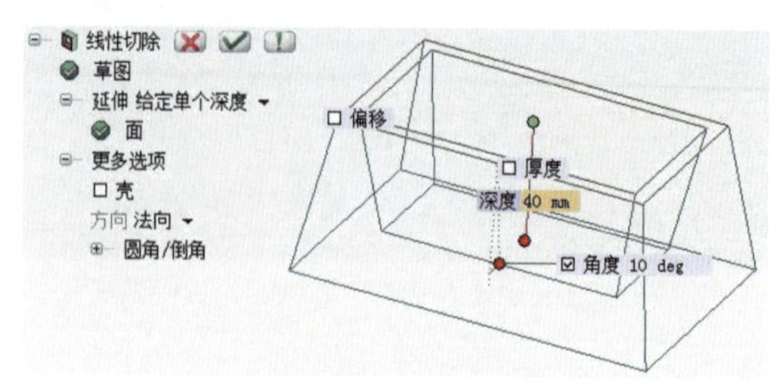

图 3-3　线性切除

3.1.3　线性切除

【线性切除】：通过扫描轮廓或沿直线路径的曲线链从现有的实体上切除一部分，如图 3-3 所示。

3.1.4　旋转实体

【旋转实体】：通过围绕旋转轴旋转轮廓或曲线链新建一个实体，如图 3-4 所示。

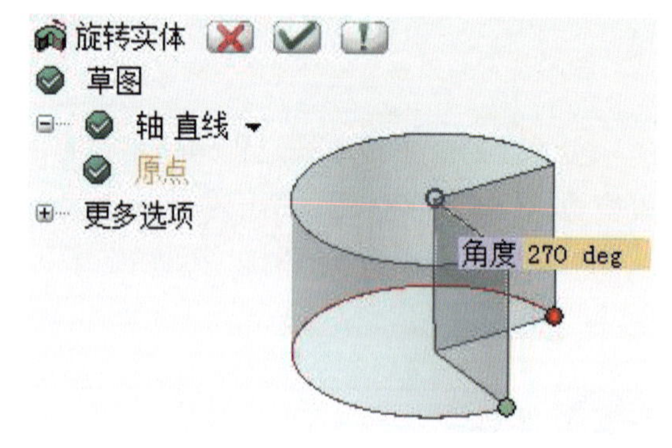

图 3-4　旋转实体

3.1.5　旋转凸台

【旋转凸台】：通过轮廓或者曲线链绕一轴线旋转，在现有实体表面上增加一个旋转凸台，如图 3-5 所示。

3.1.6　旋转切除

【旋转切除】：通过轮廓或者曲线链绕一轴线旋转，在现有实体表面上切除一个旋转体，如图 3-6 所示。

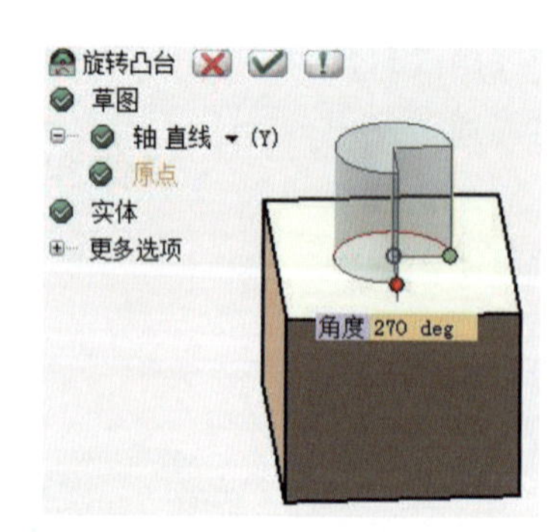

图 3-5　旋转凸台

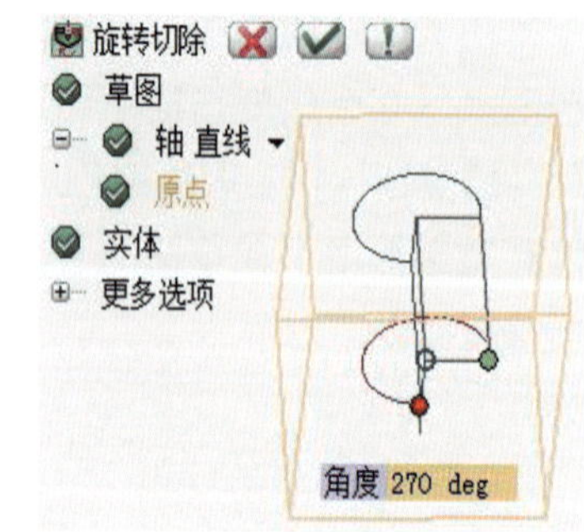

图 3-6　旋转切除

3.1.7　扫描实体

【扫描实体】：可以沿驱动曲线扫描开放草图或闭合草图。此命令用于通过将多个类似或不同的几何体混合到一起以获取自由形式的形状来创建特征。还可以在顶点数为奇数的剖面之间进行扫描，如图 3-7 所示。

创建扫描特征的两个基本要求是：

(1) 棱线：用作驱动曲线以获得混合实体，该驱动曲线是横截面实体特征的过渡路径，也称为轨迹。驱动曲线可以是任何静态曲线、草图（2D 或 3D）以及实体或曲面的边线。

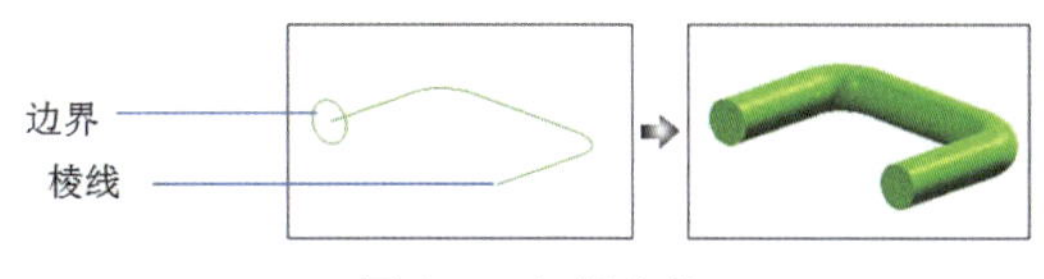

图 3-7　扫描实体

(2)边界：沿驱动曲线定义特征的形状，有些对象是横截面，边界应该为 2D 草图。（文件 solid_single_profile.3）

3.1.8　扫描凸台

【扫描凸台】：可以沿驱动曲线在现有实体上添加一个扫描凸台，如图 3-8 所示。需要为棱线选择器选择一条驱动曲线，并沿驱动曲线定义特征的形状，还需要为边界选择器选择横截面。（文件 Generic_Protursion.e3）

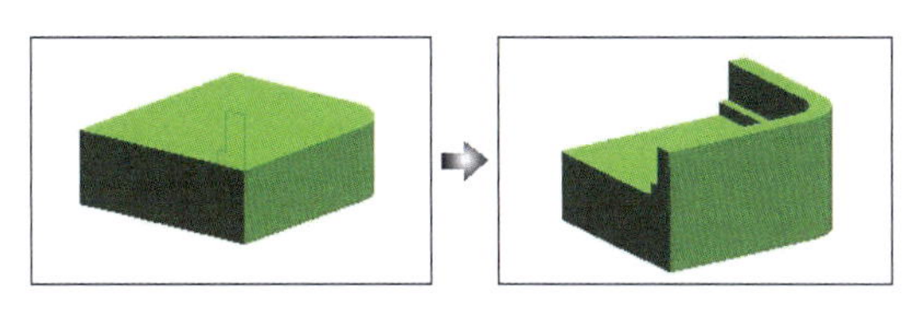

图 3-8　扫描凸台

3.1.9　扫描切除

【扫描切除】：可以通过混合一个或多个的剖面来移除材料，如图 3-9 所示。

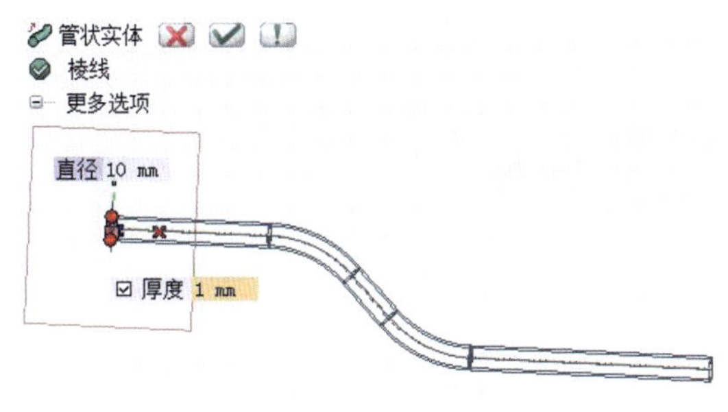

图 3-9　扫描切除

3.1.10　管状实体

【管状实体】：是由一个圆形横截面沿着一个现有的开放或者封闭的棱边曲线轮廓移动创建实体的。由此产生的实体可以是实体棒（只指定横截面的直径），也可以是空心管（指定横截面的直径和管壁厚度），如图 3-10 所示。

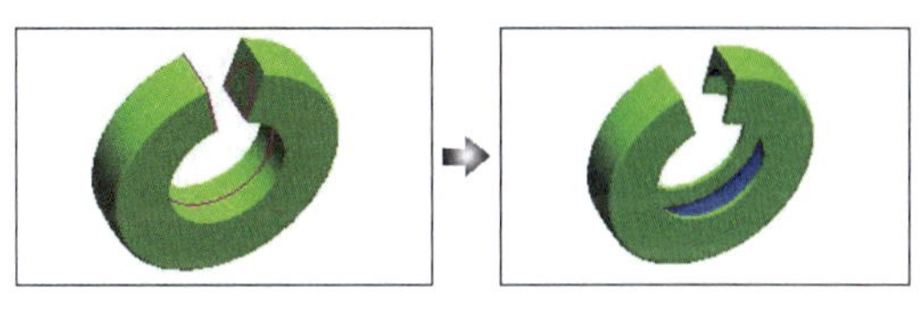

图 3-10　管状实体

3.1.11　管状凸台

【管状凸台】：在现有实体上增加一个管状凸台，如图 3-11 所示。管状凸台是由一个圆形横截面沿着一个现有的开放或者封闭的棱边曲线轮廓移动创建的。由此产生的管状凸台可以是实体棒（只指定横截面的直径），也可以是一根空心管（指定横截面的直径和管壁厚度）。

3.1.12 管状切除

【管状切除】：由一个圆形横截面沿着一个现有的开放或者封闭的棱边曲线轮廓移动，在实体中创建一个切除区域，如图 3-11 所示。

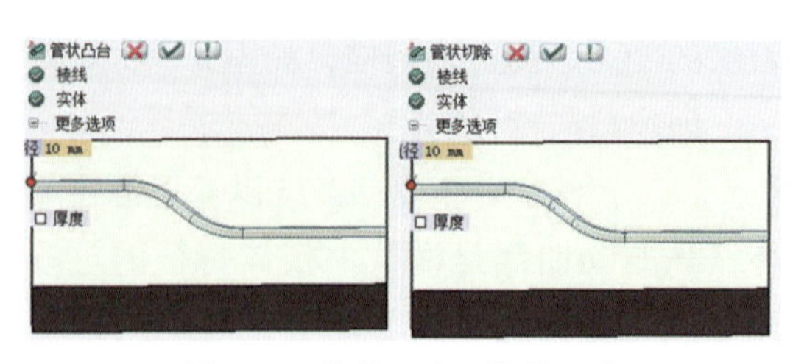

图 3-11　管状凸台 / 管状切除

3.2 孔 / 轴

【孔】：可以在实体上插入标准的通孔、沉头孔和螺纹孔，如图 3-12 所示。

【轴】：可以为实体添加一个简单轴（具有圆形横截面的凸台），同时可以在轴上添加螺纹，如图 3-12 所示。

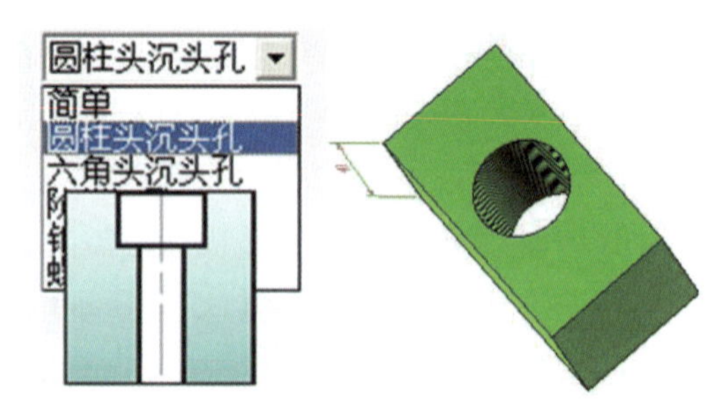

图 3-12　孔 / 轴

3.3 圆角

圆角命令分为边线圆角、面圆角、实体圆角和面到面圆角。

【边线圆角】：为实体边线添加圆角，如图 3-13 所示。（文件 Edge_Fillet_Hole.e3）

【面圆角】：为实体所选面的所有边线添加圆角，如图 3-14 所示。（文件 Edge_Fillet_Simple.3）

【实体圆角】：可以为所选实体的所有边线添加圆角，如图 3-15 所示。

【面到面圆角】：可以在两个所选面之前创建半径恒定的圆角，如图 3-16 所示。（文件 Face_to_face_fillet.e3）

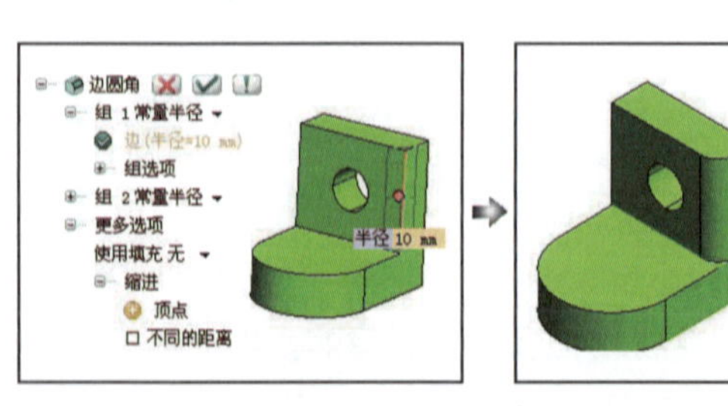

图 3-13　边线圆角

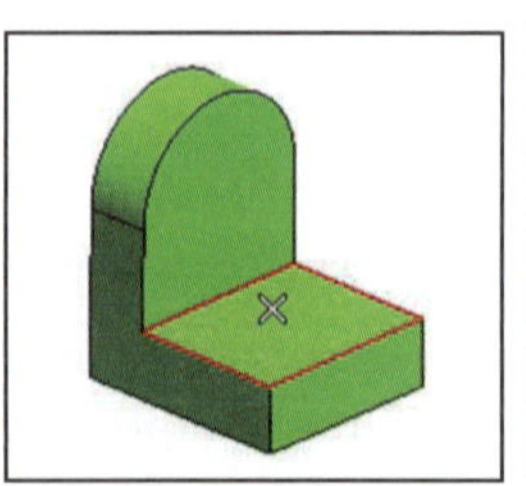

图 3-14　面圆角

图 3-15　实体圆角

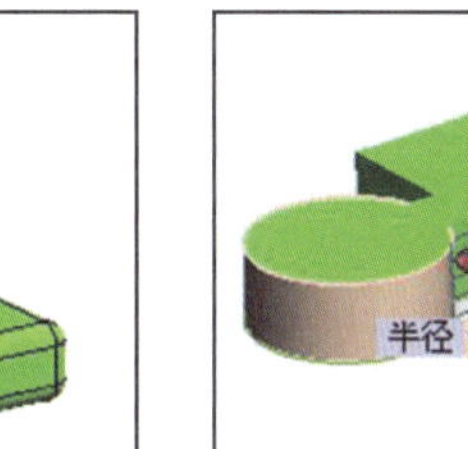
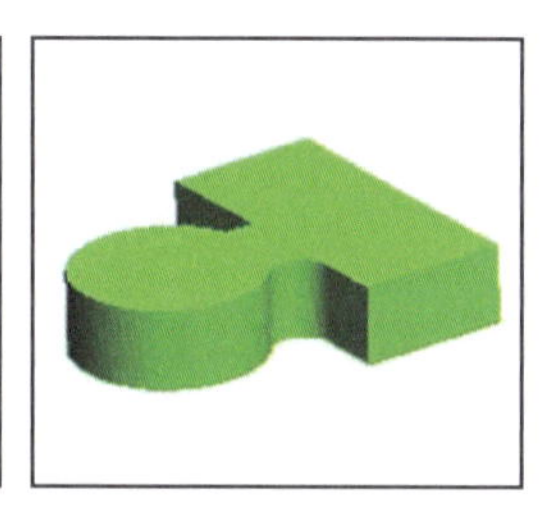

图 3-16　面到面圆角

3.4 倒角

【边线倒角】：可以为实体的所选边线添加倒角，如图 3-17 所示。

【面倒角】：可以为实体所选面的所有边线添加倒角，如图 3-17 所示。

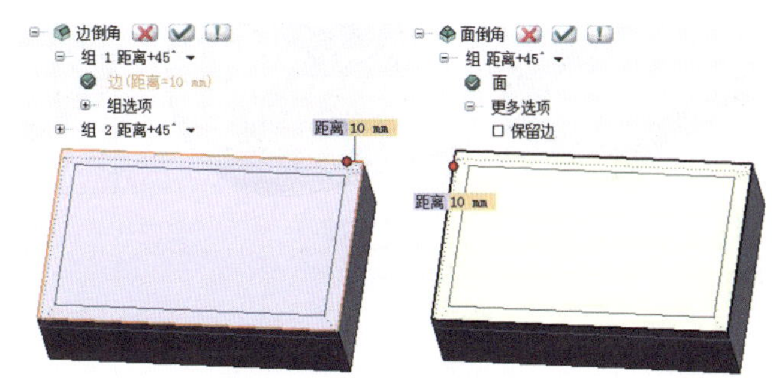

图 3-17　倒角

3.5 抽壳

【实体抽壳】：可以为封闭实体创建抽壳特征，也可以为开放实体（一种由曲面生成的实体）创建一个具有一定厚度值的壳，如图 3-18 所示。

图 3-18　实体抽壳

3.6 镜像

【镜像】：关于一个对称平面复制一个实体或者一个或多个特征，如图 3-19 所示。（文件 mirror_mirror.e3）

图 3-19　镜像

3.7 凸缘 / 凹槽

【凸缘 / 凹槽】：可以创建凸缘或凹槽特征。创建凸缘和创建凹槽的区别在于：创建凸缘需要添加材料，而创建凹槽则需要移除材料。凸缘的形状由草图定义，沿实体的边线链移动草图可生成凸缘特征，如图 3-20 所示。（文件 Lip.e3）

在【凸缘 / 凹槽】选择列表的【材料】下拉列表中，可以选择【添加】或【移除】来分别创建凸缘或凹槽，如图 3-21 所示。

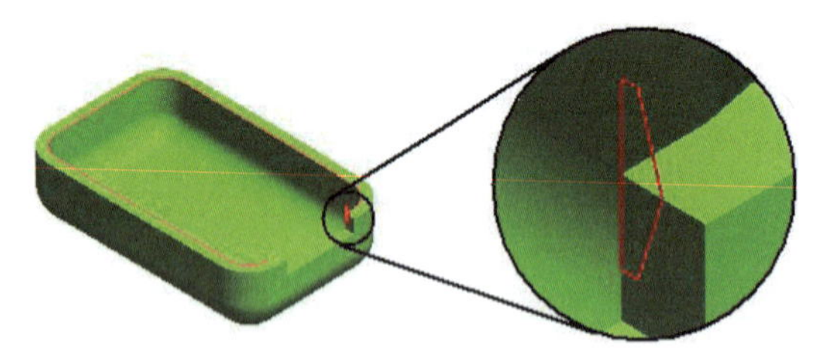

图 3-20　凸缘 / 凹槽草图

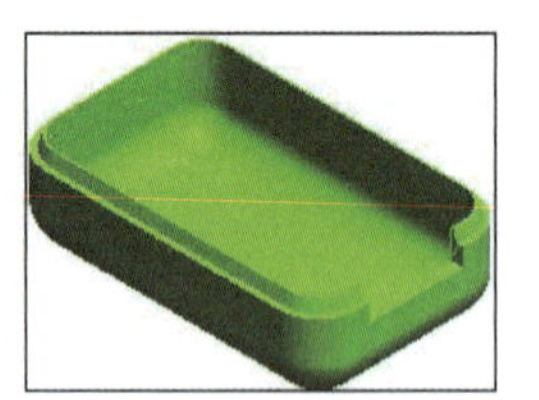

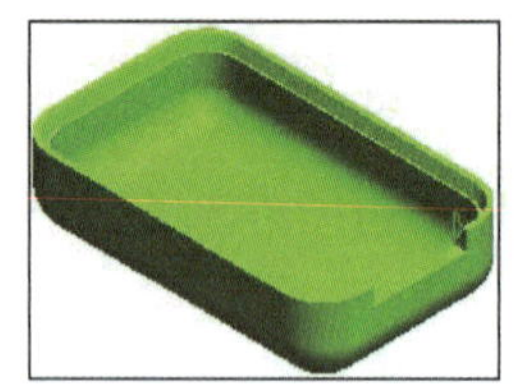

图 3-21　凸缘 / 凹槽

3.8 拔模角

【拔模角】：可以为实体的一个或多个面创建拔模角度，如图 3-22 所示。

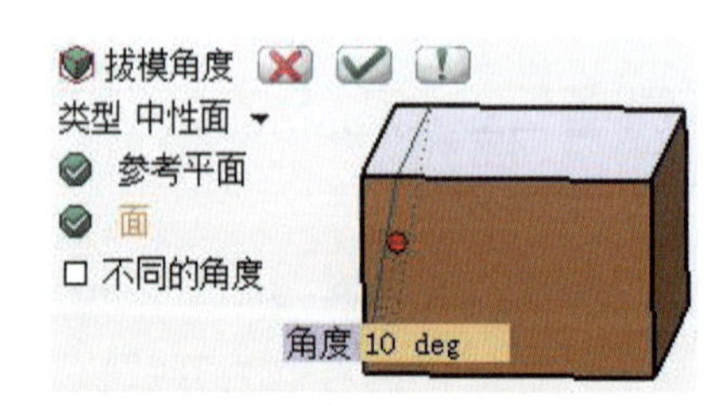

图 3-22　拔模角

3.9 实体阵列

【实体阵列】：可以通过线性阵列或者角度阵列创建若干个实体或特征的副本，如图 3-23 所示。

当处于阵列特征的时候，可以以重新构建特征的方式在新的空间位置创建基于原数据的阵列

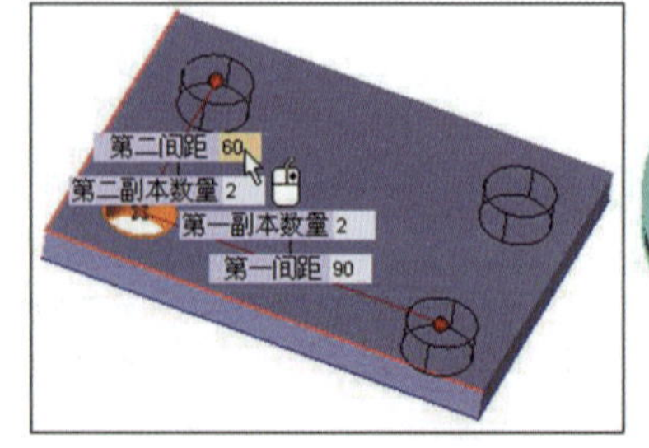

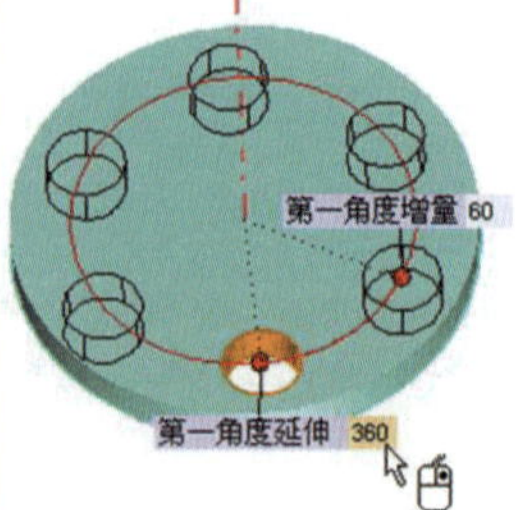

图 3-23　实体阵列

副本（智能模式），也可以只拷贝选中特征的几何（快速模式）。当处于阵列实体的时候，可以选择合并阵列实体或者让阵列实体以单实体方式存在。

①在【类型】的下拉菜单中，有多个类型可供选择：

- **线性**：创建具有一个直线延伸方向的线性阵列。
- **角度**：创建一个基于一个旋转轴的角度阵列。
- **线性—线性**：创建一个具有两个延伸方向的线性阵列。
- **线性—角度**：创建一个先具有线性延伸方向的线性阵列，再基于一个旋转轴角度阵列。
- **角度—线性**：创建一个先基于单一旋转轴的角度阵列，再基于线性延伸方向的线性阵列。
- **角度—角度**：创建一个分别基于两条旋转轴的复合角度阵列。

②在【布置】的下拉菜单中，有以下的方式可以选择：

- **拟合**：能够指定副本的数量和要填充的线型或角度范围，如图 3-24 所示。
- **填充**：能够指定第一个副本与原始模型之间的线性或角度增量，以及要填充的线性或角度范围（其副本的数量即填充范围所需的数量），如图 3-25 所示。
- **固定**：能够指定副本的数量以及第一个副本与原始模型之间的线性或角度增量，如图 3-26 所示。
- **继承**：能够自动提取已有阵列特征的参数设置，自动应用到当前阵列命令中来。

③当处于阵列特征时，【更多选项】下的【模式】会被激活，有两个选项提供选择：

- **快速**：只复制选中特征的几何特征。
- **智能**：不只复制几何特征，还复制选中特征的逻辑信息。副本将在基于原始数据在新的位置创建出新的特征。

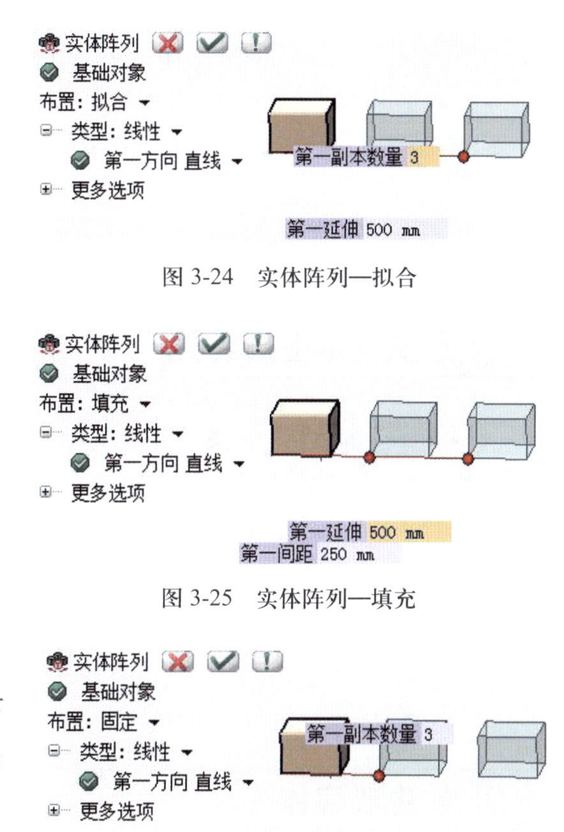

图 3-24 实体阵列—拟合

图 3-25 实体阵列—填充

图 3-26 实体阵列—固定

3.10 切除 / 分割

【切除 / 分割】：可以通过曲面、基准平面或现有的面切除或分割实体，如图3-27所示。

图 3-27　切除 / 分割

3.11 分割面

【分割面】：实体上的面被一个实体或者曲线分割，如图 3-28 所示。

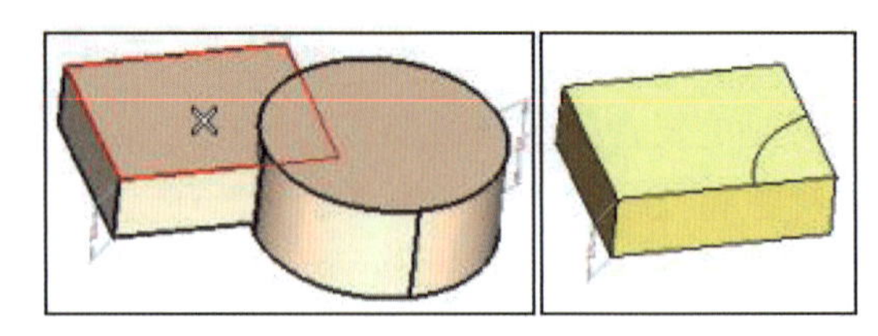

图 3-28　分割面

3.12 从文本生成实体

【从文本生成实体】：可以从使用文本命令写入的文本创建一组实体，可以通过拖动一组曲线来创建实体，应用此命令时可以指定文本字体，如图 3-29 所示。

图 3-29　从文本生成实体

3.13 生成实体

【生成实体】：可以把曲面合并成实体或者把多个实体合并成一个实体。

3.14 细分实体

3.14.1　转换到细分实体

【转换到细分实体】：可以把质量好的网格面（四边面）转成实体。也能把有棱角的实体变成光滑的实体，以便得到曲面光滑的模型，如图 3-30 所示。

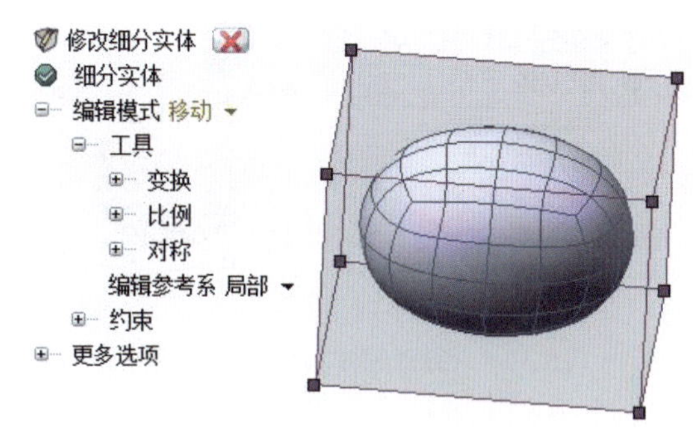

图 3-30　转换到细分实体

3.14.2　编辑细分实体

【编辑细分实体】：可以通过移动、细分、提取、移除、分割、添加六种方式对细分实体进行编辑。

- **移动面**：被选中的对象可以通过坐标进行方向、线性移动，如图 3-31 所示。
- **细分面**：选择的曲面，可以再细分一次，生成多个曲面，如图 3-32 所示。

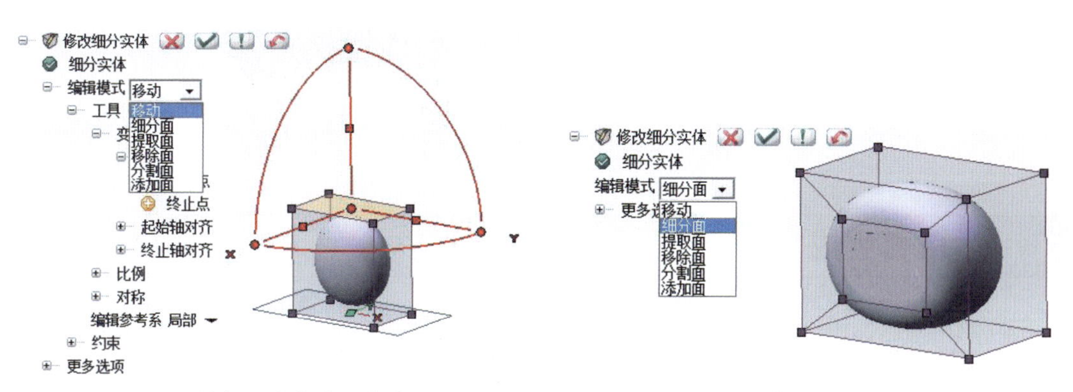

图 3-31　编辑细分实体—移动面　　图 3-32　编辑细分实体—细分面

- **提取面**：可以在选中的曲面上，提取出新的一个曲面，如图 3-33 所示。
- **移除面**：可以将被选择中的一个或者多个曲面进行移除，如图 3-34 所示。

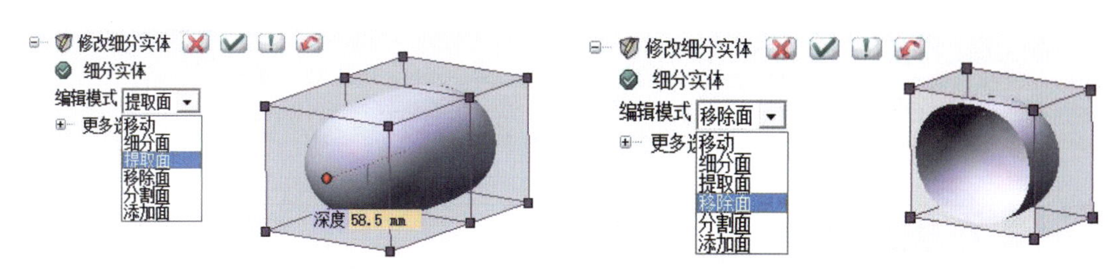

图 3-33　编辑细分实体—提取面　　图 3-34　编辑细分实体—移除面

- **分割面**：可以将选择的曲面进行横向或者纵向分割，如图 3-35 所示。
- **添加面**：可以在空缺的地方，加入新的曲面，如图 3-36 所示。

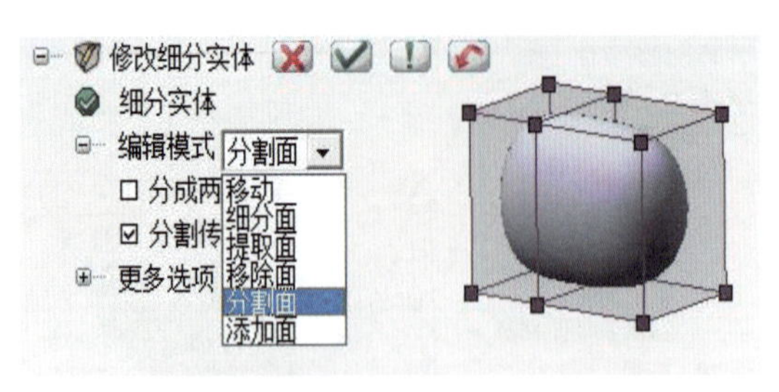

图 3-35　编辑细分实体—分割面

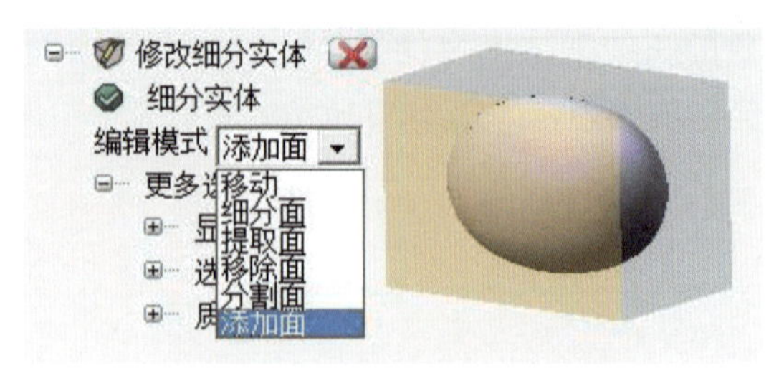

图 3-36　编辑细分实体—添加面

3.14.3　细分实体网格化

【细分实体网格化】：可以把细分实体进行网格化，如图 3-37 所示。

图 3-37　细分实体网格化

3.15　由面生成

【由面生成】：可以通过现有实体的一个或多个面的副本来创建静态（或参数）实体，如图 3-38 所示。选择列表中的【模式】下有两种方式完成面的选择以获得实体：

- 局部：程序将提示选择面。可以选择用于创建生成的实体的单个面。
- 全局：程序将提示选择一个实体。将使用所选实体的所有面来创建生成的实体。

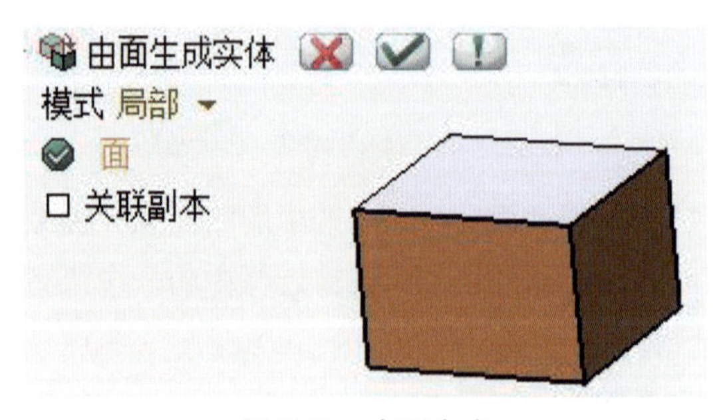

图 3-38　由面生成

3.16　布尔运算

3.16.1　合并实体

【合并实体】：用于合并一个或多个所选实体以形成单个实体。（文件 LocalUnion.e3）

- 全局：该模式用于任意数量的实体。生成的单个实体将占据以前由所选实体所占据的空间，如图 3-39 所示。

局部：该模式仅适用于两个实体。使用此模式，可以通过选择一些面来限制合并实体，这样，生成的实体将占据通过合并由所选曲面分离出的实体部分而获得的空间，如图 3-40 所示。

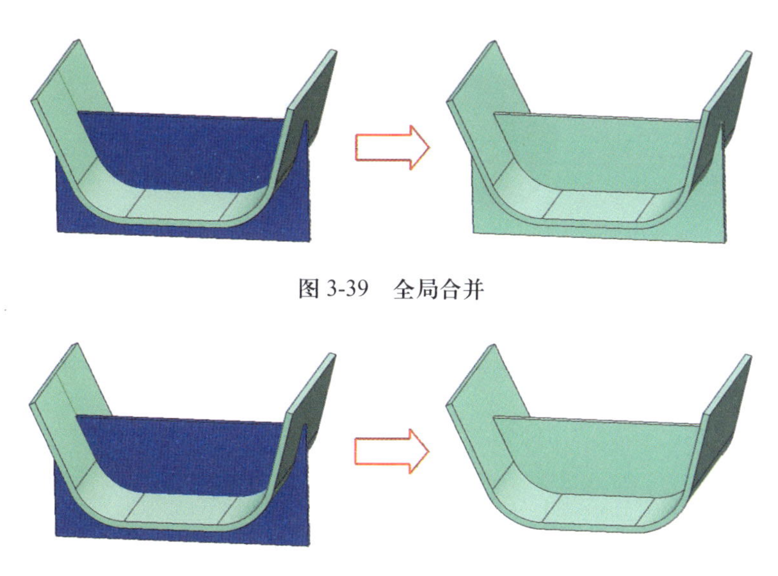

图 3-39　全局合并

图 3-40　局部合并

3.16.2　共同实体

【共同实体】：用于基于两个或多个所选实体的共同部分创建实体。（文件 LocalDiffInt.e3）

全局：该模式适用于任意数量的实体。生成的实体将占据所选实体的公共空间，如图 3-41 所示。

局部：该模式仅适用于两个实体。使用此模式，可以通过选择一些面来限制共同部分，这样，生成的实体将占据由所选曲面分离出的实体部分的公共空间，如图 3-42 所示。

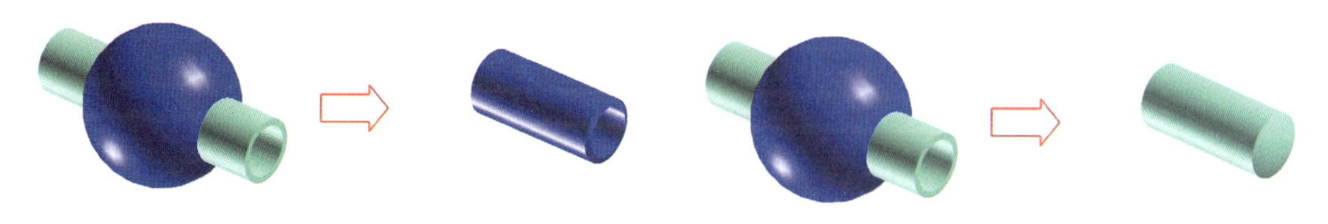

图 3-41　全局共同　　图 3-42　局部共同

3.16.3　实体删减

【实体删减】：用于通过从基础实体中删减一个或多个实体来创建实体。（文件 LocalDiffInt.e3）

全局：该模式适用于任意数量的实体。生成的单个实体会占据以前由基础实体的其余部分所占据的空间，如图 3-43 所示。

局部：该模式仅适用于两个实体。使用此模式，可以通过选择一些面来限制删减，这样，生成的实体将占据通过从基础实体中删减由所选曲面分离出的第二个实体部分而获得的空间，如图 3-44 所示。

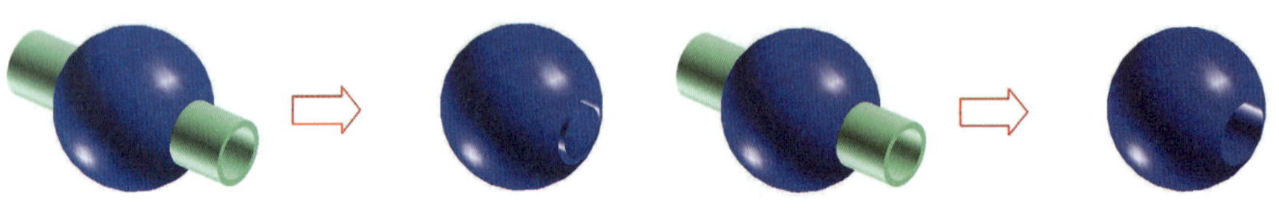

图 3-43　全局删减　　　　图 3-44　局部删减

3.17 区域拔模

【区域拔模】：可以为实体的一个或多个面添加拔模角度。

3.18 实体配合

【实体配合】：可以通过在形成实体的对象之间应用几何约束来相对于其他实体定位某一实体。在【类型】下拉列表中，可以选择定位约束的类型。下面列出了一些可能的配合方式，如表 3-1 所示。

表 3-1　实体配合方式表

	重合	平行	相切	同轴	在面上	同心	垂直	在曲线上	在点上
平面	平面/基准面	平面/基准面	圆柱面				线性边线		点/基准点
圆柱面			圆柱面/平面/基准面	圆柱面/旋转面/线性边线					点/基准点
旋转面			平面/基准面/圆柱面	圆柱面/旋转面/线性边线					点/基准点
线性边线		线性边线		线性边线			平面/基准面		点/基准点
点	点/基准点				平面/基准面			弯曲边线	
圆形边线	点					圆形边线			点/基准点
弯曲边线									点/基准点

3.19 固定 / 活动

在进行配合之前，我们需要选择一个实体（组件）作为基准，此时我们会用【固定】命令作为基准属性。如果不固定，将会出现两个实体一起移动或者出现错误提示。

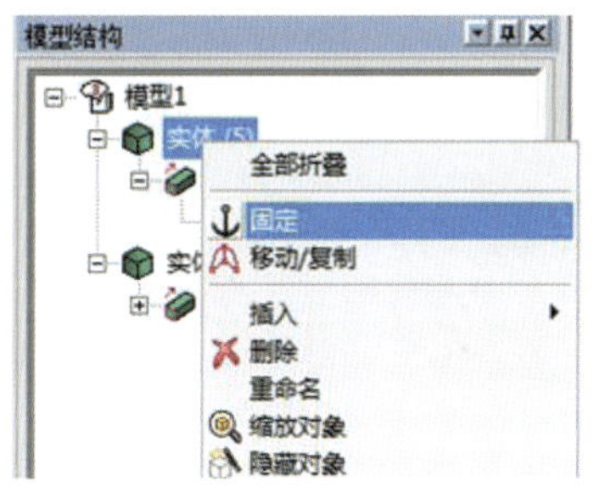

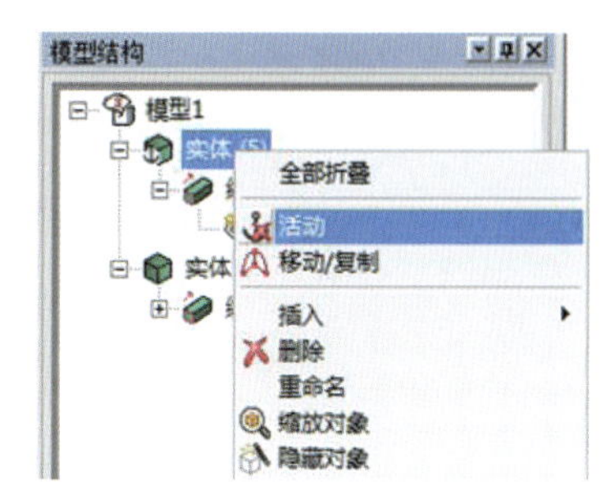

图 3-45　固定 / 活动状态设定

在模型结构树中选择需要作为基准的实体（组件），点击鼠标【右键】→【固定】。在已固定的实体（组件）处点击鼠标【右键】→【活动】可以把其改回活动状态，如图 3-45 所示。

3.20 本章练习（烟灰缸）

以下将通过一个烟灰缸的案例把本章讲述的命名进行一次巩固。

新建一个模型文件，按【W】显示工作平面，进入【2D 草图】模式，选择【矩形】命令，起始点为坐标原点，绘制一个正方形，并用【智能尺寸】标注边长为 100，如图 3-46 所示。

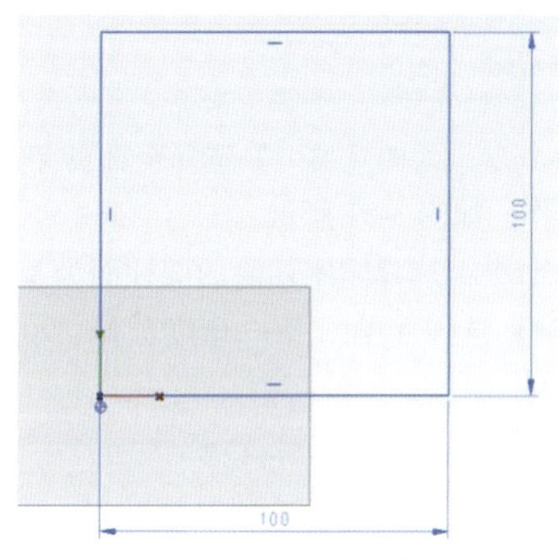

图 3-46　绘制正方形草图

使用【线性实体】命令，设置深度 30，展开更多选项，勾选角度并设置 20（若方向不对，可以双击小红点反向），然后点击完成操作，如图 3-47 所示。

双击台的上表面把其设置为工作平面，进入【2D 草图】模式，使用【平面上偏移】命令，选中上表面，距离 10，偏移出一个正方形，如图 3-48 所示。

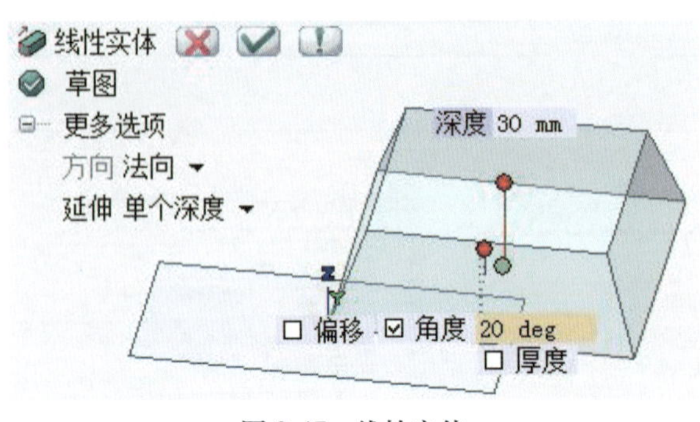

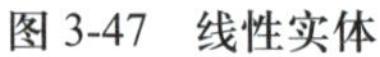

图 3-47　线性实体

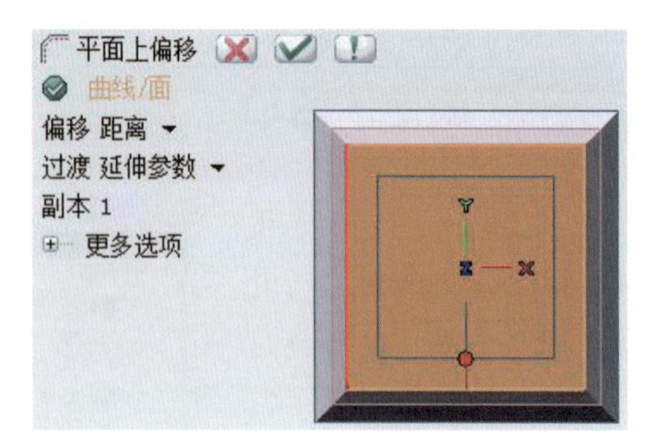

图 3-48　平面上偏移

使用【线性切除】命令，延伸类型选择给定单个深度，设置深度 25，展开更多选项，勾选角度并设置 5（若方向不对，可以双击小红点反向），然后点击完成操作，如图 3-49 所示。

按【Alt】+【X】，把工作平面绕 X 轴旋转 90°，进入【2D 草图】模式。使用【中心圆】命令，以原点为圆心，绘制一个圆，用【智能尺寸】标注其半径为 3，如图 3-50 所示。

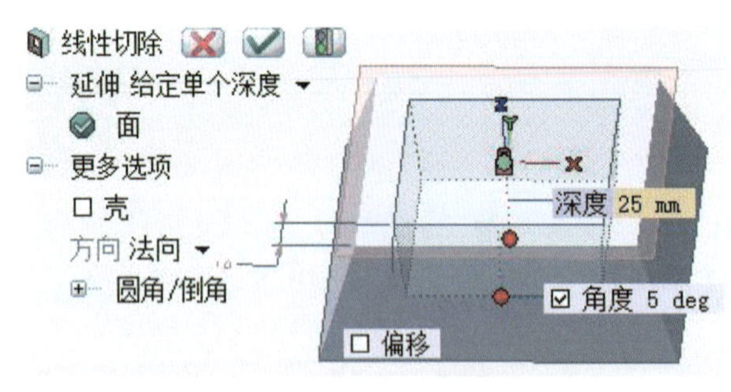

图 3-49　线性切除

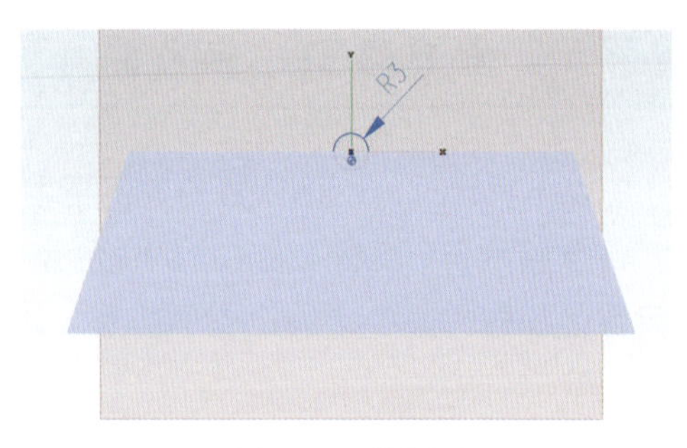

图 3-50　绘制圆

使用【线性切除】命令，延伸【类型】选择全部贯穿，双击绿色小圆点设置成两侧拉伸，然后点击完成操作，如图 3-51 所示。

使用【实体阵列】命令，选择刚刚切除的圆柱面为基础对象，【布置】选择拟合，【类型】选择角度，【第一轴】选择 Y 轴，第一角度延伸：90，第一副本数量：2，点击完成操作，如图 3-52 所示。

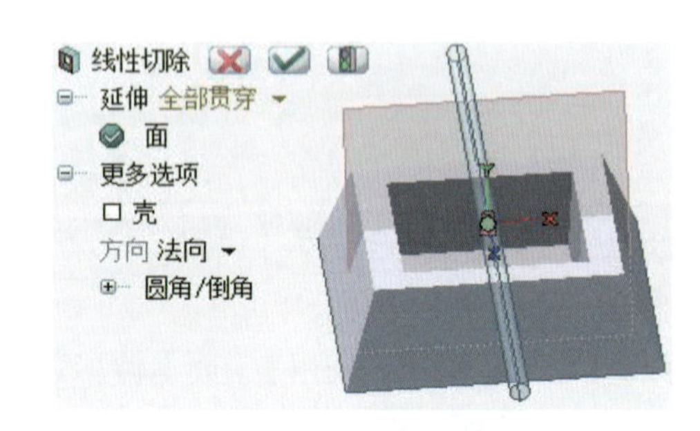

图 3-51　圆柱切除

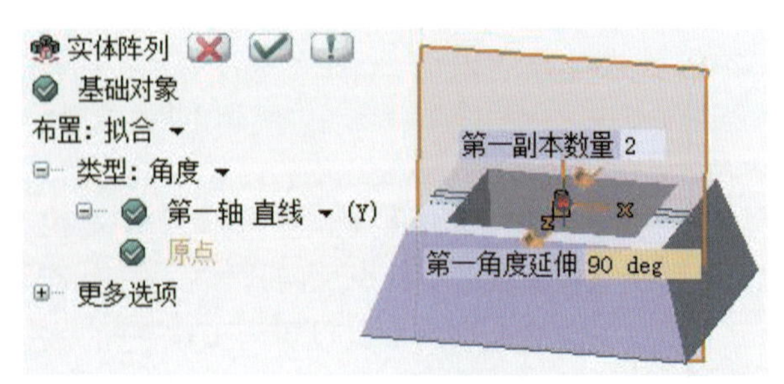

图 3-52　实体阵列

选择【边线圆角】命令，选择外侧的四条斜边，设置半径值 10，点击应用操作；继续选择内侧四条边，设置半径值 5，点击应用操作；选择内部型腔底边线，设置半径值 5，点击应用操作，如图 3-53 所示。

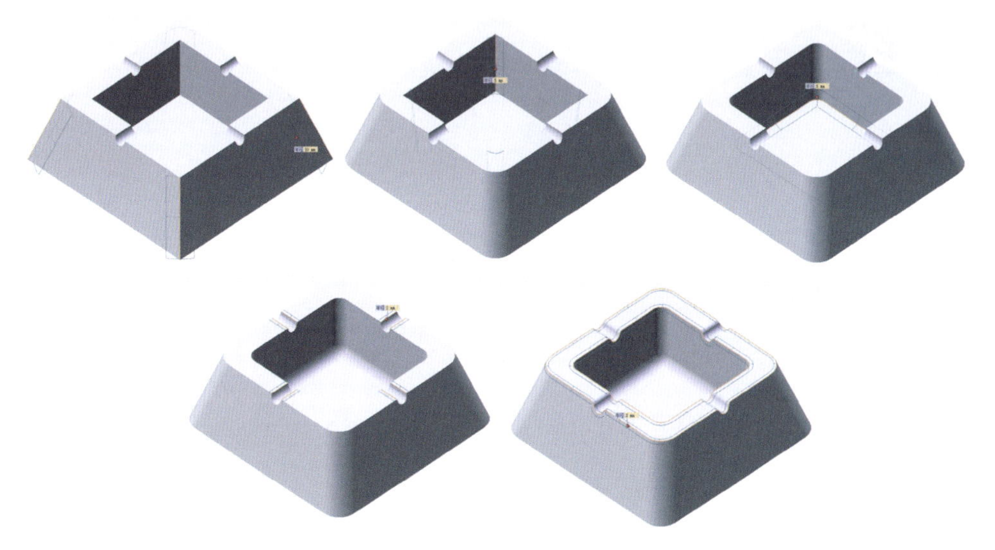

图 3-53　边线圆角

再选择所有圆柱边线，设置半径值 2，点击应用操作；选择所有上表面两条边线，设置半径值 2，点击完成操作。

使用【实体抽壳】命令，【模式】选择：移除面，要移除的面选择实体下表面，全局厚度：2，点击完成操作，如图 3-54 所示。

至此，一个简单的烟灰缸已经绘制完成，如图 3-55 所示。

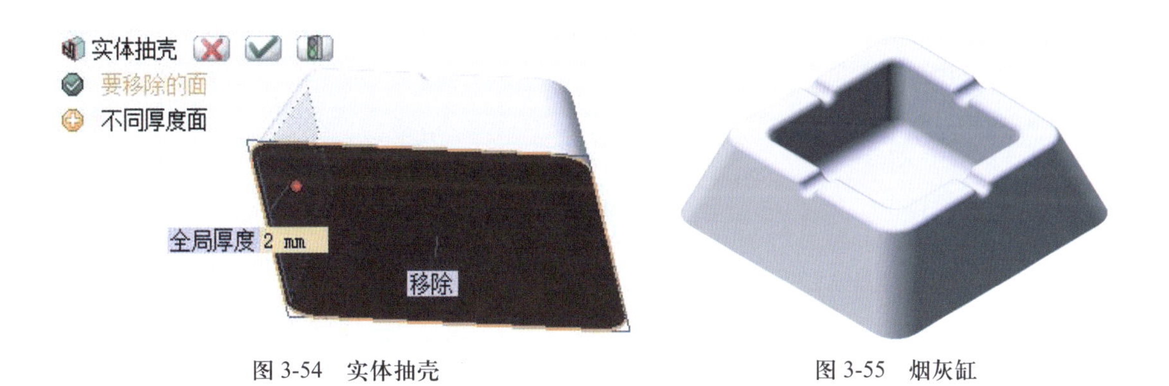

图 3-54　实体抽壳

图 3-55　烟灰缸

ThinkDesign

第 4 章 曲　线

4.1 曲线绘制

4.1.1 控制点曲线

【通过控制点的曲线】：可以通过指定其控制点来创建新曲线（控制点在曲线外），如图 4-1 所示。

【通过插补点的曲线】：可以通过指定其插补点来创建新曲线（插补点在曲线上），如图 4-2 所示。

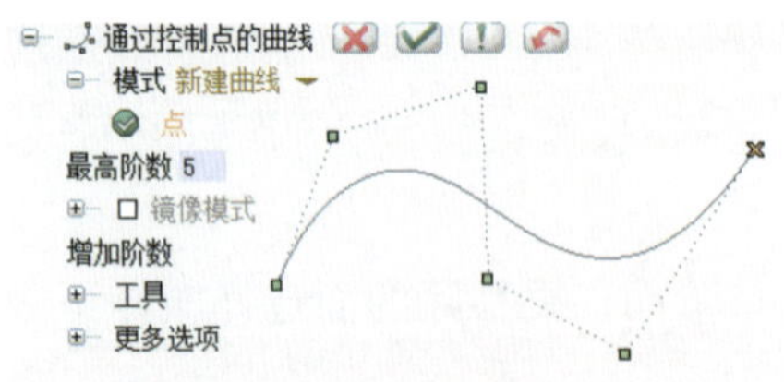

图 4-1　控制点曲线

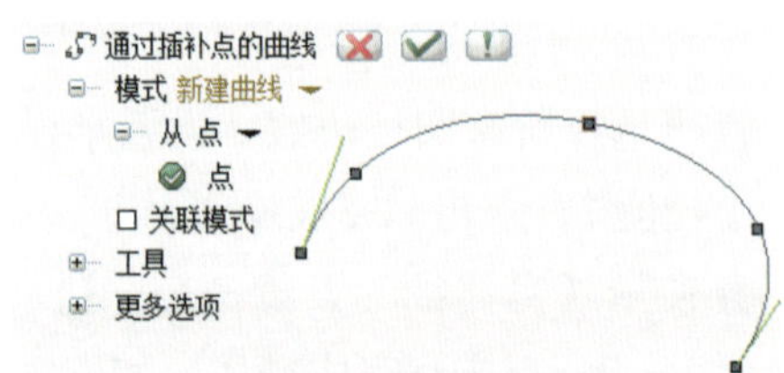

图 4-2　控制点曲线

4.1.2 拟合曲线

【拟合曲线】：可以创建一些拟合给定的点或曲线。拟合曲线是 NURBS 曲线，可由需要的值去控制拟合曲线，如图 4-3 所示。

4.1.3 边界曲线

【边界曲线】：可以提取曲面的边界曲线（或者实体的表面），如图 4-4 所示。

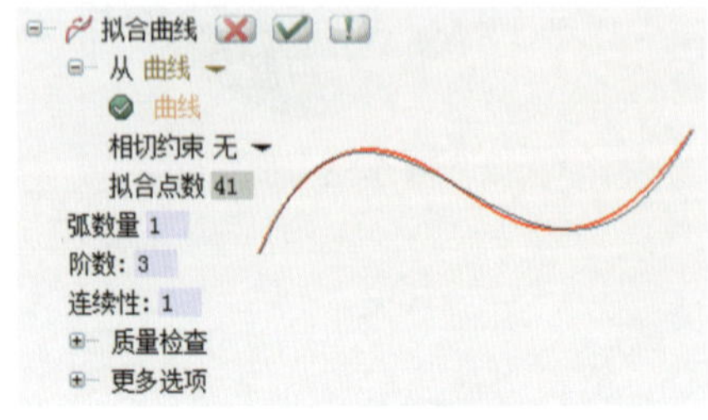

图 4-3　拟合曲线

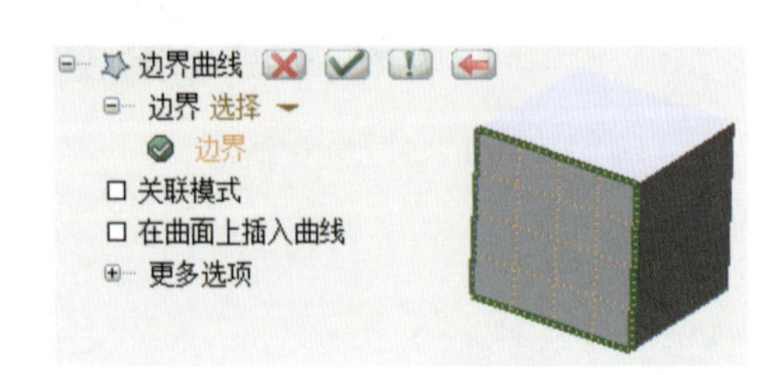

图 4-4　边界曲线

4.1.4 投影曲线

【投影曲线】：可以创建新的曲线(在平面或曲面上)，即把旧的曲线通过某个方向做投影，在曲面或实体上生成新的曲线，如图 4-5 所示。

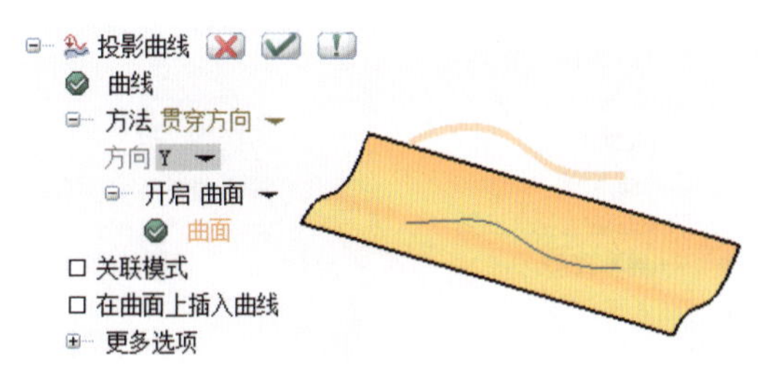

图 4-5 投影曲线

4.1.5 二次曲线

【椭圆】：可以通过中心和长短轴或者 2 顶点和 1 点绘制椭圆，如图 4-6 所示。

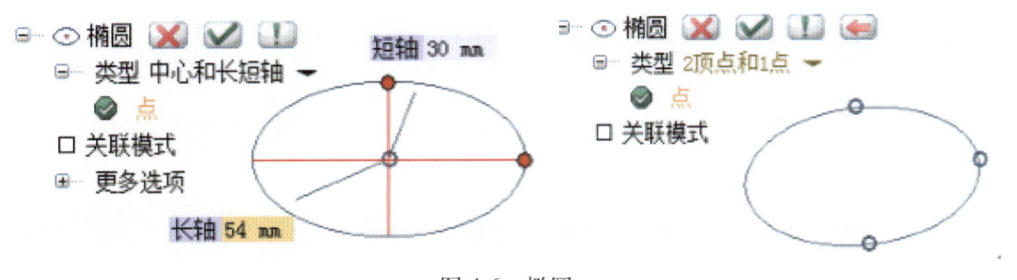

图 4-6 椭圆

【双曲线】：可以创建由其中心点、实轴和虚轴以及其端点到这些轴之间的距离所定义的双曲线，如图 4-7 所示。

【抛物线】：可以通过三种方法绘制一条抛物线，如图 4-8 所示。

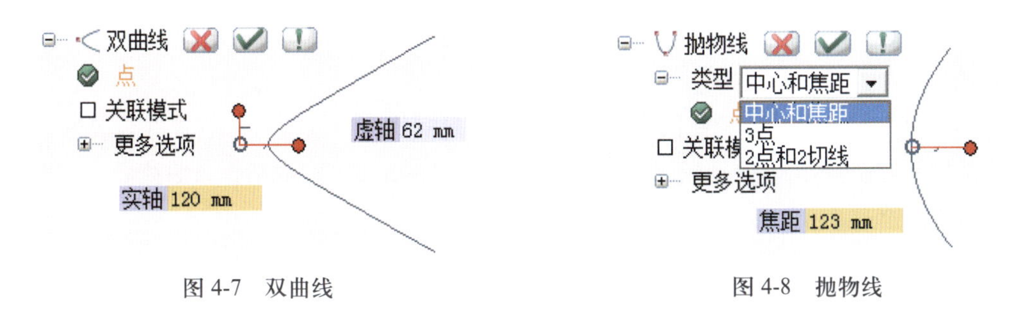

图 4-7 双曲线　　　　图 4-8 抛物线

4.1.6 相交曲线

【相交曲线】：可以创建两组所选曲面的相交曲线，如图 4-9 所示。

4.1.7 等参曲线

【等参曲线】：可以在一个或多个所选曲面上创建面内 UV 参数线，即使这些曲面属于实体也不例外，如图 4-10 所示。

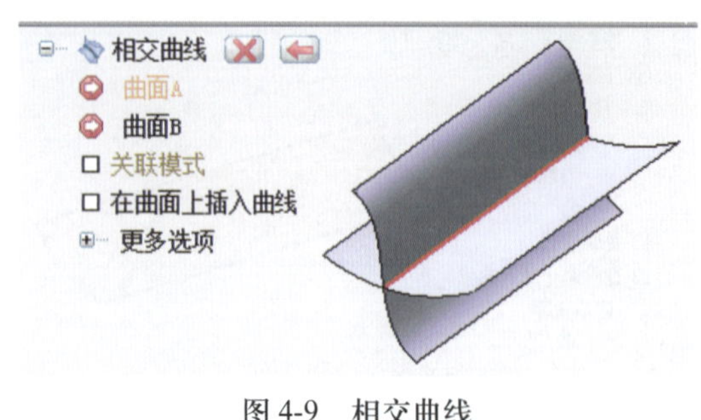

图 4-9　相交曲线

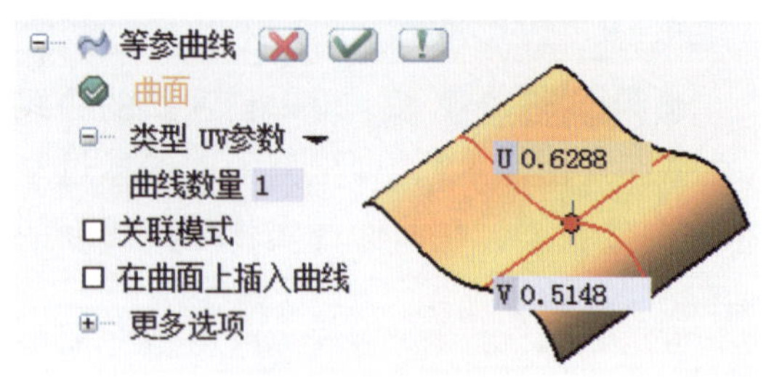

图 4-10　等参曲线

4.1.8　侧影轮廓曲线

【侧影轮廓曲线】：可以通过以下三个类型选择的形状轮廓上创建曲线。

侧影轮廓：创建侧影轮廓曲线，该曲线将重现曲面相对于所选视线方向的侧影轮廓，从而获得在创建模具时非常有用的分型线。

高亮：创建高亮曲线（高亮曲线是光线方向与曲面法线垂直的点的轨迹）。

等照度线：创建等照度曲线（等照度线是照明恒定的直线）。

4.1.9　剖切线

【剖切线】：可以在曲面、实体（即使包含在组件中）或网格上创建面切线，如图 4-11 所示。

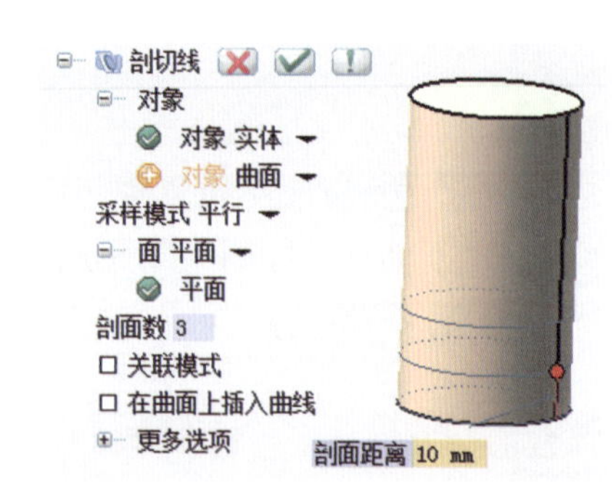

图 4-11　剖切线

4.1.10　插入自由手绘曲线

【插入自由手绘曲线】：安装 TD 的电脑连接手绘板后（例如 wacam 手绘板），可以用手写笔在手绘板快速、轻松地手绘曲线，而且同时支持鼠标操作，如图 4-12 所示。

在完成命令前，可对当前曲面进行再次修改，只需将笔（或鼠标）定位在需要修改的开始位置重复绘制操作，曲线预览即将修改，如图 4-13 所示。完成第一条曲线后，可再进行第二条曲线绘制。

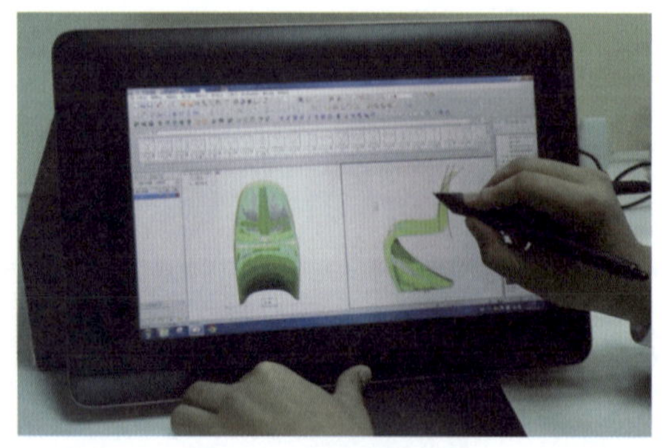

图 4-12　自由手绘曲线

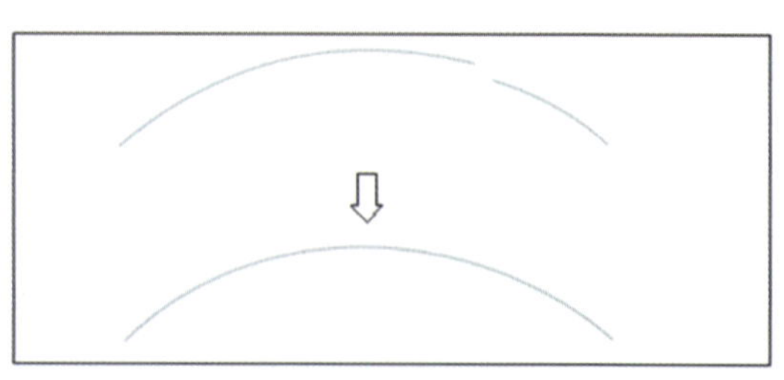

图 4-13　修改手绘曲线

4.2 编辑曲线

4.2.1　连接曲线

【连接曲线】：可以把两条空间错位的曲线进行或相切或曲率的方式连接，如图 4-14 所示。

4.2.2　由 2D 曲线生成 3D 曲线

【由 2D 曲线生成 3D 曲线】：可以使用两条位于不同平面上的平面曲线基于 2D 曲线的投影来创建 3D 曲线，如图 4-15 所示。

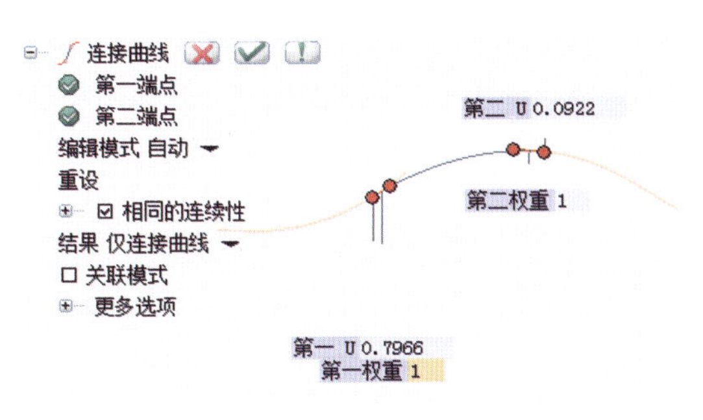

图 4-14　连接曲线

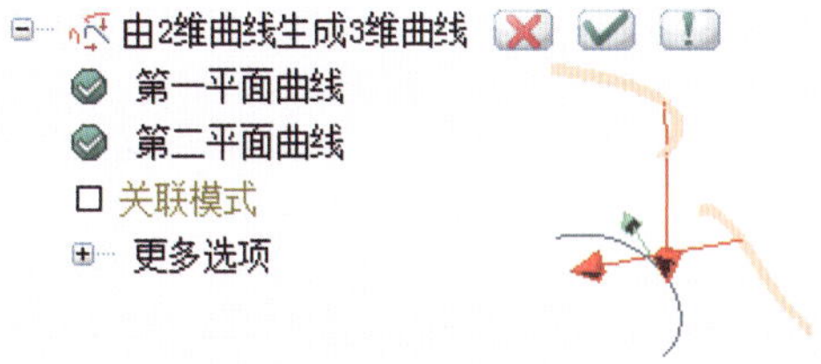

图 4-15　2D 转 3D

4.2.3　通过控制点修改曲线

【通过控制点修改曲线】：可以通过增加或者减少控制点对原有曲线进行编辑，如图 4-16 所示。

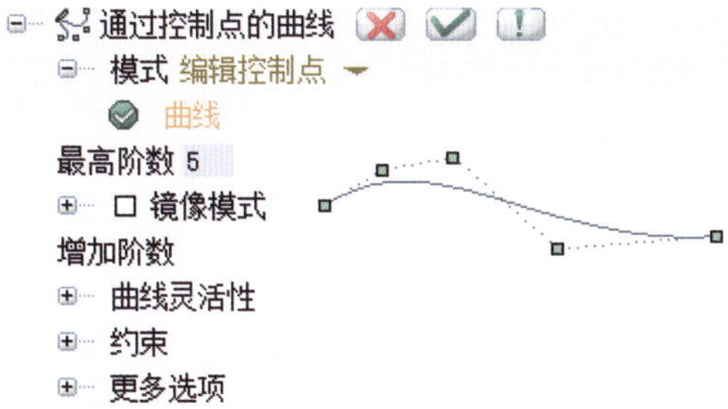

图 4-16　控制点修改曲线

4.2.4　曲线灵活性

【曲线灵活性】：可以通过调整阶数的数量来控制曲线的曲率变化，如图 4-17 所示。

4.2.5　曲线连续性

【曲线连续性】：可以控制两条单个曲线之间的连续性，一般常用的连续性有位置、相切、曲率等，如图 4-18 所示。

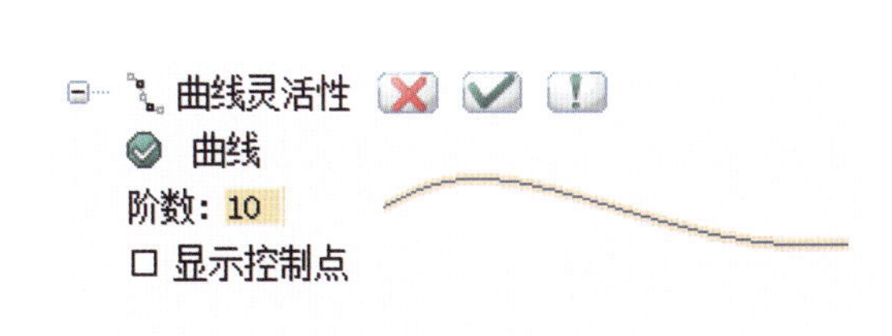

图 4-17　曲线灵活性

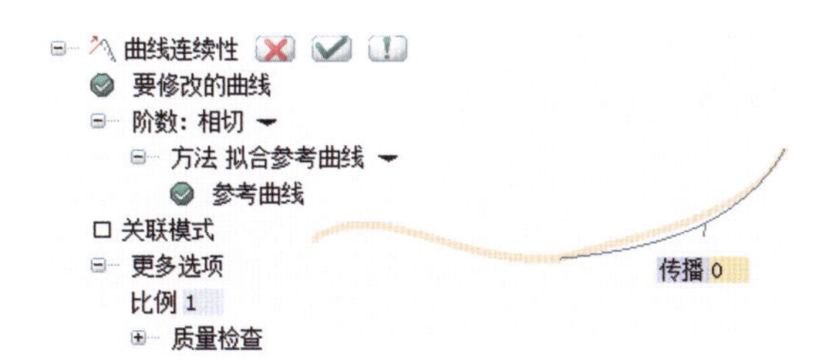

图 4-18　曲线连续性

4.2.6 分割曲线

【分割曲线】：可以通过点、边界、圆弧连接点三种不同的方法来分割曲线，如图 4-19 所示。

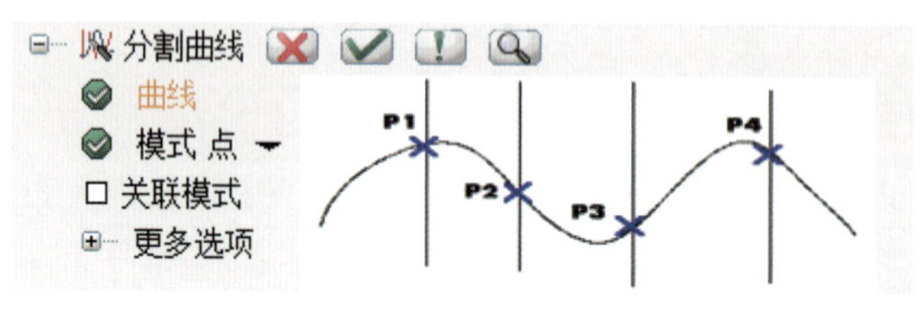

图 4-19 分割曲线

4.2.7 合并曲线

【合并曲线】：可以把两条或两条以上曲线合并为一条，如图 4-20 所示。

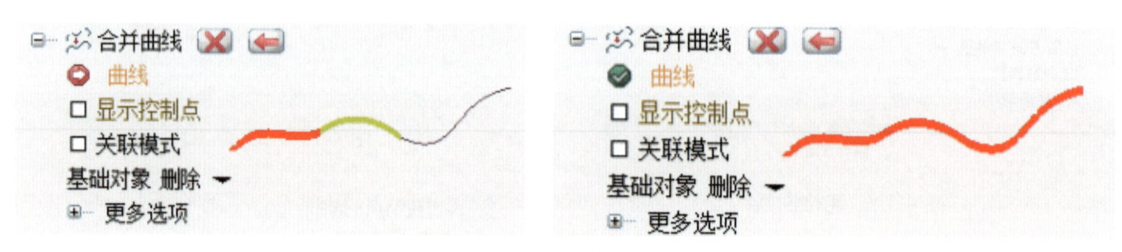

图 4-20 合并曲线

4.2.8 延伸曲线

【延伸曲线】：可以通过点、边界、长度三个方法对曲线进行延长，如图 4-21 所示。

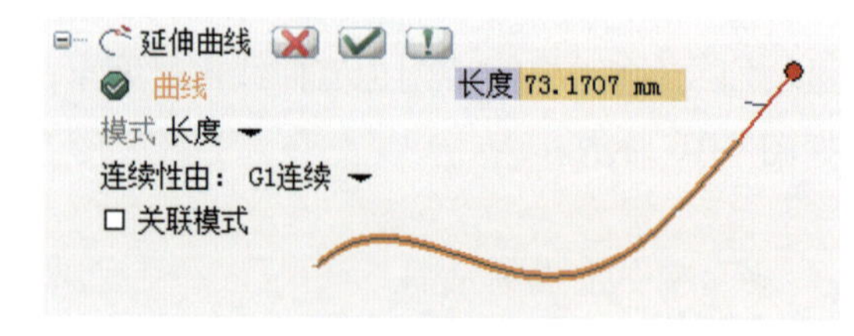

图 4-21 延伸曲线

ThinkDesign

第 5 章 曲面

5.1 曲面绘制

5.1.1 放样曲面

【放样曲线】 ：可以通过 A、B 边界放样出对应的曲面，如图 5-1 所示。

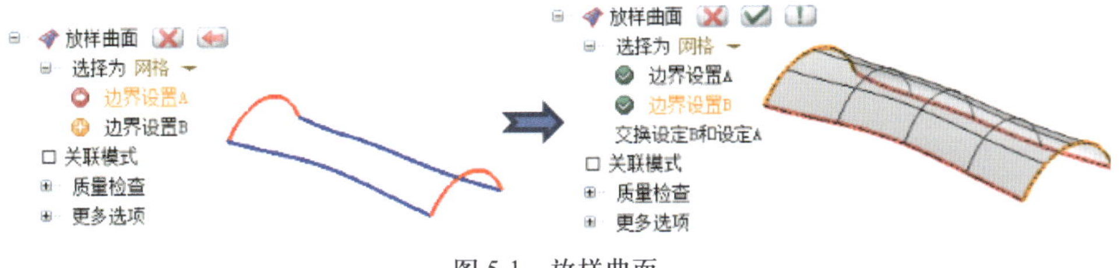

图 5-1 放样曲面

5.1.2 平面

【平面】 ：可以在一组封闭的曲线组内生成平面，如图 5-2 所示。

5.1.3 线性曲面

【线性曲面】 ：可以沿线性路径扫描曲线、轮廓，甚至实体边线来创建曲面。扫描路径可以是沿任何方向的，并且我们可以设置拔模角度或指定一个成型顶点，如图 5-3 所示。

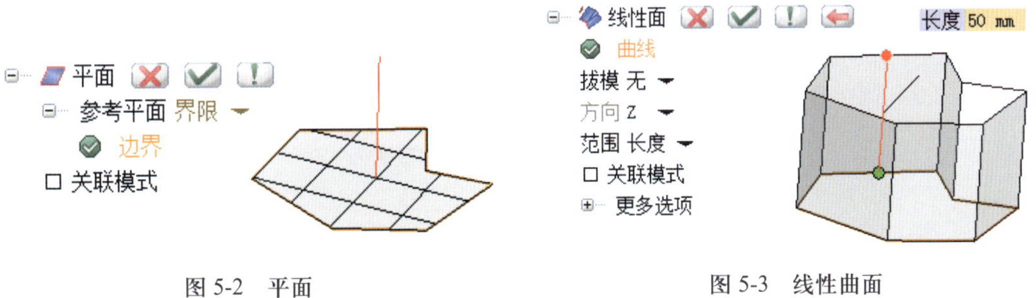

图 5-2 平面

图 5-3 线性曲面

5.1.4 旋转曲面

【旋转曲面】：可以通过围绕一个轴来旋转一组曲线来生成曲面，如图 5-4 所示。

5.1.5 连接面

【连接面】：可以在两个曲面之间，生成一个过渡连接的曲面，如图 5-5 所示。

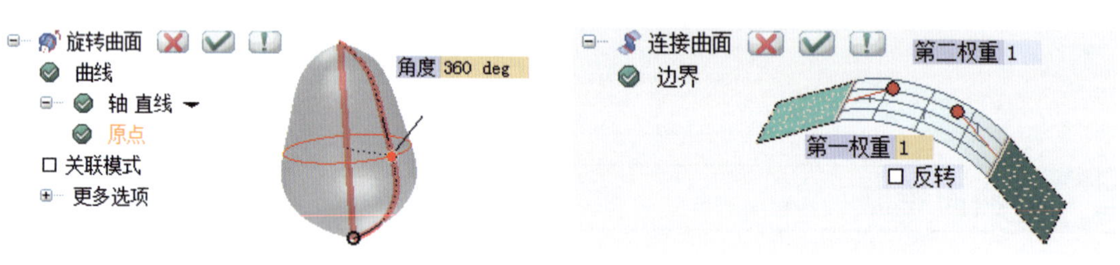

图 5-4 旋转曲面

图 5-5 连接面

5.1.6 合并曲面

【合并曲面】：可以把两个或两个以上曲面合并为一个曲面，如图 5-6 所示。

5.1.7 填充曲面

【填充曲面】：可以把一组封闭内的空间生成一个曲面，并且能设定连续性，如图 5-7 所示。

图 5-6 合并曲面

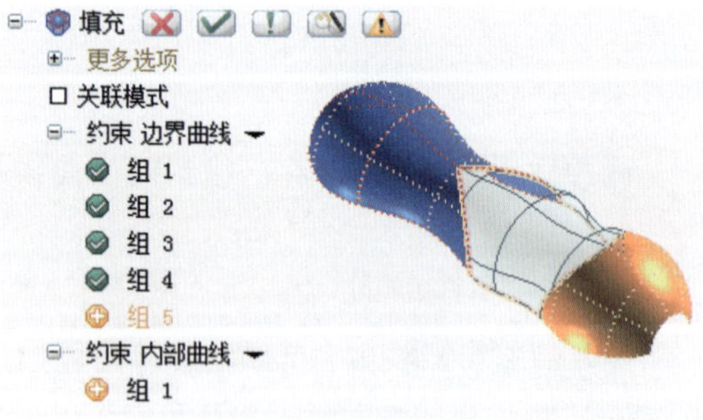

图 5-7 填充曲面

5.1.8 重新填充

【重新曲面】：可以创建一个覆盖表面，采用网格和一些限制曲线作为唯一的输入。

5.1.9 偏移

【偏移】：可以把一组曲面进行一定数值的平行偏移，如图 5-8 所示。

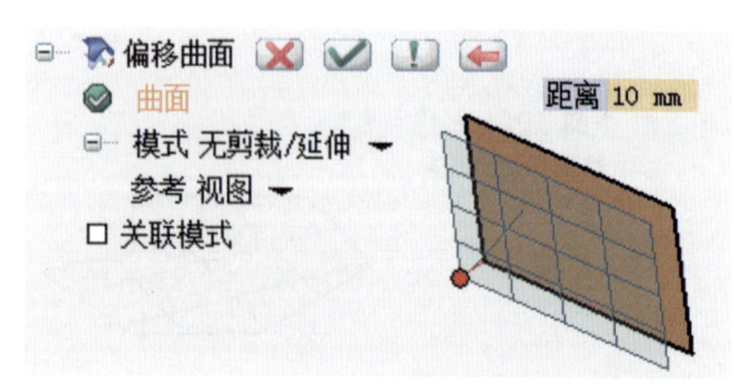

图 5-8 偏移

5.1.10 模糊偏移

【模糊偏移】 ：一般用于冲压模前期的预放，如图 5-9 所示。

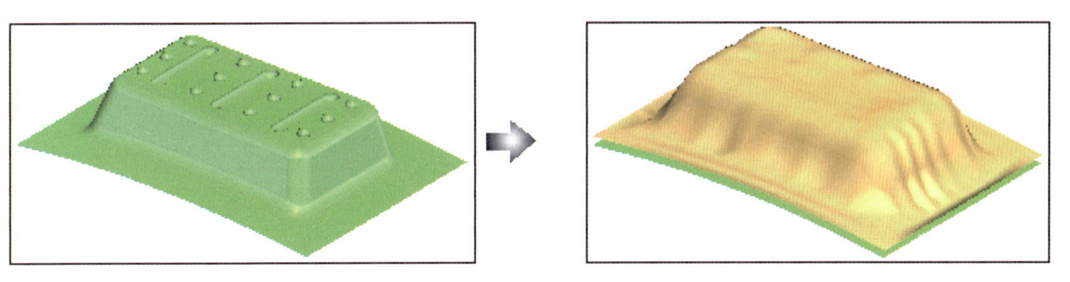

图 5-9 模糊偏移

5.1.11 分型面

【分型面】 ：能够创建一个分离平面，该平面位于分割线周围的表面（通常由曲线链组成），一般用于创建模具。

5.1.12 全局扫描

【全局扫描】 ：可以通过一条或两条引导线作为路径，多个截面作为剖面进行扫描得出相应曲面，如图 5-10 所示。

5.1.13 旋转扫描

【旋转扫描】 ：该命令和“旋转曲面”类似，可以绕一条轴线，通过截面进行旋转得出相应曲面，如图 5-11 所示。

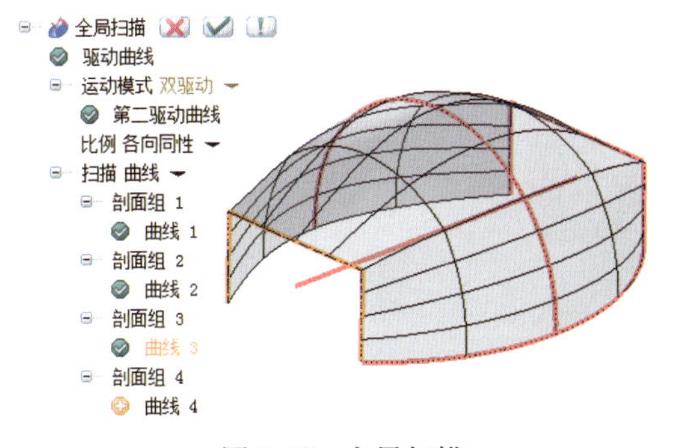

图 5-10 全局扫描

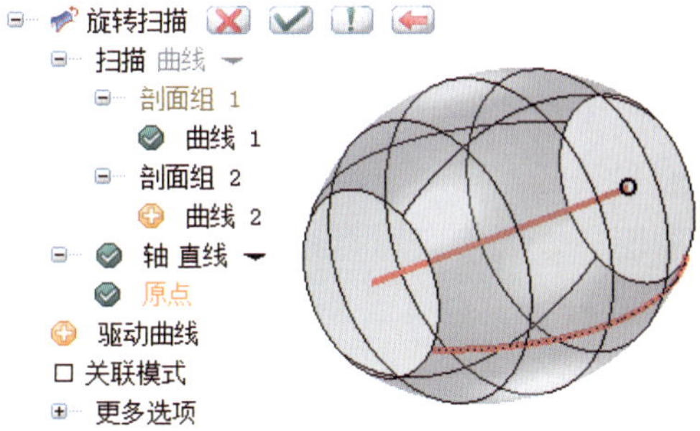

图 5-11 旋转扫描

5.1.14 管

【管】 ：可以沿由一链驱动曲线（其中还可以包含尖点）定义的路径创建圆形剖面曲面（管道），如图 5-12 所示。

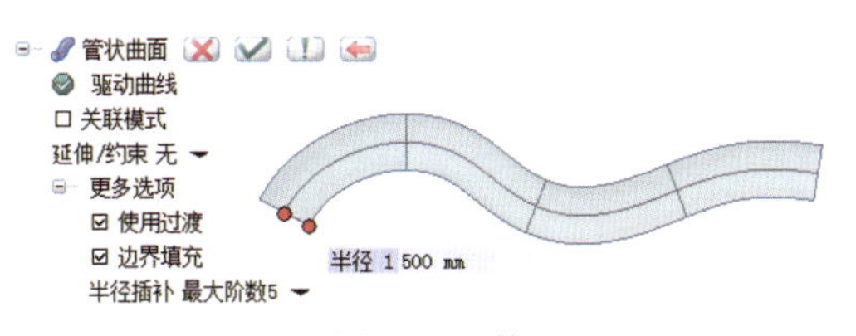

图 5-12 管

5.1.15 螺旋面

【螺旋面】：可以通过沿螺旋路径，拖动现有曲线（开放或闭合）来创建螺旋曲面，从而获得不同的构造模式，如图 5-13 所示。

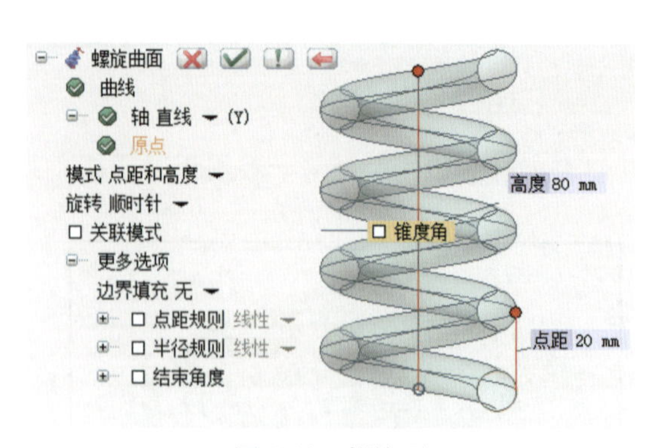

图 5-13 螺旋面

5.1.16 刮削扫描

【刮削扫描】：可以通过扫描一个刚性轮廓（可由 3D 斜曲线组成）来沿两个驱动创建曲面，这两个驱动都可以是轮廓 并满足某些接触约束（必须在其初始位置满足目标接触条件）。

5.1.17 曲面牵引

【曲面牵引】：可以沿驱动轮廓以与用作驱动的一些其他曲面相切的方式创建曲面。此命令也可用于给铸件和锻件添加拔模角度。

5.1.18 分割曲面

【分割曲面】：可以拉伸一组曲面边界曲线，如图 5-14 所示。

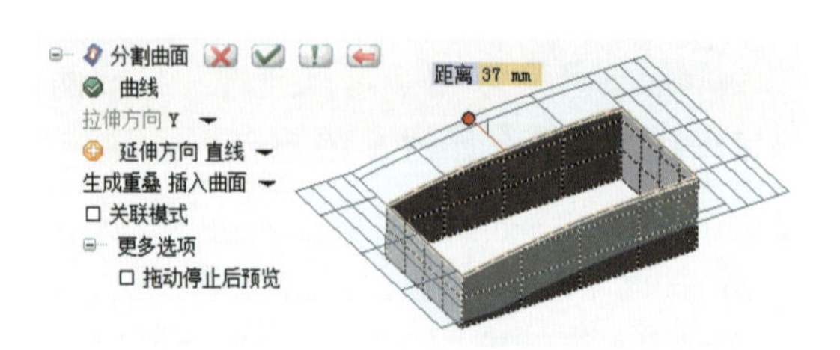

图 5-14 分割曲面

5.1.19 圆角

【圆角】：可以在模型的两个所选曲面（分别为第一曲面和第二曲面）之间创建混合曲面，该曲面既可以是圆角曲面（圆角），也可以是棱角曲面（倒角），如图 5-15 所示。

图 5-15 圆角

5.1.20 打断实体

【打断实体】：可以把实体打断为曲面，如图5-16所示。

图 5-16 打断实体

5.2 曲面编辑

5.2.1 控制点曲面

【控制点曲面】：可以通过多个控制点，调整曲面形状，如图 5-17 所示。

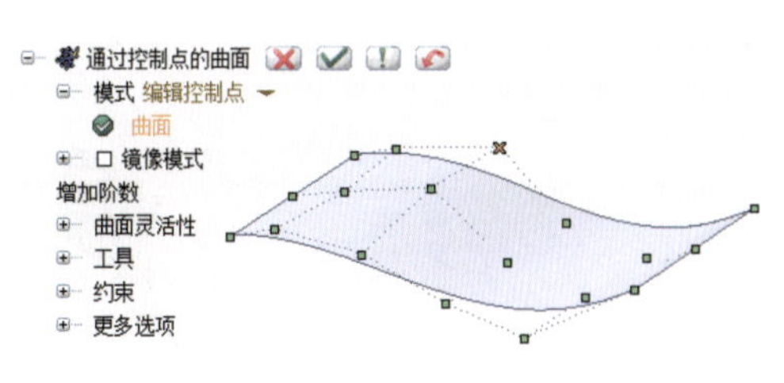

图 5-17 控制点曲面

5.2.2 形状约束

【形状约束】：可以选择一个曲面上随意的位置并使用一个临时控标来修改形状，如图 5-18 所示。

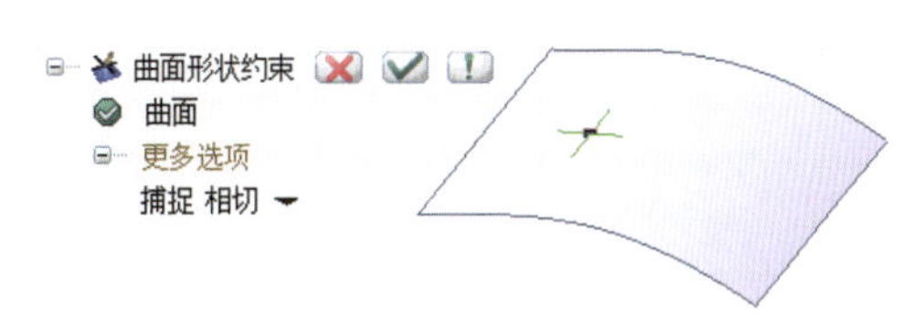

图 5-18 形状约束

5.2.3 转换 NURBS 曲面

【转换 NURBS 曲面】：可以将一个或多个曲面转换为 NURBS 面。

5.2.4 高级曲面连续性

【高级曲面连续性】：可将两个曲面设定为位置连续或相切或曲率连接，并且能保持被修改曲面不动一侧的连续性，如图 5-19 所示。

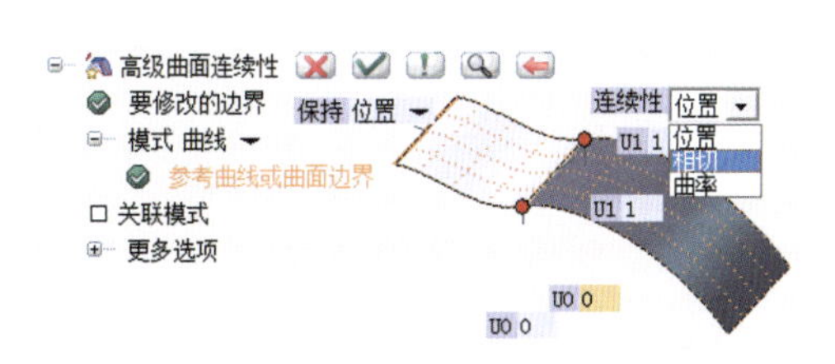

图 5-19 高级曲面连续性

5.2.5 曲面灵活性

【曲面灵活性】：可以用来在不改变曲面的形状或空间位置的前提下修改曲面的阶数和连续性，如图 5-20 所示。

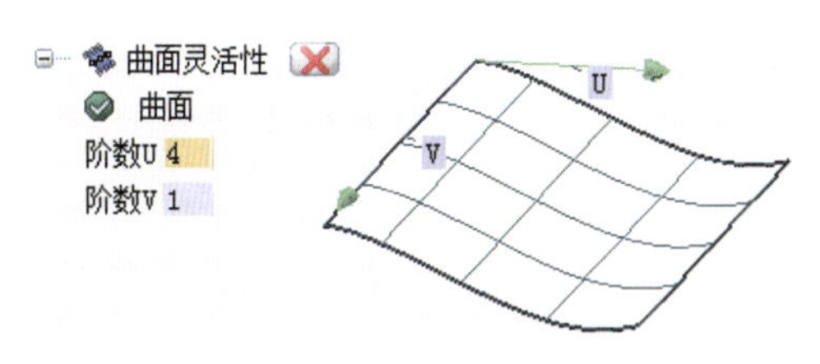

图 5-20 曲面灵活性

5.2.6 使用界限剪裁

【使用边界剪裁】：可以使用所选的界限对象剪裁任何种类的一个或多个曲面，这些界限对象可以是曲线或其他曲面：必须选择界限（曲线或曲面）、要剪裁的曲面和此类曲面上的要保留的范围，如图 5-21 所示。

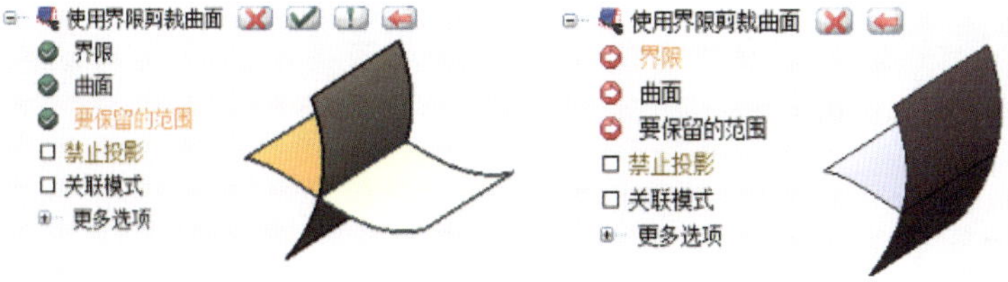

图 5-21 使用界限剪裁

5.2.7 相互剪裁曲面

【相互剪裁曲面】：可以用来在曲面交线处修剪两个或两个以上曲面，其中一个曲面作为剪裁其他曲面的界限，而后者则在其交线处被剪裁，如图 5-22 所示。

图 5-22 相互剪裁曲面

5.2.8 分割

【分割】：可以等参曲线来分割曲面，如图 5-23 所示。

图 5-23 分割

5.2.9 剪裁 / 延伸曲面

【剪裁/延伸曲面】：可以通过位置、相切方法之一来剪裁或延伸曲面，如图 5-24 所示。

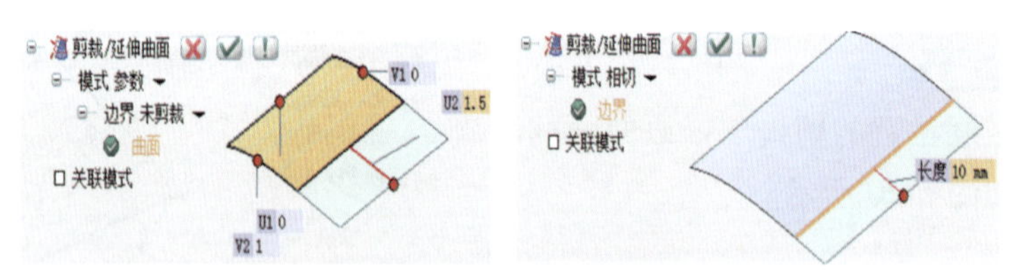

图 5-24 剪裁 / 延伸曲面

5.2.10 取消剪裁

【取消剪裁】：可以从具有参数极限值的曲面开始重建原始曲面（无论这些曲面是以何种方式创建的，如通过剪裁现有曲面或创建边界平面等），如图 5-25 所示。

图 5-25 取消剪裁

5.2.11 反转曲面

【反转曲面】：可以反转曲面的法线方向，如图 5-26 所示。

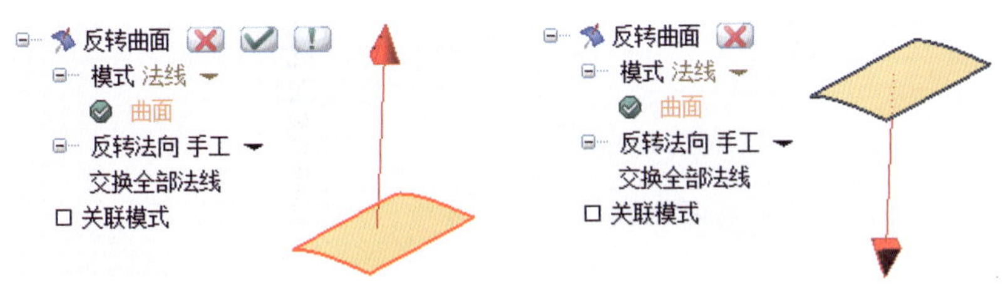

图 5-26　反转曲面

5.2.12　修改退化曲面法线

【修改退化曲面法线】：可以重新正确定义退化曲面的法向。

5.2.13　张紧度

【张紧度】：可以通过对沿形状上某些控制曲线的法线曲率应用张紧度来对该形状应用受控变形。

5.3 GSM

5.3.1　GSM 高级

【GSM 高级】：可以高效地在无需参数的前提下，只要有变更的目标（点或者线），就能逆向完成产品的设计变更，并且可以设定被保留不动部分，变更对象包括面、线、实体、网格。

- 案例：

如图 5-27 所示，选择变更的曲面和被保留不动的曲线。

如图 5-28 所示，选择初始曲线和目标曲线。

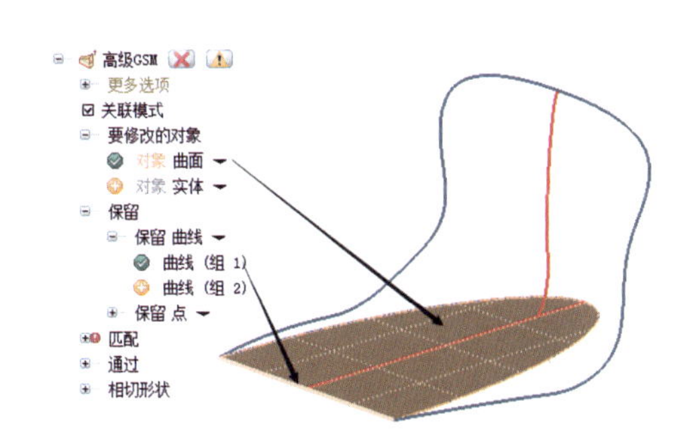

图 5-27　选择修改曲面和保留曲面

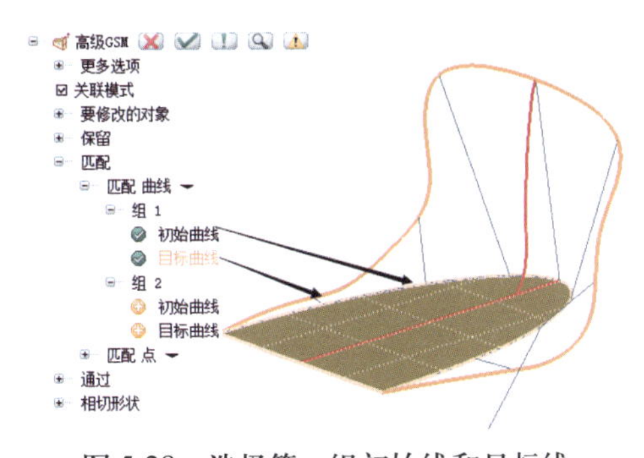

图 5-28　选择第一组初始线和目标线

如图 5-29 所示，选择初始曲线和目标曲线。

点击确定后，得到如图 5-30 所示的曲面。

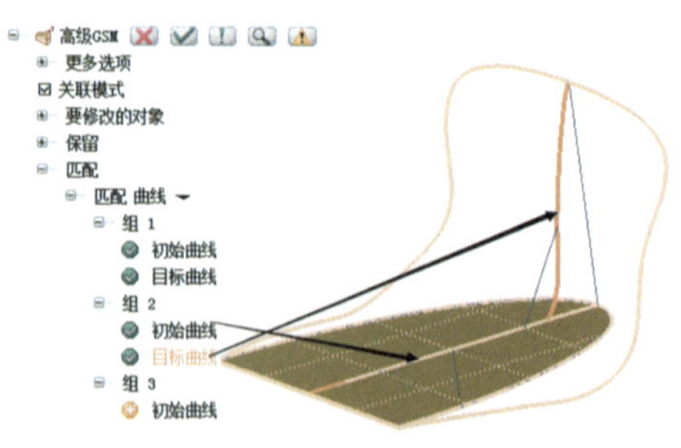

图 5-29　选择第二组初始线和目标线

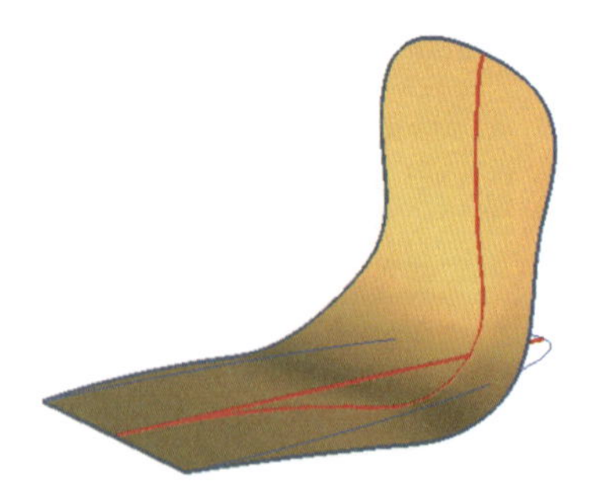

图 5-30　得到变形曲面

5.3.2　区域建模

【区域建模】：该命令和上述的【GSM 高级】的功能和操作方法大致相同，但是增加了【自动保留】功能。

- 案例：

如图 5-31 所示，选择变更的曲面。

如图 5-32 所示，点击【自动保留】。

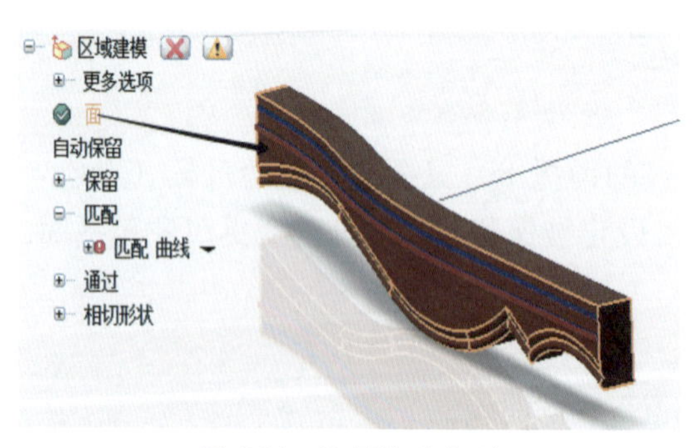

图 5-31　选择修改曲面

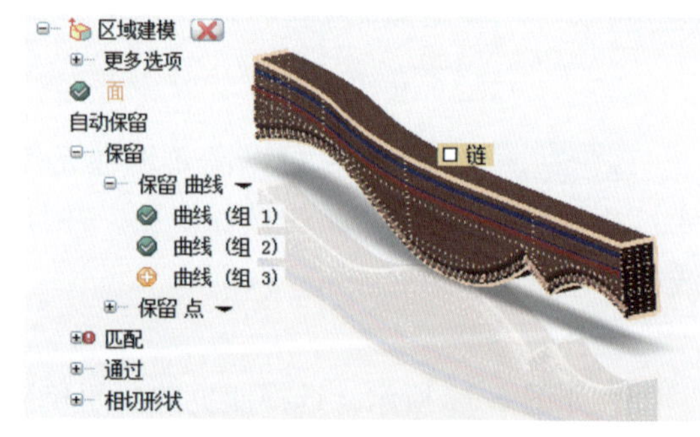

图 5-32　点击自动保留

如图 5-33 所示，选择初始曲线和目标曲线。

点击【确定】后，得到如图 5-34 所示的变形产品。

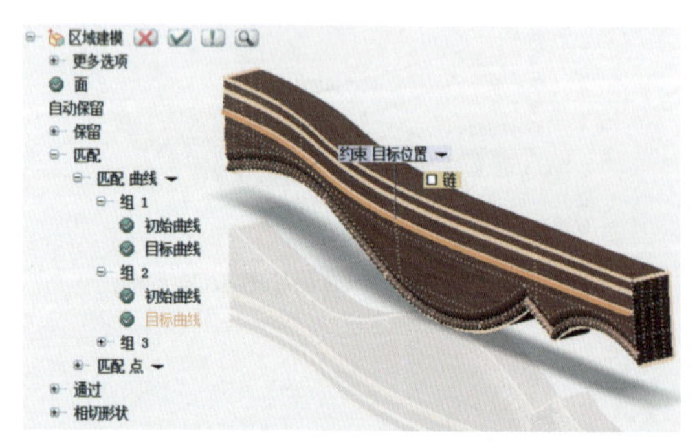

图 5-33　选择初始曲线和目标曲线

图 5-34　生成弯曲零件

5.3.3 GSM 折弯

【GSM 折弯】：可以以一条直线为基准，对物体进行折弯。当折弯角度为 ±90° 时，还可以对物体进行拉伸或者缩短，如图 5-35 所示。

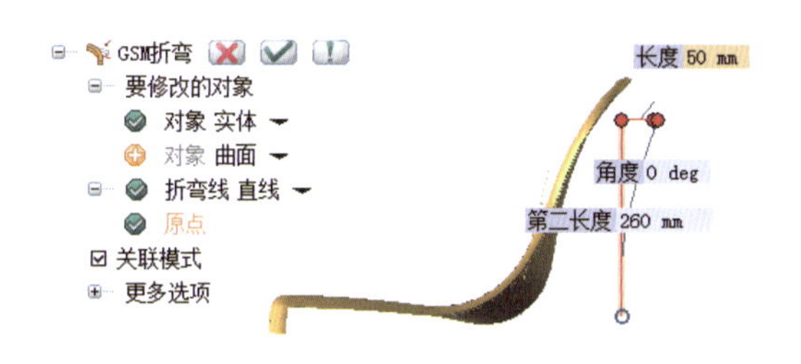

图 5-35 折弯

如图 5-36 所示，选择被修改实体和选择折弯线后，就可能任意角度对球场座椅靠背进行弯曲。

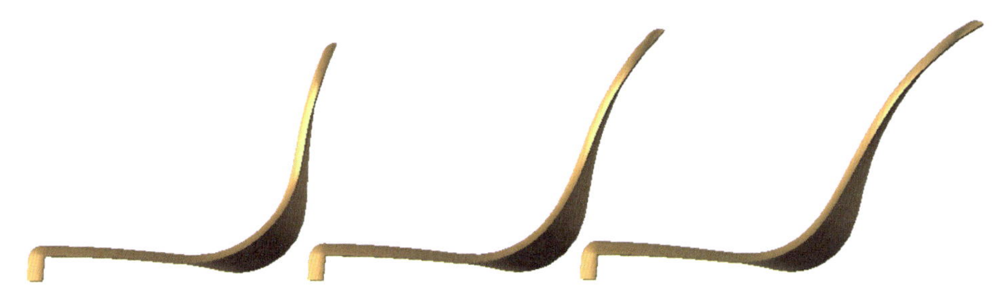

图 5-36 折弯的任意角度

5.3.4 GSM 扭转

【GSM 扭转】：以中心轴为进行，对物体进行任意角度的扭转，如图 5-37 ~ 图 5-39 所示。

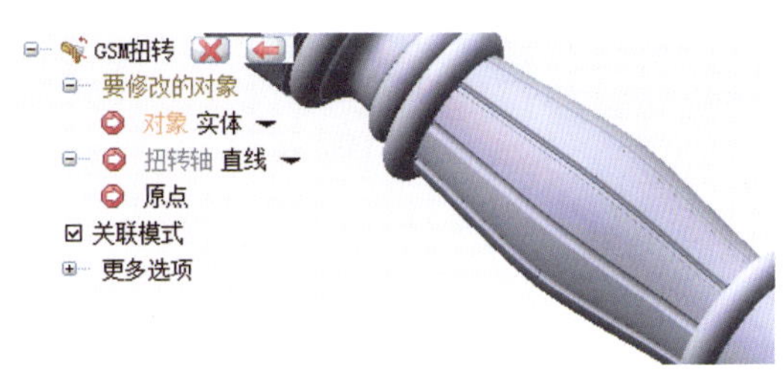

图 5-37 扭转 1

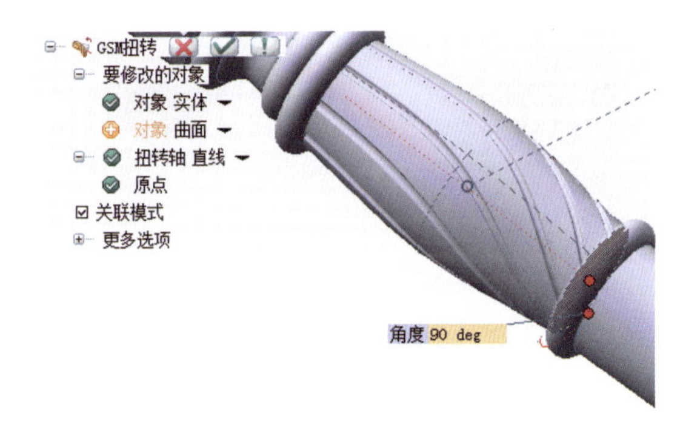

图 5-38 扭转 2

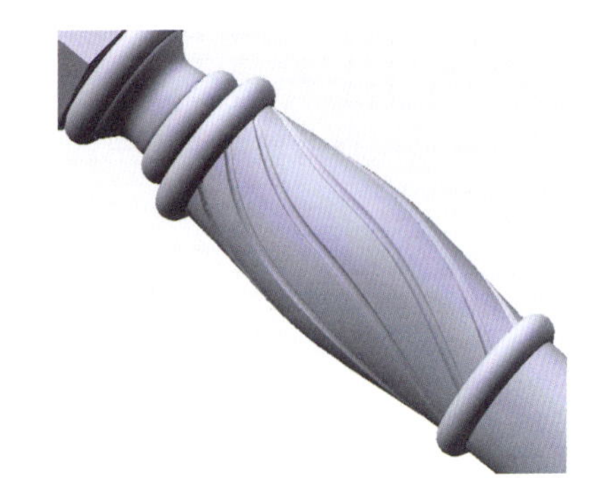

图 5-39 扭转 3

5.3.5 GSM 平面变形

【GSM 平面变形】：可以通过拉拽控制点对产品进行在平面上的调整，且控制点数量可以自定义，如图 5-40、图 5-41 所示。

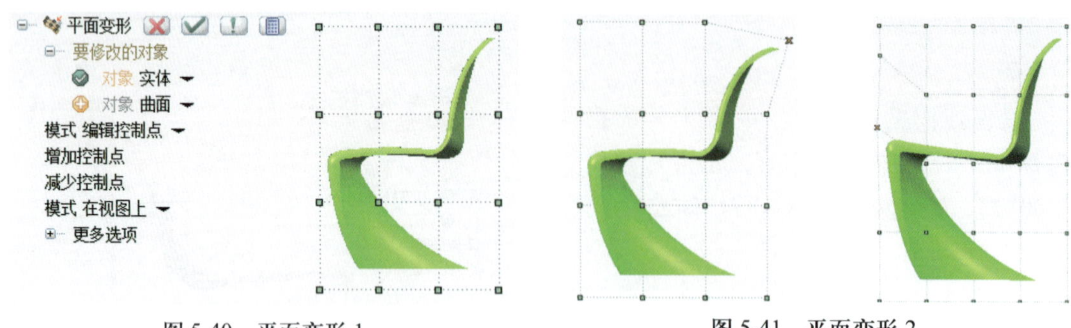

图 5-40 平面变形 1

图 5-41 平面变形 2

5.3.6 GSM 半径折弯

【GSM 半径折弯】：以一条中心轴不动，另一条折弯线进行一定半径值的折弯，如图 5-42、图 5-43 所示。

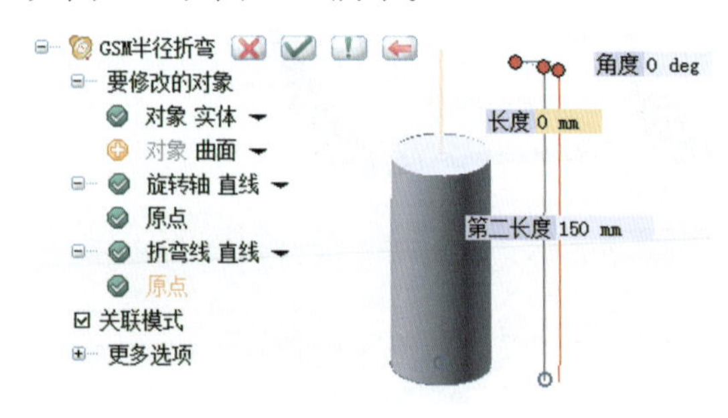

图 5-42 半径折弯 1

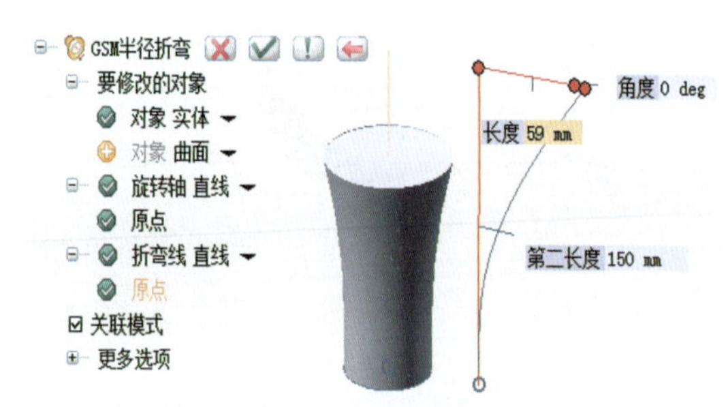

图 5-43 半径折弯 2

5.3.7 GSM 3D 变形

【GSM 3D 变形】：该功能与平面变形类型相似，也是通过拉拽控制点调整产品形状，但是控制点是在三维空间上的，如图 5-44 所示。

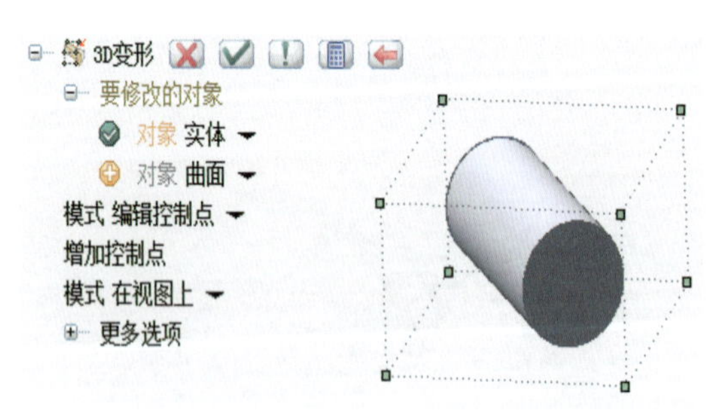

图 5-44 GSM3D 变形

第 6 章 钣 金

6.1 实体法兰

【实体法兰】：对开放性草图创建钣金件。

• 案例：

如图 6-1 所示，点击【2D 草图】命令，任意绘制多段线。

如图 6-2 所示，点击【实体法兰】命令，选中草图对象，输入“厚度”、“长度”、“半径”值。

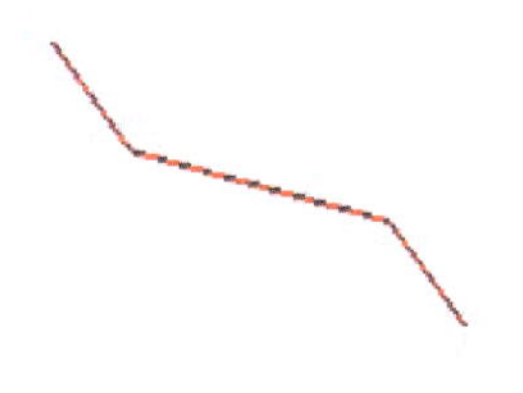

图 6-1 绘制曲线

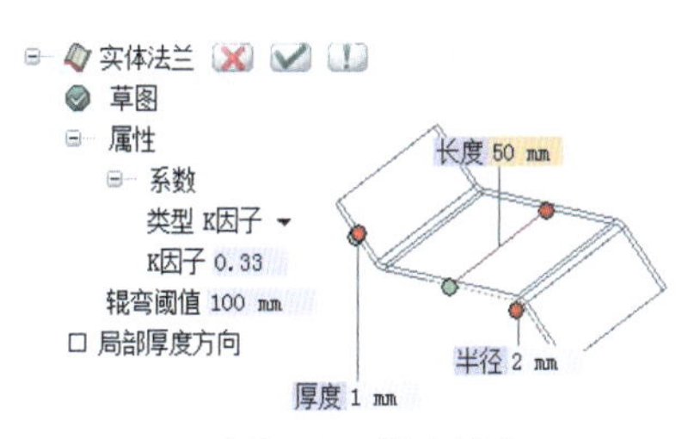

图 6-2 创建钣金

6.2 拉伸法兰

【拉伸法兰】：从开放草图(只包括直线和弧)开始创建法兰，使其一个端点位于实体的边线上。法兰将自动继承实体的厚度，因此其厚度与该实体的厚度相同。将在需要折弯的位置自动创建折弯。

• 案例：

打开文件 "ExtFlan01.e3"。启动【拉伸法兰】命令。

选择【草图】，它将用于定义法兰的方向，如图 6-3 所示。

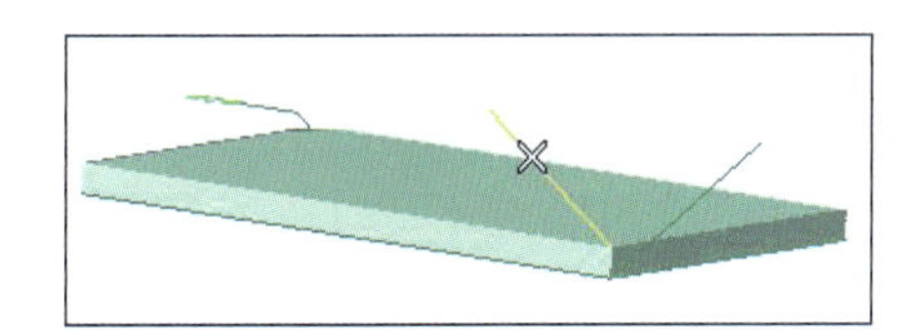

关于草图
欲选择的草图必须：
- 开放的
- 只包含直线和圆弧
- 有一端点在实体边上

图 6-3 选择草图

在【类型】下拉列表里选择边。

选择想要创建法兰的边，如图 6-4 所示。

要定义法兰的长度，在【更多选项】下的【延伸】下拉列表里，选择【第一距离】和【第二距离】选项。【第一距离】和【第二距离】参数框将在模型上显示，如图 6-5 所示。

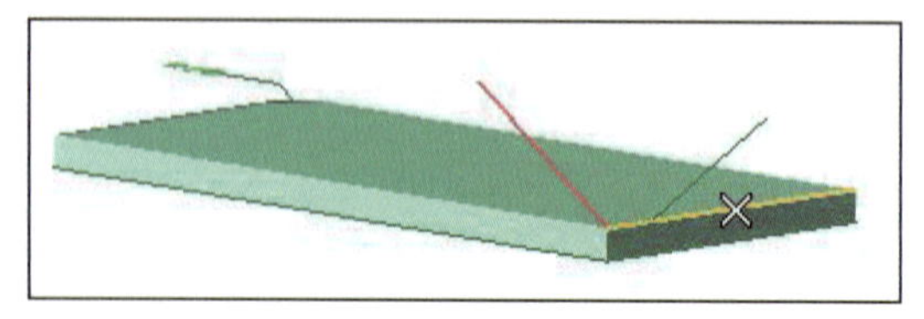
图 6-4　创建法兰的边

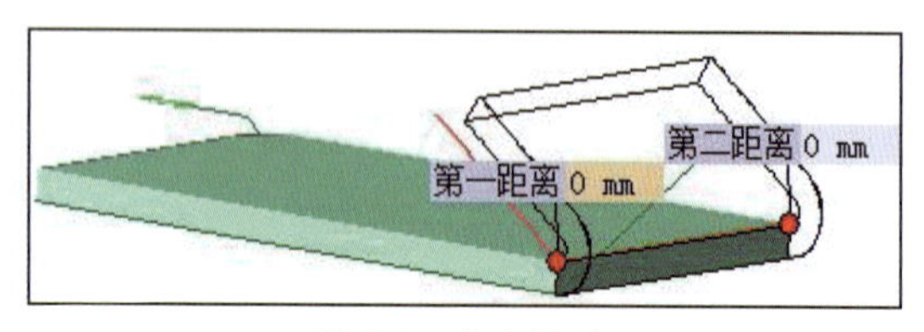

图 6-5　定义法兰

在【第一距离】参数框，输入法兰的开始侧面到选取边的第一个端点的距离。然后点击【TAB】键，将显示预览，如图 6-6 所示。

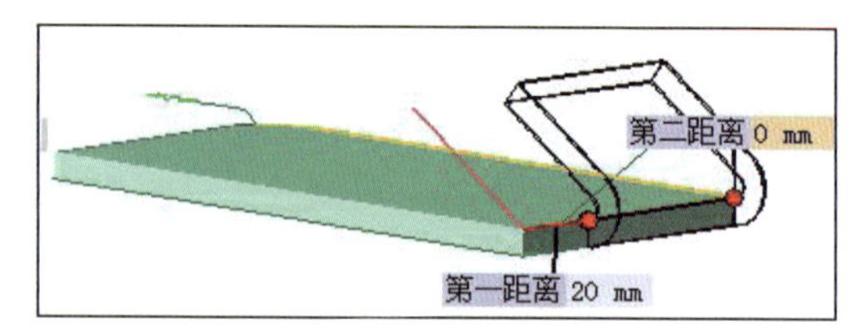

图 6-6　显示预览

【第二距离】参数框中输入法兰的终止侧面到选取边的另一个端点的距离，如图 6-7 所示。

单击☑或确认选择并创建法兰，如图 6-8 所示。

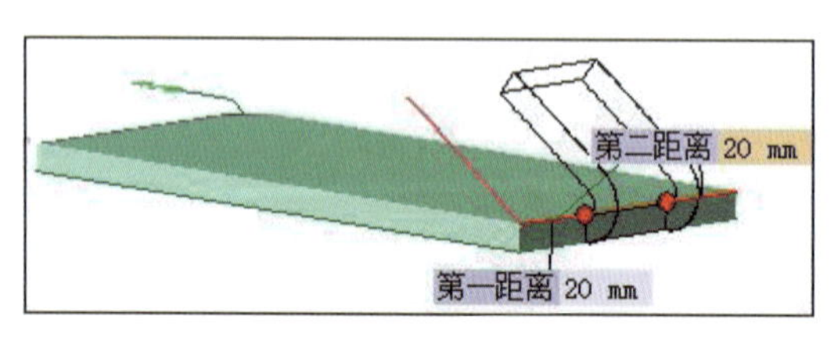

图 6-7　确定端点

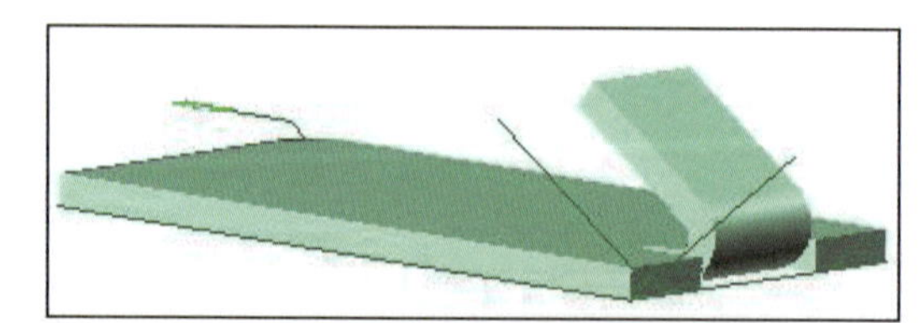
图 6-8　确定创建法兰

6.3 法兰

【法兰】：通过选取金属薄板线性边线创建折弯的命令。

• 案例：

启动【法兰】命令。在【长度】下拉列表，选择【通过值】(如果没有选择)，在【长度】参数框输入法兰的长度，如图 6-9 所示。

图 6-9　选择长度类型

选择要创建法兰的边线，如图 6-10 所示（注意：如果选取的是上侧边线，法兰将向上创建；如果选的是下侧边，法兰将向下创建）。一个法兰的预览将立即显现，如图 6-11 所示。

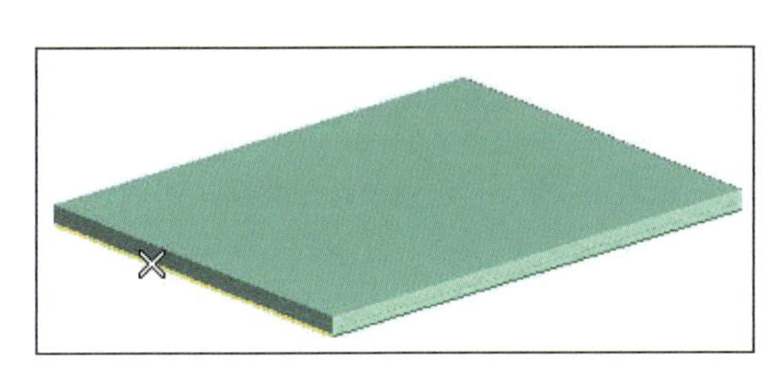

图 6-10 选择边线

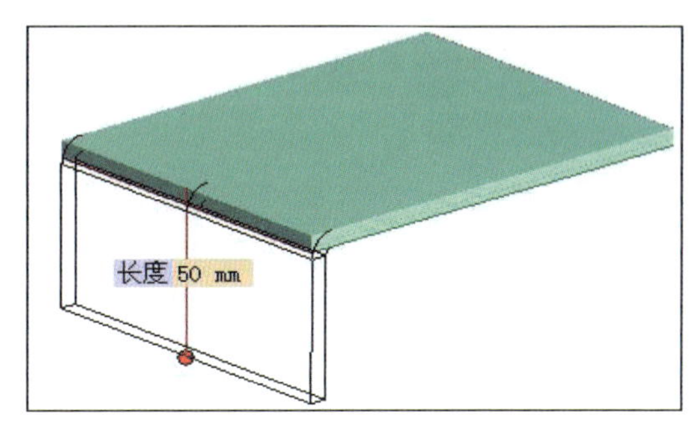

图 6-11 法兰预览即将显现

要给法兰添加一个从选取边开始的偏移，按以下步骤操作，如图 6-12 所示：

a．在选择器列表里，选择【偏移】复选框；

b．在【偏移】参数框中输入希望的偏移值，或者拖拽相应的红色小球。

要给法兰的侧面添加一个角度，按以下步骤操作，如图 6-13 所示：

a．在选择器列表里，单击【更多选项】；

b．选择【侧边角度】复选框；

c．在【第一角度】和【第二角度】参数框中，输入数值，或者拖拽相应的红色圆球。

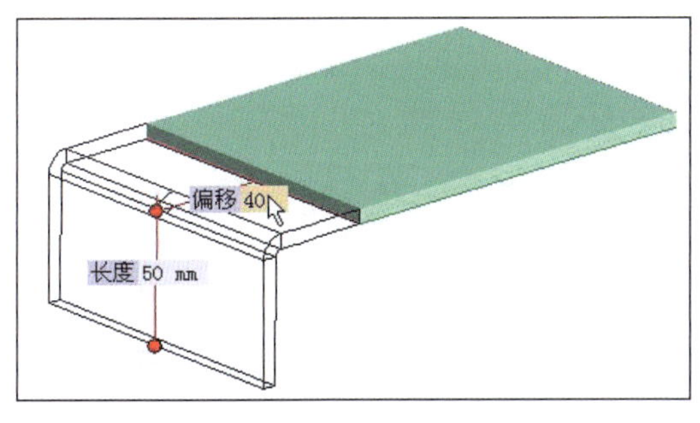

图 6-12 输入偏移值

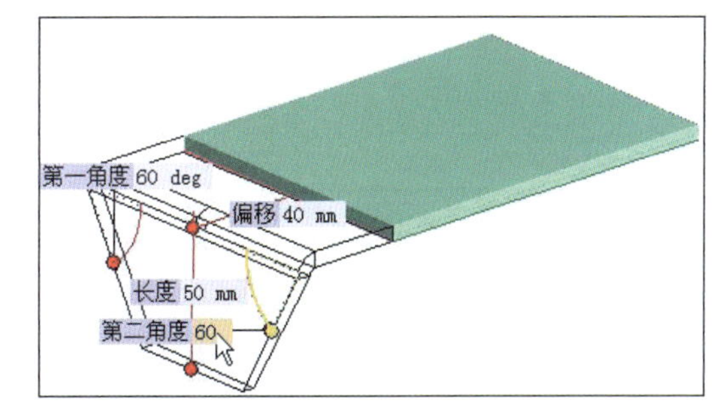

图 6-13 角度设定

要改变法兰的倾斜度，按以下步骤操作，如图 6-14 所示：

a. 选择【方向】复选框；

b．在【角度】参数框中，输入数值，或者拖拽相应的红色圆球。

要改变法兰的宽度，以使它不覆盖选取边的整个长度，按以下步骤操作，如图 6-15 所示：

a．选取【延伸】复选框；

b．在临近的下拉列表里，选择【第一距离】和【第二距离】选项；

c．在【第一距离】参数框中，输入距选取边第一端点的距离，或者拖拽相应的红色圆球；

d．在【第二距离】参数框中，输入距选取边第二端点的距离，或者拖拽相应的红色圆球。

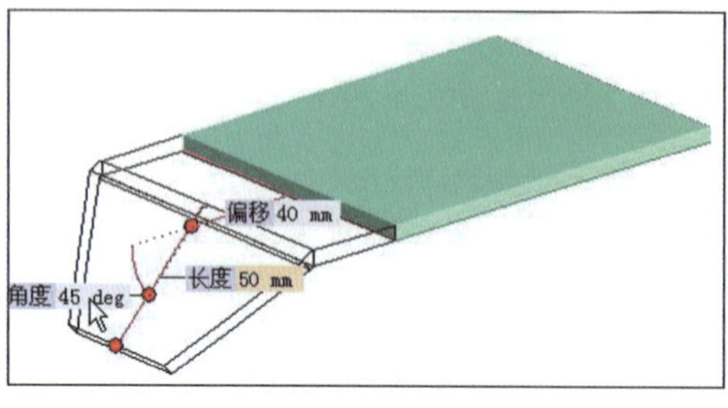

图 6-14　输入角度值

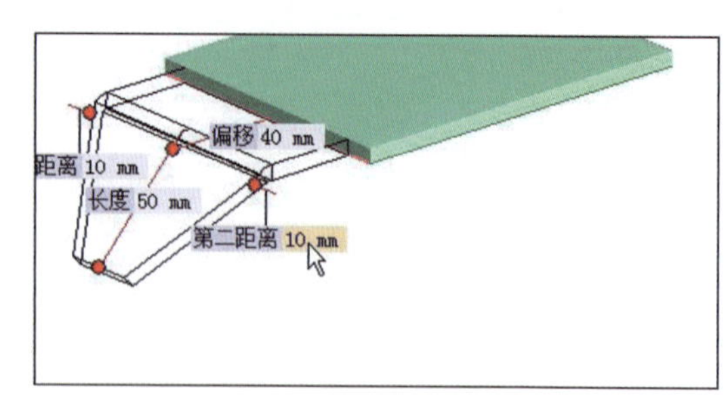

图 6-15　改变法兰宽度

单击☑或确定选择创建法兰。

6.4 折弯

【折弯】：能够在锐边/角或者所选实体面的所有边上创建一个折弯特征。

• 案例：

启动【折弯】命令，在【折弯】下拉列表里选择【锐边/圆角】，以添加单一的折弯。

选择要创建折弯的边，如图 6-16 所示。

选择想要创建折弯的面，如图 6-17 所示。

点击确定后生成折弯面，如图 6-18 所示。

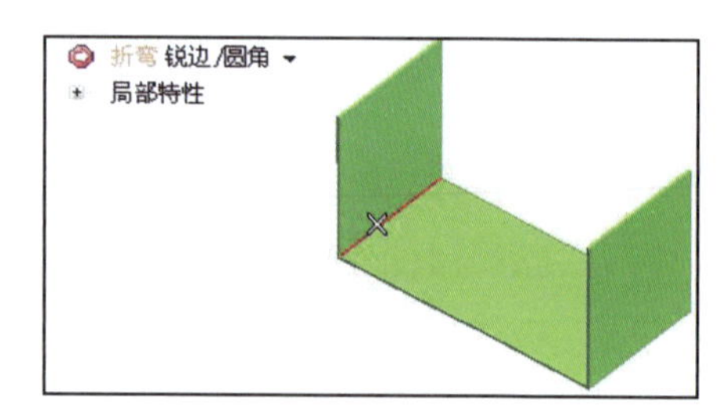

图 6-16　选择折弯边

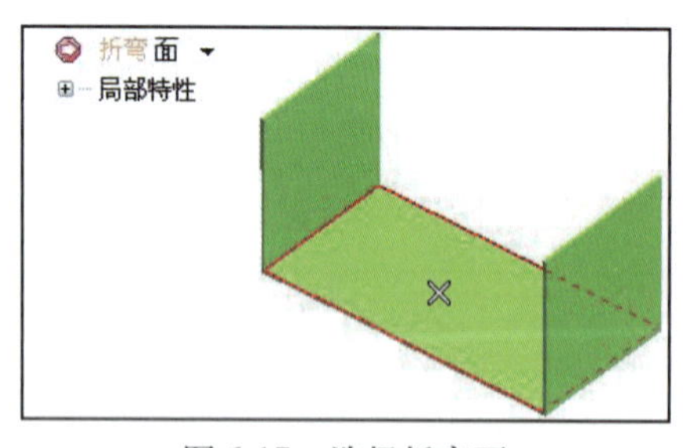

图 6-17　选择折弯面

图 6-18　生成折弯面

6.5 步进折弯

【步进折弯】：将圆弧板件转换成有角度的折弯；

• 案例：

启动【步进折弯】命令，选择圆弧的面，如图 6-19 所示。

点击确认，如图 6-20 所示。

图 6-19　选择圆弧曲面

图 6-20　生成步进折弯曲面

6.6 草绘折弯

【草绘折弯】：能够沿着一个用户自定义的草图创建一个折弯。

• 案例：

如图 6-21 所示，在【草图折弯】命令中选择线条。

如图 6-22 所示，在【面】选项中选择面。

点击确认，如图 6-23 所示。

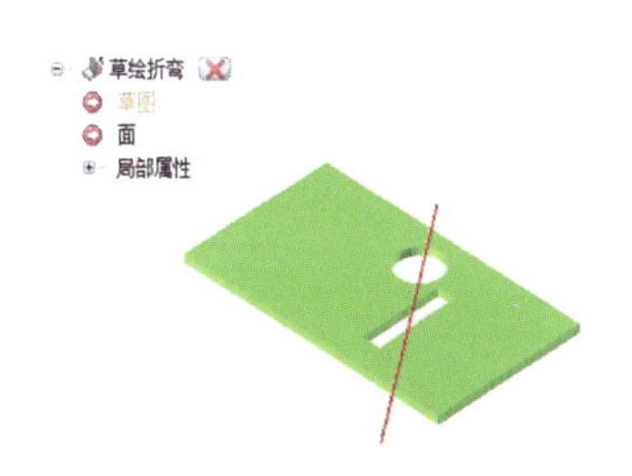

图 6-21　选择线条

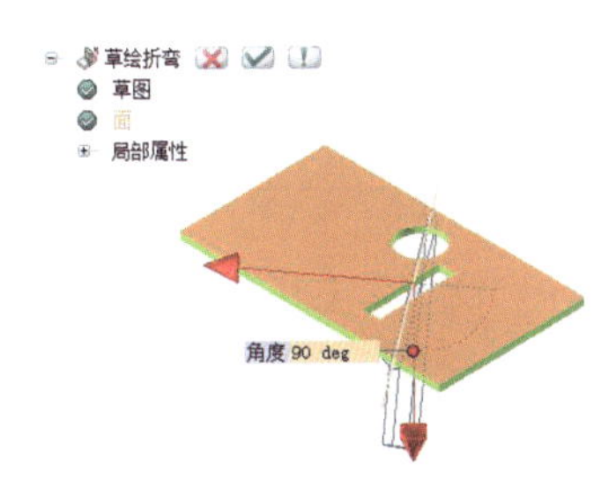

图 6-22　选择曲面

图 6-23　生成曲面

6.7 展开

【展开】：将设计好的钣金零件转换成平板。

• 案例：

启动【展开】命令，在【类型】选项中选择全局，在【固定面 / 边线】选项中选择图 6-24 所示的平面；

点击确认，如图 6-25 所示。

图 6-24　选择面或者边界

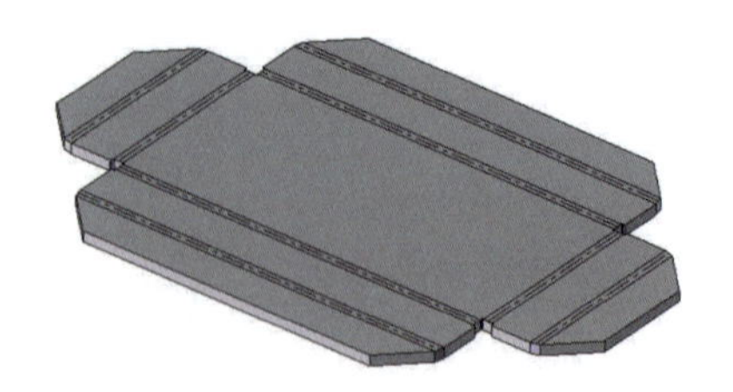

图 6-25　钣金展开完成

启动【展开】命令，在【类型】选项中选择局部，在【固定面 / 边线】选项中选择图 6-26 所示的平面。

点击确认，如图 6-27 所示。

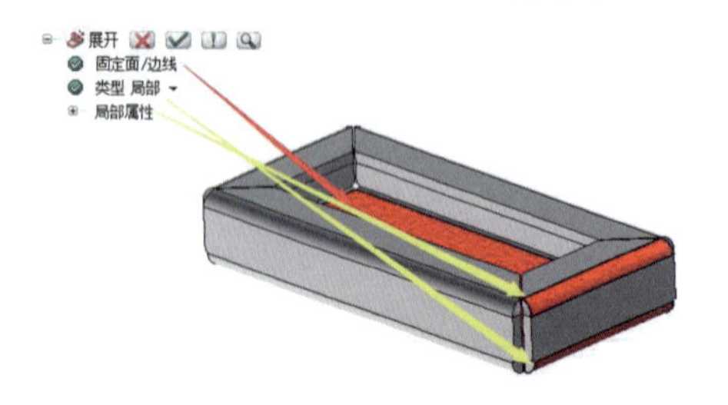

图 6-26　选择曲面和类型

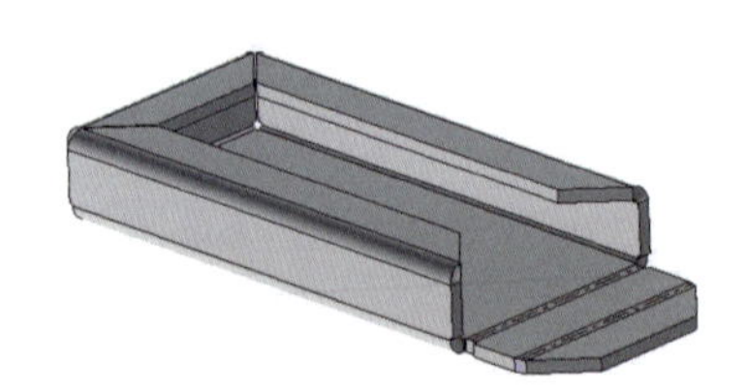

图 6-27　生成展开曲面

6.8 再次折弯

【再次折弯】：可以折弯以前使用【展开】命令展开的整个实体或仅折弯其一部分，如图 6-28 所示。

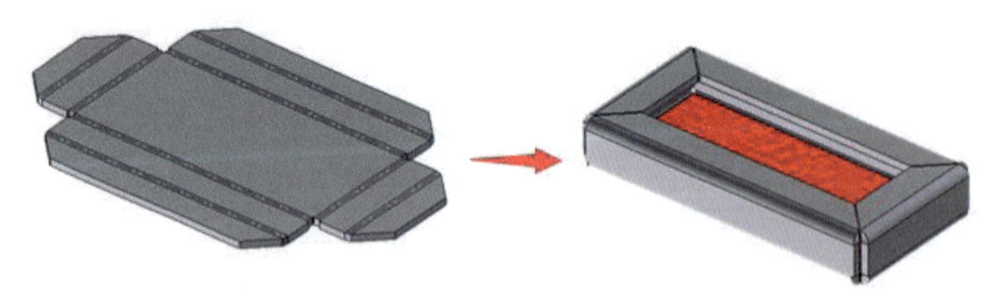

图 6-28　再次折弯

6.9 封闭边角

【封闭边角】：能够在两个壁相遇处（例如需要焊接的地方）闭合边角。

• 案例：

启动【封闭边角】命令，在【面】选项中选择图 6-29 所示。

在【类型】下拉列表，选择封闭边角的形式，如图 6-30 所示。

图 6-29 选择边角

图 6-30 选择类型

【对称】：两个侧壁沿着它们夹角的角平分线均延伸。

【覆盖】：第一壁延伸到它和第二壁外表面延伸的交汇处，单击表面显示的红色箭头可以更改延伸壁，如图 6-31 所示。

【中间】：第一壁延伸到第二壁侧面的中线处。单击表面显示的红色箭头可以更改延伸壁，如图 6-32 所示。

图 6-31 选择边界

图 6-32 选择类型

6.10 边切口

【边切口】：在实体的所选边线上创建切口；启动【边切口】命令，【边线】选取面与面的交汇边线；在【类型】下拉列表中选择边切口的形式，如图 6-33 所示。

对称：沿连接内部边线和外部边线的直线切割两个相邻零件，并将两者对称放置在这条直线的两侧，如图 6-34 所示。

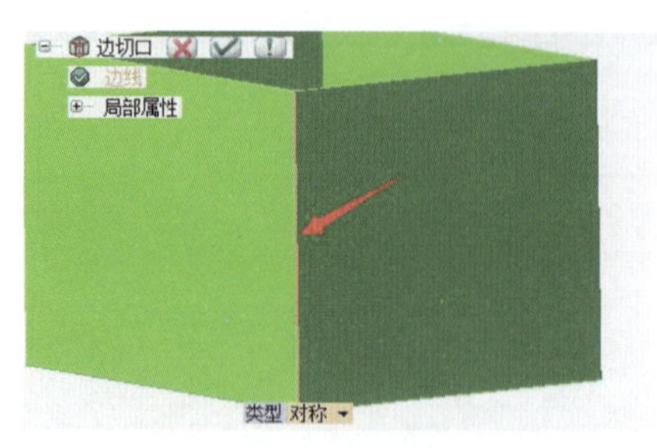

图 6-33　选择边界

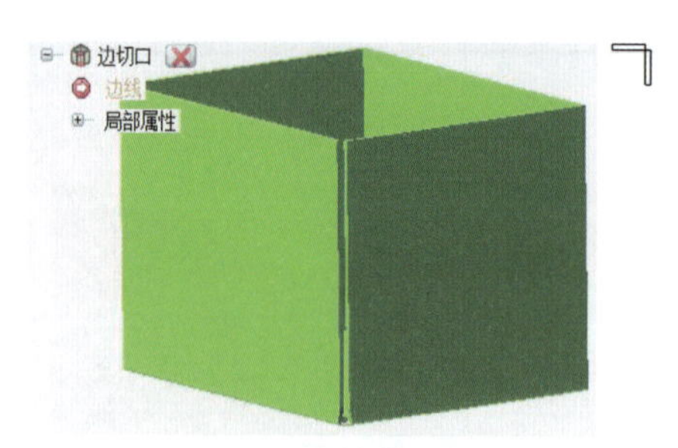

图 6-34　选择类型

覆盖：沿两个相邻零件的两个可能的公共面之一对这两个零件进行切割。单击标识切割方向的箭头可以在这两个面中进行选择，如图 6-35 所示。

中间：沿两个相邻零件的两个可能的公共面之一对这两个零件进行切割。单击标识切割方向的箭头可以在这两个面中进行选择，并沿所选面的中轴将两个零件对齐，如图 6-36 所示。

图 6-35　选择边界

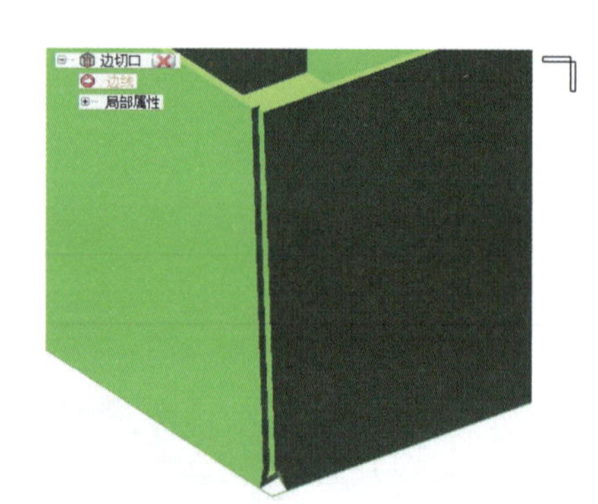

图 6-36　选择类型

【草绘切口】：可以沿用户定义的草图将钣金对象分割为两部分。切口线必须是由两条或多条连续线组成的开放草图，这些线将面分成两个或多个独立的部分，且开始点和结束点均在该面的边线上。

• 案例：

启动【草绘切口】命令，在【切口】类型中选择【草图】，如图 6-37 所示，然后选取图 6-38 所示线段，【面】选项软件自动选取，如图 6-38 所示。

点击确定。

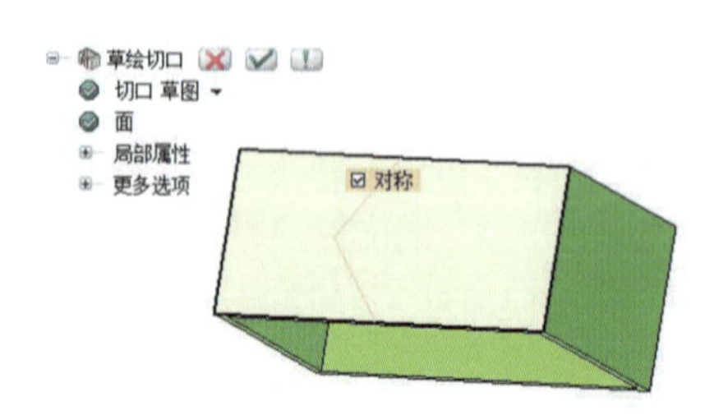

图 6-37　选择草图和曲面

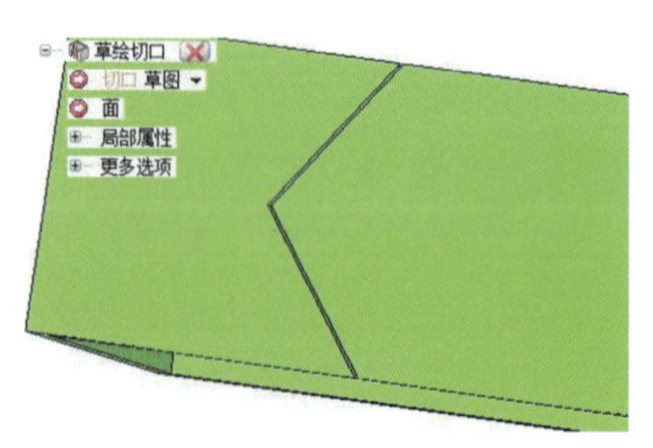

图 6-38　生成切口

启动【草绘切口】命令，在【切口】类型中选择【点】，然后选取图6-39所示两个顶点作为切口。

在【面】选项中如图6-40所示选取平面。

点击确定，生成如图6-41的切口。

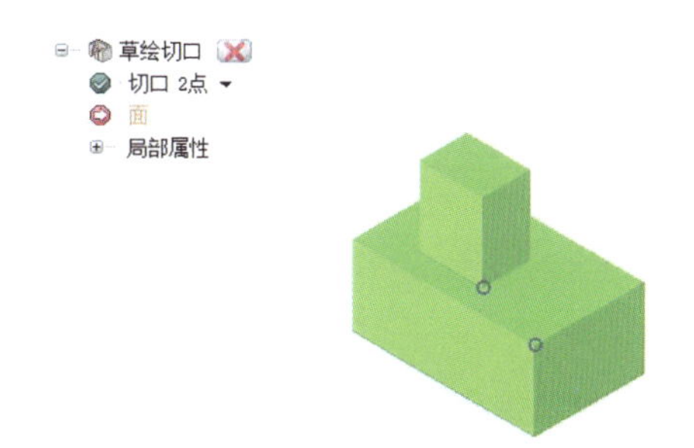

图 6-39　选择顶点

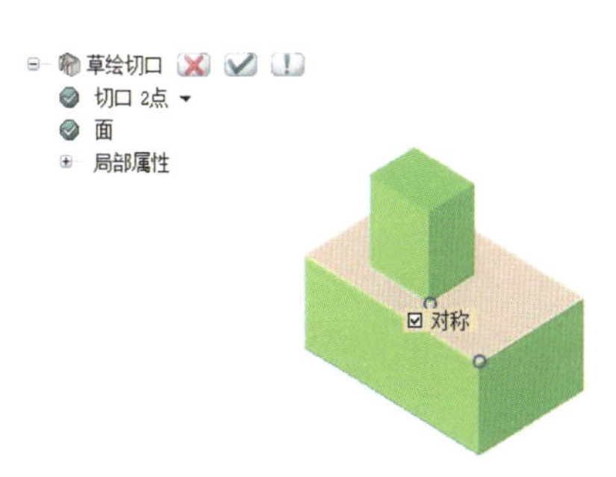

图 6-40　选择曲面

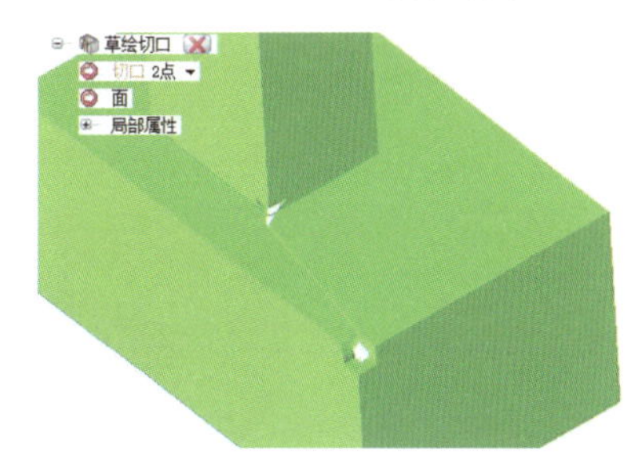

图 6-41　生成切口

6.11 面切口

【面切口】：可以从抽壳实体中移除面来创建切口。

•案例：

启动【面切口】命令，在【面】选项中如图6-42选取曲面。

如图6-43所示选取曲面。

点击确认，生成如图6-44的面切口。

图 6-42　选择内曲面

图 6-43　选择外曲面

图 6-44　生成面切口

6.12 钣金向导

【钣金向导】：能够将一个实体转换成多个金属钣组件。

•案例：

启动【钣金向导】命令，在【移除面】选项中如图 6-45 所示选取平面。

在【锐边 / 圆角】选项中，如图 6-46 所示选取底面四条边线。

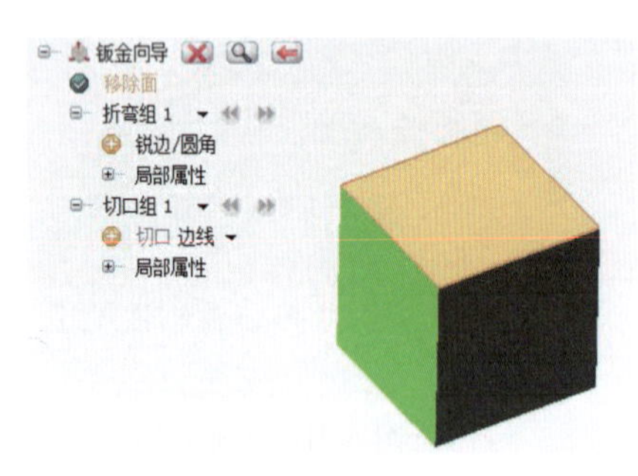

图 6-45　选择平面

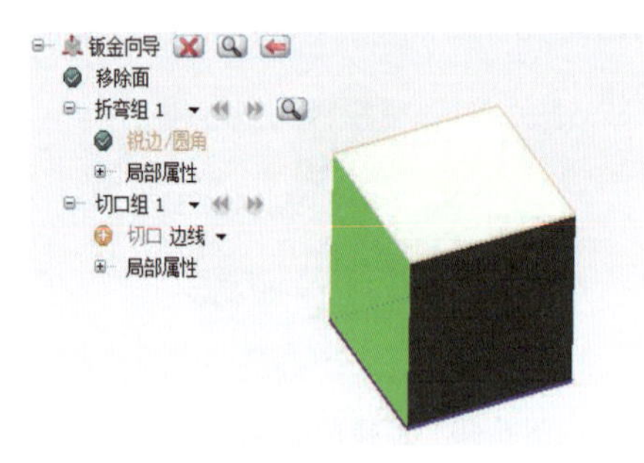

图 6-46　选择折弯组

在【切口】选项如图 6-47 所示选取四条边线。

点击【钣金向导】选项中的【预览】功能，如图 6-48 所示。

点击确认，如图 6-49 所示。

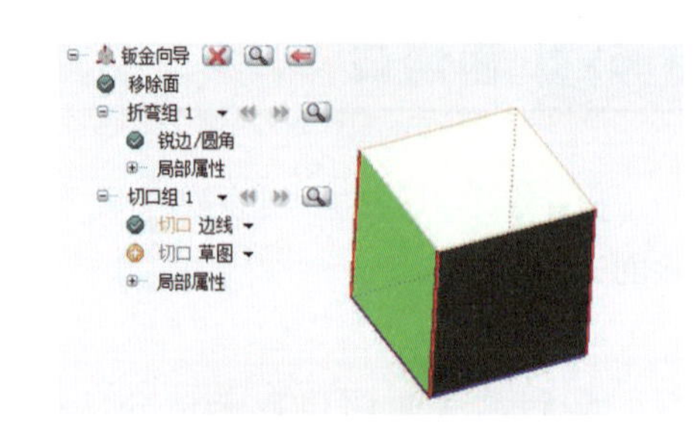

图 6-47　选择边界

图 6-48　预览

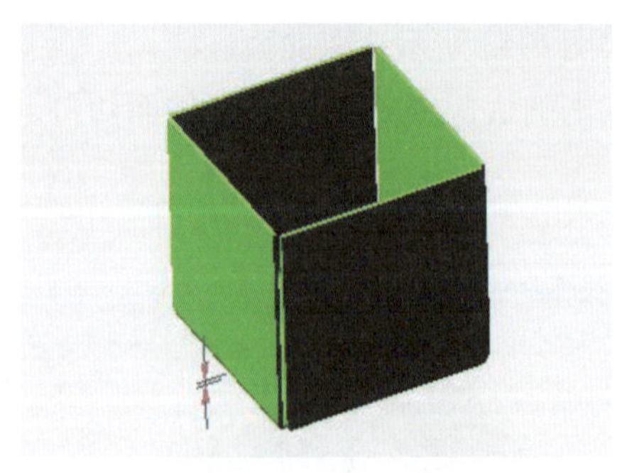

图 6-49　完成向导

6.13 褶边

【褶边】：能够在选定的实体边线上创建各种形式的摺边，如图 6-50 所示。

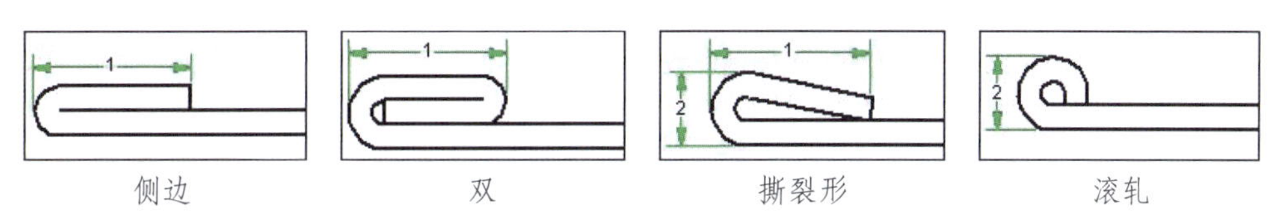

图 6-50　褶边类型

根据在【摺边】下拉列表里选择的选项不同，能创建以下形式的摺边：

- **侧边**：180° 定角法兰，具备最小可能的直径值和用户定义的长度（1）。
- **双**：180° 定角双法兰，具备最小可能的直径值和用户定义的长度（1）。
- **撕裂形**：大于 180° 角的法兰，具备用户定义的长度（1）和直径（2）。
- **滚轧**：27° 定角法兰，具备用户定义的直径（2）。

除了长度（1）和直径（2），还可以定义以下参数：

- **延伸**：它控制到选取边端点的距离。
- **面角 1**：它定义了法兰的角度（侧边角度 1 摺边）或第一个法兰的角度。
- **面角 2**：它定义了第二个法兰的角度（仅对延伸的）。
- **边线**：启动【褶边】命令，在【边线】选项中如图 6-51 选取边线。根据需求选取不同类型的褶边，图 6-52 为各种褶边。

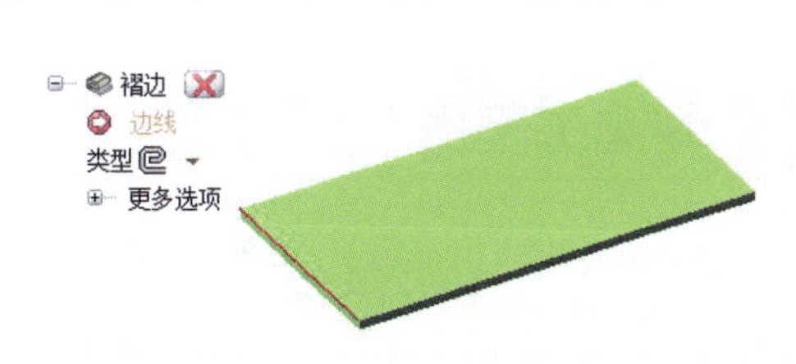

图 6-51　选择边线

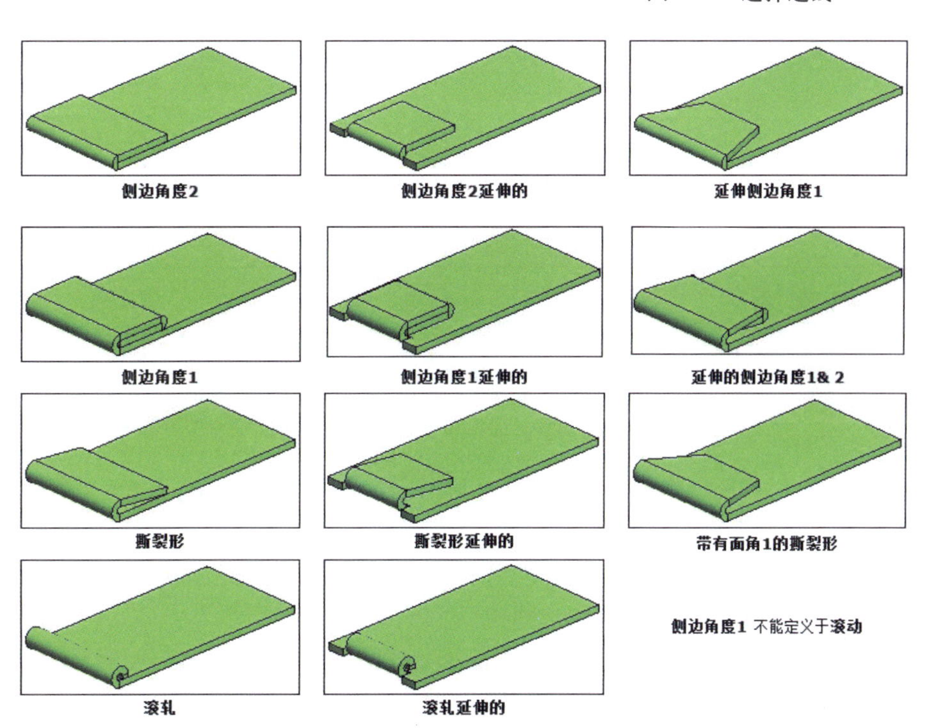

图 6-52　生成各种褶边

第 7 章 工程图

完成三维模型建立后，往往需要生成工程图以便生产，本章将以第三章的练习模型（烟灰缸）为案例，讲述如何将三维模型导入工程图。

7.1 新建工程图

从【文件】→【新建】中，打开新建文件的对话框，选择工程图，点击【确定】打开一个工程图文件，如图 7-1 所示。

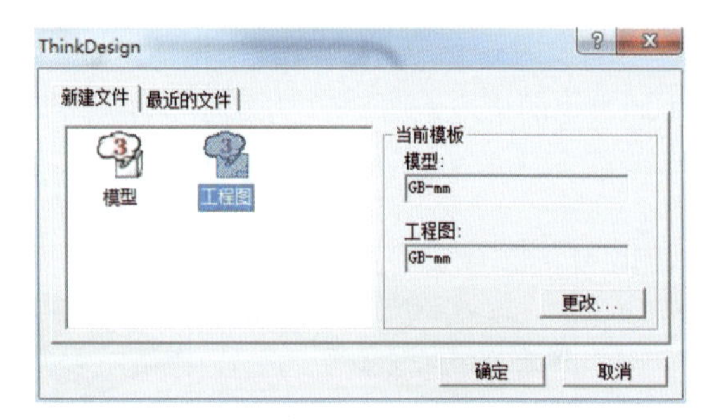

图 7-1　新建工程图

7.2 工程视图

7.2.1　主视图

如图 7-2 所示，点击【插入】→【主视图】→【自定义】打开编辑参考模型对话框。如图 7-3 所示，浏览并找到模型的 e3 文件，点击【确定】进入自定义视图对话框。如图 7-4 所示，在对话框右侧可以调整模型的视角，选择【默认】→【前视】，对话框中间是模型视角的浏览图，此视角将作为主视图放置在工程图中，点击【确定】完成设置。

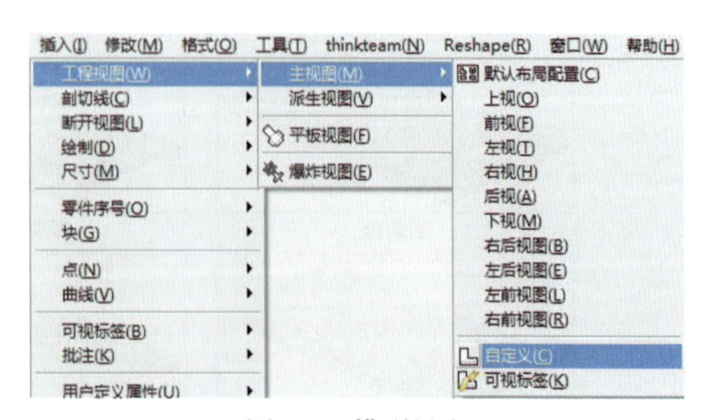

图 7-2　模型导入

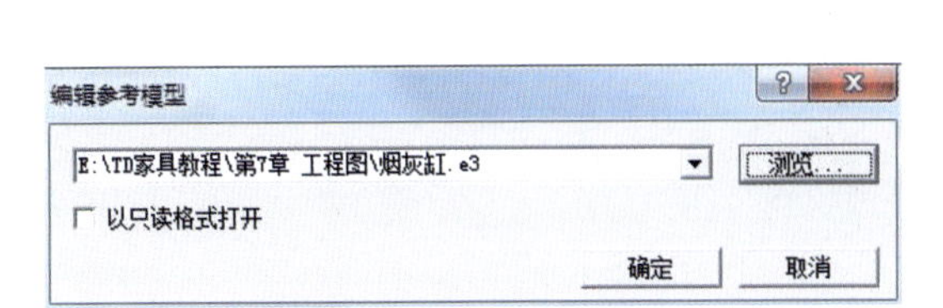

图 7-3　模型文件路径

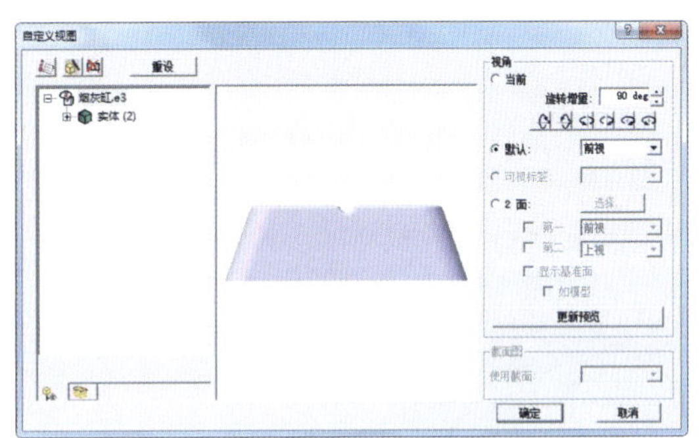

图 7-4　自定义视图

7.2.2　派生视图

由主视图衍生出来的视图称为派生视图，包括投影视图、辅助视图、局部视图、剖面图、剖视图和旋转剖视图。

【投影视图】：在主视图模型中点击鼠标【右键】→【插入】→【派生视图】→【投影视图】，选择主视图的下方以插入俯视图，如图 7-5、图 7-6 所示。

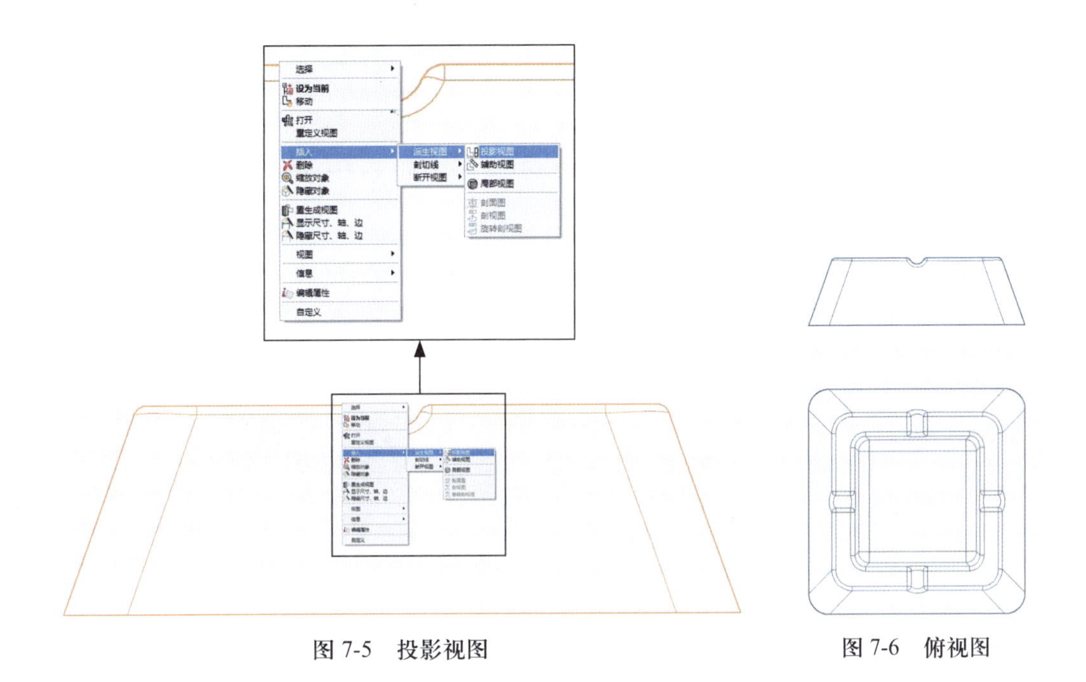

图 7-5　投影视图

图 7-6　俯视图

【剖视图】：在主视图模型中点击鼠标【右键】→【插入】→【剖切线】→【在工程图上定义】，在主视图中间选择两个点绘制一条剖切线，双击空白处完成绘制，如图 7-7 所示。如果切线方向不对，可以在剖切线处点击鼠标【右键】→【反转剖切方向】以反向剖切面。在剖切线处点击鼠标【右键】→【剖视图】，把剖视图摆放在主视图右侧，如图 7-8 所示。

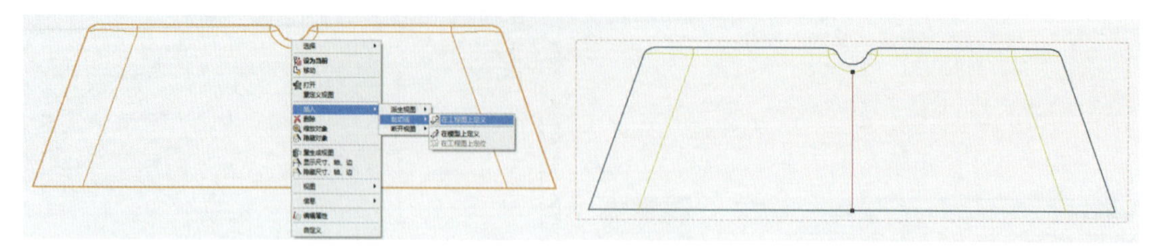

图 7-7　插入剖切线

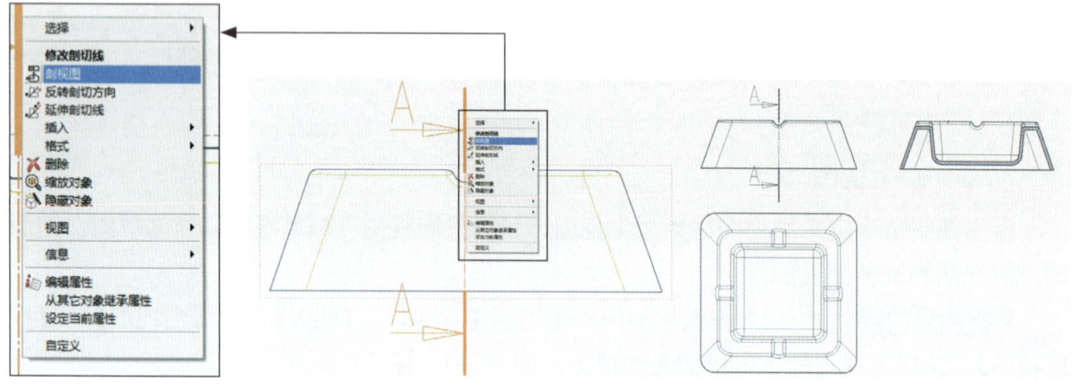

图 7-8　剖视图

7.3 尺寸标注

使用【智能尺寸】可以在模型上标注相应的尺寸，在【类型】处可以选择不同标准类型，如图 7-9 所示。

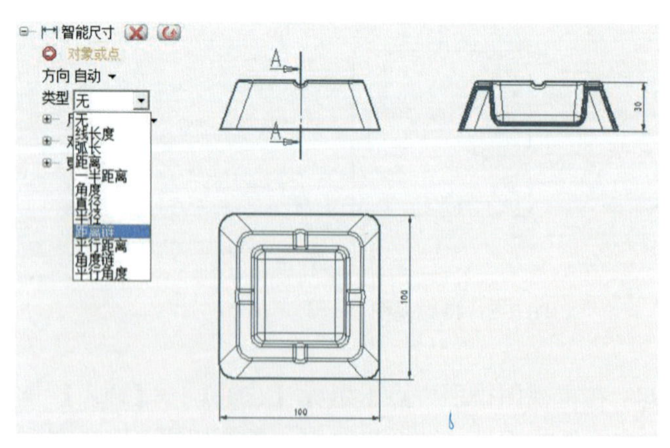

图 7-9　尺寸标注

7.4 图框与标题栏

点击【图框与标题栏】命令，设置以下选项：尺寸：A3；方向：横向；比例：1∶1；图框：A3 横向；标题栏：标准；点击完成操作。最后把图框拖动到三个视图的合适位置，完成工程图的绘制，如图 7-10 所示。

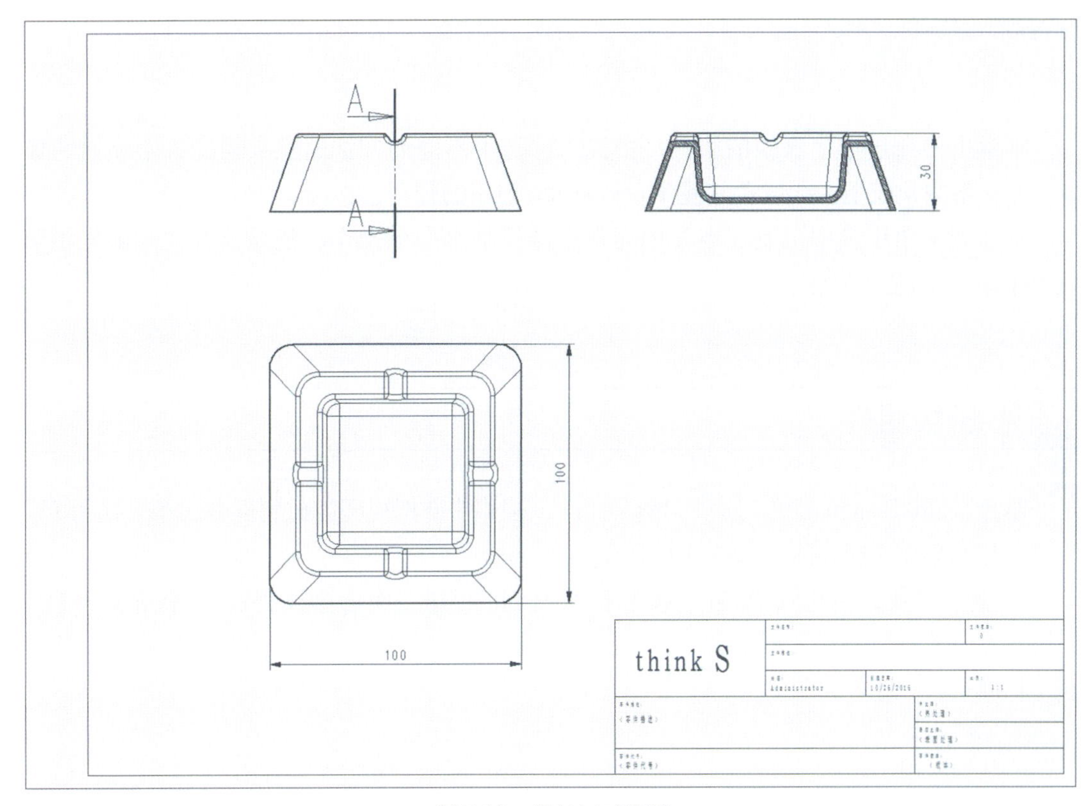

图 7-10　烟灰缸工程图

第 8 章

板式家具实例

——以板式衣柜为例

本章主要通过一个衣柜的实例，由浅入深地用不同的方法建立衣柜的各个模块的模型，建立参数化模型，让读者掌握 ThinkDesign 建模的技巧。

※ 注意：由于篇幅限制，本章内容将不详叙基本命令操作，建议读者在此前先了解 ThinkDesign 的基本操作。

8.1 压线组件

用 ThinkDesign 打开“压线 .dwg”文件，按【F】键把视图缩放到屏幕大小，使用【移除重叠】命令连接碎线，如图 8-1 所示。

全选线条，使用【Ctrl】+【C】把其复制，新建一个模型文件，用【Ctrl】+【V】把线条粘贴在此；选择图形上的一个交点为起始点，把图形用【移动 / 复制】命令移动到坐标原点，如图 8-2 所示。

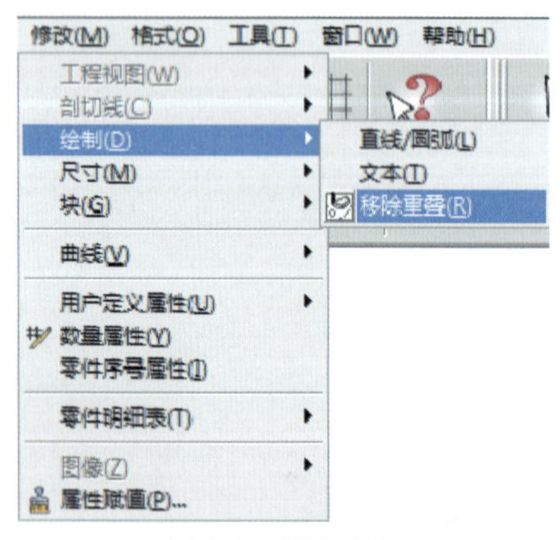

图 8-1　移除重叠

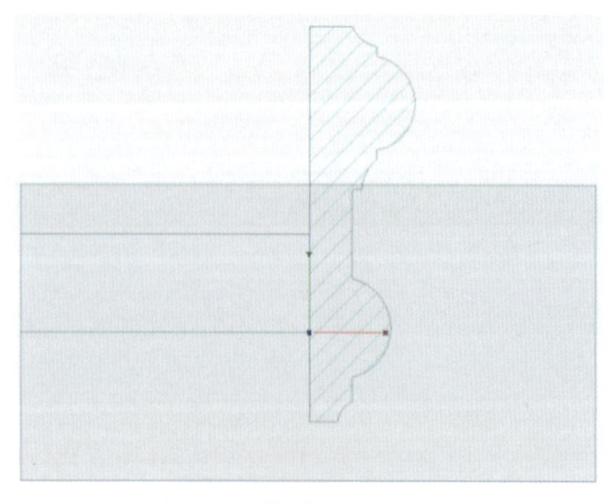

图 8-2　移动至坐标原点

用【选择链】命令选择木线的外轮廓，使用【线性实体】命令进行拉伸，双击绿色小圆点改为对称拉伸，深度设置为 500，然后点击完成操作，如图 8-3 所示。

选择矩形的下边线作为草图，使用【线性实体】命令进行拉伸，点击【更多选项】的“+”号以展开更多选项，勾选厚度，设置值 20，如图 8-4 所示。

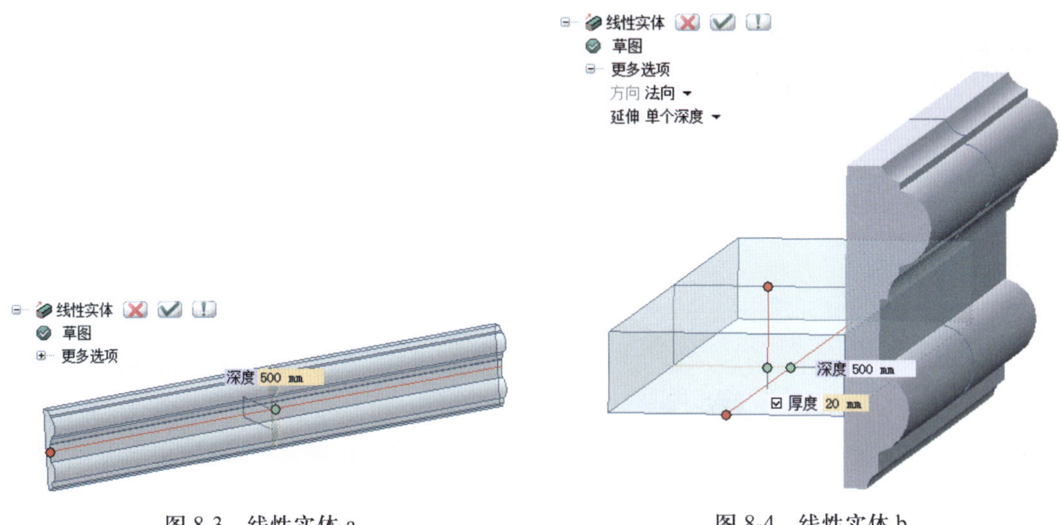

图 8-3　线性实体 a　　图 8-4　线性实体 b

在【深度】处点击鼠标【右键】，选择【激活链接尺寸】，如图 8-5 所示；选择类型为【最小距离】，然后选择第一个实体的两个侧面，如图 8-6 所示。此时深度前出现了【尺子】的小图标，表示尺寸已经链接两个侧面的最小距离，点击完成操作。

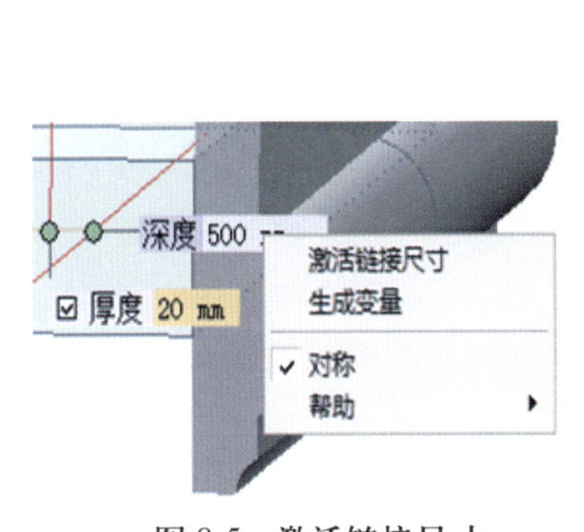

图 8-5　激活链接尺寸

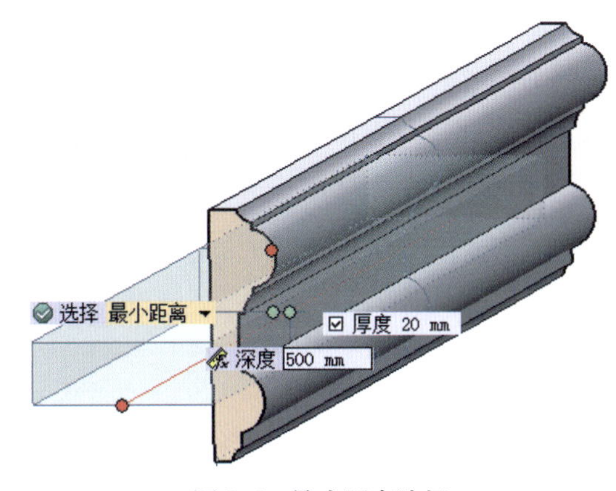

图 8-6　最小距离选择

点击【交互建模】→【移动面】，选择如图 8-7 所示面和起始点，绕 X 轴旋转 45°，将实体的一个角切除，用同样的方法切除另一侧面的角，如图 8-8 所示。

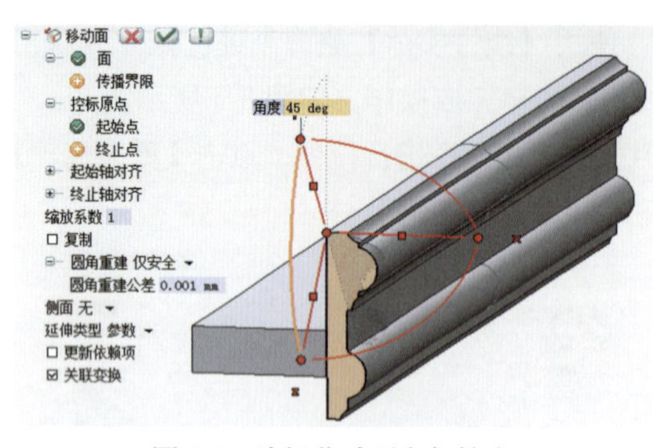

图 8-7　选择移动面和起始点

图 8-8　切除两个角

同理，将另外一个实体的两个角切除，如图 8-9、图 8-10 所示。

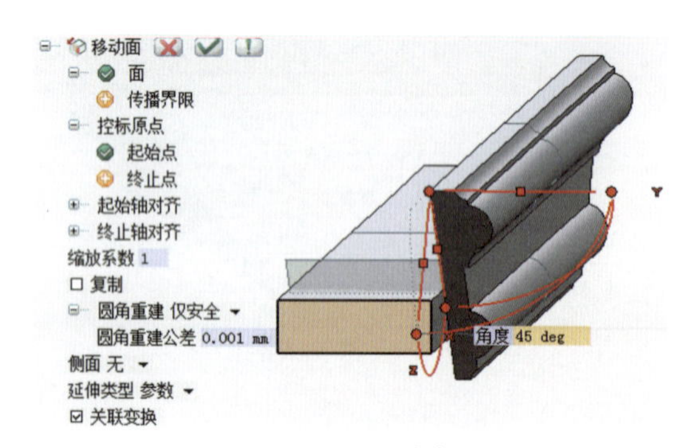

图 8-9　切除边角

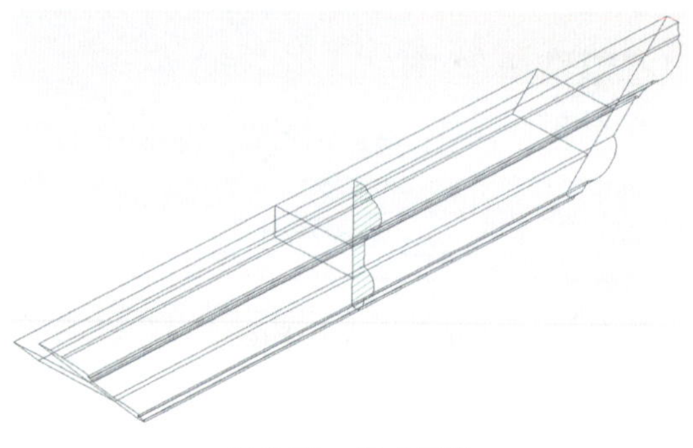

图 8-10　完成切除

把第一个实体的深度驱动显示出来。

鼠标【左键】双击【显示驱动尺寸】可以编辑尺寸值，如图 8-11 所示，然后点击重建模型，此时，两个实体的尺寸会同时变化，此时已经完成木线组件的参数化设计，如图 8-12 所示。

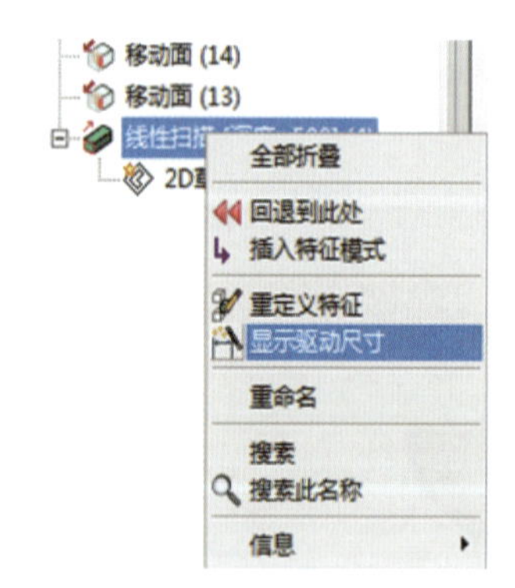

图 8-11　显示驱动尺寸

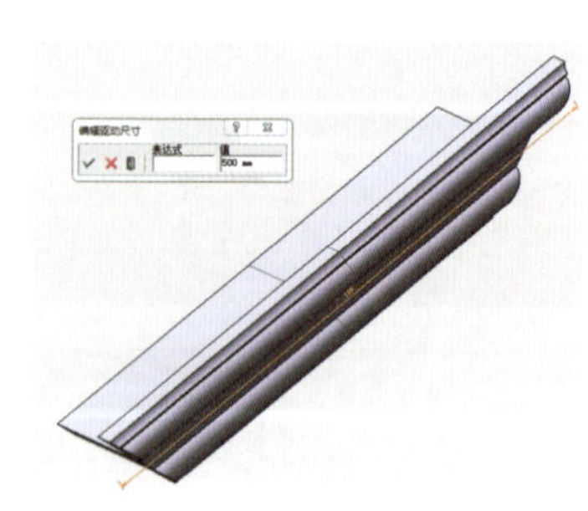

图 8-12　编辑驱动尺寸

最后，把实体生成零件、装配体，然后保存为【智能对象】，注意定义时勾选【选项】中的“自动拆分”，如图 8-13 所示。

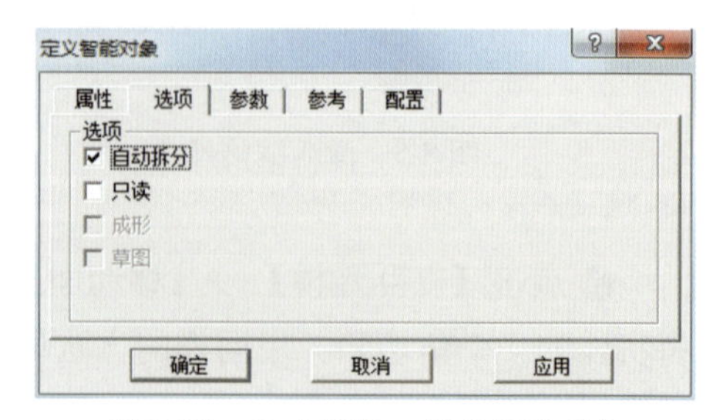

图 8-13　生成零件、保存智能对象

8.2 柜体组件

新建模型文件，进入【2D 草图】模式，以原点为其中一顶点，绘制一个矩形，并标注尺寸，短边 500，长边 1000，如图 8-14 所示。

退出草图，使用【线性实体】命令拉伸出一块深度为 18 的背板，如图 8-15 所示。

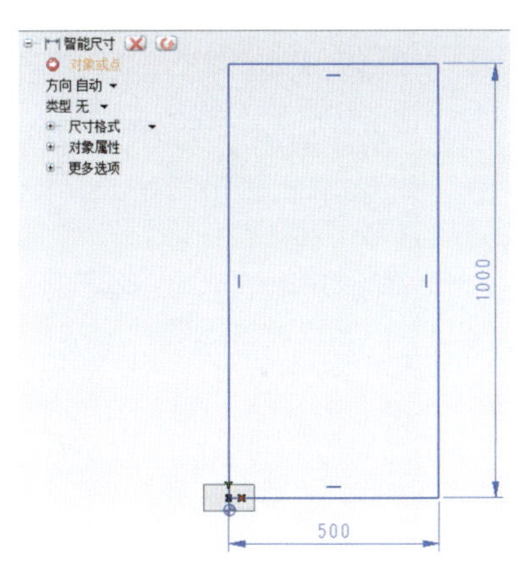

图 8-14　绘制矩形

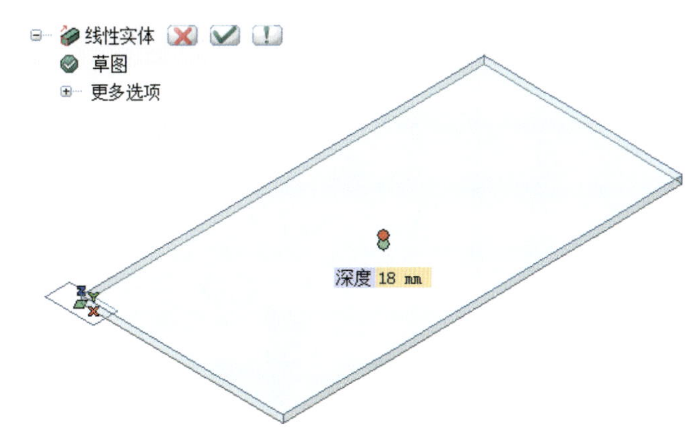

图 8-15　绘制背板

把工作平面设置到背板的上表面，然后进入【2D 草图】模式，使用【2 点直线】命令绘制一条直线，直线两端点捕捉背板的两个顶点，如图 8-16 所示。

退出草图，使用【线性实体】命令拉伸出一块深度为 600、厚度为 18 的侧板，如图 8-17 所示。

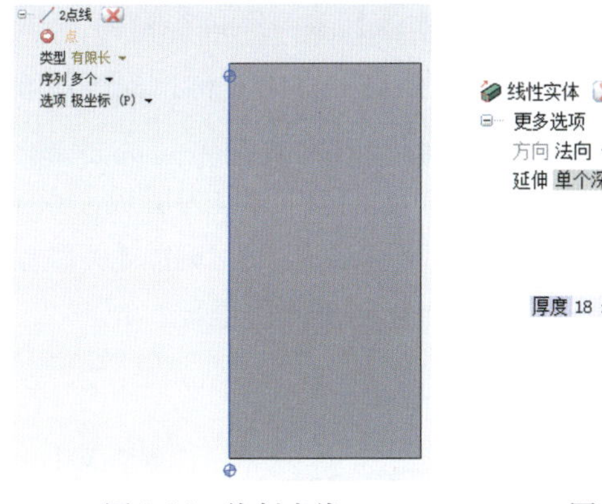

图 8-16　绘制直线

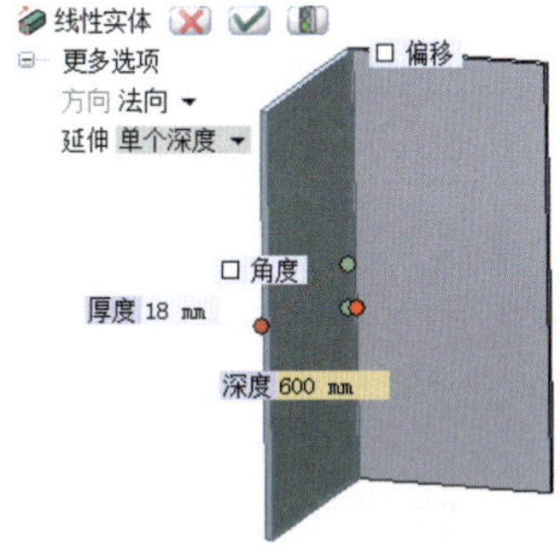

图 8-17　生成侧板

把两个实体生成零件，分别命名为“背板”和“侧板”，把工作平面设置到背板表面，使用【实体阵列】命令，选择侧板为基础对象。设置：布置：拟合；类型：角度；坐标系 Z 轴为第一轴；第一副本数量：2；第一延伸角度：180 deg；把侧板阵列到右边，如图 8-18 所示。

把侧板前表面设置为工作平面，进入【2D 草图】模式，绘制矩形，矩形两个端点捕捉两块侧板的顶点，并标注尺寸为 102，如图 8-19 所示。

退出草图，使用【线性实体】命令拉伸出一块深度为 18 的底板，方向朝柜体内部，如图 8-20 所示，并把此实体生成名称为“前板”的零件。

把工作平面设置到背板的上表面，然后进入【2D 草图】模式，使用【2 点直线】命令绘制一条直线，直线两端点捕捉侧板的两个中点，如图 8-21 所示。

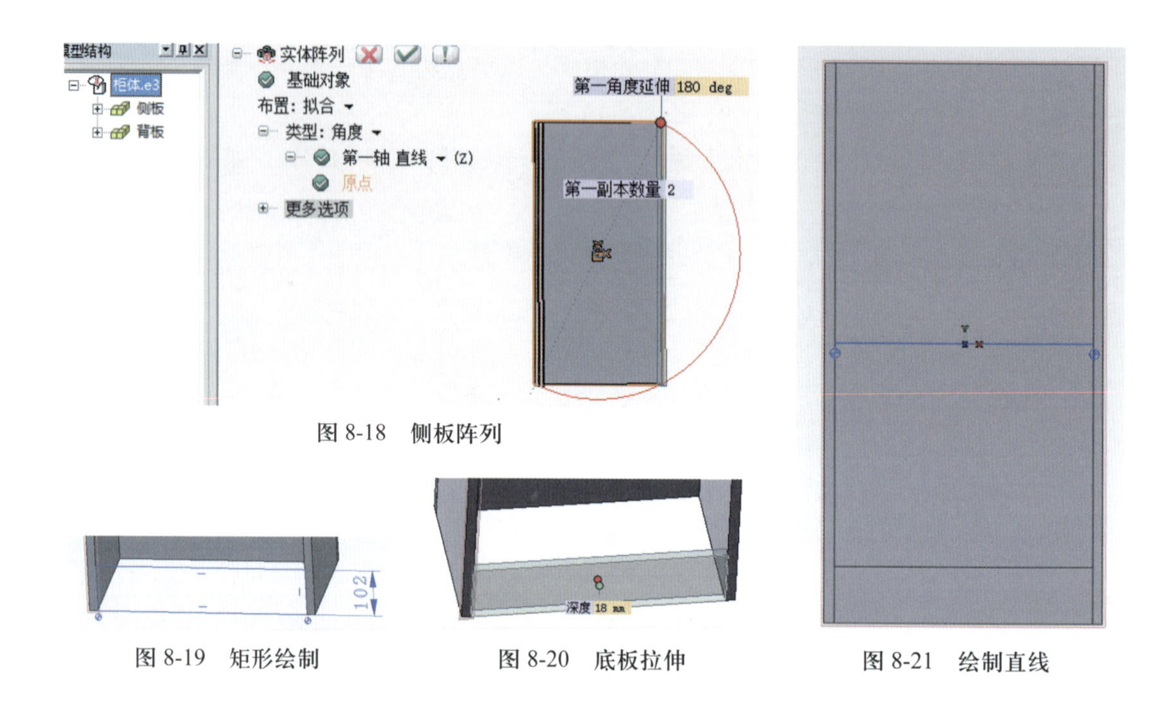

图 8-18　侧板阵列

图 8-19　矩形绘制

图 8-20　底板拉伸

图 8-21　绘制直线

退出草图，使用【线性实体】命令进行拉伸，点击【更多选项】的“+”号以展开更多选项，勾选厚度，厚度值 18，方向对称，深度值 600，如图 8-22 所示，最后把该实体生成名称为“层板”的零件。

使用【移动 / 复制】命令，选择对象为层板，点击层板上任意一点为起始点，勾选【副本】，输入值为 2，勾选【更多选项】下的【关联副本】，如图 8-23 所示，向 Y 轴方向（向上）拉伸一定的距离，复制出两块层板。

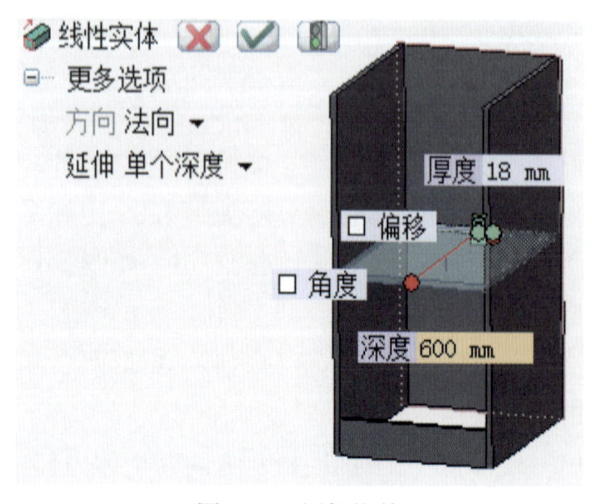

图 8-22　层板拉伸

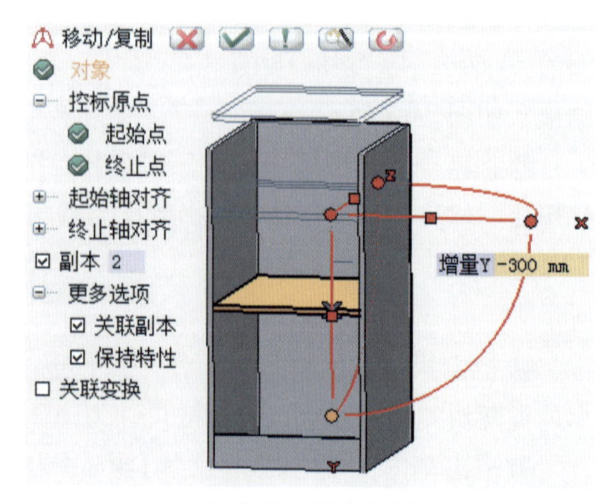

图 8-23　层板复制

接着要把两块层板安装到相应的位置，首先要把背板固定，以此作为基准，如图 8-24 所示。

使用【配合】命令，用面和面重合的方式把两块层板装配到柜体的上端和下端，如图 8-25 所示。

所有零件绘制完成后，使用【新建组件】命令把所有零件生成一个装配体，并命名为“柜体”，如图 8-26 所示。

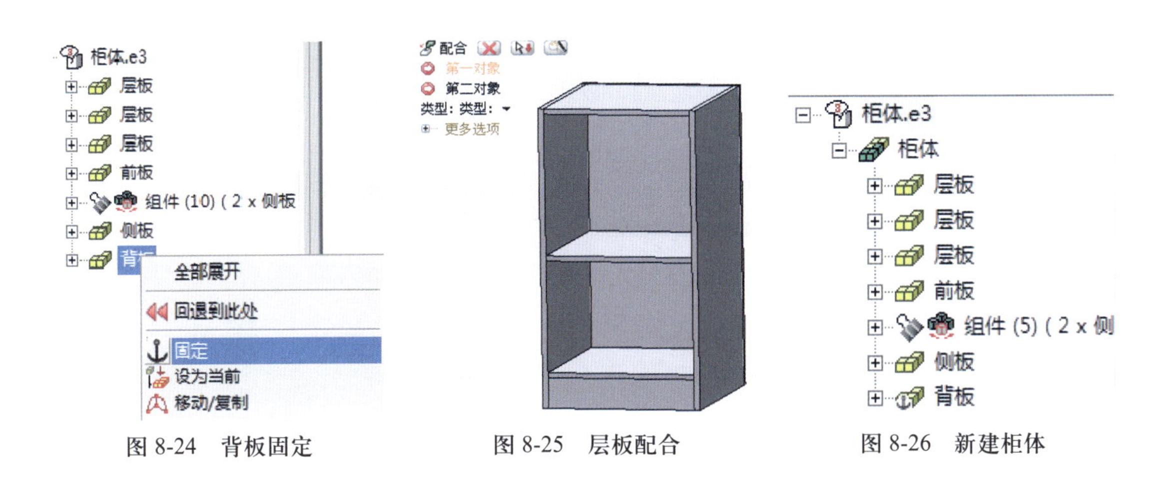

图 8-24　背板固定　　图 8-25　层板配合　　图 8-26　新建柜体

此时，一个完整的柜体已经建立完成。接着要给柜体的主要驱动尺寸赋予参数，用参数表的方法驱动柜体改变。

在模型结构中，找到背板中的线性扫描的草图，鼠标右键【2D 草图】把驱动尺寸显示出来，如图 8-27 所示。

鼠标右键“柜体”，将其设为“当前”，如图 8-28 所示。

打开【数据表】，按图 8-29 所示进行名称、表达式和注释的设置。

鼠标右键【背板】，将其设为“当前”，打开【数据表】，按图 8-30 所示进行名称和表达式的设置。表达式中输入“组件 :: 名称”，代表调用指定

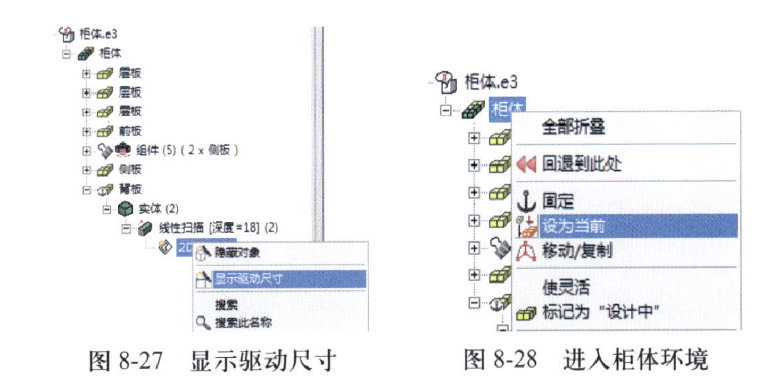

图 8-27　显示驱动尺寸　　图 8-28　进入柜体环境

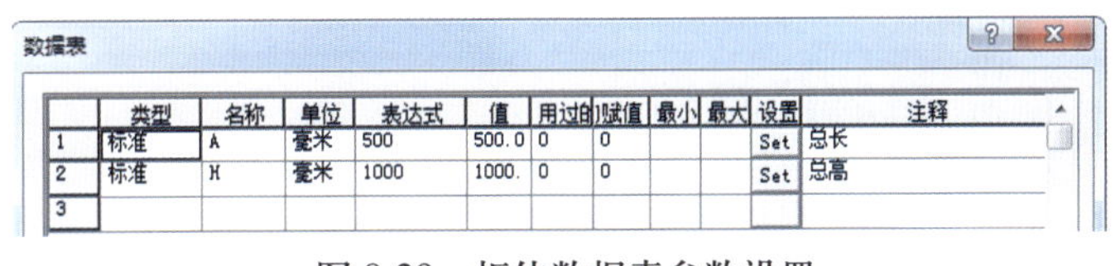

数据表

	类型	名称	单位	表达式	值	用过的	赋值	最小	最大	设置	注释
1	标准	A	毫米	500	500.0	0	0			Set	总长
2	标准	H	毫米	1000	1000.	0	0			Set	总高
3											

图 8-29　柜体数据表参数设置

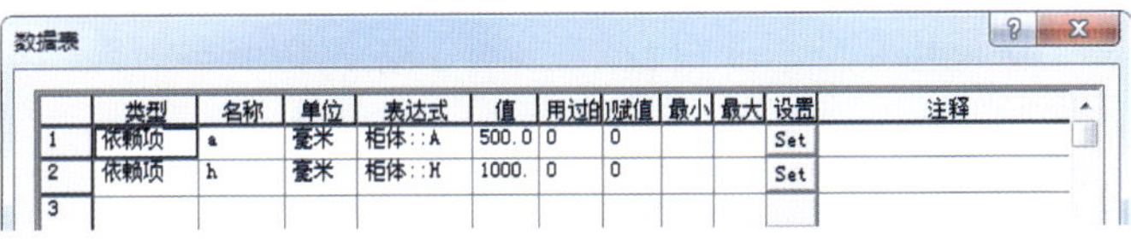

数据表

	类型	名称	单位	表达式	值	用过的	赋值	最小	最大	设置	注释
1	依赖项	a	毫米	柜体::A	500.0	0	0			Set	
2	依赖项	h	毫米	柜体::H	1000.	0	0			Set	
3											

图 8-30　背板数据表参数设置

组件中某个名称的值。

完成后，点击第一列的序号 1，表示选中名称“a”的这一排参数，然后点击数据表左下方的【赋值】，接着选择模型中“背板 500”的尺寸，表示把这个参数赋值给 500，成功赋值后，500 的尺寸会增加一个“<>”，如图 8-31 所示。

用同样的方法把第二项的参数赋值给 1000，完成后即可关闭数据表。

把“柜体”装配体设为“当前”，打开【数据表】，在数据表里修改表达式的值：500 改为 800、1000 改为 1500，点击数据表右下方的【重建】，此时，模型的尺寸也会相应变化，如图 8-32 所示；如果某些零件位置没有改变，可以在模型结构顶端“柜体 .e3”点击鼠标【右键】→【全部重建】，以更新整个模型。

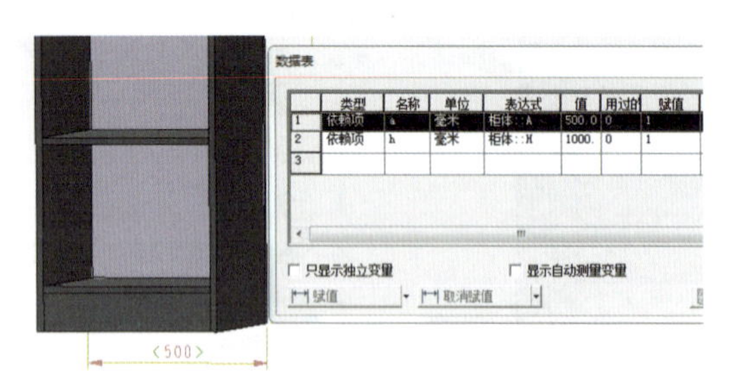

图 8-31　参数赋值

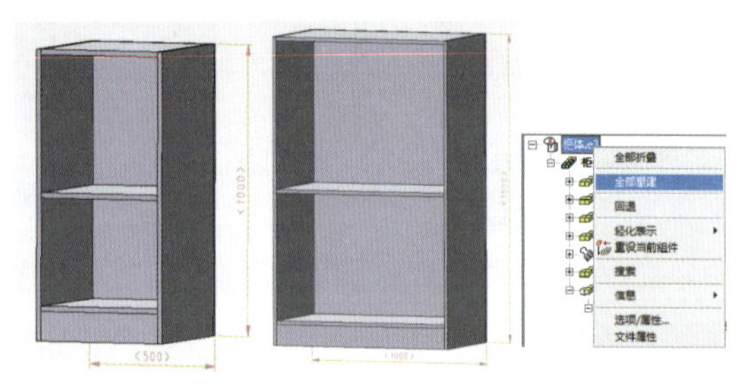

图 8-32　参数驱动模型

完成后，把整个柜体装配体保存为【智能对象】，定义时，注意勾选【选项】中的【自动拆分】，如图 8-33 所示。

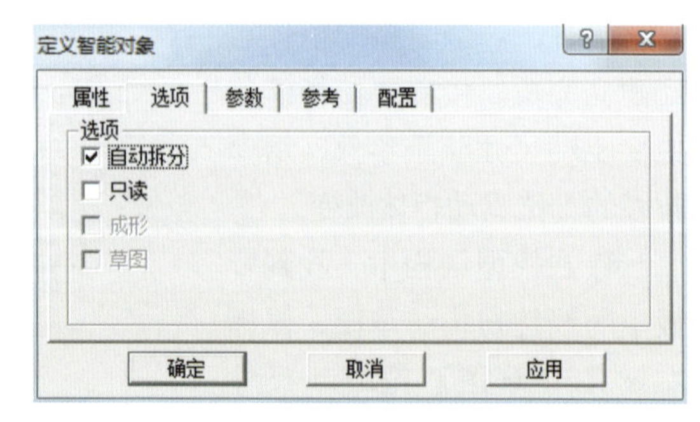

图 8-33　定义智能对象

8.3 单芯门组件

打开“单芯门组件 .e3”文件，选中左侧的一条直线后进入【2D 草图】模式，将直线的上端用【固定约束】固定，然后标注尺寸，如图 8-34 所示。

退出草图，使用【线性实体】拉伸出一块深度为 22、厚度为 70 的竖坊，如图 8-35 所示。

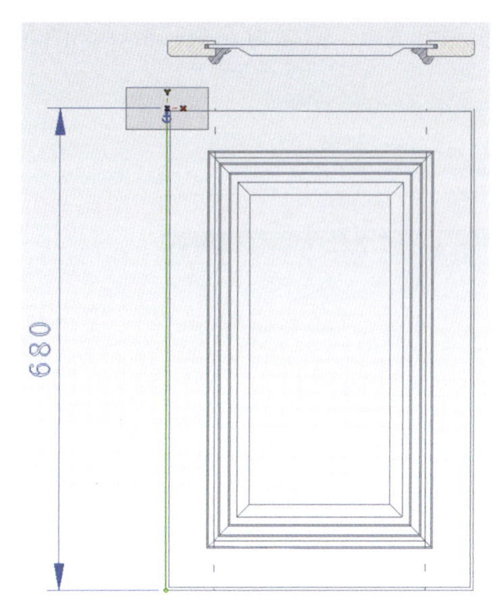

图 8-34　竖坊草图尺寸标注

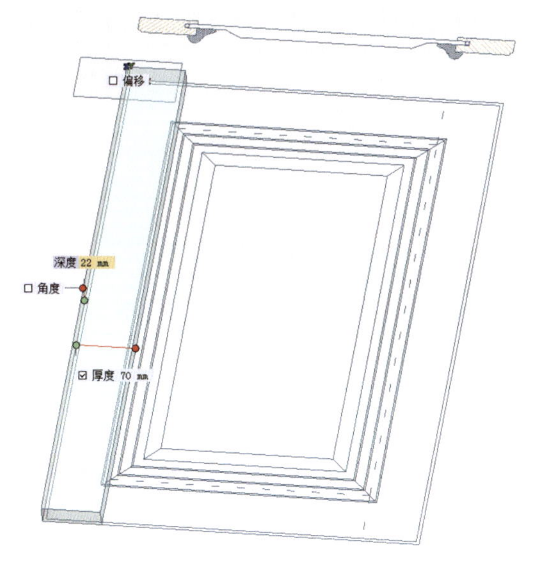

图 8-35　竖坊绘制

选中上侧的一条直线后进入【2D 草图】模式，将直线的左端用【重合约束】与竖坊一端点重合，然后标注尺寸，如图 8-36 所示。

图 8-36　横坊草图尺寸标注

退出草图，使用【线性实体】拉伸出一块深度为 22、厚度为 70 的竖坊，如图 8-37 所示。

使用【移动面】命令编辑横坊实体，把横坊两侧的面向内移动 70，达到如图 8-38 所示的效果。

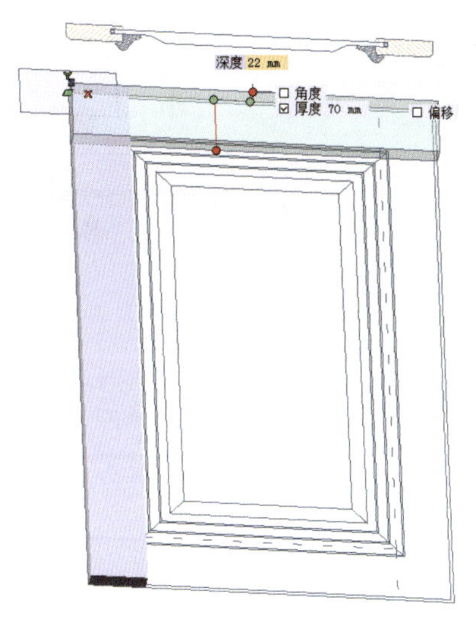

图 8-37　横坊绘制

图 8-38　横坊移动面

进入【2D 草图】模式，使用【矩形】命令绘制一个矩形，矩形上侧两端点捕捉横坊的两个顶点，下侧标注尺寸与竖坊底线相距 70，如图 8-39 所示。

退出草图，使用【线性实体】拉伸出一块深度为 6、偏移为 5 的芯板，如图 8-40 所示。

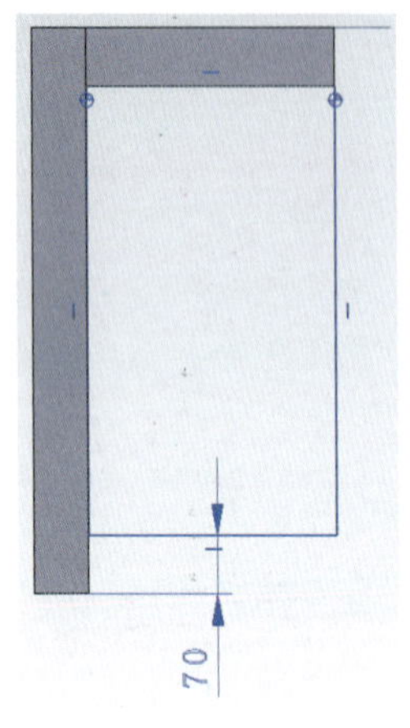

图 8-39　芯板草图绘制

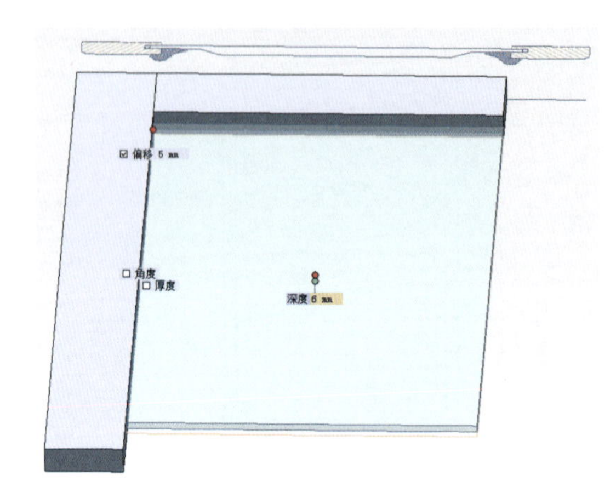

图 8-40　芯板绘制

把芯板上表面设置成工作平面，进入【2D 草图】模式，使用【平面上偏移】命令，绘制偏移值为 34 的矩形，图 8-41 所示。

退出草图，使用【线性凸台】命令拉伸出一块深度为 10 的凸台，使用【边倒角】命令，选择【距离 + 距离】的类型，在凸台的四边绘制出第一距离为 10、第二距离为 18 的倒角，如图 8-42 所示。

使用【移动面】命令编辑芯板实体，把芯板实体的四个侧面向外移动 10，达到如图 8-43 所示。

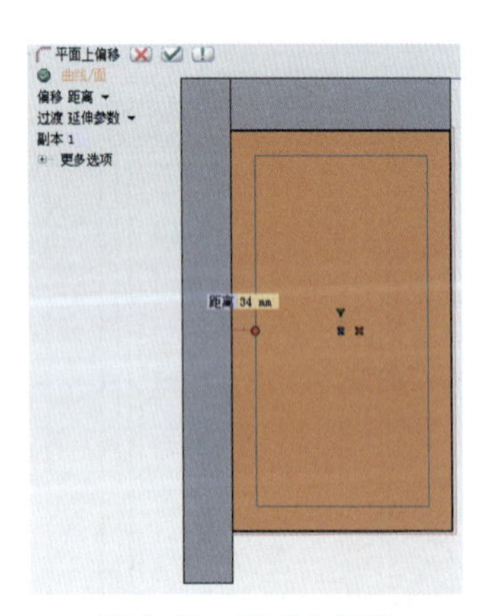

图 8-41　平面上偏移

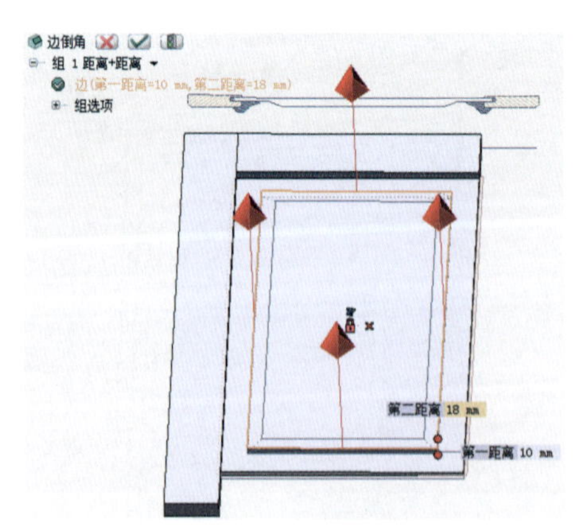

图 8-42　边倒角

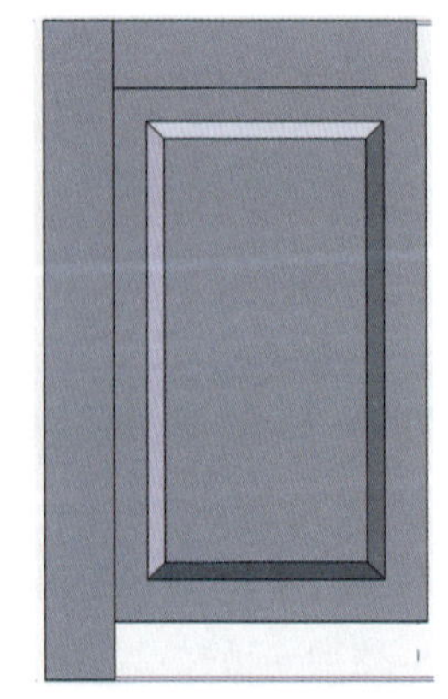

图 8-43　芯板侧面移动

把竖坊的底面设置成工作平面，进入【2D 草图】模式，使用【2 点直线】命令，绘制一条直线，把直线右端点用【点在曲线上约束】约束在竖坊实体的一边上，然后标注尺寸，图 8-44 所示。

退出草图，使用【线性切除】命令，选择【全部贯穿】类型，切出一个厚度为 6 的槽，如图 8-45 所示。

把工作平面设置为绝对参考坐标系，在剖视图中选择 1、2 两条刀型曲线并进入【2D 草图】模式，在草图中绘制曲线 3、4 形成封闭轮廓线，如图 8-46 所示；退出【2D 草图】模式，把草图使用【定义智能对象】命令定义（定义时注意选择合适的定位点，以便以后调用），如图 8-47 所示，然后使用【保存智能对象】命令，命名为“刀型”，保存好后可以在模型结构树中把该智能对象删除。

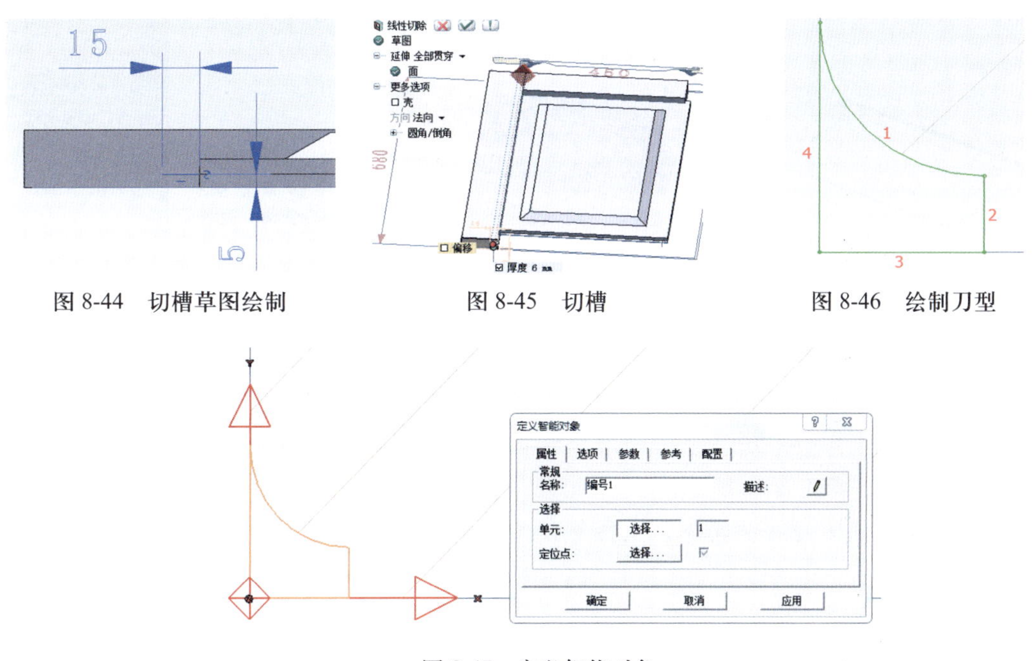

图 8-44　切槽草图绘制　　图 8-45　切槽　　图 8-46　绘制刀型

图 8-47　定义智能对象

把竖坊的右面设置成工作平面，使用【插入智能对象】插入“刀型”，并旋转角度到相应的位置，如图 8-48 所示。

使用【凸缘 / 凹槽】命令，选择刀型的草图，驱动曲线选择需要走刀型的三条边，运动模式选择【沿平面】，材料选择【移除】，如图 8-49 所示。

重复图 8-44 ～图 8-49 的方法绘制横坊实体的凹槽和刀型，如图 8-50 所示。

把横坊的左侧面设置成工作平面，进入【2D 草图】模式，使用【2 点直线】命令，绘制一条直线，把直线的两端点约束在横坊实体的点和边上，如图 8-51 所示。

退出草图，使用【线性凸台】命令拉伸出一块深度为 10、厚度为 6 的凸台，如图 8-52 所示。

用同样的方法把另一侧面的凸台绘制出来，达到如图 8-53 所示效果。

把以上完成的三个实体用【新建组件】命令生成零件，并分别命名“为单芯门竖坊”“单芯门横坊”和“单芯门芯板”，如图 8-54 所示。

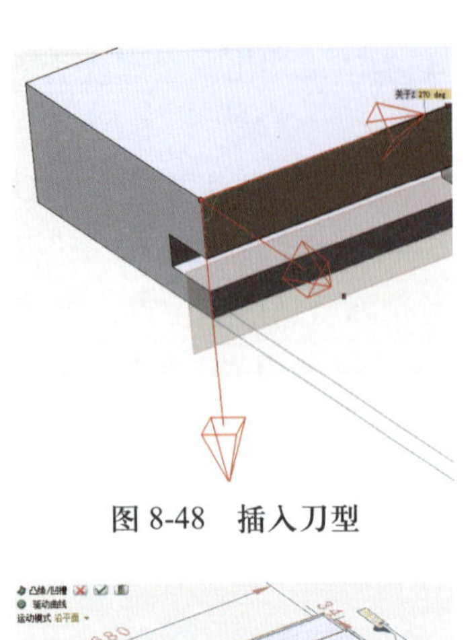

图 8-48　插入刀型

图 8-50　横坊凹槽与刀型

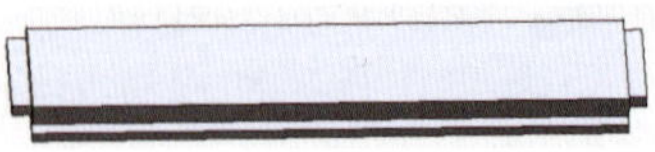

图 8-53　横坊左右凸台

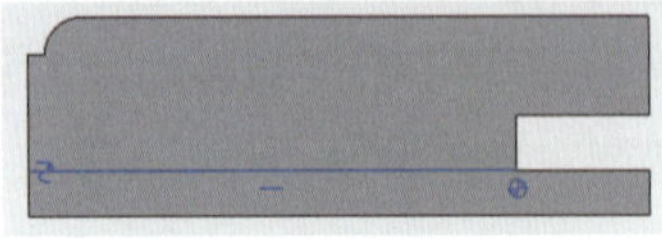

图 8-51　横坊凸台草图

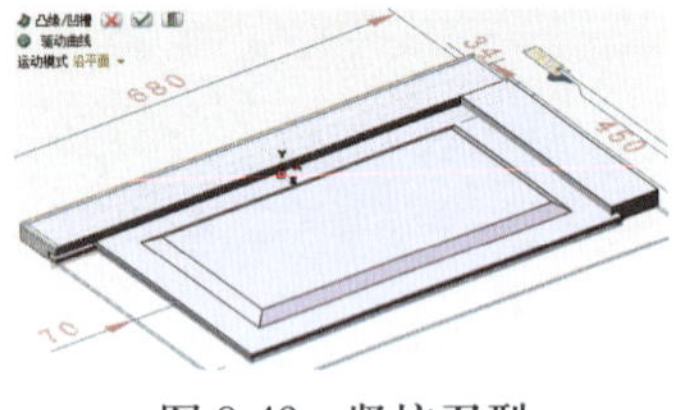

图 8-49　竖坊刀型

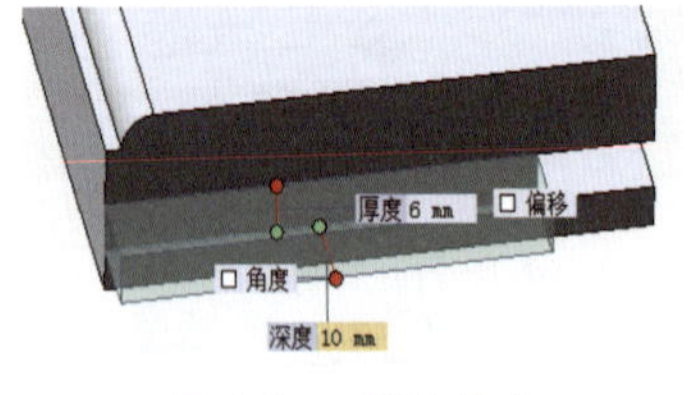

图 8-52　横坊凸台

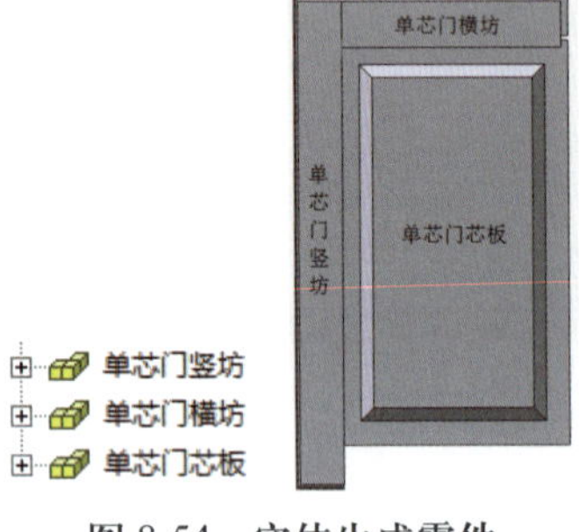

图 8-54　实体生成零件

把横坊的左侧面设置成工作平面，使用【插入智能对象】命令插入“木线”到工作平面中，点位点暂时选择平面上任意一点，鼠标【左键】双击“木线”草图进入草图模式下编辑曲线，把定位点用【重合约束】命令固定在实体右上角顶点上，如图 8-55 所示。

完成后，使用【线性实体】命令，选择刚刚插入的“木线”为草图，在深度处点击鼠标【右键】，选择【激活链接尺寸】，如图 8-56 所示。

选择【长度】类型，然后选择箭头所指的边界，最后点击完成线性实体，如图 8-57 所示。

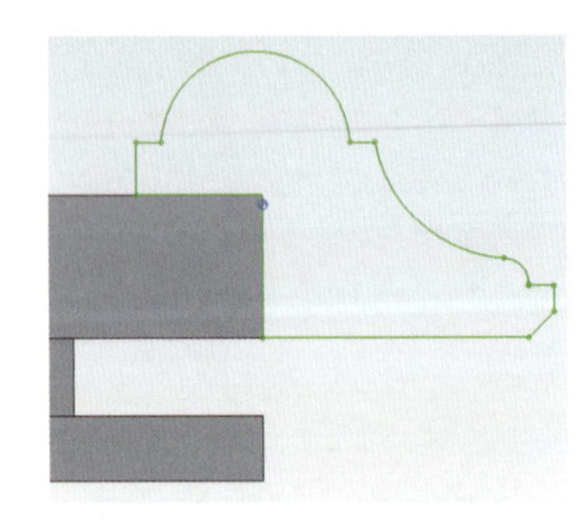

图 8-55　横木线草图约束

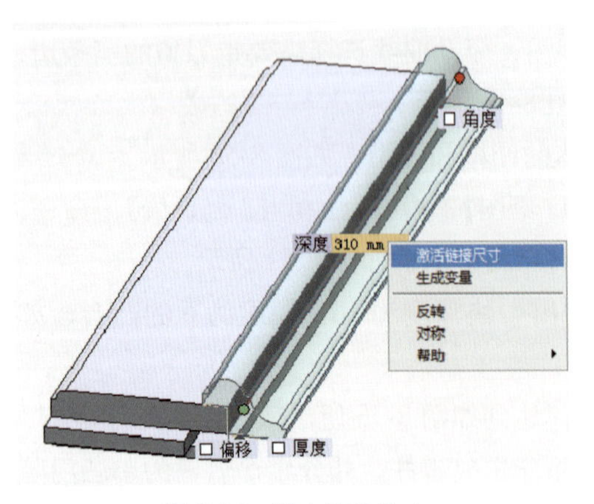

图 8-56　横木线实体 1

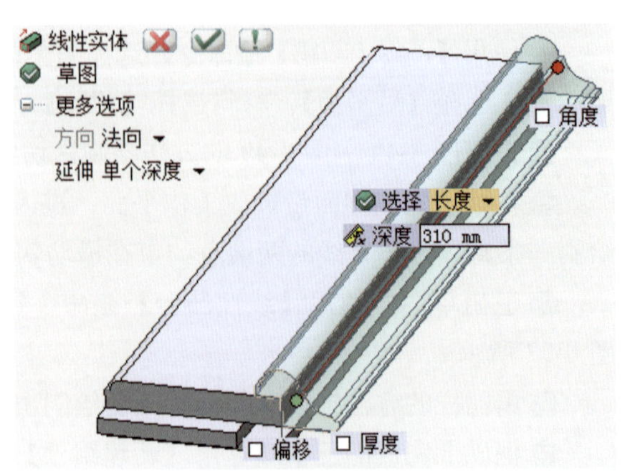

图 8-57　横木线实体 2

把竖坊的下底面设置成工作平面，使用【插入智能对象】命令插入“木线”到工作平面中，点位点暂时选择平面上任意一点，双击“木线”草图进入草图模式下编辑曲线，把定位点用【重合约束】固定在实体右上角顶点上，如图 8-58 所示。

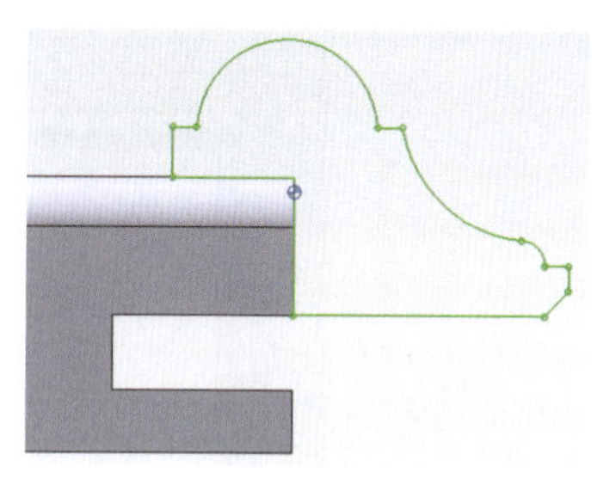

图 8-58　竖木线草图约束

退出草图，使用【线性实体】命令，选择刚刚插入的“木线”为草图，在深度处点击鼠标【右键】，选择【激活链接尺寸】，如图 8-59 所示。

选择【长度】类型，然后选择箭头所指的边界，最后点击完成线性实体，如图 8-60 所示。

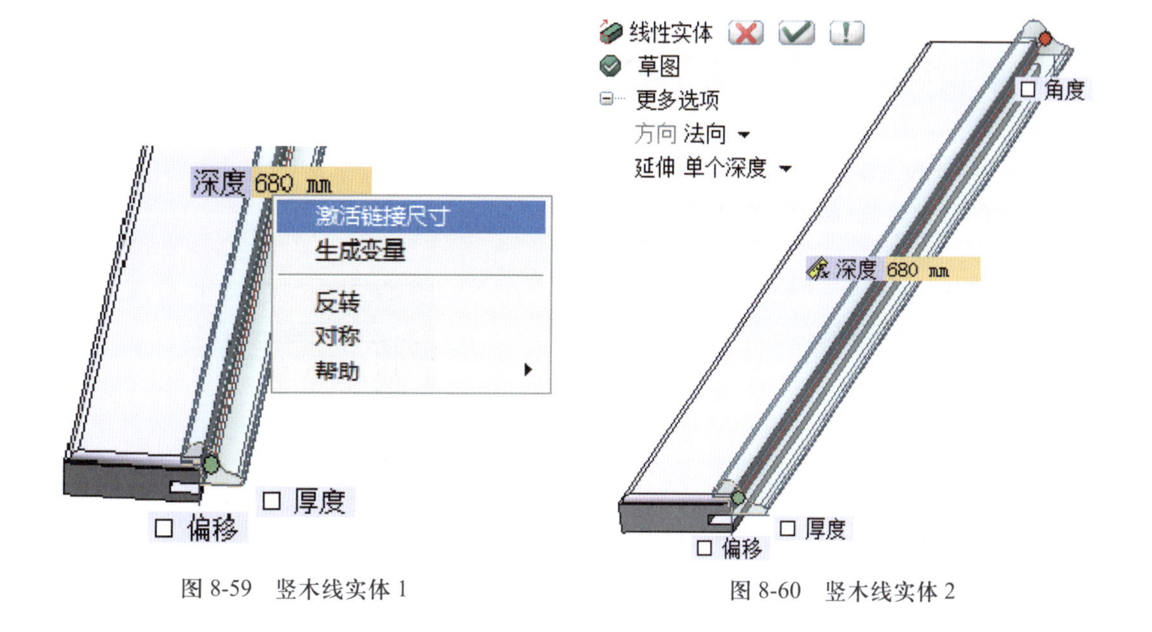

图 8-59　竖木线实体 1　　　　图 8-60　竖木线实体 2

使用【移动面】命令，把横木线两侧面向外移动 10，把竖木线两侧面向内移动 60，达到如图 8-61 所示效果。

使用【移动面】命令，选择如图 8-62 所示横木线的面和起始点，绕 X 轴旋转 45°，将实体的一个角切除。

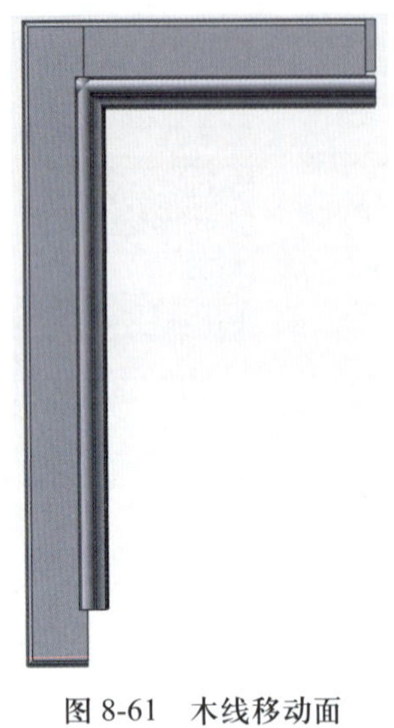

图 8-61　木线移动面

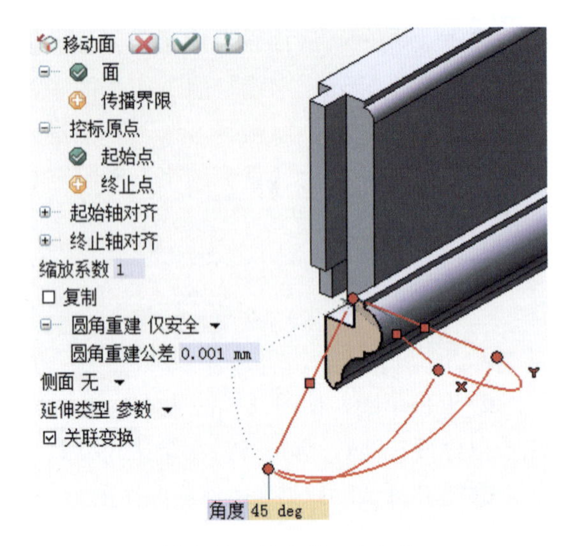

图 8-62　横木线一角切除

用同样的方法把横木线的另一侧面和竖木线两侧面的角切除，达到如图 5-63 所示效果。

把两个木线实体用【新建组件】命令生成零件，并分别命名为“单芯门横木线”和“单芯门竖木线”，如图 8-64 所示。

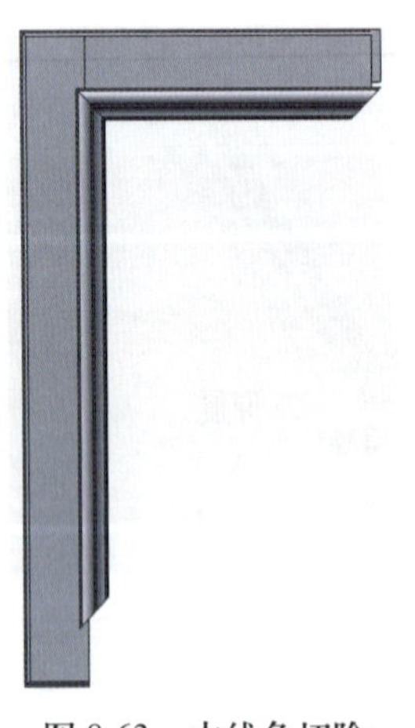

图 8-63　木线角切除

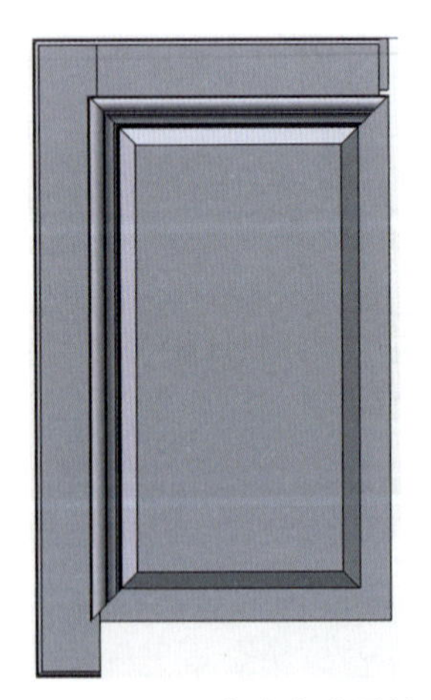

图 8-64　木线生成零件

把芯板表面设置成工作平面，使用【实体阵列】命令，选竖坊为基础对象。布置方式：拟合；类型：角度；选择 Z 轴为旋转轴；第一副本数量：2；第一角度延伸：180；点击完成竖坊的旋转阵列，如图 8-65 所示。

用上述方法分别把竖木线、横坊和横木线旋转阵列到对应的位置，最后用【新建组件】命令把所有零件生成装配体，命名为“单芯门”，如图 8-66 所示。

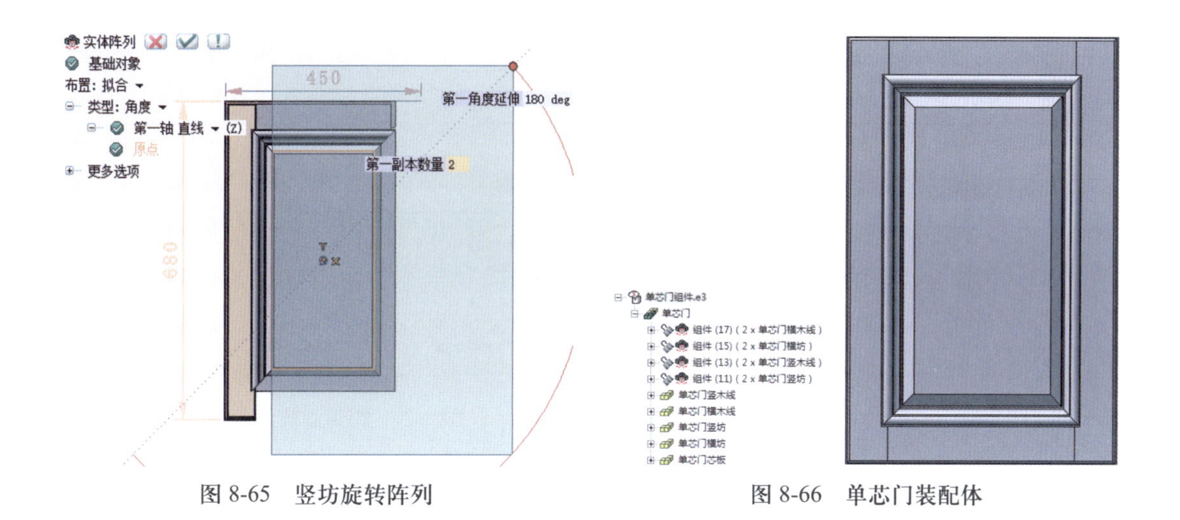

图 8-65　竖坊旋转阵列　　　　图 8-66　单芯门装配体

把单芯门的总长和总宽的驱动尺寸显示出来，如图 8-67 和图 8-68 所示。

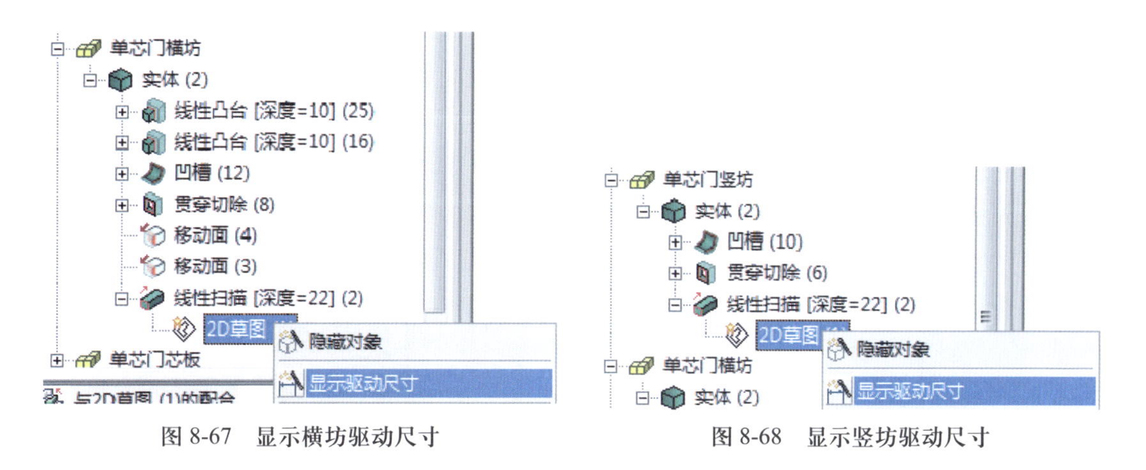

图 8-67　显示横坊驱动尺寸　　　　图 8-68　显示竖坊驱动尺寸

更改尺寸测试是否有错误提示，若能正常使用，则把整个装配体使用【定义智能对象】命令并保存，如图 8-69 所示。

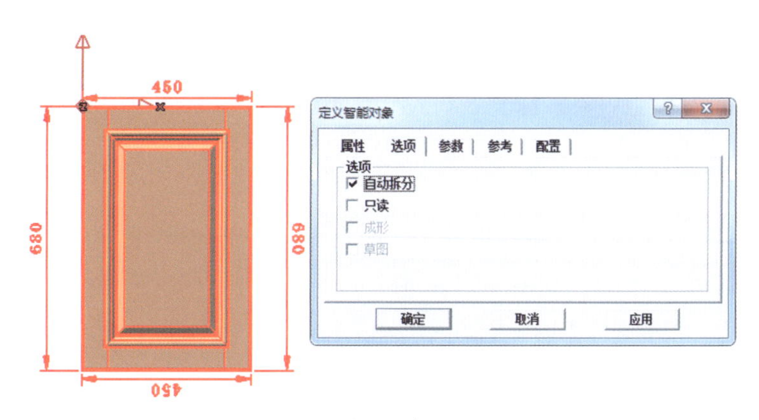

图 8-69　单芯门智能对象

8.4 衣柜装配

新建模型，使用【插入智能对象】命令调入“柜体—智能对象”，把柜体设为“当前”，打开【数据表】，把名称 A、B 的表达式分别改为 1000 和 2500，然后点击右下方的【重建】，如图 8-70 所示；如果某些零件位置没有改变，可以在模型结构顶端“柜体 .e3”点击鼠标【右键】→【全部重建】，以更新整个模型。

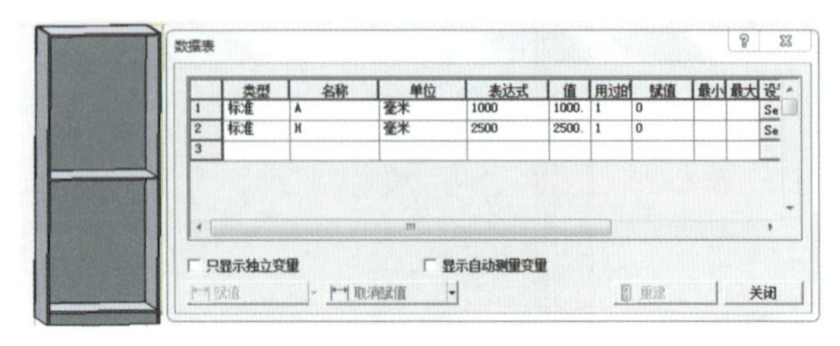

图 8-70 柜体参数修改

使用【插入智能对象】命令调入“单芯门组件—智能对象”，把尺寸修改成长 680、宽 482，把芯板用【移动 / 复制】命令移动到柜体座上角位置，如图 8-71 所示。

使用【移动 / 复制】命令把单芯门向右复制，距离为 482，勾选副本和更多选项下的关联副本，如图 8-72 所示。

图 8-71 单芯门尺寸修改及移动

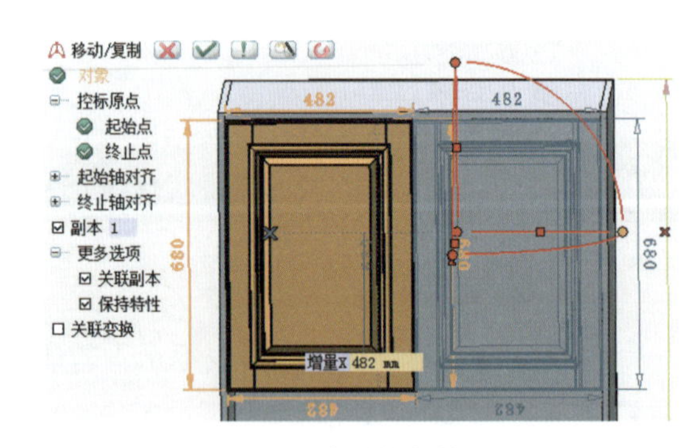

图 8-72 向右复制单芯门

使用【插入智能对象】命令调入“双芯门组件—智能对象”，把尺寸修改为：总长 1700，宽 482，上芯门长 680，把双芯门用【移动 / 复制】命令移动到单芯板正下方，如图 8-73 所示。

使用【移动 / 复制】命令把单芯门向右复制，距离为 482，勾选【副本】和【更多选项】下的【关联副本】，如图 8-74 所示。

使用【插入智能对象】命令调入“压线组件—智能对象”，把“木线”零件设为“当前”，把总长修改为 1124，用【移动 / 复制】命令把其移动到柜体顶端，如图 8-75 所示。

图 8-73 双芯门尺寸修改及移动

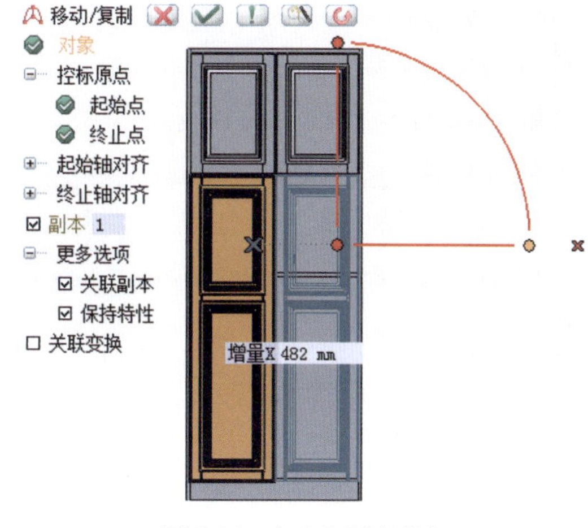

图 8-74 向右复制双芯门

图 8-75 顶压线尺寸修改及移动

在模型结构树中，把压线组件及其零件名称改为“压线组件—上”、“木条—上”、“木线—上”，如图 8-76 所示。

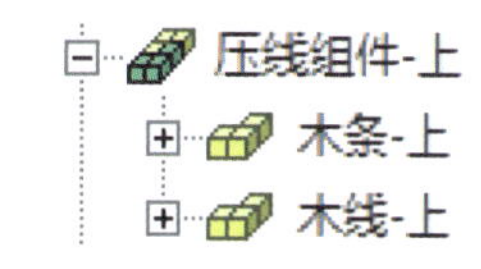

图 8-76 上压线名称更改

使用【插入智能对象】命令调入“压线组件—智能对象”，把“木线”零件设为“当前”，把总长修改为 2562，用【移动 / 复制】命令把其移动到柜体左端，如图 8-77 所示。

把“木线”设为“当前”，找到移动面的特征，把对应于柜体下方的特征抑制，然后点击【重建模型】更新模型的显示，如图 8-78 所示。

在模型结构树中，把新压线组件及其零件名称改为压线“组件—左”、“木条—左”、“木线—左”。

重复图 8-77 和图 8-78 的步骤，把右压线组件调入、修改、移动并装配到柜体右端，把整个衣柜装配完整，如图 8-79 所示。

图 8-77　左压线尺寸修改及移动

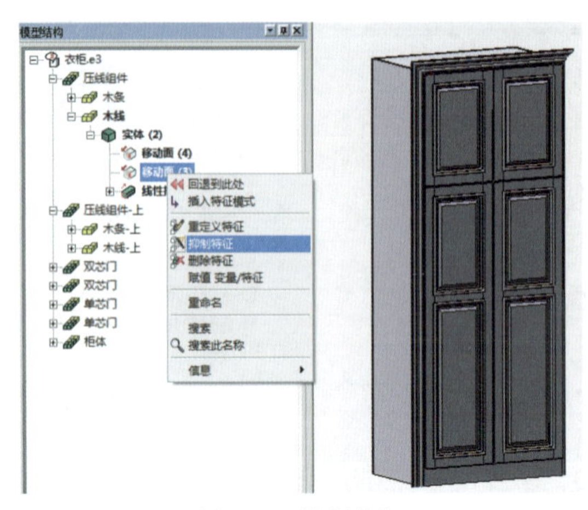

图 8-78　抑制特征

图 8-79　衣柜

8.5 衣柜工程图

新建工程图文件，点击【插入】→【工程视图】→【主视图】→【自定义】，如图 8-80 所示。

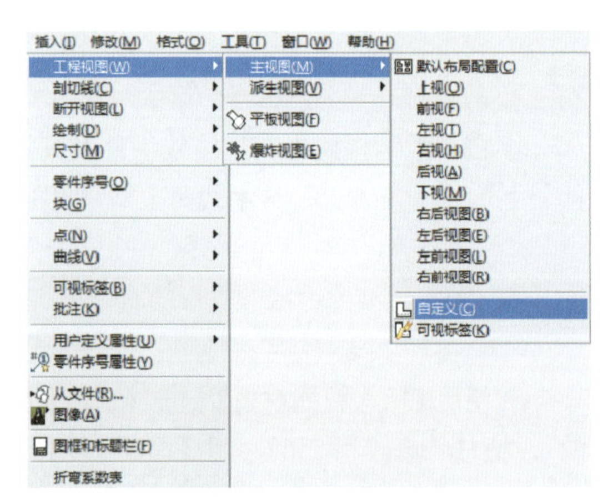

图 8-80　自定义工程图

浏览“衣柜 .e3”文件所在目录，点击【确定】，如图 8-81 所示。

选择默认视角，点击【确定】，如图 8-82 所示。

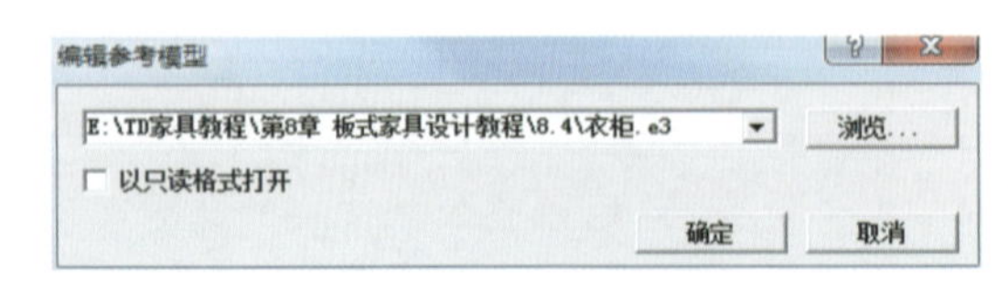

图 8-81　浏览衣柜模型

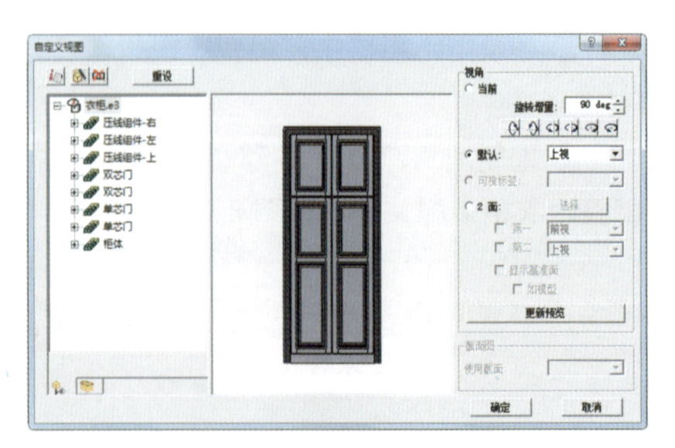

图 8-82　设置自定义视图

在正视图中点击鼠标【右键】→【插入】→【派生视图】→【投影视图】，投影方向选择右侧，生成左视图，如图 8-83 所示。

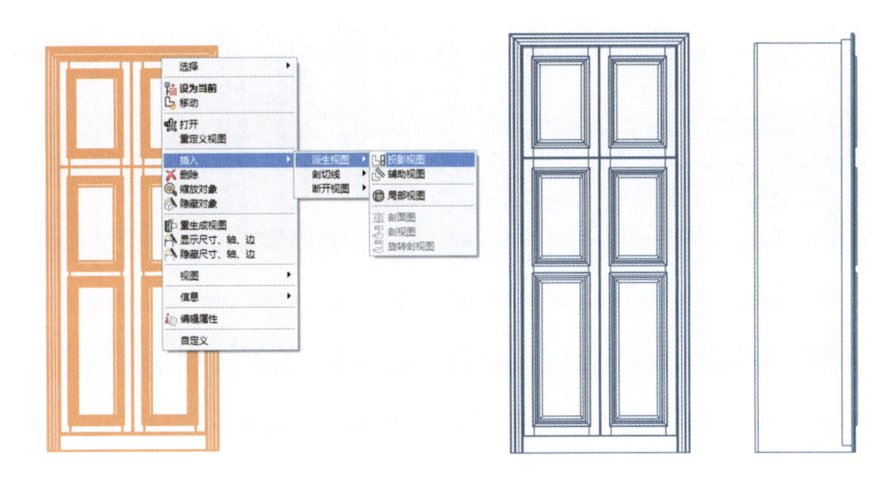

图 8-83　生成左视图

使用定义【定义剖切线】命令，方向类型选择【水平垂直】，画出 A-A 和 B-B 两条剖切线，如图 8-84 所示。

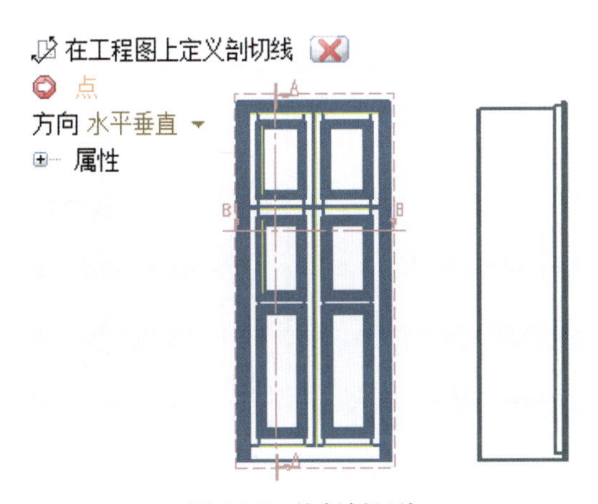

图 8-84　绘制剖切线

鼠标双击正视图把其设为“当前”，在剖切线处点击鼠标【右键】，选择【剖视图】，生成 A-A 和 B-B 剖视图，如图 8-85 所示。

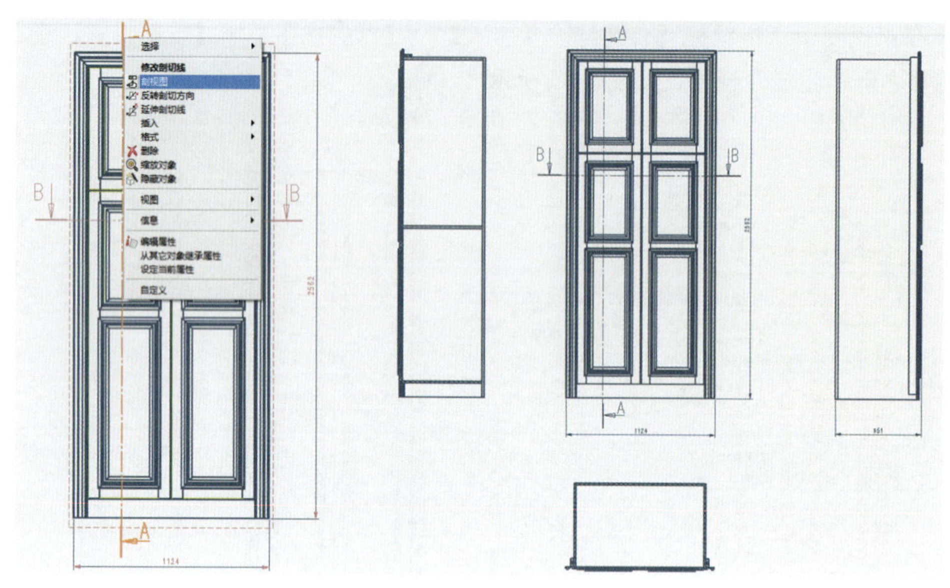

图 8-85　生成剖视图

使用【智能尺寸】命令，选择相应的边线为模型标注总体尺寸，如图 8-86 所示。

使用【图纸格式和标题栏】命令。使用以下设置：尺寸：A3；方向：横向；比例：1 : 15；图框：A3 横向；标题栏：标准。点击导入图框和标题栏，并把其拖动到视图合适位置，如图 8-87 所示。

图 8-86　尺寸标注

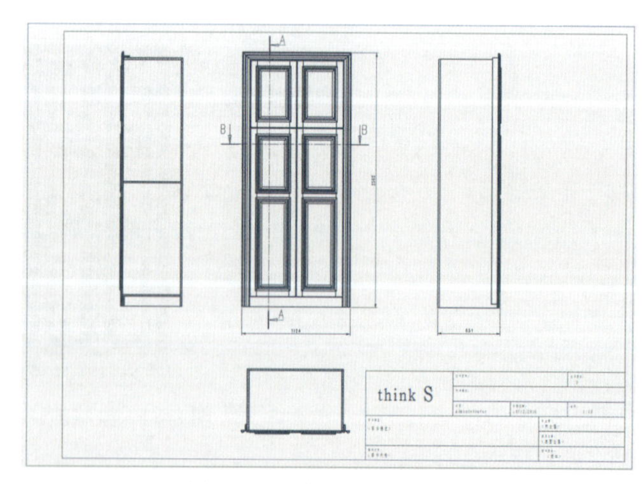

图 8-87　图框和标题栏导入

以下是其他组件的工程图：

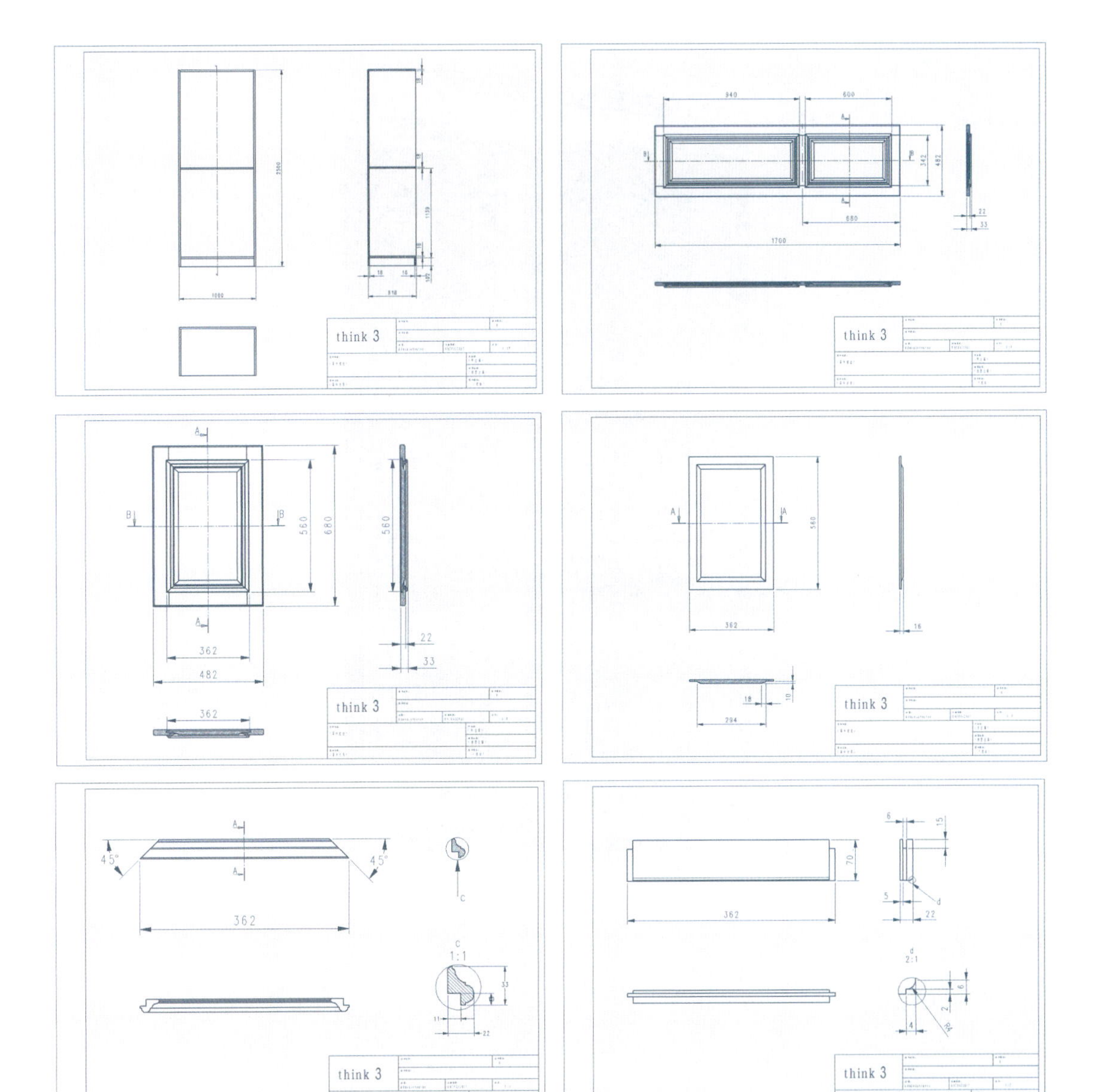

图 8-88　其他组件工程图

衣柜爆炸图：

图 8-89　衣柜爆炸图

芯板排料图：

图 8-90　芯板排料图

一键拆单：

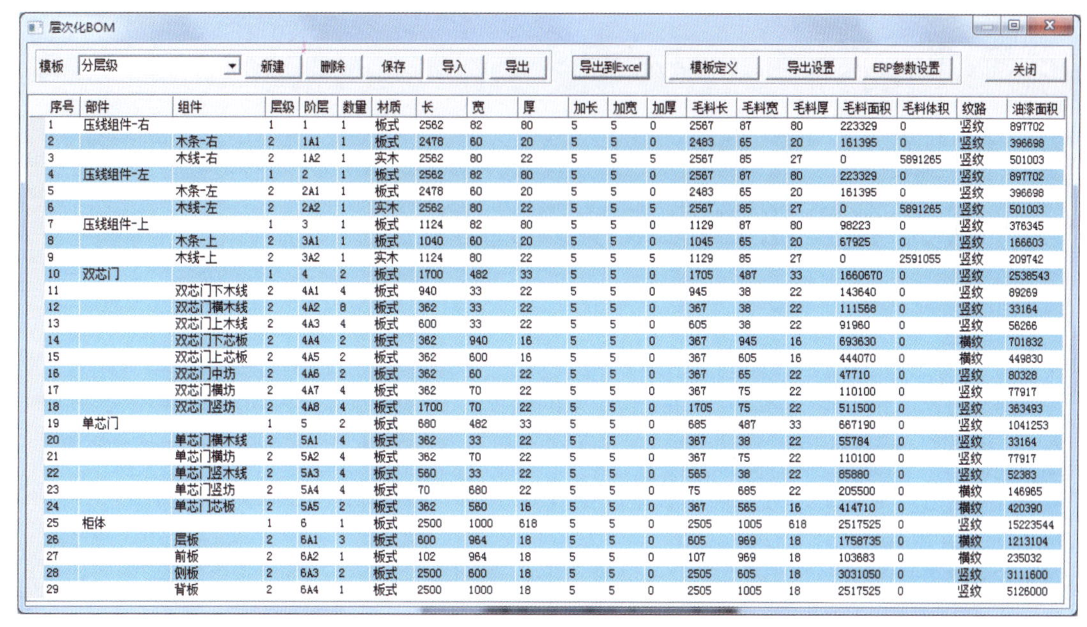

序号	部件	组件	层级	阶层	数量	材质	长	宽	厚	加长	加宽	加厚	毛料长	毛料宽	毛料厚	毛料面积	毛料体积	纹路	油漆面积
1	压线组件-右		1	1	1	板式	2562	82	80	5	5	0	2567	87	80	223329	0	竖纹	897702
2		木条-右	2	1A1	1	板式	2478	60	20	5	5	0	2483	65	20	161395	0	竖纹	396698
3		木线-右	2	1A2	1	实木	2562	80	22	5	5	5	2567	85	27	0	5891265	竖纹	501003
4	压线组件-左		1	2	1	板式	2562	82	80	5	5	0	2567	87	80	223329	0	竖纹	897702
5		木条-左	2	2A1	1	板式	2478	60	20	5	5	0	2483	65	20	161395	0	竖纹	396698
6		木线-左	2	2A2	1	实木	2562	80	22	5	5	5	2567	85	27	0	5891265	竖纹	501003
7	压线组件-上		1	3	1	板式	1124	82	80	5	5	0	1129	87	80	98223	0	竖纹	376345
8		木条-上	2	3A1	1	板式	1040	60	20	5	5	0	1045	65	20	67925	0	竖纹	166603
9		木线-上	2	3A2	1	实木	1124	80	22	5	5	5	1129	85	27	0	2591055	竖纹	209742
10	双芯门		1	4	2	板式	1700	482	33	5	5	0	1705	487	33	1660670	0	竖纹	2538543
11		双芯门下木线	2	4A1	4	板式	940	33	22	5	5	0	945	38	22	143640	0	竖纹	89269
12		双芯门横木线	2	4A2	8	板式	362	33	22	5	5	0	367	38	22	111568	0	竖纹	33164
13		双芯门上木线	2	4A3	4	板式	600	33	22	5	5	0	605	38	22	91960	0	竖纹	56266
14		双芯门下芯板	2	4A4	2	板式	362	940	16	5	5	0	367	945	16	693630	0	横纹	701832
15		双芯门上芯板	2	4A5	2	板式	362	600	16	5	5	0	367	605	16	444070	0	横纹	449830
16		双芯门中坊	2	4A6	2	板式	362	60	22	5	5	0	367	65	22	47710	0	竖纹	80328
17		双芯门横坊	2	4A7	4	板式	362	70	22	5	5	0	367	75	22	110100	0	竖纹	77917
18		双芯门竖坊	2	4A8	4	板式	1700	70	22	5	5	0	1705	75	22	511500	0	竖纹	363493
19	单芯门		1	5	2	板式	680	482	33	5	5	0	685	487	33	667190	0	竖纹	1041253
20		单芯门横木线	2	5A1	4	板式	362	33	22	5	5	0	367	38	22	55784	0	竖纹	33164
21		单芯门横坊	2	5A2	4	板式	362	70	22	5	5	0	367	75	22	110100	0	竖纹	77917
22		单芯门竖木线	2	5A3	4	板式	560	33	22	5	5	0	565	38	22	85880	0	竖纹	52383
23		单芯门竖坊	2	5A4	4	板式	70	680	22	5	5	0	75	685	22	205500	0	横纹	146965
24		单芯门芯板	2	5A5	2	板式	362	560	16	5	5	0	367	565	16	414710	0	横纹	420390
25	柜体		1	6	1	板式	2500	1000	618	5	5	0	2505	1005	618	2517525	0	竖纹	15223544
26		层板	2	6A1	3	板式	600	964	18	5	5	0	605	969	18	1758735	0	横纹	1213104
27		前板	2	6A2	1	板式	102	964	18	5	5	0	107	969	18	103683	0	横纹	235032
28		侧板	2	6A3	2	板式	2500	600	18	5	5	0	2505	605	18	3031050	0	竖纹	3111600
29		背板	2	6A4	1	板式	2500	1000	18	5	5	0	2505	1005	18	2517525	0	竖纹	5126000

图 8-91　软件自动拆单

导出 Excel：

XXX有限公司

产品材料表

客户名称：　订单编号：　产品名称：　日期: 2017/9/11 10:39

序号	部件	组件	层级	阶层	数量	材质	模型尺寸			备料尺寸			毛料尺寸			毛料面积	毛料体积	纹路	油漆面积
							长	宽	厚	加长	加宽	加厚	毛料长	毛料宽	毛料厚				
1	压线组件-右		1	1	1	板式	2562	82	80	5	5	0	2567	87	80	223329	0	竖纹	897702
2		木条-右	2	1A1	1	板式	2478	60	20	5	5	0	2483	65	20	161395	0	竖纹	396698
3		木线-右	2	1A2	1	实木	2562	80	22	5	5	5	2567	85	27	0	5891265	竖纹	501003
4	压线组件-左		1	2	1	板式	2562	82	80	5	5	0	2567	87	80	223329	0	竖纹	897702
5		木条-左	2	2A1	1	板式	2478	60	20	5	5	0	2483	65	20	161395	0	竖纹	396698
6		木线-左	2	2A2	1	实木	2562	80	22	5	5	5	2567	85	27	0	5891265	竖纹	501003
7	压线组件-上		1	3	1	板式	1124	82	80	5	5	0	1129	87	80	98223	0	竖纹	376345
8		木条-上	2	3A1	1	板式	1040	60	20	5	5	0	1045	65	20	67925	0	竖纹	166603
9		木线-上	2	3A2	1	实木	1124	80	22	5	5	5	1129	85	27	0	2591055	竖纹	209742
10	双芯门		1	4	2	板式	1700	482	33	5	5	0	1705	487	33	1660670	0	竖纹	2538543
11		双芯门下木线	2	4A1	4	板式	940	33	22	5	5	0	945	38	22	143640	0	竖纹	89269
12		双芯门横木线	2	4A2	8	板式	362	33	22	5	5	0	367	38	22	111568	0	竖纹	33164
13		双芯门上木线	2	4A3	4	板式	600	33	22	5	5	0	605	38	22	91960	0	竖纹	56266
14		双芯门下芯板	2	4A4	2	板式	362	940	16	5	5	0	367	945	16	693630	0	横纹	701832
15		双芯门上芯板	2	4A5	2	板式	362	600	16	5	5	0	367	605	16	444070	0	横纹	449830
16		双芯门中坊	2	4A6	2	板式	362	60	22	5	5	0	367	65	22	47710	0	竖纹	80328
17		双芯门横坊	2	4A7	4	板式	362	70	22	5	5	0	367	75	22	110100	0	竖纹	77917
18		双芯门竖坊	2	4A8	4	板式	1700	70	22	5	5	0	1705	75	22	511500	0	竖纹	363493
19	单芯门		1	5	2	板式	680	482	33	5	5	0	685	487	33	667190	0	竖纹	1041253
20		单芯门横木线	2	5A1	4	板式	362	33	22	5	5	0	367	38	22	55784	0	竖纹	33164
21		单芯门横坊	2	5A2	4	板式	362	70	22	5	5	0	367	75	22	110100	0	竖纹	77917
22		单芯门竖木线	2	5A3	4	板式	560	33	22	5	5	0	565	38	22	85880	0	竖纹	52383
23		单芯门竖坊	2	5A4	4	板式	70	680	22	5	5	0	75	685	22	205500	0	横纹	146965
24		单芯门芯板	2	5A5	2	板式	362	560	16	5	5	0	367	565	16	414710	0	横纹	420390
25	柜体		1	6	1	板式	2500	1000	618	5	5	0	2505	1005	618	2517525	0	竖纹	15223544
26		层板	2	6A1	3	板式	600	964	18	5	5	0	605	969	18	1758735	0	横纹	1213104
27		前板	2	6A2	1	板式	102	964	18	5	5	0	107	969	18	103683	0	横纹	235032
28		侧板	2	6A3	2	板式	2500	600	18	5	5	0	2505	605	18	3031050	0	竖纹	3111600
29		背板	2	6A4	1	板式	2500	1000	18	5	5	0	2505	1005	18	2517525	0	竖纹	5126000

图 8-92　生成 Excel 表格

ThinkDesign

第 9 章

实木家具实例
——以实木茶几和欧式沙发为例

本章主要通过一个实木茶几和欧式沙发的实例，让读者能灵活使用 TD 建模命令，并且在针对异形曲面建模时，巧妙地运用 TD 高级命令【GSM】实现异形曲面的快速建模。

注意：由于篇幅限制，本章内容将不详叙基本命令操作，建议读者在此前先了解 ThinkDesign 的基本操作。

9.1 实木茶几

9.1.1 茶几面

- 打开“实木茶几”CAD 数据，如图 9-1 所示。
- 选中曲线后，点击【编辑】中的【复制】，如图 9-2 所示。

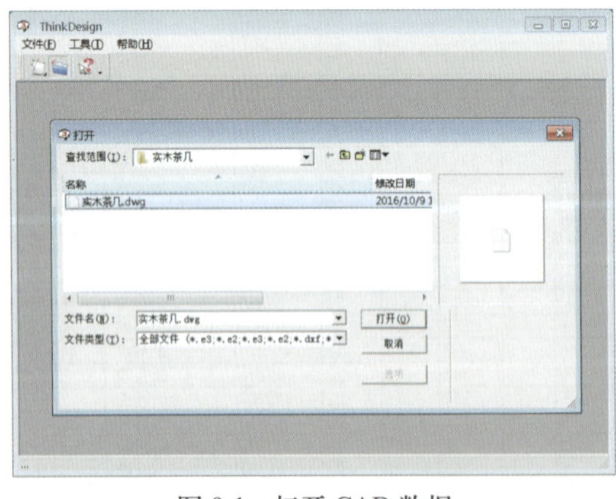

图 9-1 打开 CAD 数据

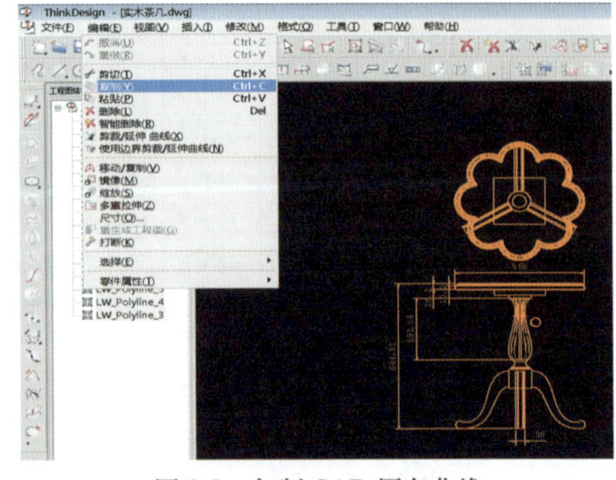

图 9-2 复制 CAD 原有曲线

- 新建一个【模型】文件，如图 9-3 所示。
- 点击【编辑】中的【粘贴】，把 CAD 平面线粘贴到 TD 模型空间，如图 9-4 所示。
- 使用【移动复制】功能，把主视图和俯视图叠放好，并且设定好相应图层便于后期管理，如图 9-5 所示。

点击【线性实体】命令，草图选择茶几面板最大轮廓线，进行拉伸主面板，拉伸厚度可把鼠标拖动至主视图面板厚度曲线处，也可以直接输入数值 16，如图 9-6 所示。

点击【面圆角】命令，对茶几面板上下面进行 R8 的倒角，如图 9-7 所示。

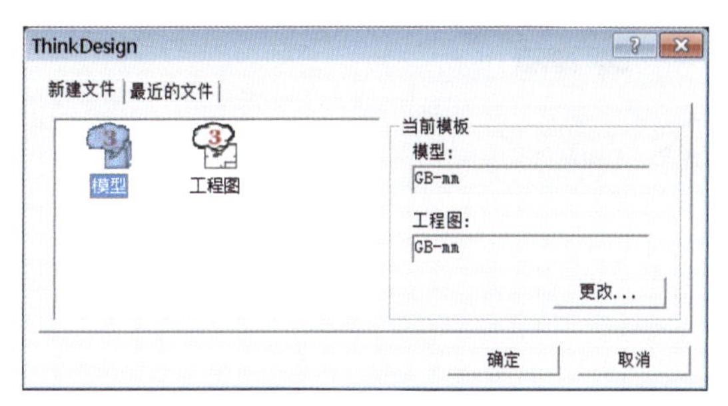

图 9-3　新建模型文件

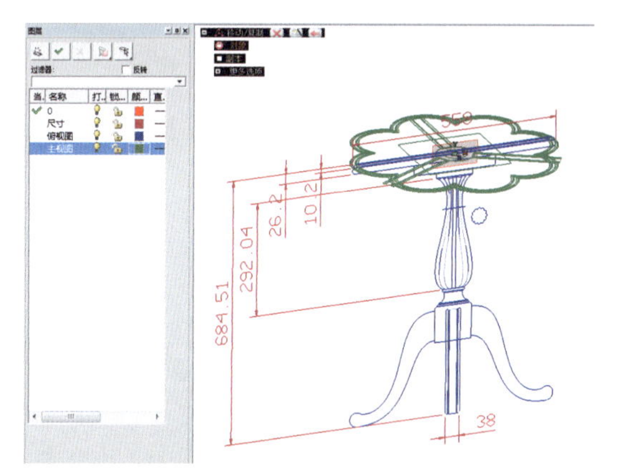

图 9-5　摆放视图并设定图层

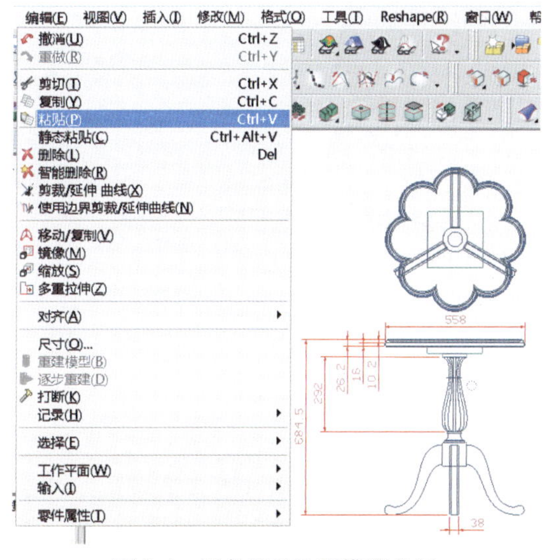

图 9-4　把曲线粘贴到模型空间

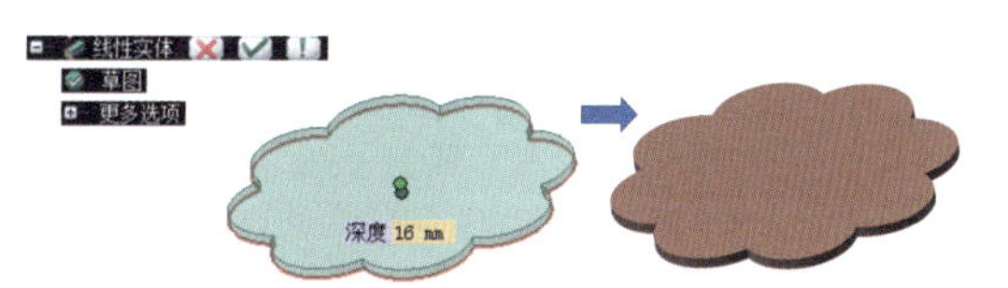

图 9-6　拉伸茶几面板

图 9-7　茶几面板倒圆角

选中茶几面板木线轮廓，点击【2D 草图】命令，把其转为 2D 草图属性，如图 9-8 所示。

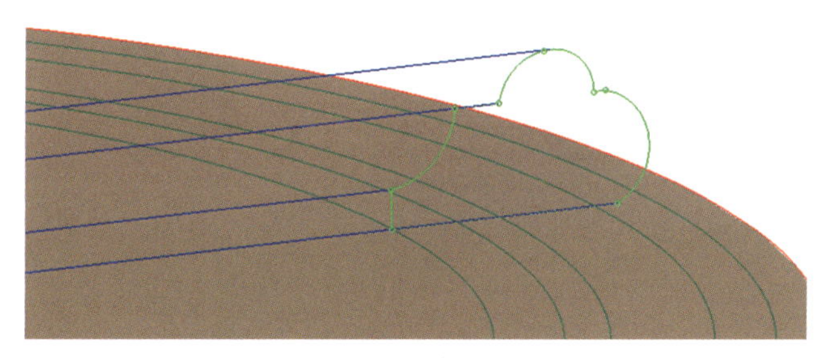

图 9-8　把木线轮廓转为 2D 草图

点击【线性扫描】命令后，在【棱线】选项中选中木线路径曲线，【边界】选择木线轮廓，如图 9-9 所示。

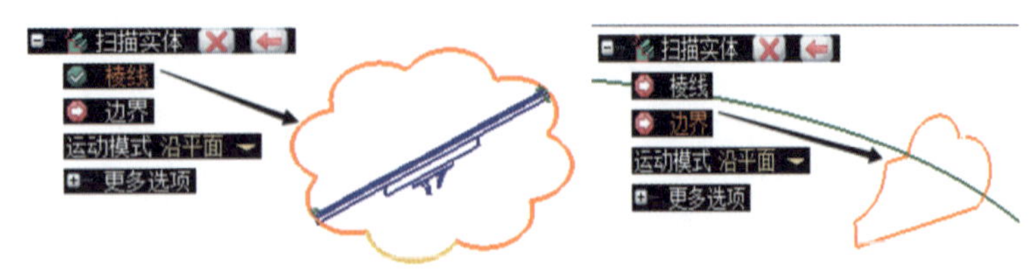

图 9-9　选择【棱线】、【边界】

点击完成，如图 9-10 所示。

图 9-10　完成木线建模

9.1.2　罗马柱

点击【线性实体】命令，草图选择面板托板轮廓，然后点击【更多选项】即可使用偏移功能，偏移值和深度值可在主视图中捕捉相应位置，或者分别输入 16 和 27，如图 9-11 所示。

点击【面圆角】命令，对托板下表面的四个边界进行 R3 的倒角，如图 9-12 所示。

使用【线性实体】命令，同理完成中间罗马柱上圆的建模，如图 9-13 所示。

图 9-11　拉伸托板

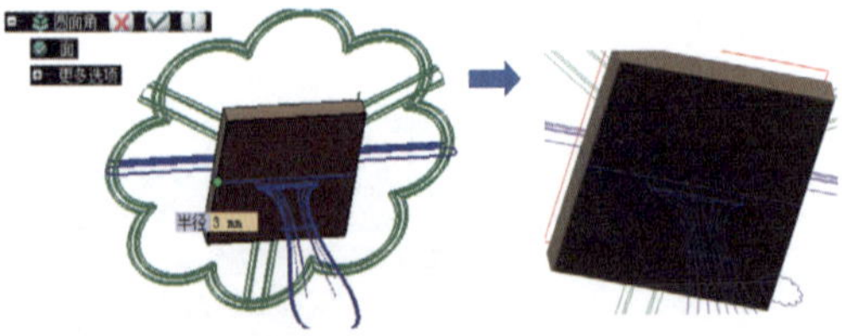

图 9-12　托板倒圆角

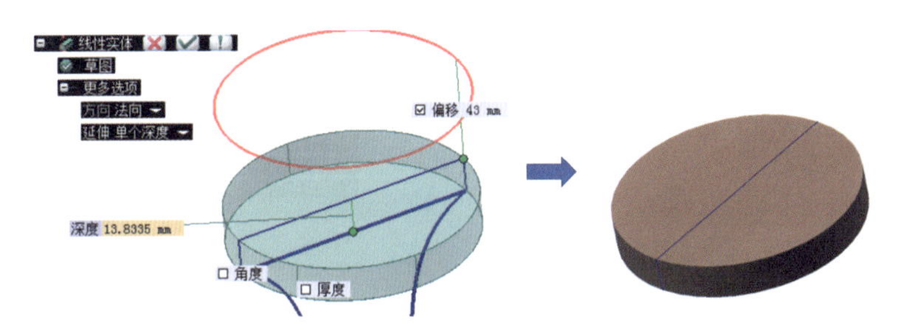

图 9-13　完成罗马柱上圆建模

点击【多段线】命令，在罗马柱截面图中绘制一条用作定位的直线，如图 9-14 所示。

使用【移动复制】功能，把截面移动到主视图罗马柱底部中间位置，如图 9-15 所示。

点击【线性实体】命令，草图选择罗马柱截面轮廓，然后拉伸出罗马柱高度，如图 9-16 所示。

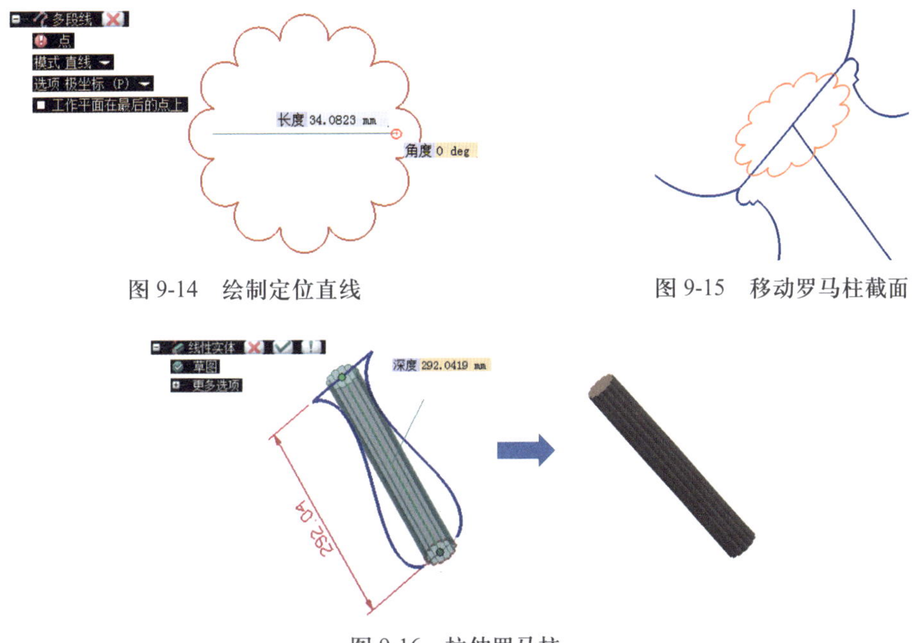

图 9-14　绘制定位直线

图 9-15　移动罗马柱截面

图 9-16　拉伸罗马柱

使用【移动复制】功能，并且把【副本】选项勾上，输入数值 3，然后旋转 90° 阵列三条罗马柱边界线，如图 9-17 所示。

点击【3 点圆】命令，在罗马柱上下面共绘制四个圆（注：绘制圆要按照相同的时针方向），如图 9-18 所示。

点击【等参曲线】命令，提取罗马柱四个侧面的中间线，再输入数值 0.5，如图 9-19 所示。

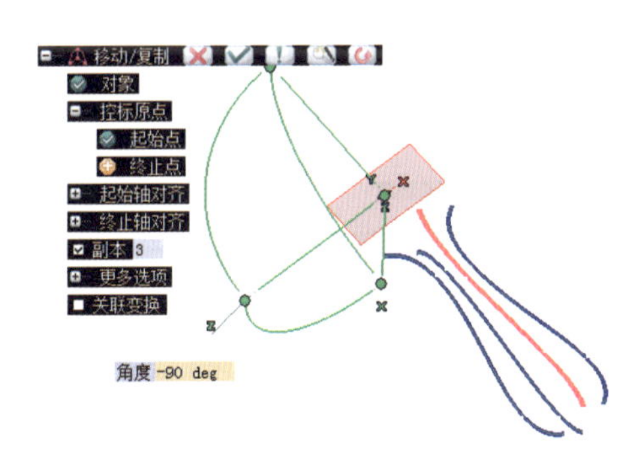

图 9-17　旋转阵列边界线

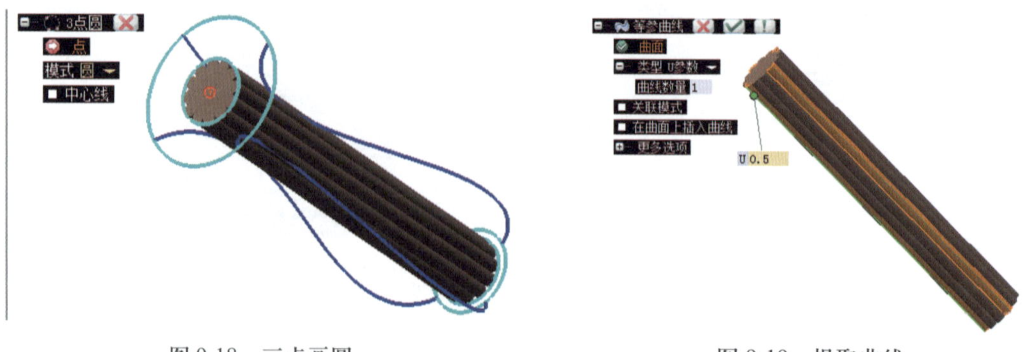

图 9-18　三点画圆　　　　图 9-19　提取曲线

点击【高级 GSM】命令，把【关联模式】选项勾上，并且在精度【循环次数】中改为 3 次，如图 9-20 所示。

在要修改的对象中的实体选择罗马柱，如图 9-21 所示。

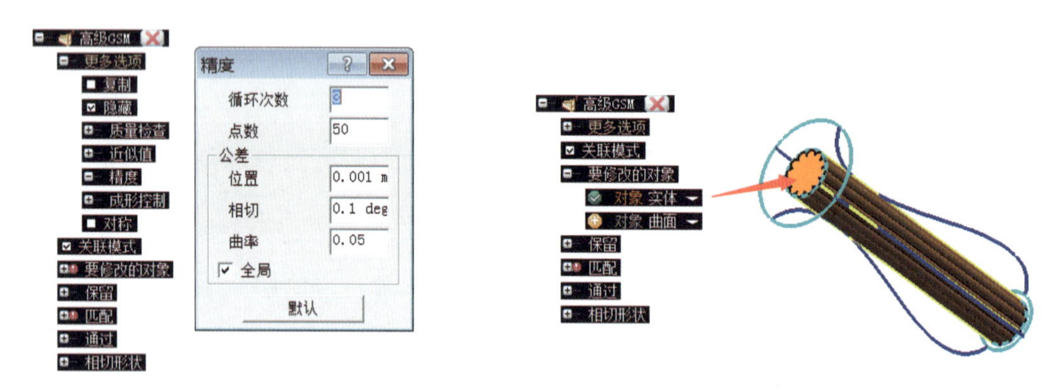

图 9-20　设定 GSM 参数　　　　图 9-21　选择修改对象

在匹配类型中，组 1 初始曲线选择罗马柱上方的小圆，【目标曲线】选择罗马柱上方的大圆，如图 9-22 所示。

在匹配类型中，组 2 初始曲线选择罗马柱下方的小圆，【目标曲线】选择罗马柱下方的大圆，如图 9-23 所示。

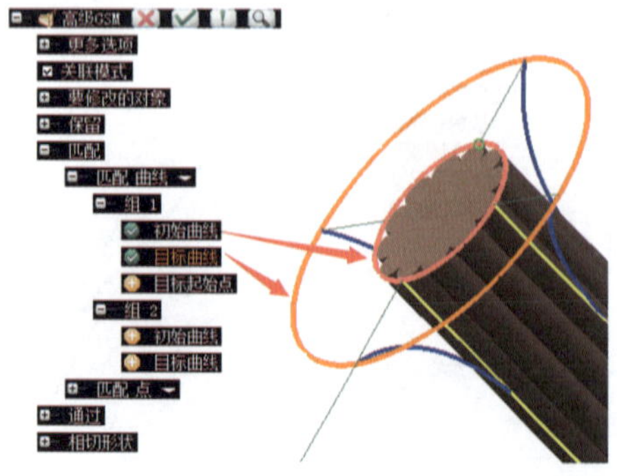

图 9-22　选择匹配组 1

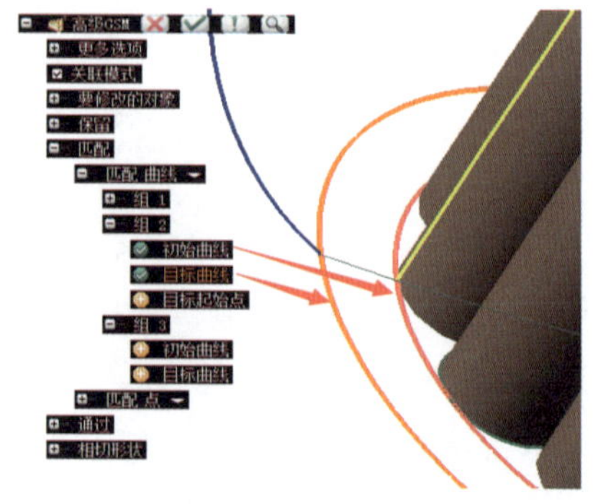

图 9-23　选择匹配组 2

在匹配类型中，组 3 初始曲线选择上述通过【等参曲线】选项如图 9-22 提取出来的任意一条线，【目标曲线】即选择该初始曲线对应的罗马柱边界线，如图 9-24 所示。

剩下的组 4、组 5、组 6 参考上述组 3 选择匹配曲线的方法，如图 9-25 所示。

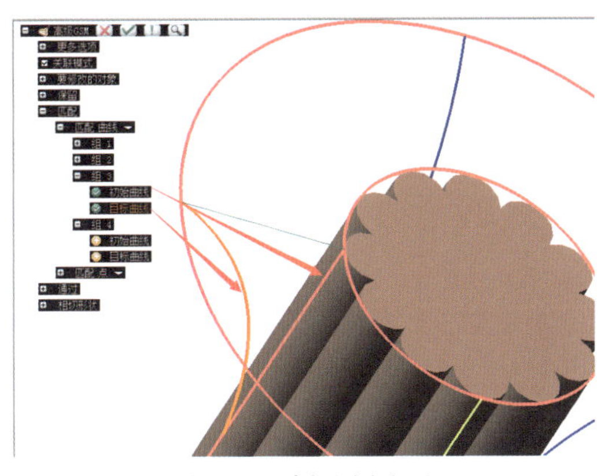

图 9-24　选择匹配组 3

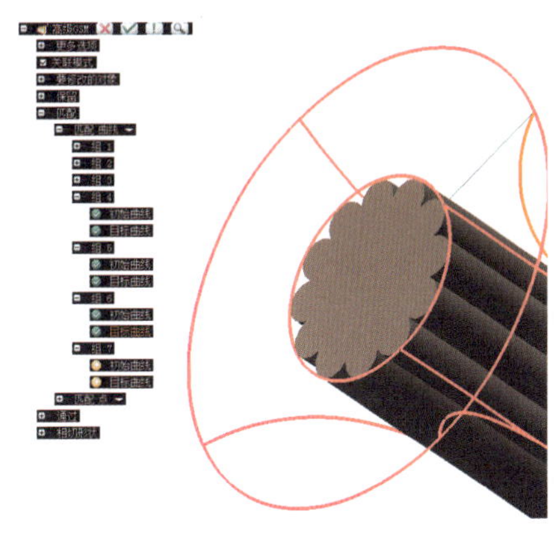

图 9-25　选择匹配组 4、5、6

点击，完成罗马柱异形曲面的建模，如图 9-26 所示。

图 9-26　完成

9.1.3　连接件

点击【多段线】命令，在罗马柱下部分主视图中，绘制一条中心线，如图 9-27 所示。

点击【智能删除】和【剪裁 / 延伸 曲线】命令，修改成如图 9-28 所示。

点击【旋转实体】命令，建出罗马柱下部分形状，如图 9-29 所示。

点击【延伸曲线】命令，延长下图直线两端，如图 9-30 所示。

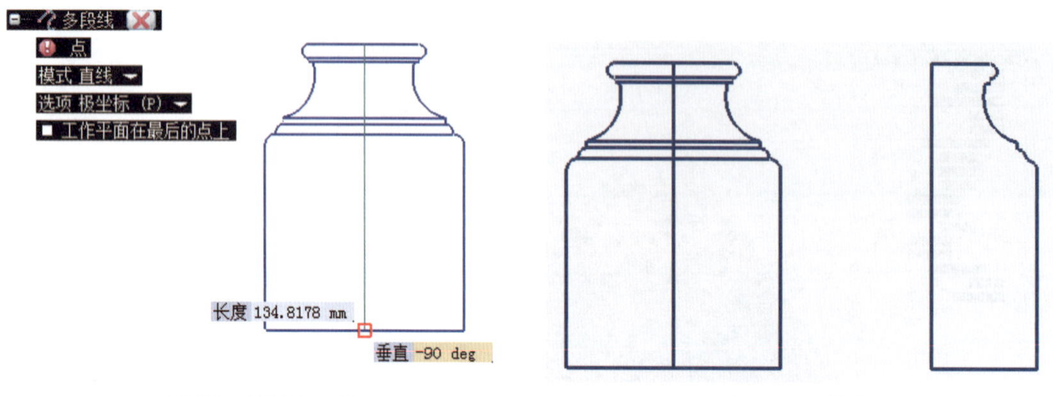

图 9-27　绘制中心线　　图 9-28　剪裁

图 9-29　旋转实体　　图 9-30　延伸曲线

点击【线性切除】命令，切出罗马柱与脚装配的平面，如图 9-31 所示。

点击【实体阵列】命令，使用【旋转阵列】命令制作出两个上述平面，如图 9-32 所示。

图 9-31　切除多余实体　　图 9-32　实体阵列

9.1.4　茶几脚

点击【线性实体】命令，拉伸茶几脚的厚度，如图 9-33 所示。

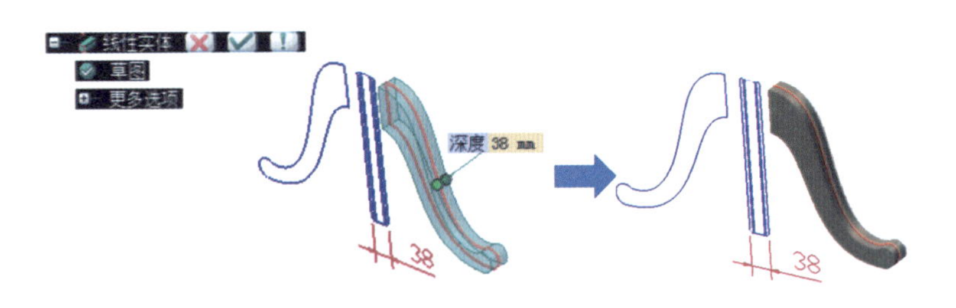

图 9-33　拉伸茶几脚

点击【边界曲线】命令，提取茶几脚下端边界线，如图 9-34 所示。

点击【延伸曲线】命令，延伸上述提取的曲线，延伸距离大概为 20，如图 9-35 所示。

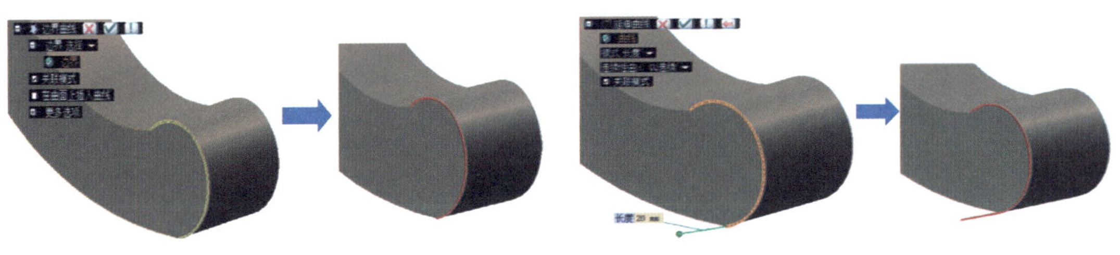

图 9-34　提取脚边界

图 9-35　延伸曲线

点击【移动复制】命令，把茶几脚上的刀形轮廓移动到上述拉伸的实体脚上，如图 9-36 所示。

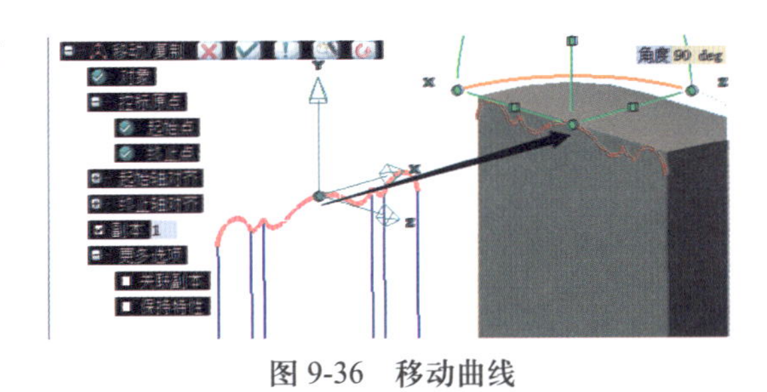

图 9-36　移动曲线

把刀形轮廓通过【2D 草图】命令，转为草图属性，并且用多段线把刀形轮廓封闭，如图 9-37 所示。

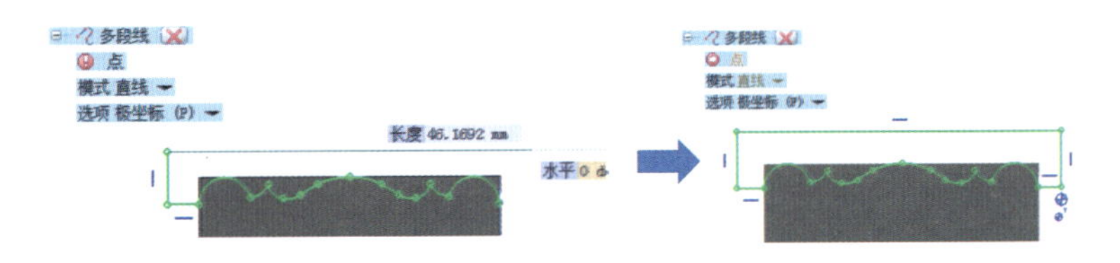

图 9-37　转为 2D 草图

点击【扫描切除】命令，用上述刀形轮廓切出茶几脚刀形，如图 9-38 所示。

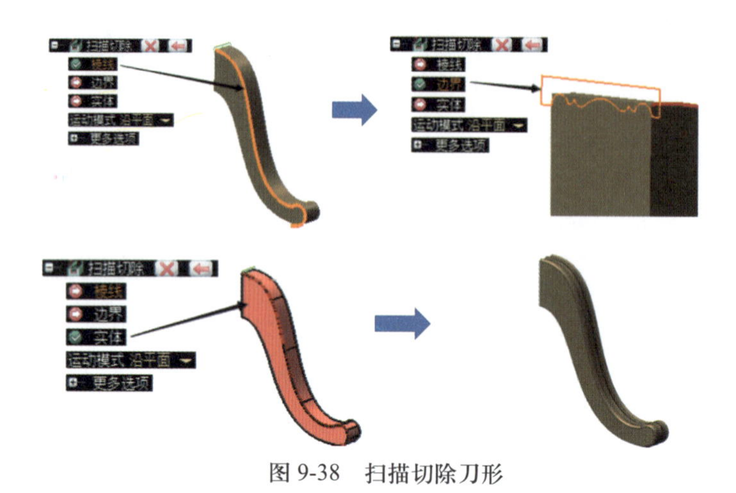

图 9-38　扫描切除刀形

点击【移动复制】命令，把茶几脚旋转 90°，让其对齐到罗马柱转配平面，如图 9-39 所示。

点击【移动复制】命令，把茶几脚移动贴合到罗马柱转配平面，如图 9-40 所示。

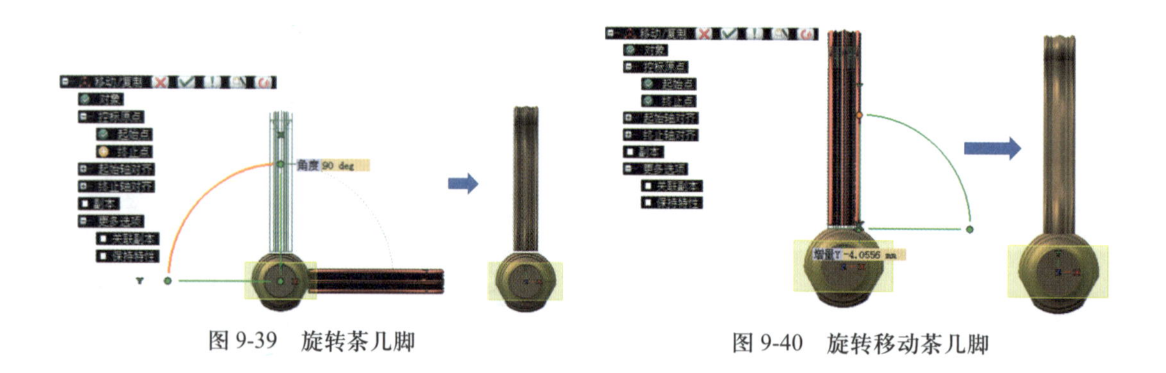

图 9-39　旋转茶几脚　　　图 9-40　旋转移动茶几脚

点击【移动复制】命令，把茶几脚进行 120° 旋转，使用【旋转阵列】命令制作阵列其余两个，如图 9-41 所示。

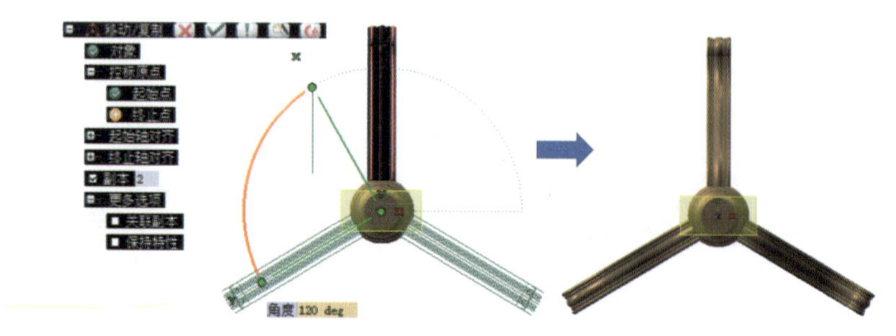

图 9-41　移动复制茶几脚

组装各配件，完成整个实木茶几三维建模，如图 9-42 所示。

图 9-42　完成茶几建模

茶几爆炸图：

图 9-43　茶几爆炸图

茶几工程图：

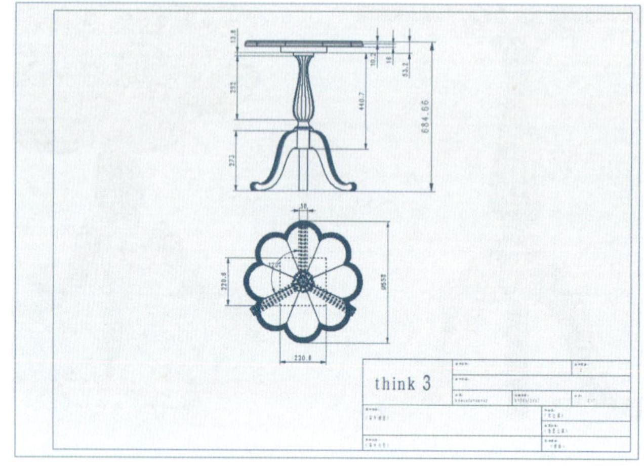
think 3

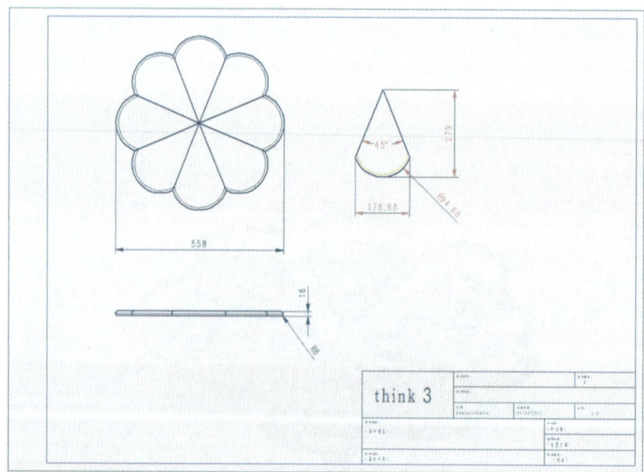
558
279
45°
think 3

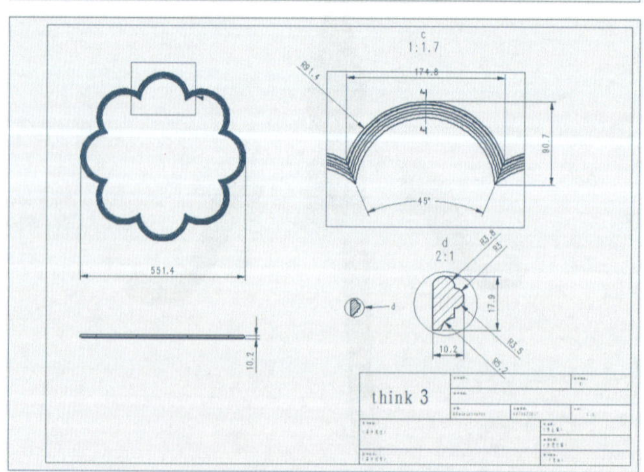
c
1:1.7
174.8
90.7
45°
551.4
d
2:1
17.9
10.2
think 3

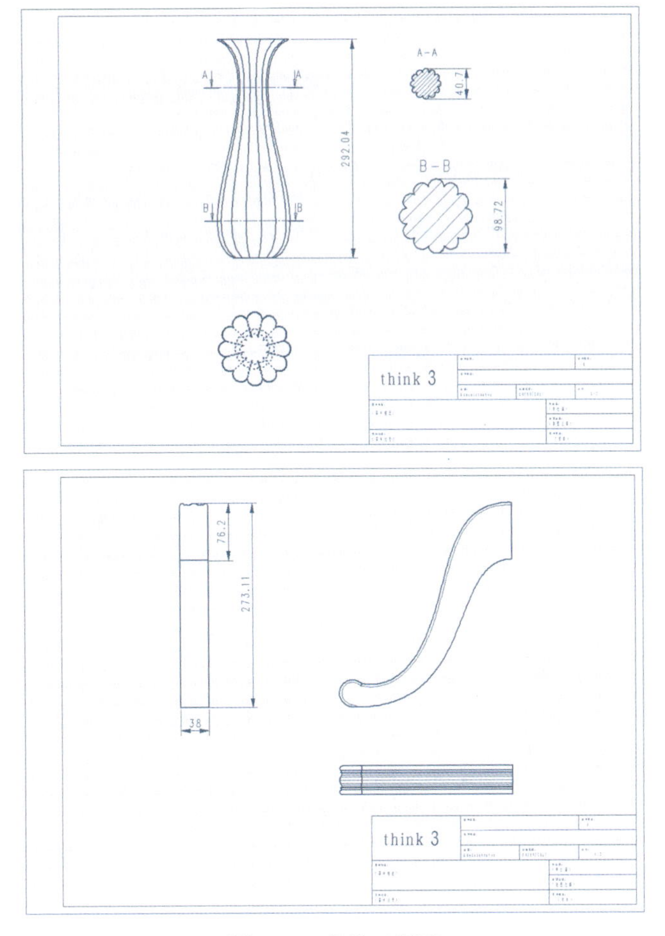

图 9-44　茶几工程图

茶几排料图：

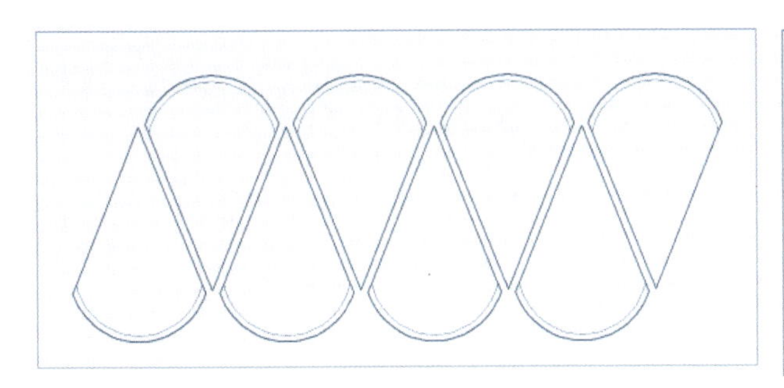

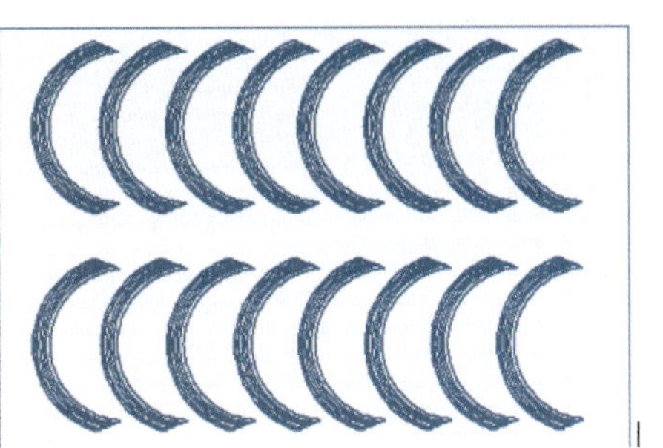

图 9-45　茶几排料图

茶几材料表：

层次化BOM

模板 分层级 新建 删除 保存 导入 导出 导出到Excel 模板定义 导出设置 ERP参数设置 关闭

序号	部件	组件	层级	阶层	数量	材质	长	宽	厚	加长	加宽	加厚	毛料长	毛料宽	毛料厚	毛料面积	毛料体积	纹路	油漆面积
1	台面		1	1	1	实木	558	558	16	5	5	0	563	563	16	0	5071504	竖纹	516161
2		台面角	2	1A1	8	实木	279	179	16	5	5	0	284	184	16	0	6688768	竖纹	64520
3	台面木线		1	2	1	实木	551	551	10	5	5	0	556	556	10	0	3091360	竖纹	89993
4		木线	2	2A1	8	实木	175	91	10	5	5	0	180	96	10	0	1382400	竖纹	11249
5	支撑板		1	3	1	板式	221	221	27	5	5	5	226	226	32	51076	0	横纹	121107
6	桌子柱		1	4	1	实木	441	99	99	5	5	0	446	104	99	0	4592016	竖纹	162519
7		中柱	2	4A1	1	实木	292	99	99	5	5	0	297	104	99	0	3057912	竖纹	94456
8		柱子底座	2	4A2	1	实木	135	97	93	5	5	0	140	102	93	0	1328040	竖纹	49022
9		柱子顶板	2	4A3	1	板式	97	97	14	5	5	5	102	102	19	10404	0	横纹	19040
10	茶几脚		1	5	3	实木	273	221	149	5	5	0	278	226	149	0	28084116	竖纹	62767

图 9-46　一键拆单

XXX有限公司

产 品 材 料 表

客户名称：　订单编号：　产品名称：　日期：2017/9/11 11:26

序号	部件	组件	层级	阶层	数量	材质	模型尺寸			备料尺寸			毛料尺寸			毛料面积	毛料体积	纹路	油漆面积
							长	宽	厚	加长	加宽	加厚	毛料长	毛料宽	毛料厚				
1	台面		1	1	1	实木	558	558	16	5	5	0	563	563	16	0	5071504	竖纹	516161
2		台面角	2	1A1	8	实木	279	179	16	5	5	0	284	184	16	0	6688768	竖纹	64520
3	台面木线		1	2	1	实木	551	551	10	5	5	0	556	556	10	0	3091360	竖纹	89993
4		木线	2	2A1	8	实木	175	91	10	5	5	0	180	96	10	0	1382400	竖纹	11249
5	支撑板		1	3	1	板式	221	221	27	5	5	5	226	226	32	51076	0	横纹	121107
6	桌子柱		1	4	1	实木	441	99	99	5	5	0	446	104	99	0	4592016	竖纹	162519
7		中柱	2	4A1	1	实木	292	99	99	5	5	0	297	104	99	0	3057912	竖纹	94456
8		柱子底座	2	4A2	1	实木	135	97	93	5	5	0	140	102	93	0	1328040	竖纹	49022
9		柱子顶板	2	4A3	1	板式	97	97	14	5	5	5	102	102	19	10404	0	横纹	19040
10	茶几脚		1	5	3	实木	273	221	149	5	5	0	278	226	149	0	2.8E+07	竖纹	62767

图 9-47　导出 EXCEL 表格

9.2 欧式沙发

按照上篇实木茶几的方法，把 CAD 平面线复制粘贴到 TD 模型空间，并且设定好相应的图层以及叠放好三视图，有便于后期建模，如图 9-48 所示。

图 9-48　对齐 CAD 视图

9.2.1　沙发脚

该沙发部件比较多，我们先对沙发脚进行建模。

点击【移动复制】命令，把沙发脚三个视图叠放好，如图 9-49 所示。

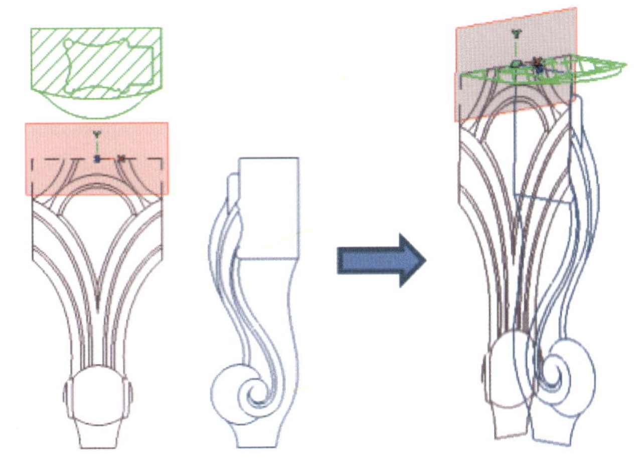
图 9-49　对齐沙发前脚视图

点击【平面】命令，选择侧视图沙发脚侧面的轮廓，然后生成沙发脚侧面，如图 9-50 所示。

点击【移动复制】命令，把两侧面移动到两端，如图 9-51 所示。

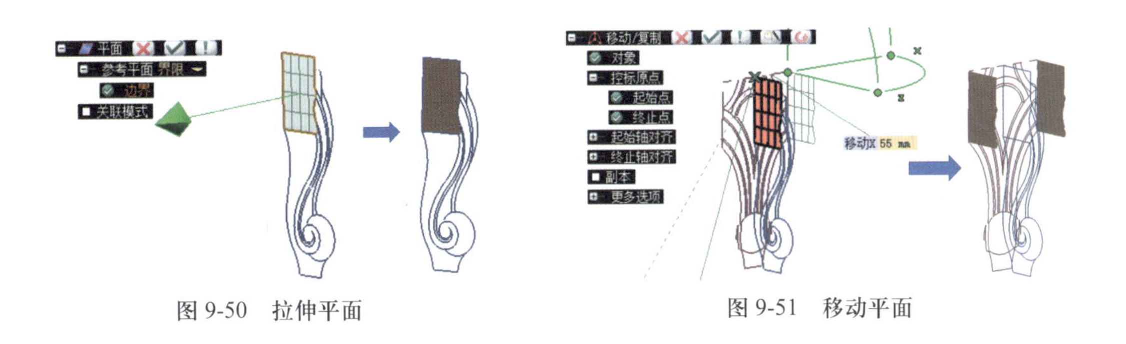

图 9-50　拉伸平面　　图 9-51　移动平面

点击【多段线】命令，照下图绘制一直线，如图 9-52 所示，并且用【剪裁 / 延伸曲线】命令，修改成下图，如图 9-53 所示。

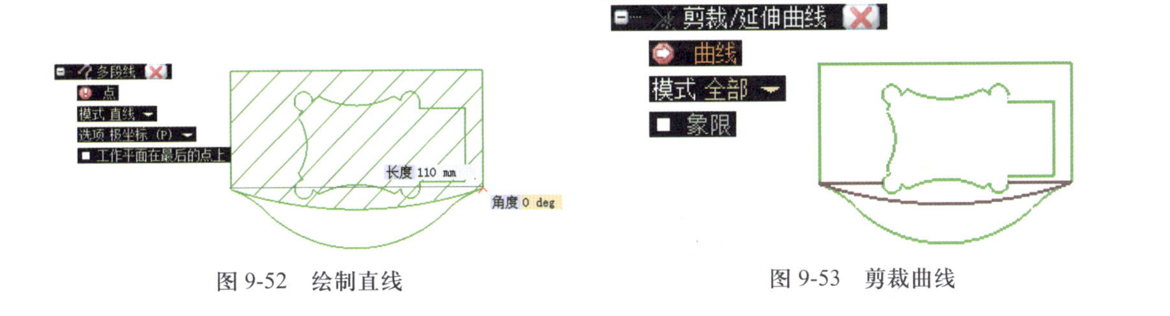

图 9-52　绘制直线　　图 9-53　剪裁曲线

点击【平面】命令，做出沙发脚顶面，如图 9-54 所示。

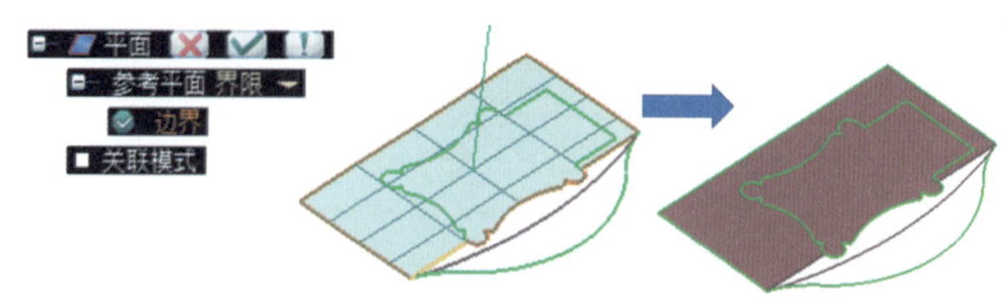

图 9-54　生成平面

点击【延伸曲线】命令，延伸曲线，如图 9-55 所示。并且点击【线性面】，拉伸该曲线，如图 9-56 所示。

点击【剪裁曲面】命令，剪裁该曲面，如图 9-57 所示。

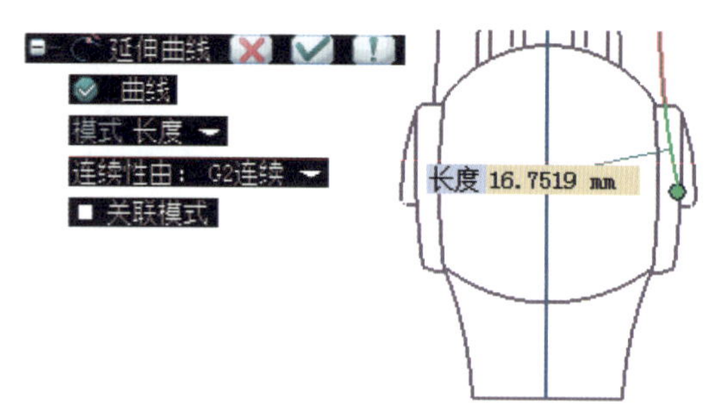

图 9-55　延伸曲线

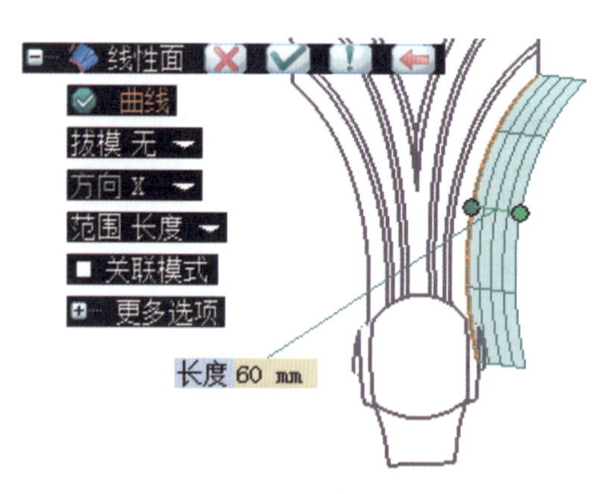

图 9-56　线性曲面

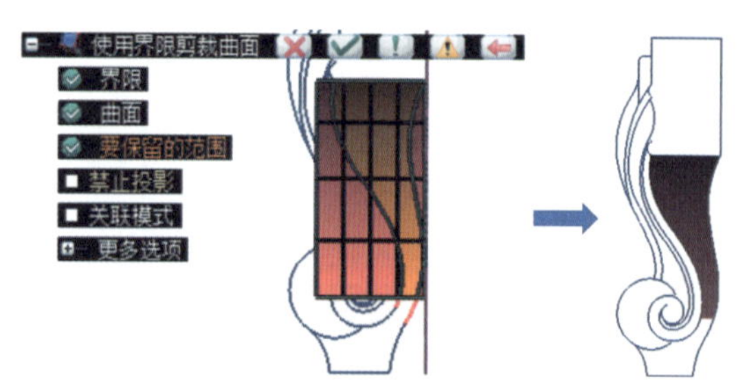

图 9-57　剪裁曲面

点击【延伸曲线】命令，延伸曲线，如图 9-58 所示。

点击【由 2 维曲线生成 3 维曲线】命令，转出如图 9-59 三段空间曲线。

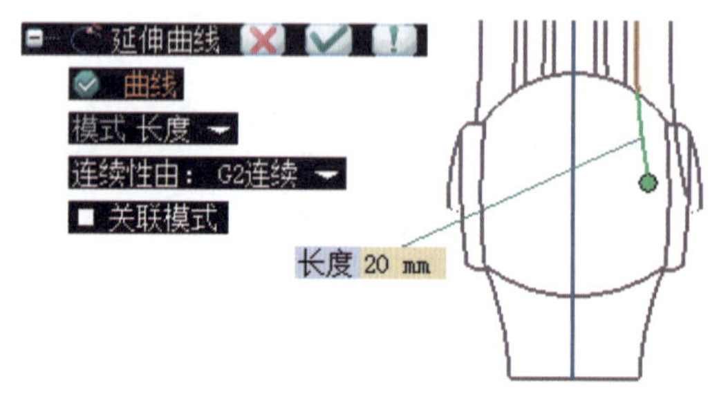

图 9-58　延伸曲线

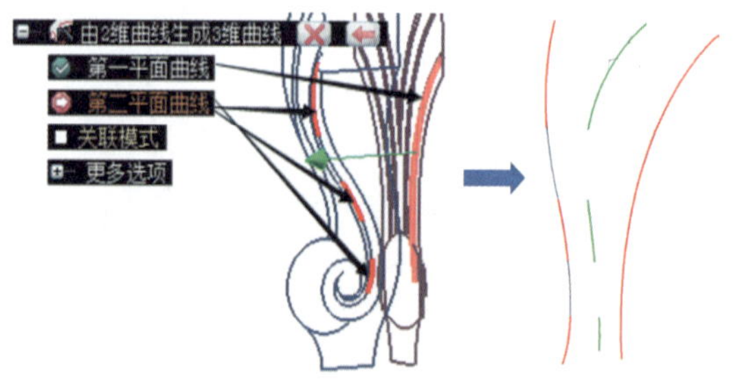

图 9-59　2D 转 3D 线

点击【连接曲线】命令，把上述中间空出处连接好，如图 9-60 所示。

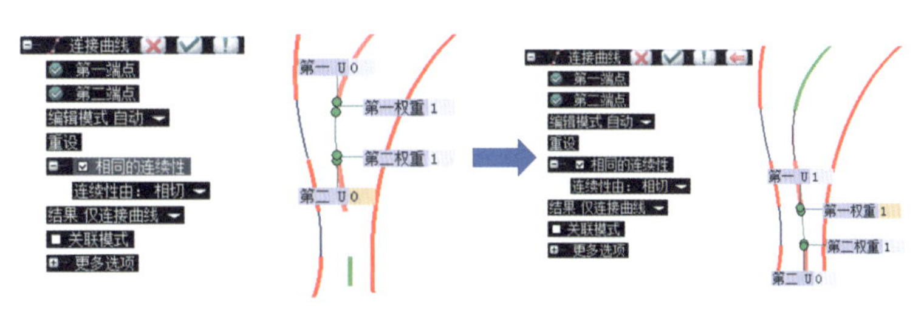

图 9-60　连接曲线

点击【连接曲线】命令，把第一条空间线与侧边半圆线连接好。再点击【剪裁 / 延伸曲线】命令，把多余线修剪好，如图 9-61 所示。

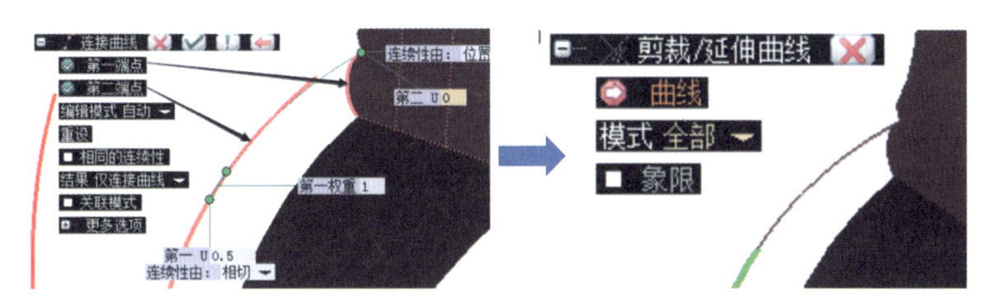

图 9-61　修整曲线

点击【全局扫描】命令，用双驱动模式扫描出空间半圆曲面，如图 9-62 所示。

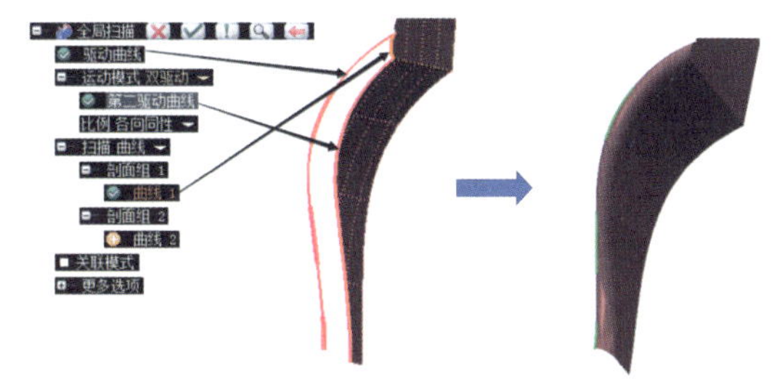

图 9-62　全局扫描

点击【全局扫描】命令，用沿平面模式扫描半圆侧边曲面，如图 9-63 所示。

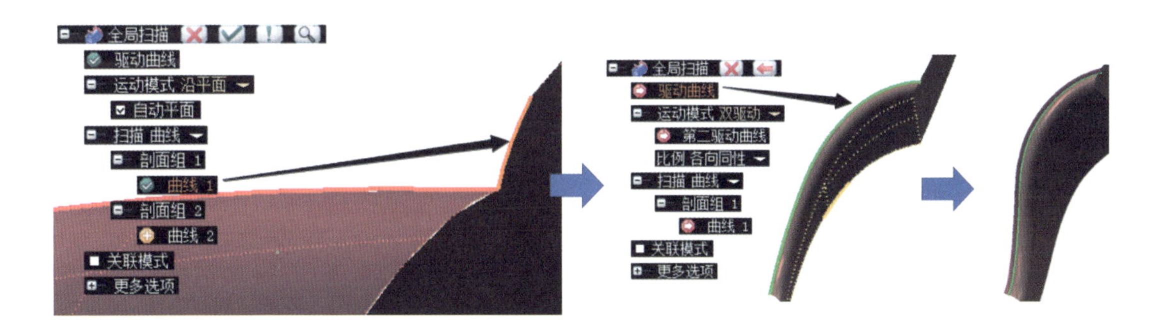

图 9-63　全局扫描

点击【由 2 维曲线生成 3 维曲线】命令，以同样方式得出 3 维曲线，如图 9-64、图 9-65 所示。

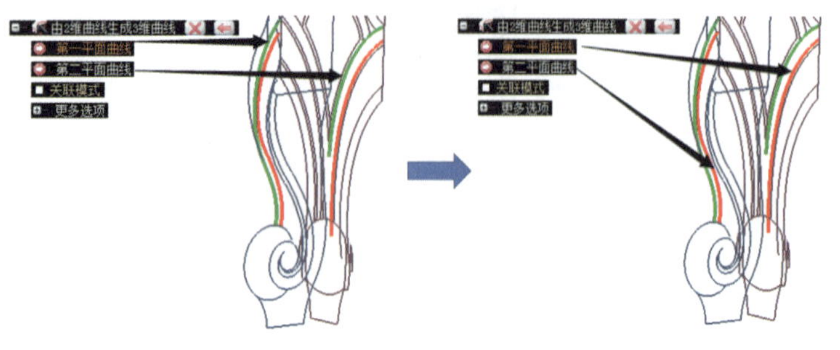

图 9-64　2D 转 2D 曲线

图 9-65　2D 转 2D 曲线

点击【全局扫描】命令，同理得出如图 9-66 的曲面。

点击【多段线】命令，绘制直线，如图 9-67 所示。点击【线性面】命令，把该直线拉伸成一平面，如图 9-68 所示。

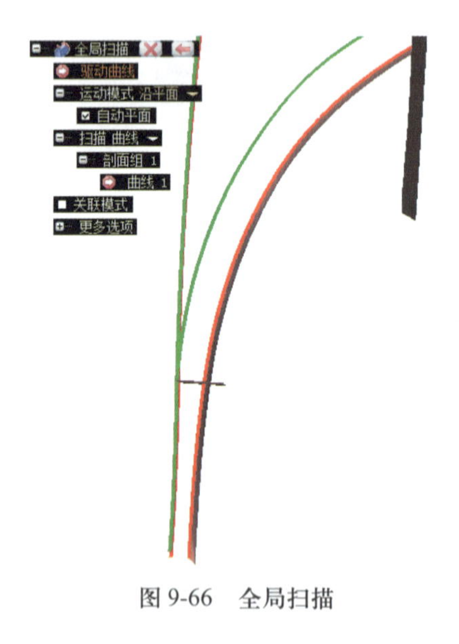

图 9-66　全局扫描

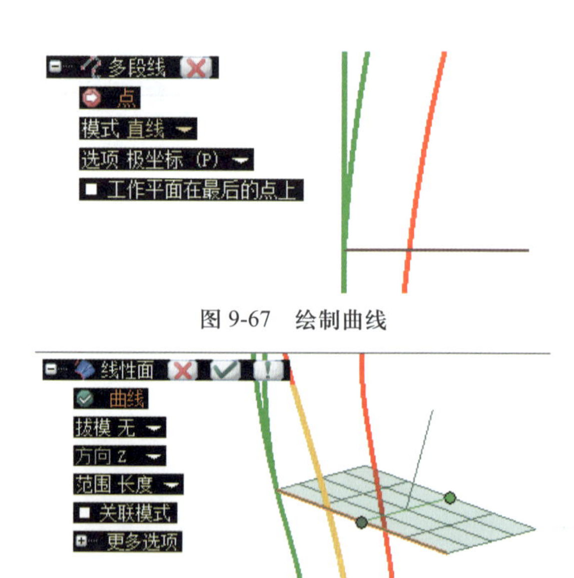

图 9-67　绘制曲线

图 9-68　线性面

点击【分割曲线】命令，用上述平面把曲线分割，如图 9-69 所示。

点击【镜像】命令，把上述分割后的曲线镜像，如图 9-70 所示。

点击【三点圆】命令，绘制一个圆弧，如图 9-71 所示。

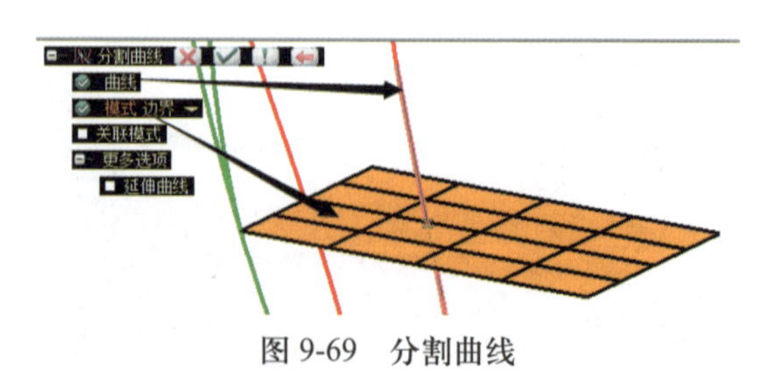

图 9-69　分割曲线

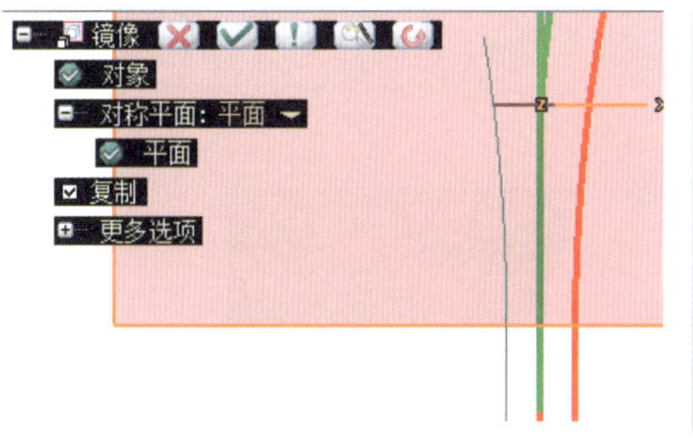

图 9-70　镜像曲线

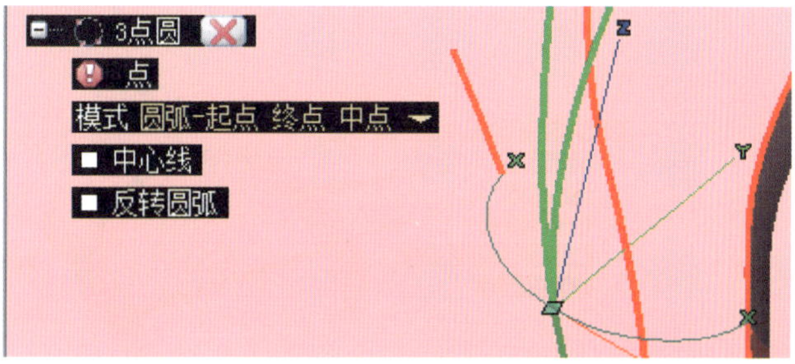

图 9-71　3 点画弧

点击【放样曲面】命令，做出曲面，如图 9-72 所示。

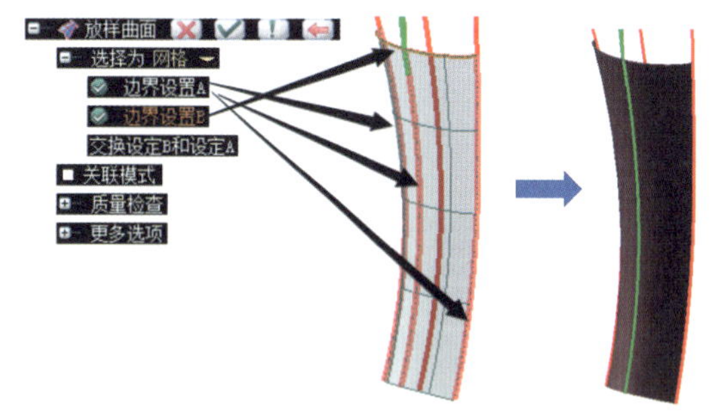

图 9-72　放样曲面

点击【使用接线剪裁曲面】命令，用中间线作为边界，把曲面剪裁分割为两半（即保留曲面，把左右两个曲面均选上），如图 9-73 所示。

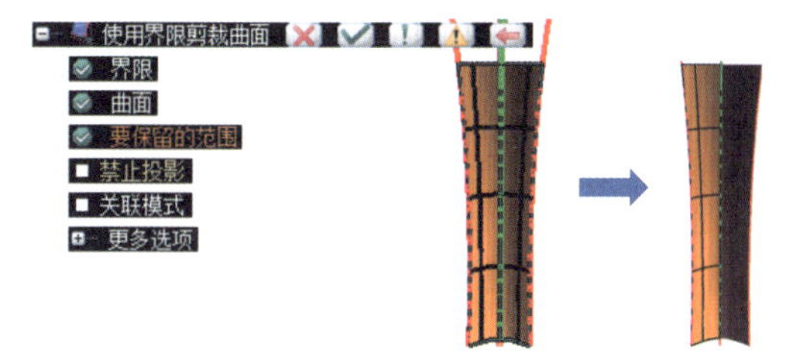

图 9-73　分割曲面

点击【全局扫描】命令，扫描出曲面，如图 9-74 ～图 9-76 所示。

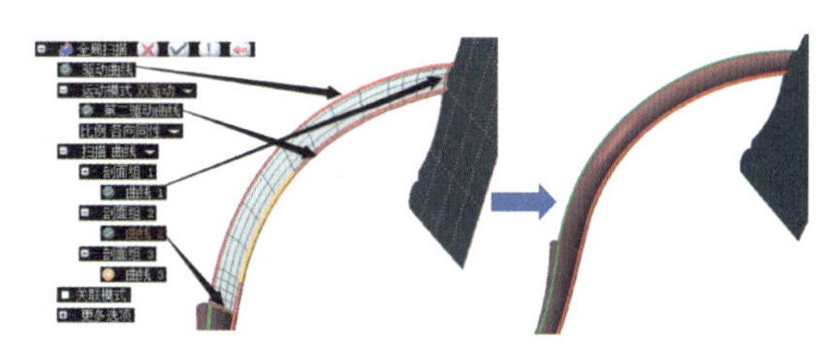

图 9-74　全局扫描 1

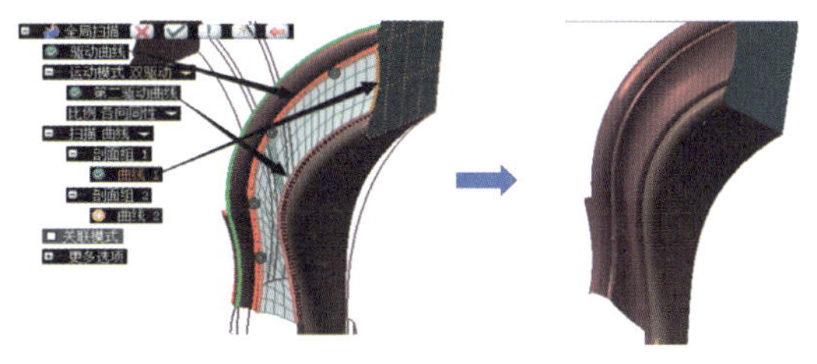

图 9-75　全局扫描 2

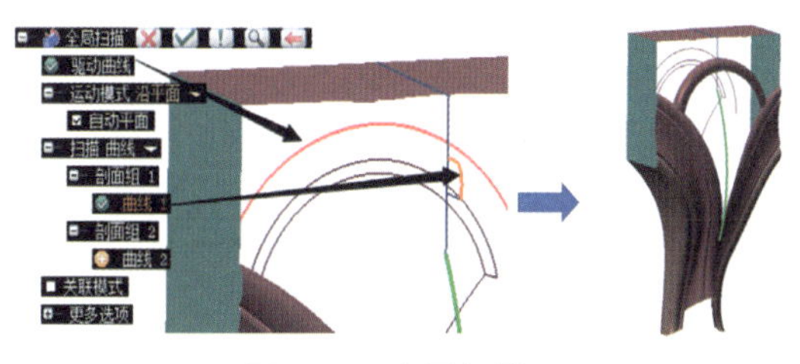

图 9-76　全局扫描 3

点击【相交曲线】命令，求出相交线，如图 9-77 所示。

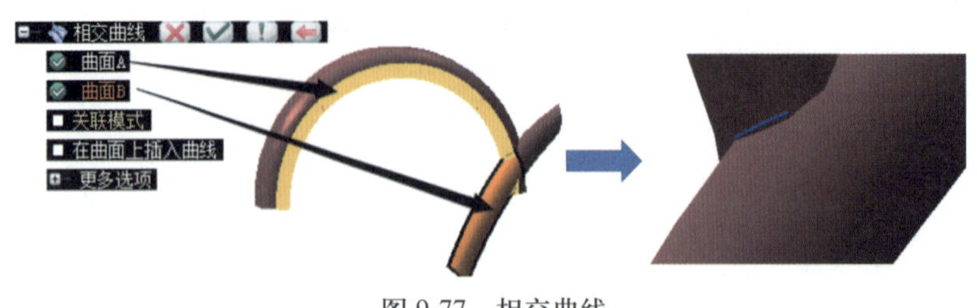

图 9-77　相交曲线

点击【等参曲线】命令，在下图两曲线交点出，提起等参曲线，如图 9-78 所示。

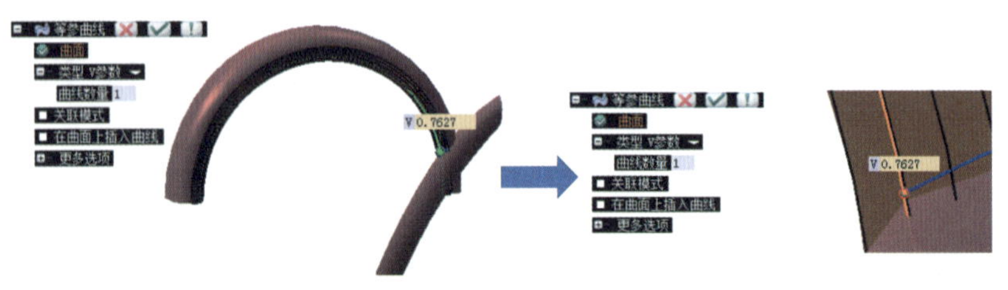

图 9-78　等参曲线

点击【使用边界剪裁】命令，用上述提起的曲线进行剪裁，如图 9-79 所示。

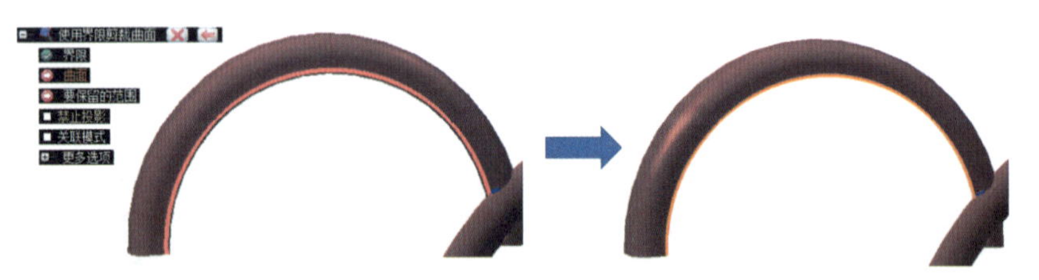

图 9-79　剪裁曲面

点击【2 点线】命令，绘制一条直线，再使用【移动复制】命令，把该直线旋转 40°，如图 9-80 所示。

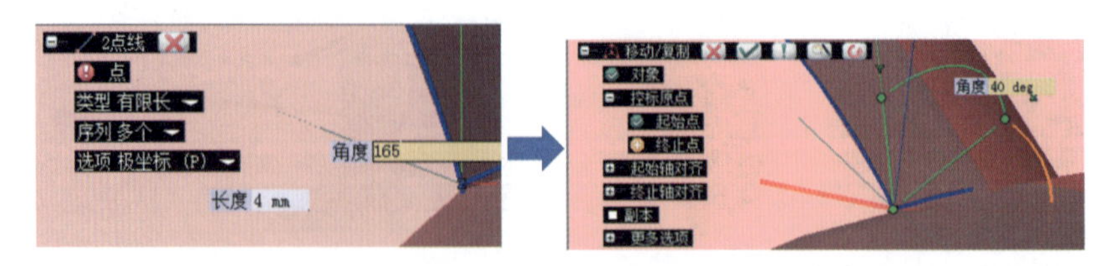

图 9-80　绘制曲线

点击【全局扫描】命令，扫描出曲面，如图 9-81 所示。

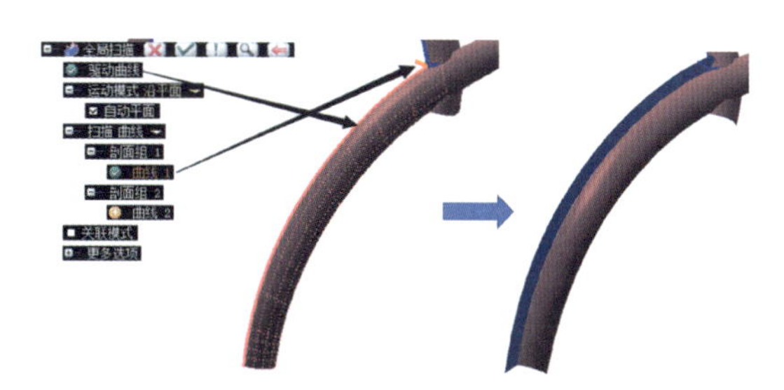

图 9-81　全局扫描

点击【使用边界剪裁】命令，剪裁多余曲面，如图 9-82 所示。

点击【镜像】命令，把曲面镜像，如图 9-83 所示。

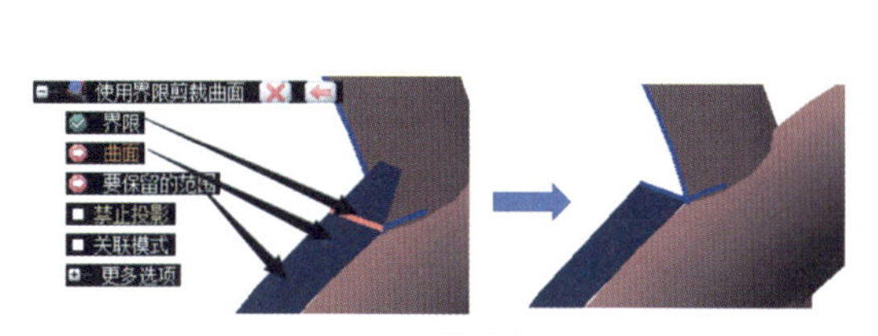

图 9-82　剪裁曲面

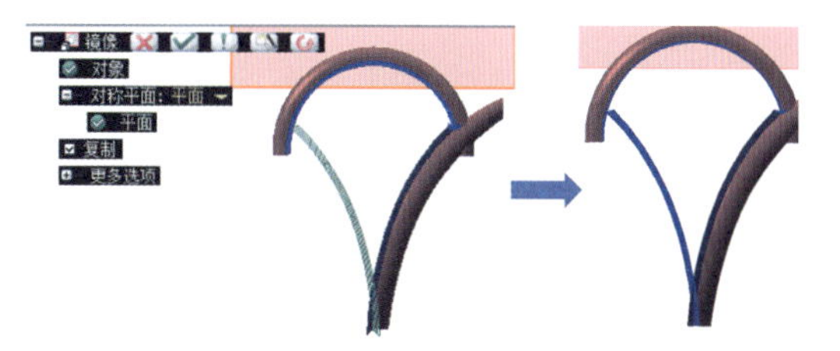

图 9-83　镜像曲面

点击【全局扫描】命令，扫描出曲面，如图 9-84 所示。

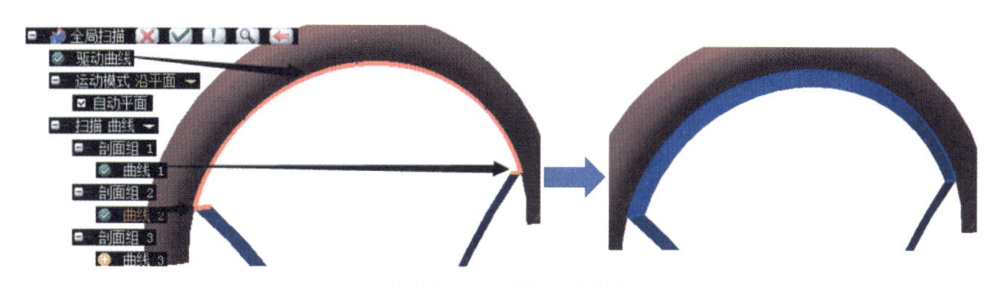

图 9-84　全局扫描曲面

点击【填充】命令，填充出中间的大面，如图 9-85 所示。

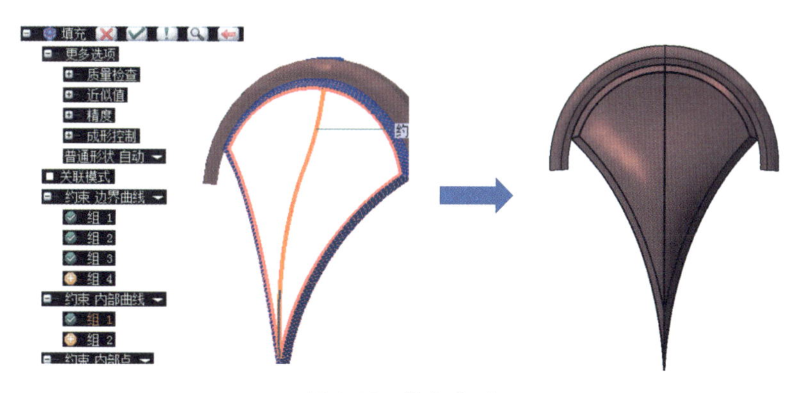

图 9-85　填充曲面

点击【插入控制的曲线】命令，绘制两条曲线，如图 9-86 所示。

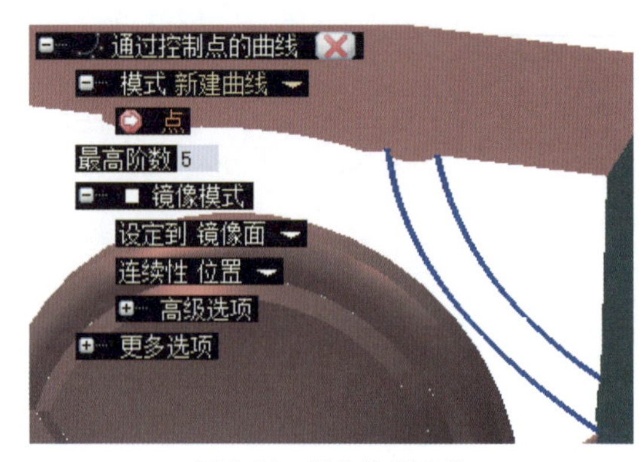

图 9-86 插入控制曲线

点击【全局扫描】命令，扫描出曲面，如图 9-87 所示。

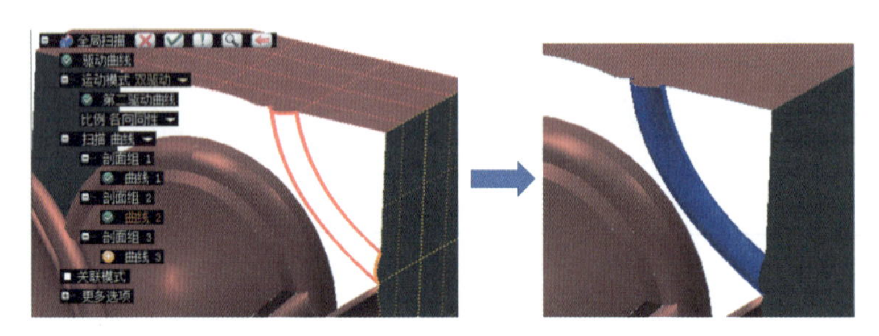

图 9-87 全局扫描

点击【相交曲线】命令，得出两条相交线，如图 9-88 所示。

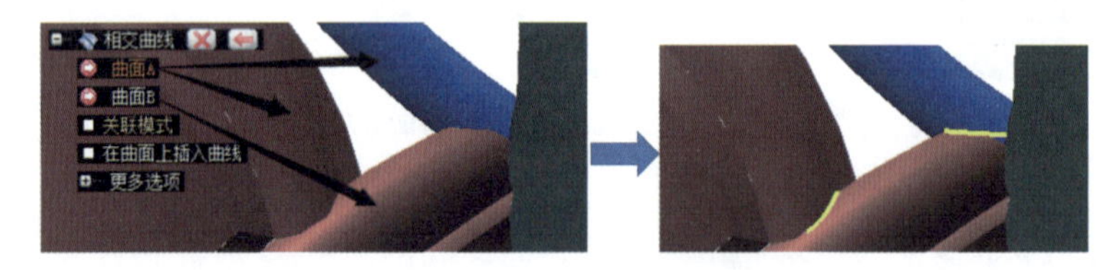

图 9-88 相交曲线

点击【插入控制的曲线】命令，绘制两条曲线，如图 9-89 所示。

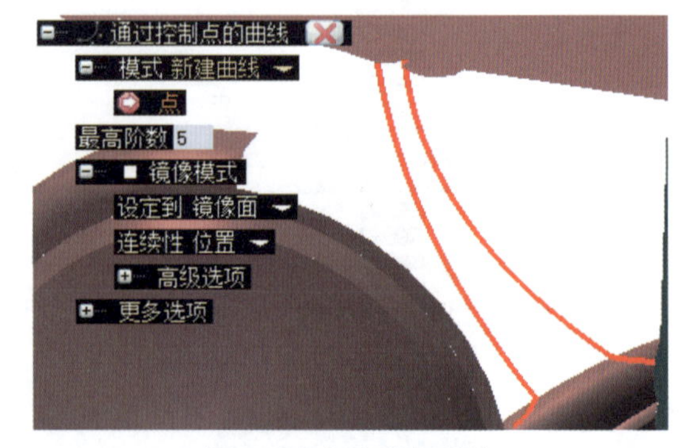

图 9-89 插入控制曲线

点击【放样曲面】命令，得出以下曲面，如图 9-90 所示。

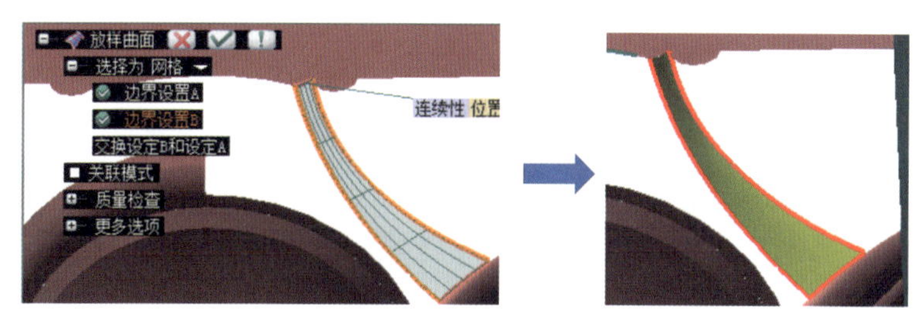

图 9-90　放样曲面

点击【镜像】命令，把曲面和曲线镜像，如图 9-91 所示。

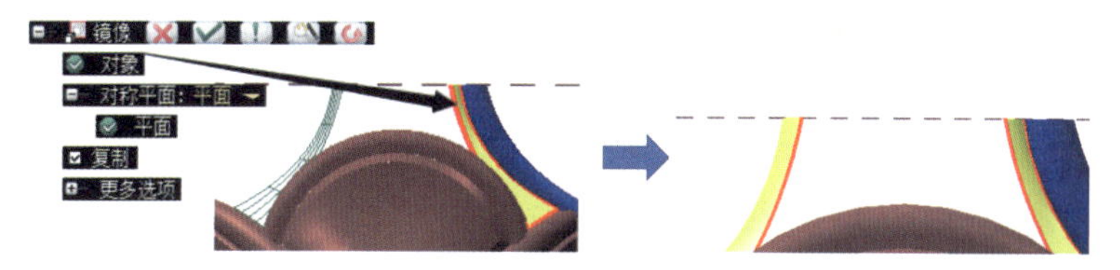

图 9-91　镜像曲面

点击【曲线 / 曲面交点】命令，求出相交点（左侧同理），如图 9-92 所示。

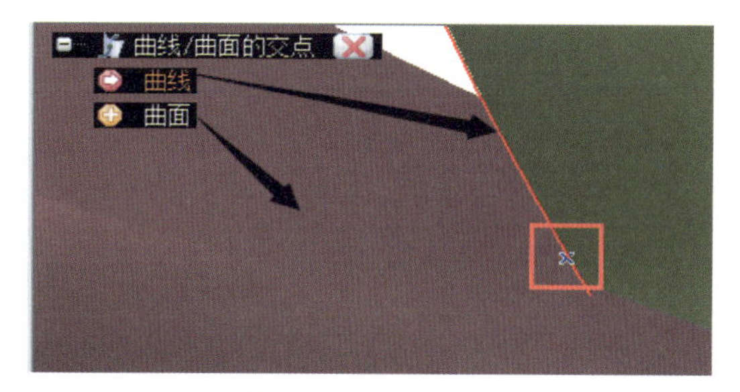

图 9-92　求相交点

点击【三点弧】命令，基于上述交出的点为平面，绘制圆弧，如图 9-93 所示。

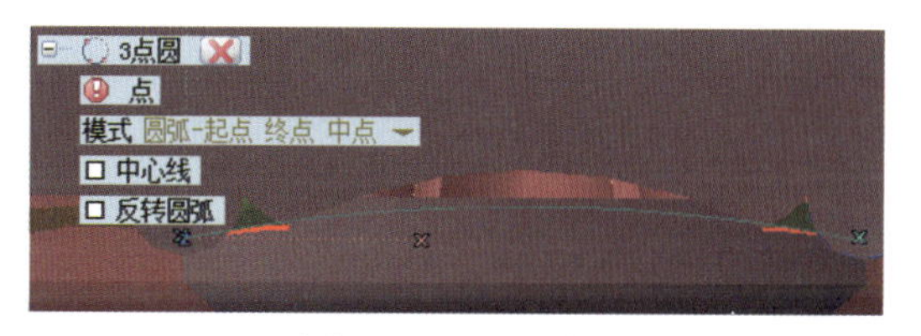

图 9-93　三点画弧

点击【投影曲线】命令，把上述曲线投影到曲面，如图 9-94 所示。

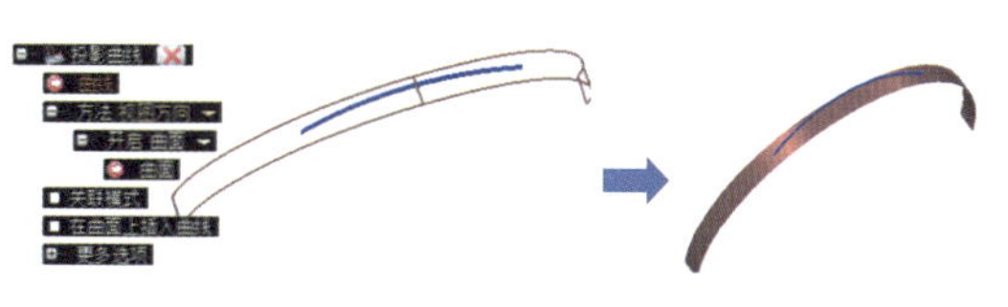

图 9-94　投影曲线

点击【填充】命令，填充出中间的面，如图 9-95 所示。

点击【边界剪裁】命令，把多余曲面剪裁好，如图 9-96 所示。

剪裁完得出图 9-97 所示的模型。

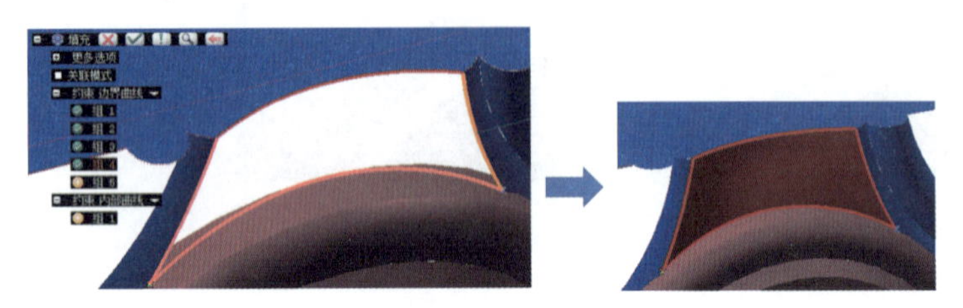

图 9-95 填充曲面

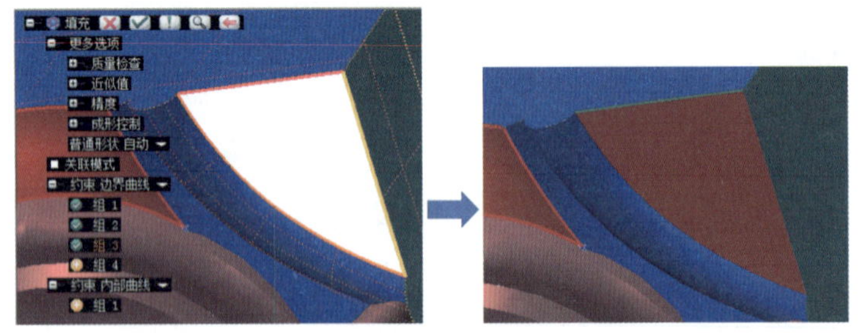

图 9-96 剪裁曲面

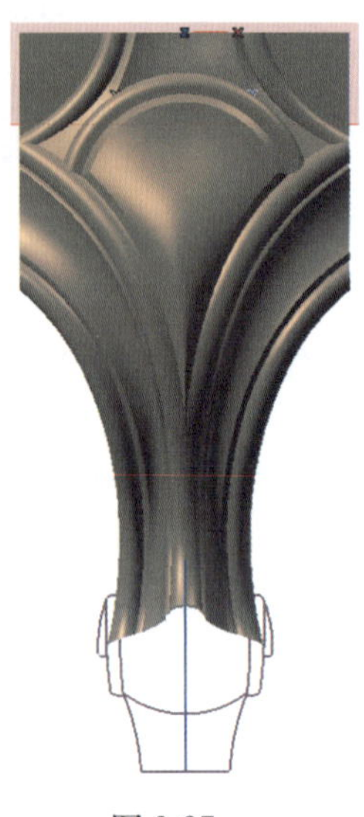

图 9-97

点击【中心圆】命令，绘制一圆形，并用【多段线】命令，绘制出如图 9-98 所示的形状。

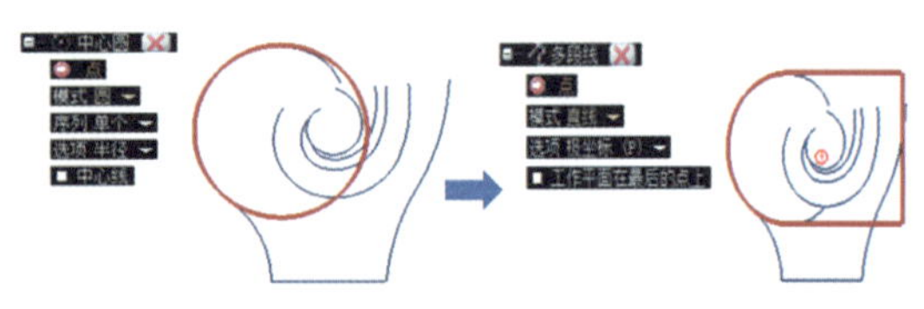

图 9-98 绘制曲线

点击【线性实体】命令，拉伸实体，如图 9-99 所示。

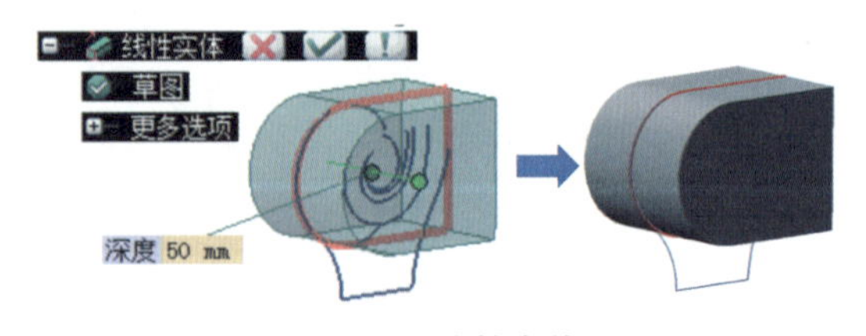

图 9-99 线性实体

点击【延伸曲线】命令，把曲线延伸，如图 9-100 所示。

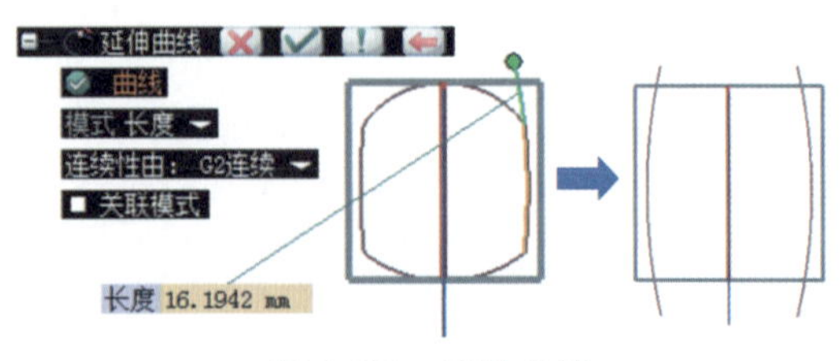

图 9-100 延伸曲线

点击【线性切除】命令，用上述延伸曲线，把实体切除，如图 9-101 所示。

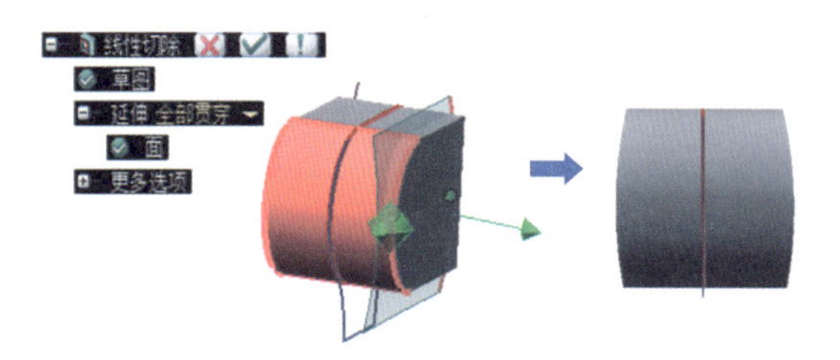

图 9-101　线性切除

点击【倒圆角】命令，用变量倒角模式进行倒角，如图 9-102 所示。

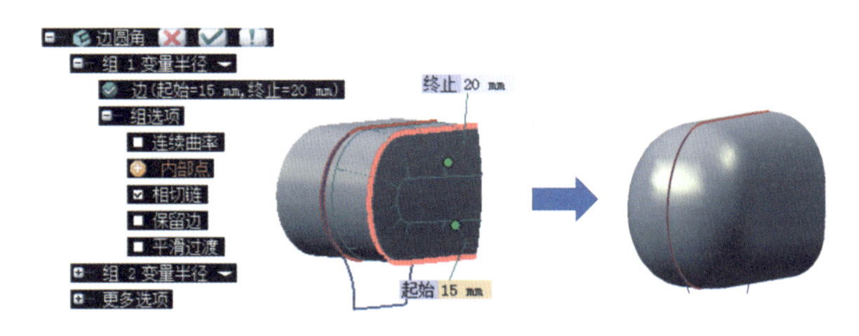

图 9-102　倒圆角

点击【中心圆】命令，绘制半径约 R14 的圆，如图 9-103 所示。

点击【线性实体】命令，草图选择上述 R14 圆，拉伸一实体，如图 9-104 所示。

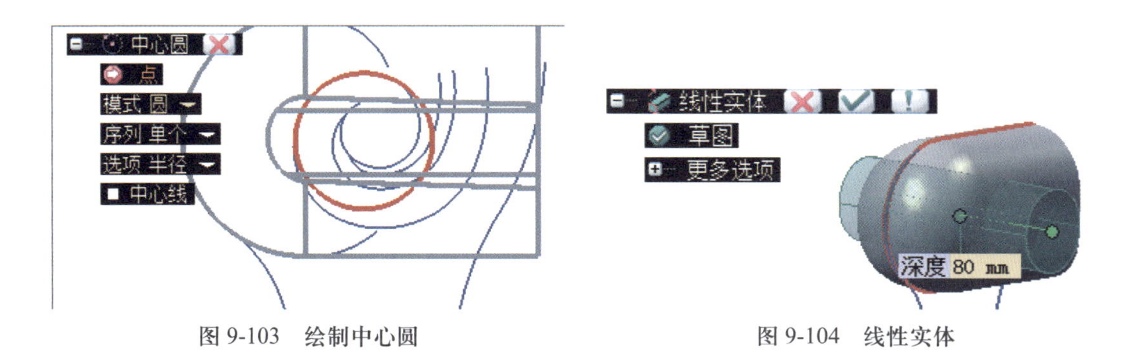

图 9-103　绘制中心圆　　图 9-104　线性实体

点击【线性切除】命令，切除多余实体，如图 9-105 所示。

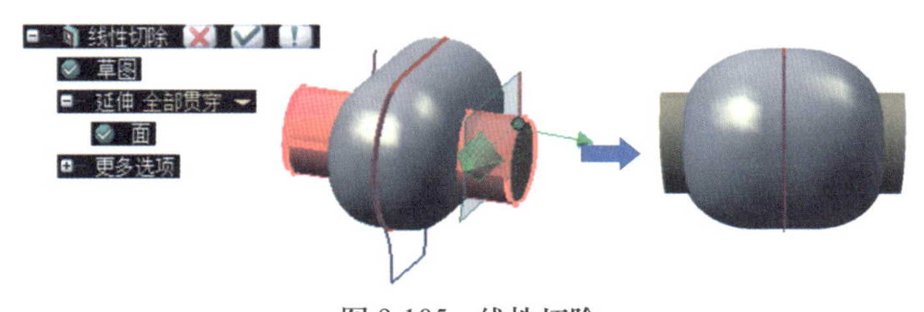

图 9-105　线性切除

点击【边圆角】命令，对小圆柱两边倒 R7 的圆角，如图 9-106 所示。

点击【相交曲线】命令，求出如图 9-107 所示的相交线。

点击【相交曲线】命令，求出如图 9-108 所示的相交线。

点击【全局扫描】命令，扫描出如图 9-109 所示的曲面。

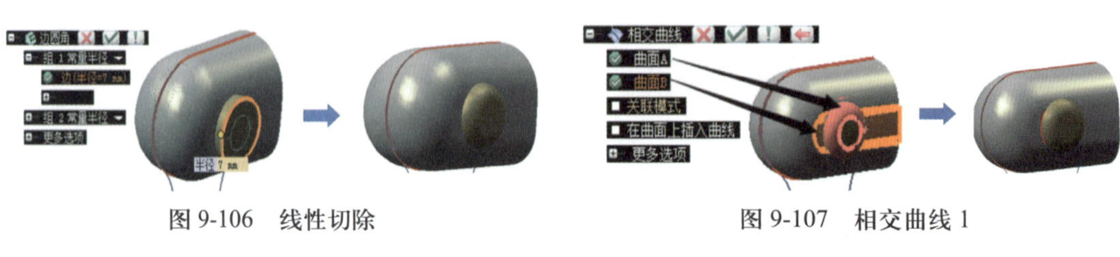

图 9-106　线性切除　　图 9-107　相交曲线 1

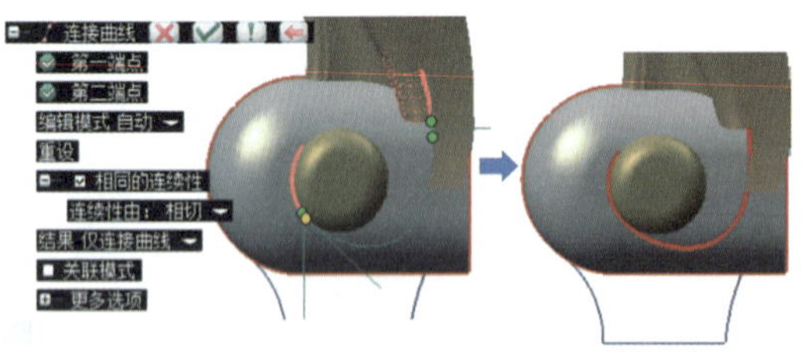

图 9-108　相交曲线 2

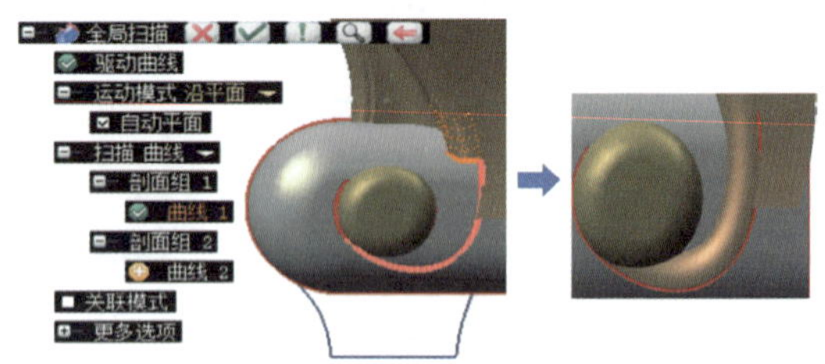

图 9-109　全局扫描

点击【打断实体】命令，打段以下两个实体，如图 9-110 所示。

点击【多段线】命令，绘制一条直线，如图 9-111 所示。

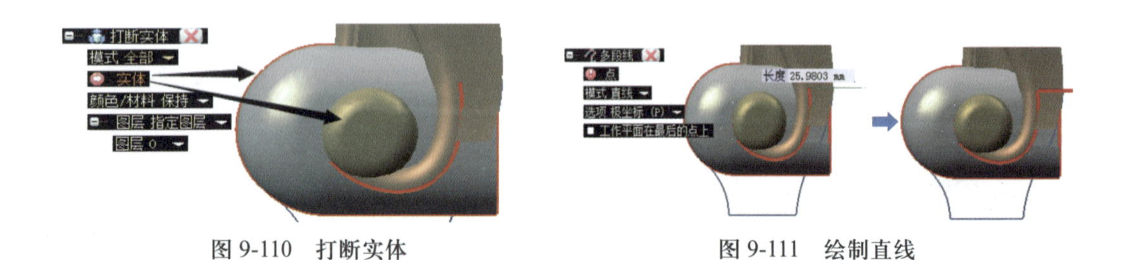

图 9-110　打断实体　　图 9-111　绘制直线

点击【使用界限剪裁曲面】命令，用上述曲线作为界限，剪裁以下曲面，如图 9-112 所示。

点击【连接曲线】命令，做一条连接曲线，如图 9-113 所示。

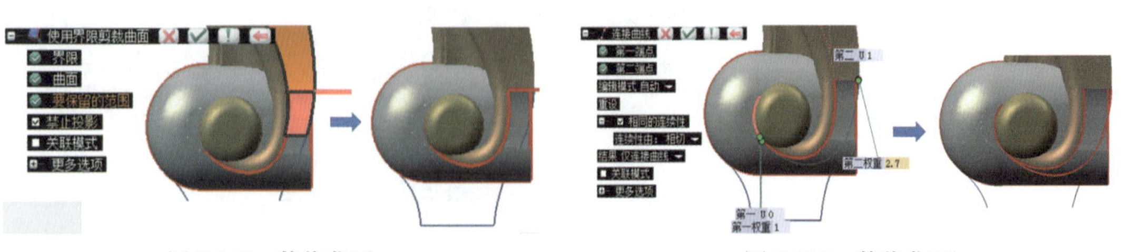

图 9-112　剪裁曲面　　图 9-113　剪裁曲面

点击【放样曲面】命令，放样出曲面，如图 9-114 所示。

点击【多段线】命令，绘制一条直线，如图 9-115 所示。

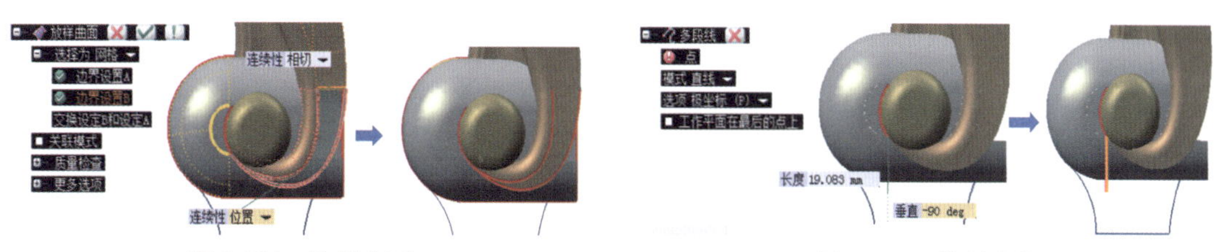

图 9-114　放样曲面　　图 9-115　绘制直线

点击【投影曲线】命令，把上述直线投影到如图 9-116 所示的三个曲面上。

点击【使用界限剪裁曲面】命令，用上述三条投影线作为界限，剪裁如图 9-117 所示的三个曲面。

点击【使用边界剪裁曲面】命令，剪裁多余的曲面部分，如图 9-118 所示。

点击【多段线】命令，绘制一条直线，如图 9-119 所示。

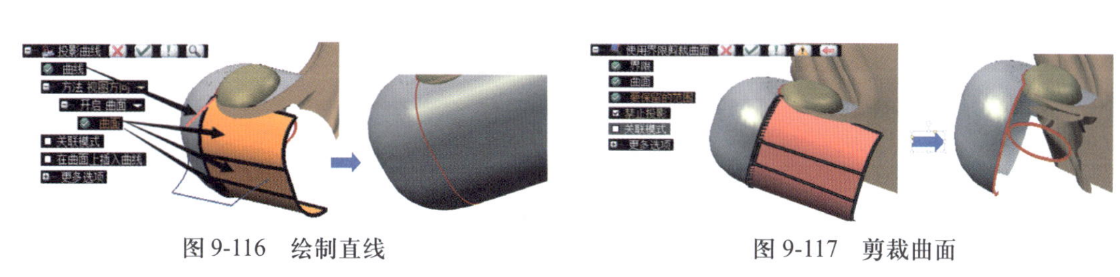

图 9-116　绘制直线　　图 9-117　剪裁曲面

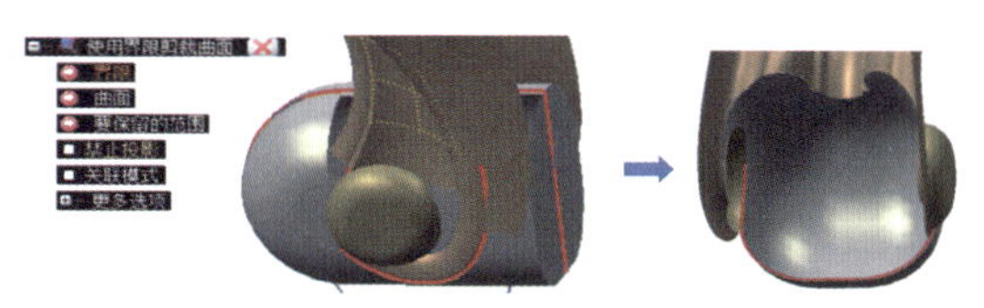

图 9-118　剪裁曲面

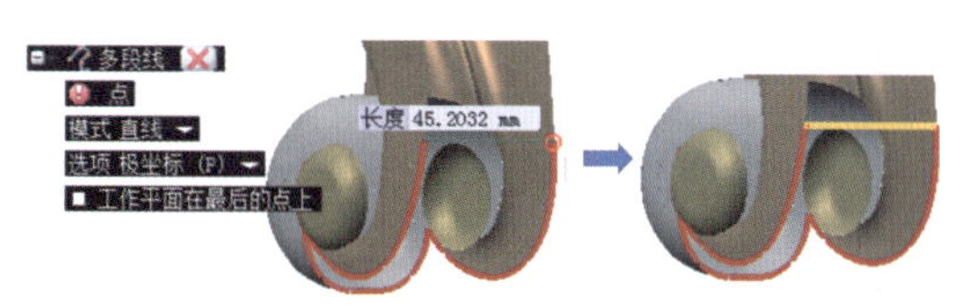

图 9-119　绘制曲线

点击【填充】命令，填充以下曲面，如图 9-120 所示。

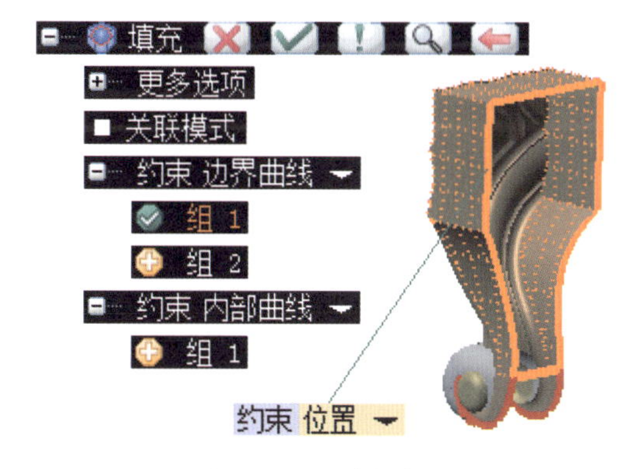

图 9-120　填充曲面

点击【线性面】命令，拉伸以下曲面，如图 9-121 所示。

点击【使用边界剪裁曲面】命令，剪裁多余的曲面部分，如图 9-122 所示。

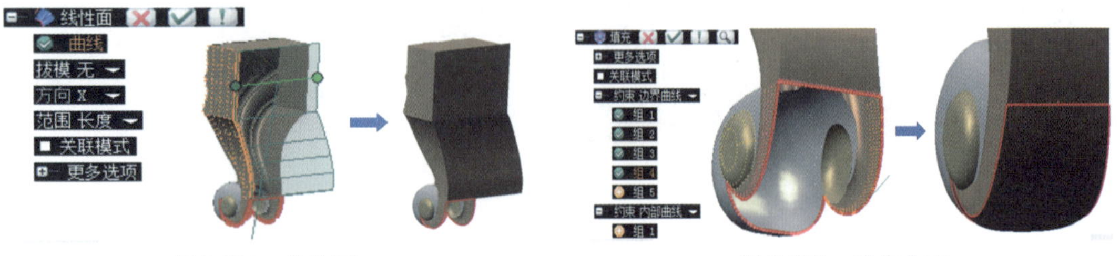

图 9-121　线性面

图 9-122　填充曲面

点击【填充】命令，填充以下曲面，如图 9-123 所示。

点击【生成实体】命令，把以下曲面生成实体，如图 9-124 所示。

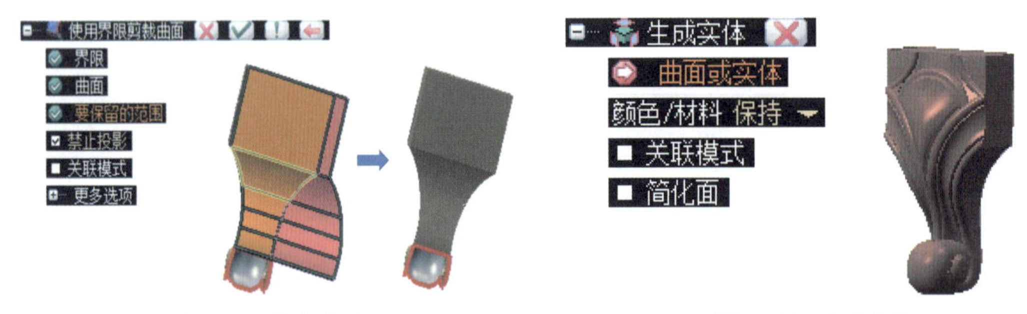

图 9-123　剪裁曲面

图 9-124　生成实体

点击【线性实体】命令，拉伸一个小四方实体，如图 9-125 所示。

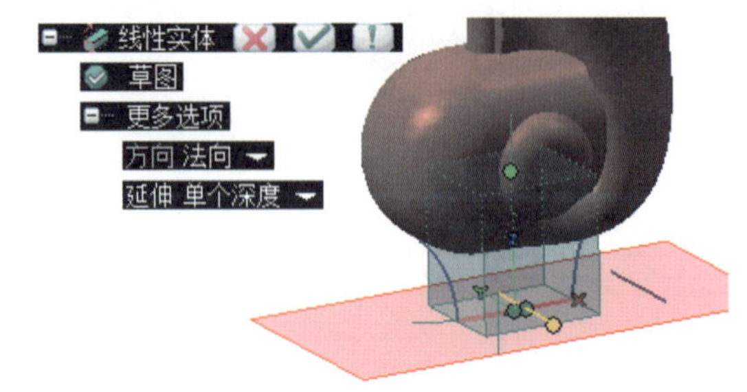

图 9-125　线性实体

点击【拔模角度】命令，进行如图 9-126 所示的拔模。

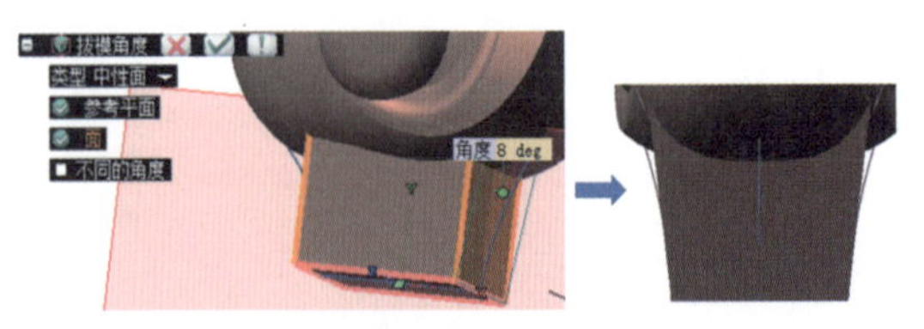

图 9-126　拔模

点击【边圆角】命令，进行倒圆，如图 9-127 所示。

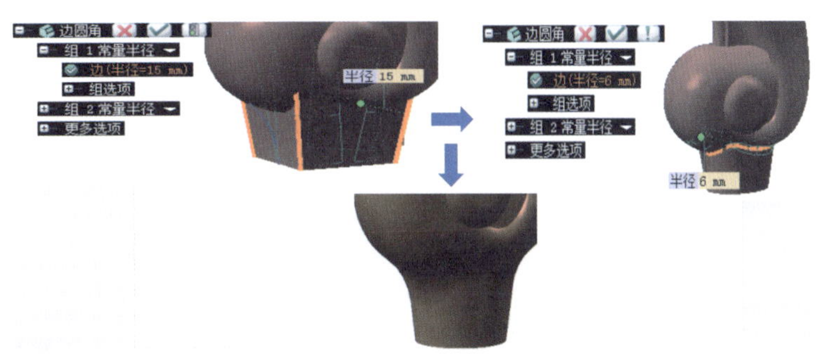

图 9-127　倒圆角

点击【合并实体】命令，把两个单独的实体合成一个，如图 9-128 所示。

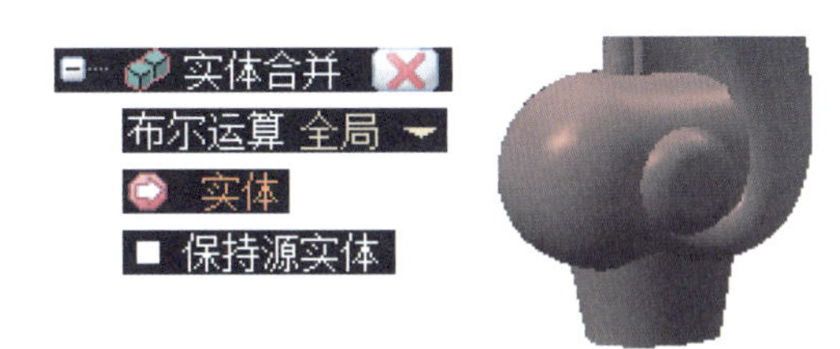

图 9-128　倒圆角

最后得到如图 9-129 所示的前脚三维实体模型（后脚同理得到，不再叙述）。

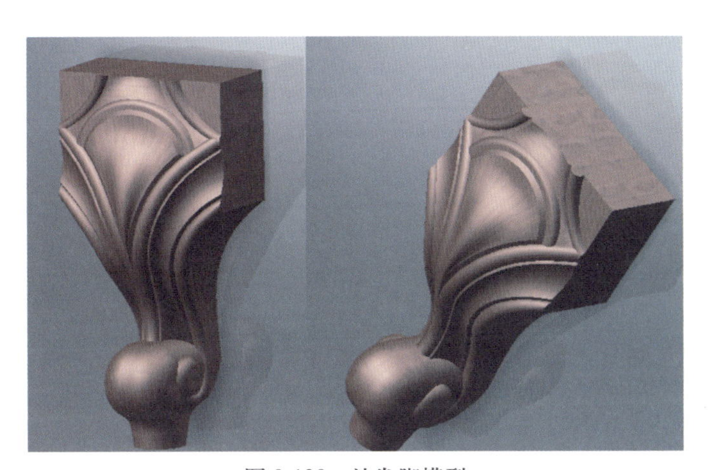

图 9-129　沙发脚模型

9.2.2　侧邦部件

上述沙发脚的建模过程已经讲述得很详细，所有后续剩下的部件建模就略微简化，以下开始对侧邦部件建模。

点击【线性实体】命令，得出侧板两个视角的实体，如图 9-130 所示。

点击【共同实体】命令，求出上述两个实体的通过部分，得出侧邦毛坯，如图 9-131 所示。

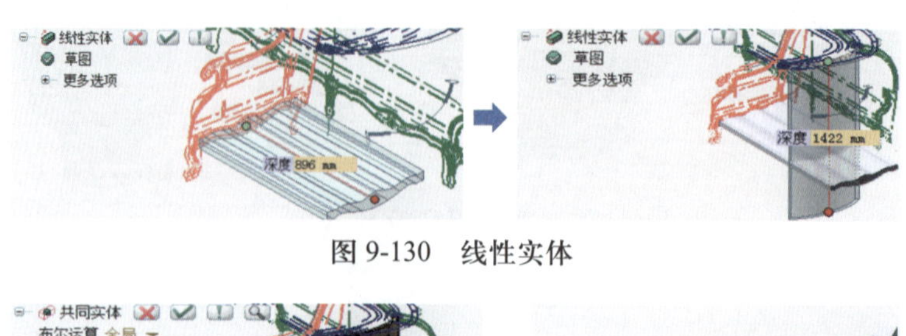

图 9-130　线性实体

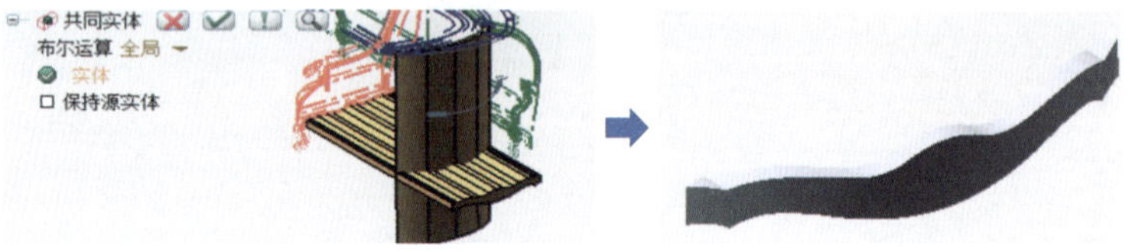

图 9-131　共同实体

点击【打断实体】命令，把侧邦打断变为曲面，如图 9-132 所示。

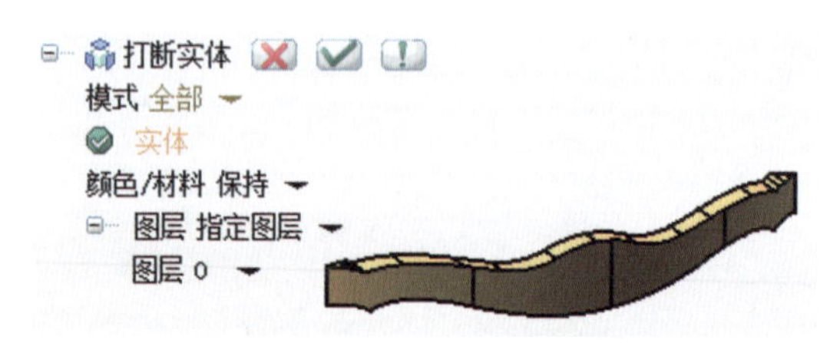

图 9-132　打断实体

点击【全局扫描】命令，以侧邦最上边界为驱动线、两侧刀形为剖面进行扫描，如图 9-133 所示。得出如图 9-134 所示的曲面。

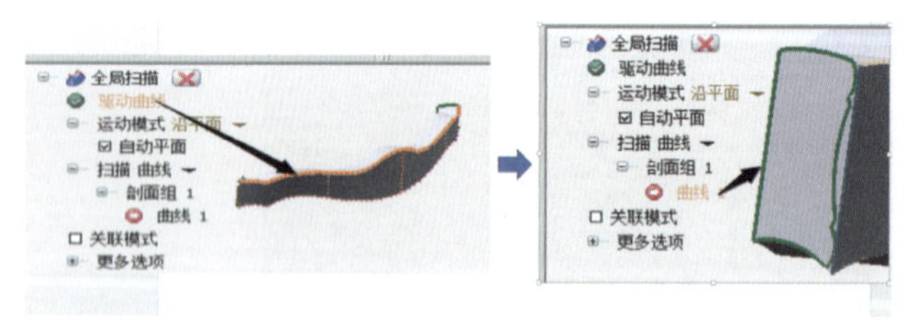

图 9-133　全局扫描

图 9-134　全局扫描

点击【线性面】命令，拉伸侧邦上方部分曲面，如图 9-135 所示。

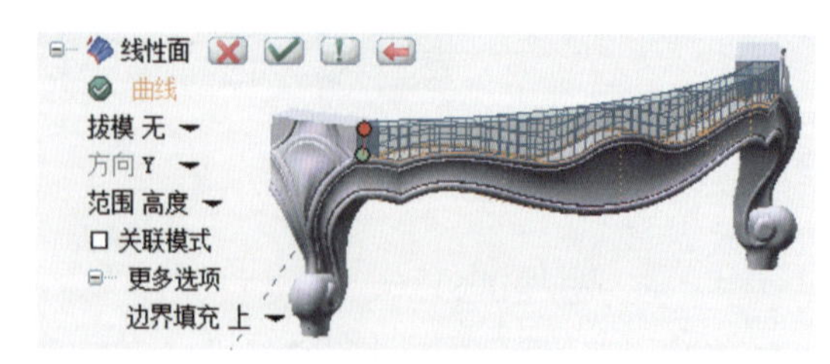

图 9-135　线性曲面

【生成实体】命令，把侧邦的曲面生成实体，如图 9-136 所示。

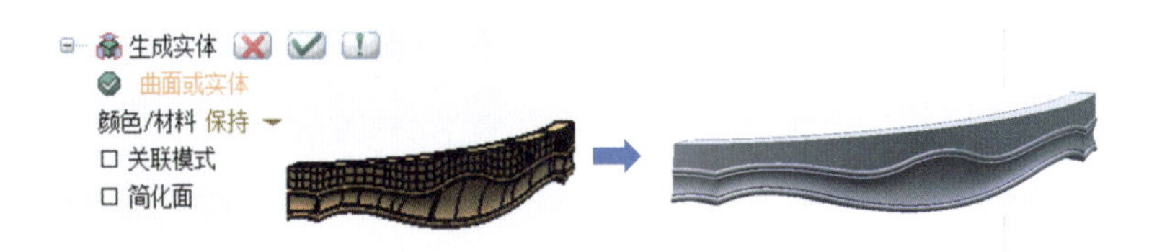

图 9-136 生成实体

9.2.3 沙发靠背、扶手、转角部件

以下开始对靠背、扶手、转角部件建模：

先把刀形截面移动正确的位置，然后点击【全局扫描】命令，以主视图靠背上边线为驱动线、侧边形为剖面进行扫描，如图 9-137、图 9-138 所示。（备注：因为部件是异形，所以要分开四次扫描。）

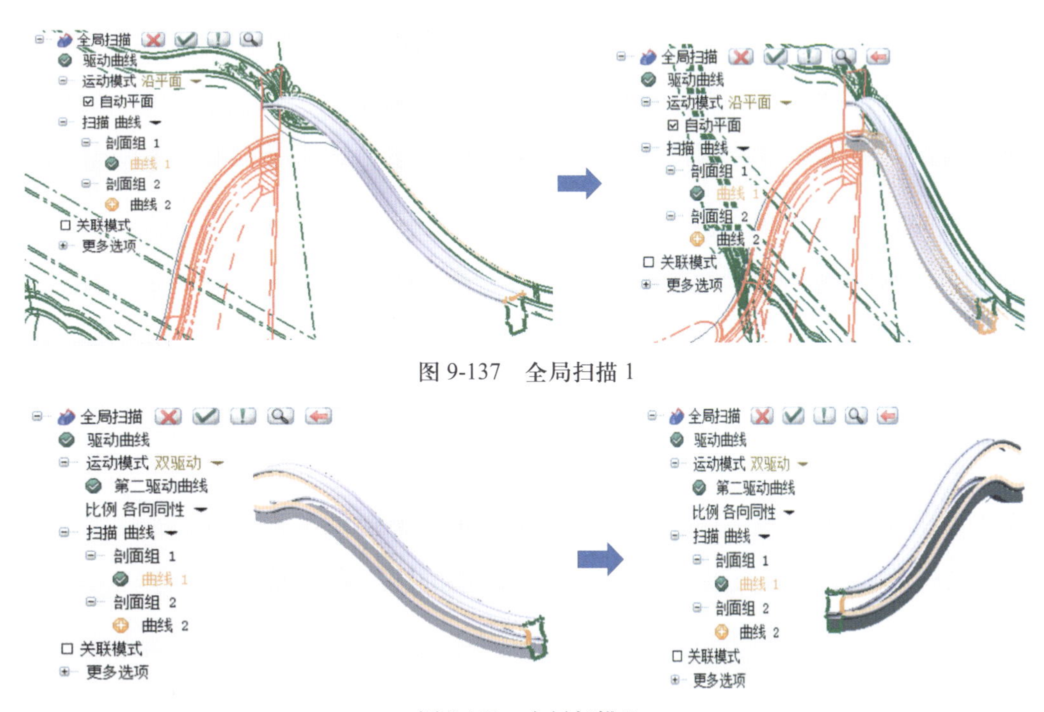

图 9-137 全局扫描 1

图 9-138 全局扫描 2

点击【生成实体】命令，得出实体，如图 9-139 所示。

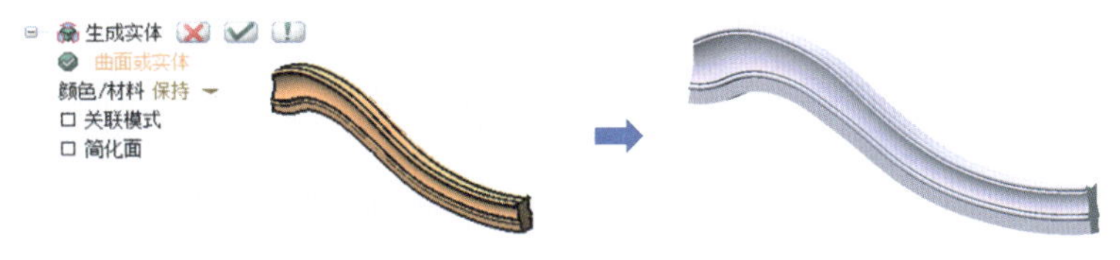

图 9-139 生成实体

点击【2维曲线转3维曲线】命令，选择侧视图和俯视图的扶手2维曲线，得出扶手3维空间曲线，如图9-140所示。

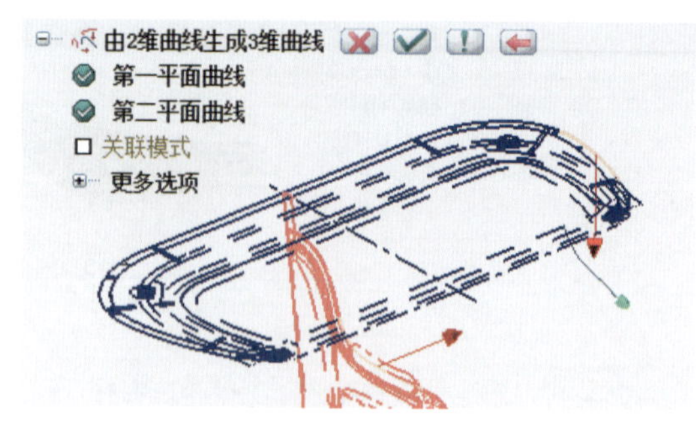

图 9-140　2D 转 3D 曲线

点击【扫描实体】命令，【棱线】选项选择上述得到的空间曲线，【边界】选项选择刀形，得出扶手部件，如图9-141所示。

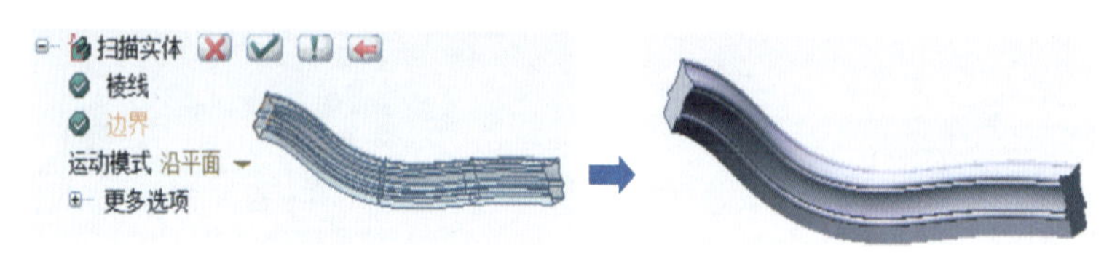

图 9-141　扫描实体

点击【连接曲线】命令，连接靠背和扶手之间的空间曲线，如图9-142所示。

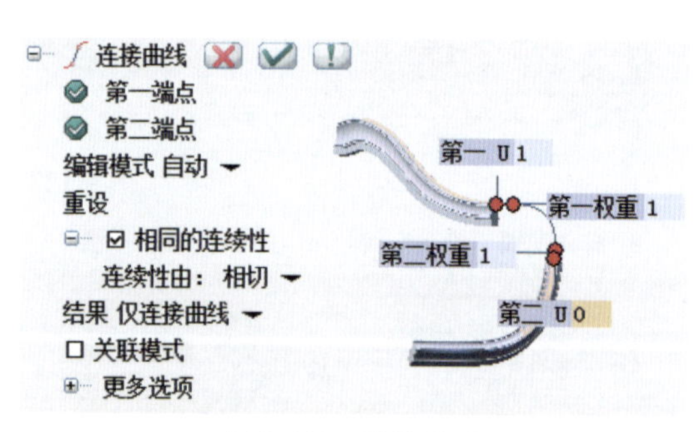

图 9-142　连接曲线

点击【扫描实体】命令，得出沙发转角部件，如图9-143所示。

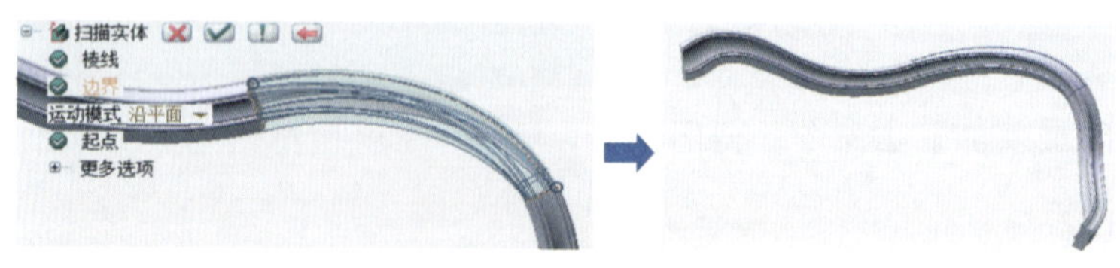

图 9-143　扫描实体

点击【2维曲线生成3维曲线】命令，通过侧视图和主视图得出前脚支撑条3维空间曲线，如图9-144所示。

点击【扫描实体】命令，扫描出前脚支撑条部件，如图9-145所示。

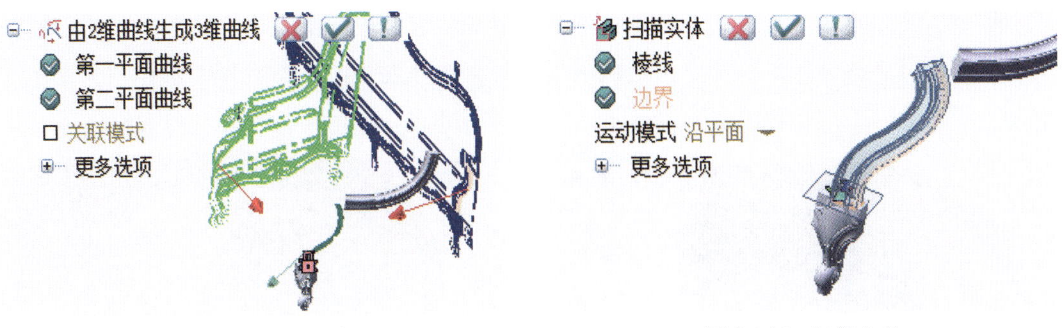

图 9-144　2D 转 3D 曲线　　　　图 9-145　扫描实体

点击【通过控制点曲线】命令，绘制出扶手卷头曲线，如图 9-146 所示。

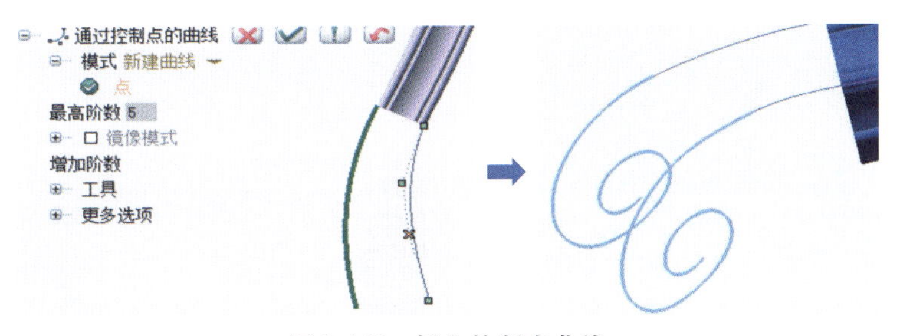

图 9-146　插入控制点曲线

点击【全局扫描】命令，扫描出卷头外形，如图 9-147 所示。

图 9-147　扫描曲面

点击【线性实体】命令，在卷头中间拉伸一个圆柱，并倒角，如图 9-148 所示。

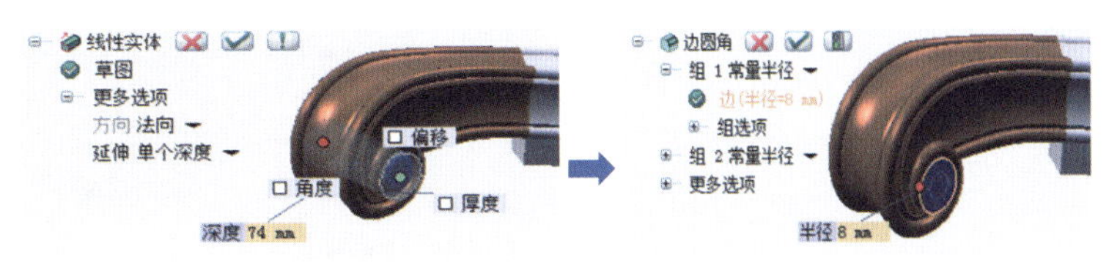

图 9-148　线性实体

然后通过点击【通过边界剪裁曲线】命令，剪裁成以下形状，如图 9-149 所示。

点击【连接曲线】命令，把扶手和前脚支撑柱连接，如图 9-150 所示。

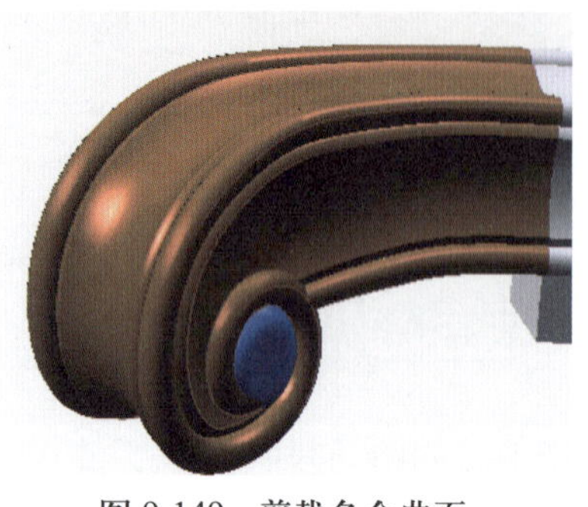

图 9-149　剪裁多余曲面

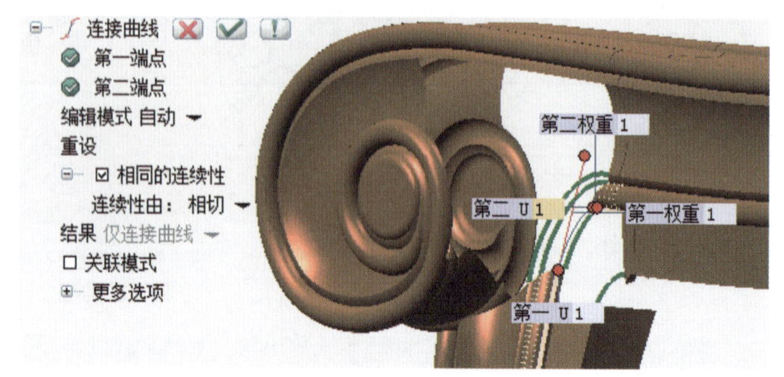

图 9-150　连接曲线

点击【填充】命令，填充出扶手和支撑柱之间的曲面，如图 9-151 所示。

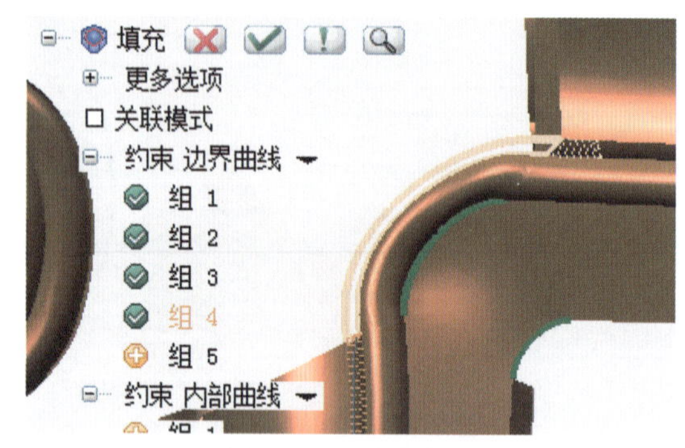

图 9-151　填充曲面

点击【延伸曲线】命令，延伸前脚支撑柱的边界线，如图 9-152 所示。

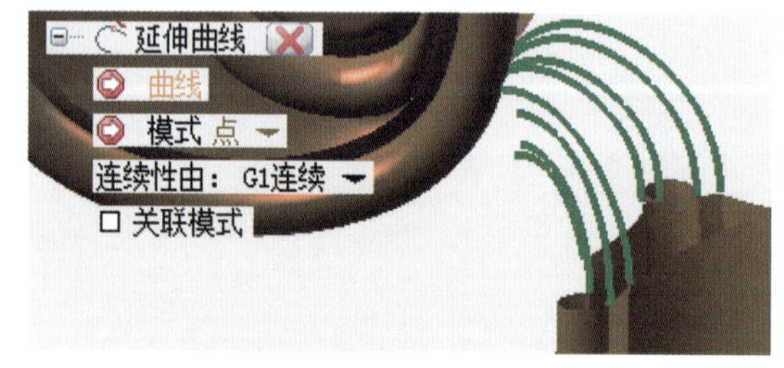

图 9-152　延伸曲线

点击【全局扫描】命令，得出以下曲面，如图 9-153 所示。

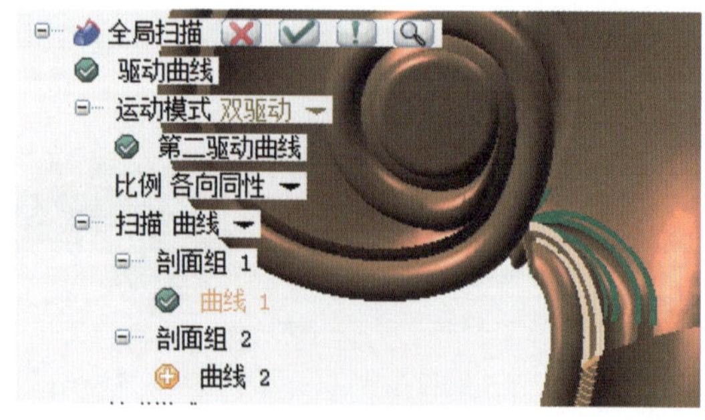

图 9-153　延伸曲线

点击【填充】命令，得出扶手和支撑柱之间的大面，如图 9-154 所示。另外一侧同理得到。

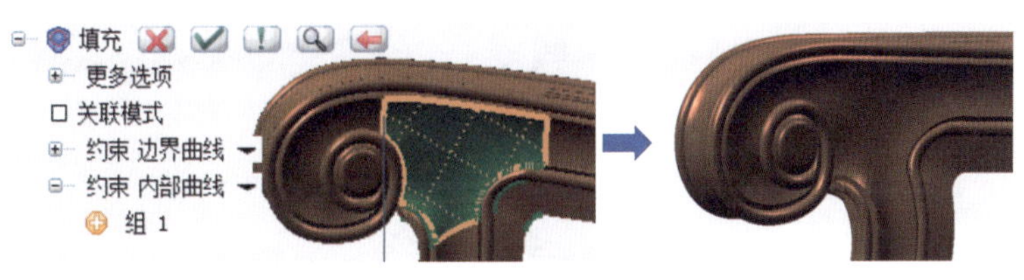

图 9-154　填充曲线

点击【生成实体】命令，把曲面缝合成为一个实体，如图 9-155 所示。

以上教程已经把该沙发最难的建模部分完成了，剩下的几个部件建模思路和原理都一样，就不多叙述。

图 9-155　生成实体　　图 9-156　沙发初步框架

9.2.4　沙发支撑条

现在把沙发的支撑条要建出来：

点击【2 点线】命令，绘制后邦与椅脑间的曲线，如图 9-157 所示。

点击【线性面】命令，并勾上【关联】模式，拉伸 50mm 的曲面，如图 9-158 所示。

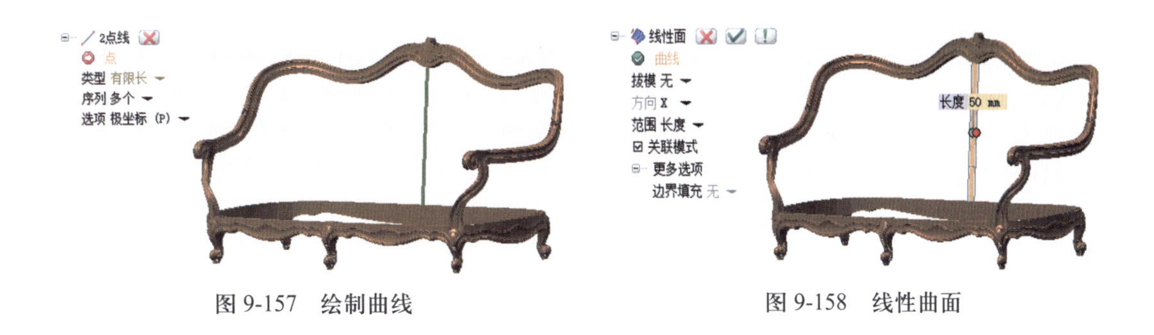

图 9-157　绘制曲线　　图 9-158　线性曲面

点击【实体抽壳】命令，把上述曲面加厚到 28mm 厚度，如图 9-159 所示。

同理画出剩余的加强条和三角塞，如图 9-160 所示。

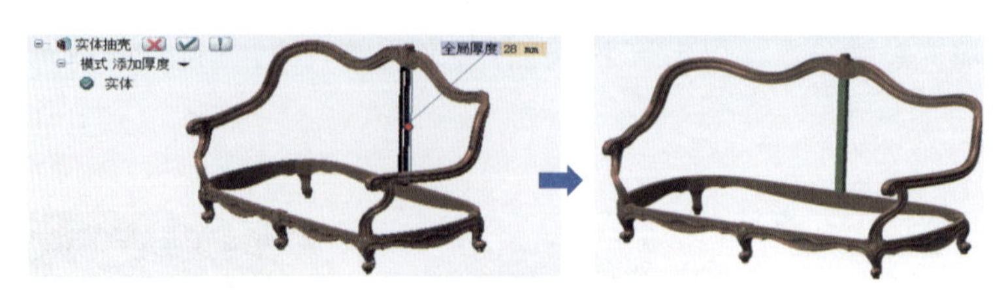

图 9-159　实体加厚

图 9-160　完成沙发框架模型

最后，在画上软装，点击【边界曲线】命令，提取所有邦部件的边界线，如图 9-161 所示。

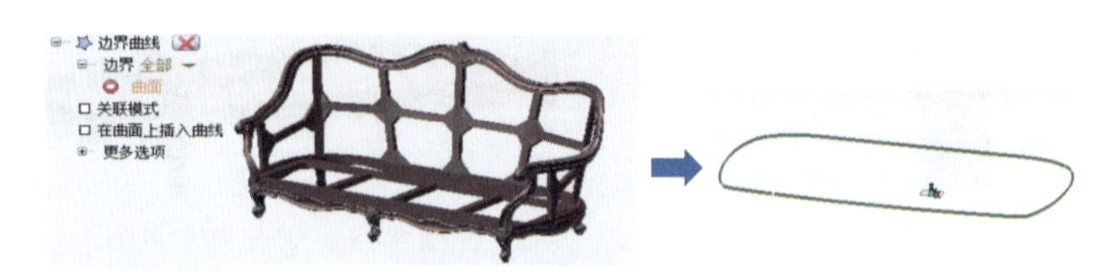

图 9-161　提取边界线

点击【线性面】命令，拉伸曲面，如图 9-162 所示。

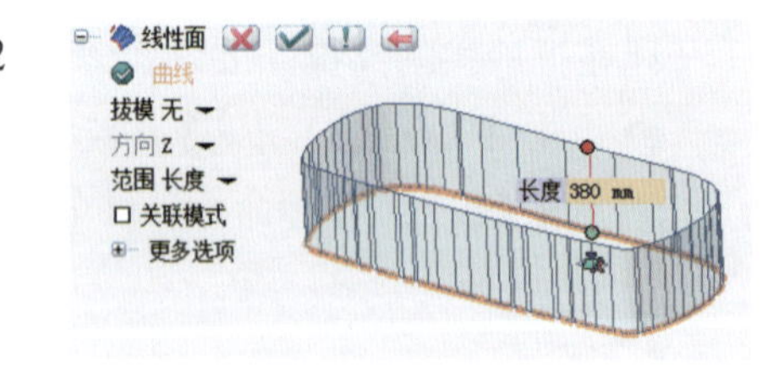

图 9-162　拉伸曲面

点击【3 点圆】命令，绘制两条曲线，如图 9-163、图 9-164 所示。

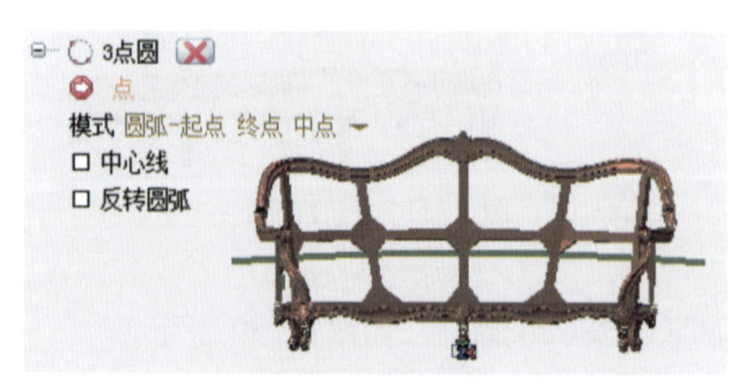

图 9-163　绘制圆弧 1

图 9-164　绘制圆弧 2

点击【全局扫描】命令，把上述两条曲线扫描出一个曲面，如图 9-165 所示。

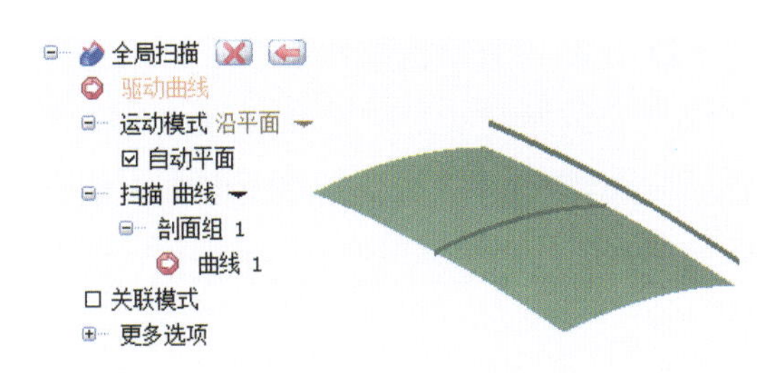

图 9-165　全局扫描

点击【相互剪裁】命令，得出以下曲面，如图 9-166 所示。

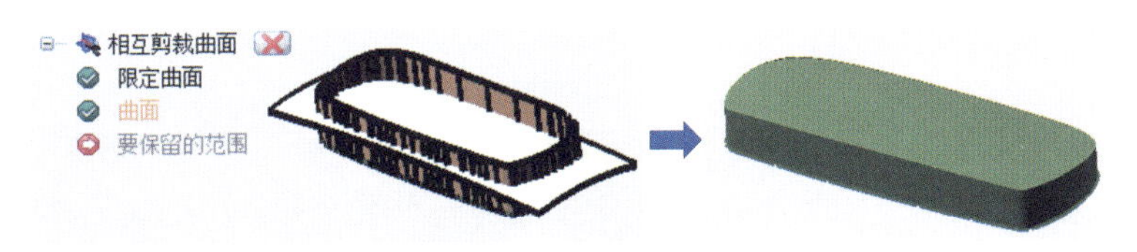

图 9-166　相互剪裁

点击【生成实体】命令，把曲面生成实体，如图 9-167 所示。

点击【边圆角】命令，倒大概 60mm 的圆角，如图 9-168 所示。

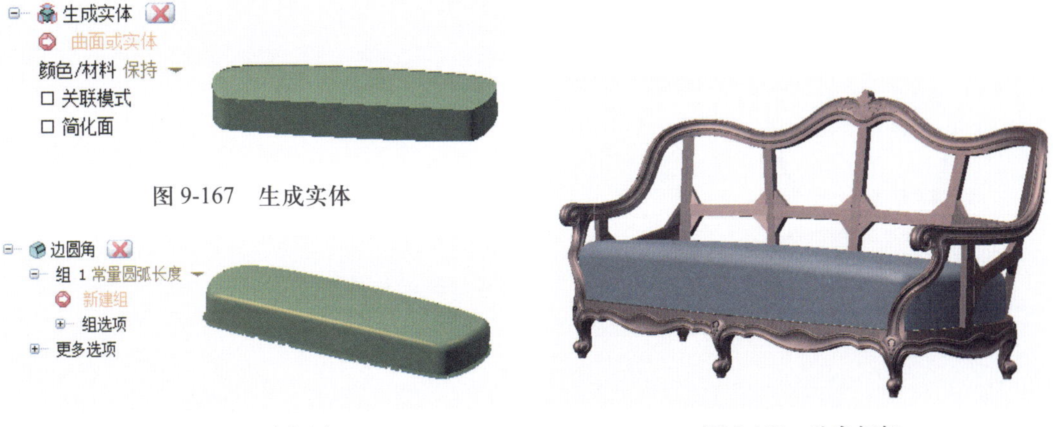

图 9-167　生成实体

图 9-168　倒圆角

图 9-169　沙发框架

点击【多段线】命令，绘制以下曲线，如图 9-170 所示。

图 9-170　绘制曲线

点击【全局扫描】命令，用上述曲线作为截面，沙发扶手和邦部件作为路径，双驱动扫描得出如图 9-171 所示的曲面，然后把该曲面镜像。

图 9-171　全局扫描

最后完成沙发整个建模过程，如图 9-172 所示。

图 9-172

沙发工程图：

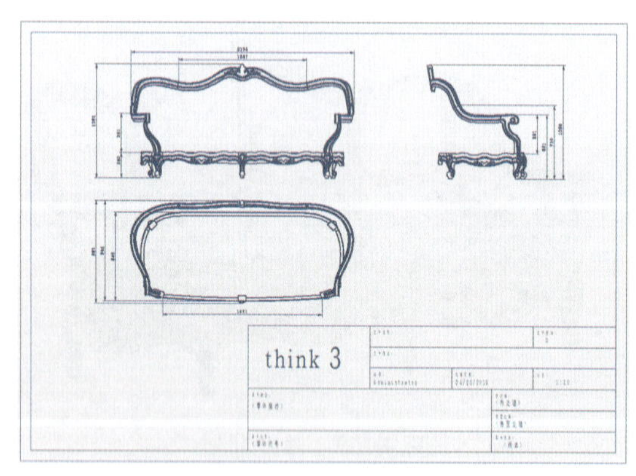

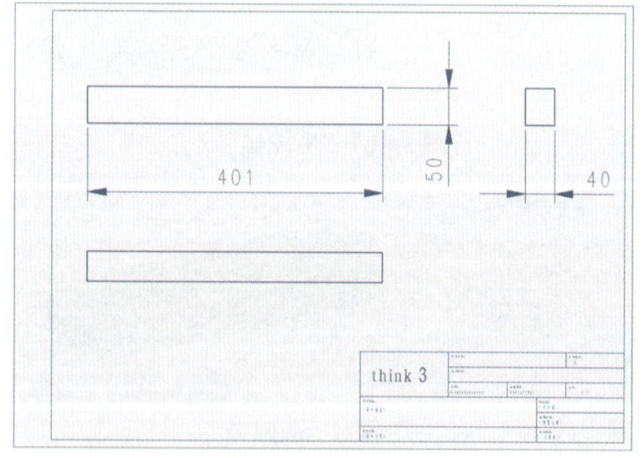

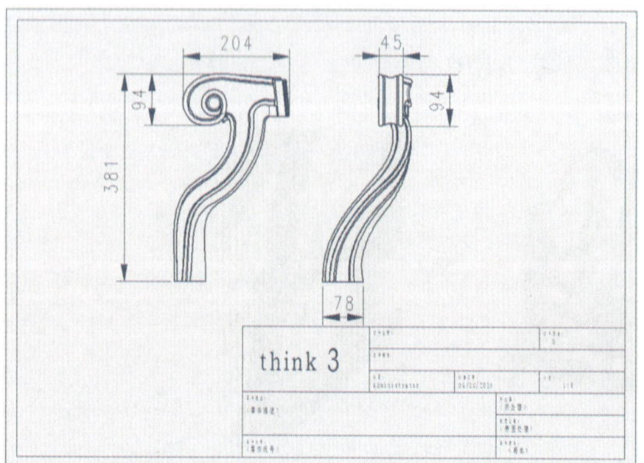

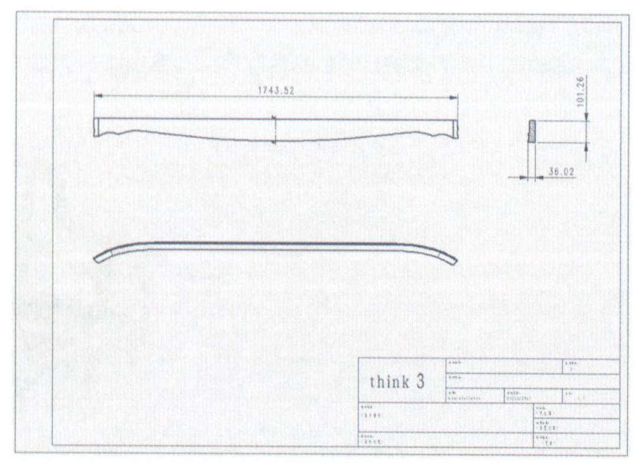

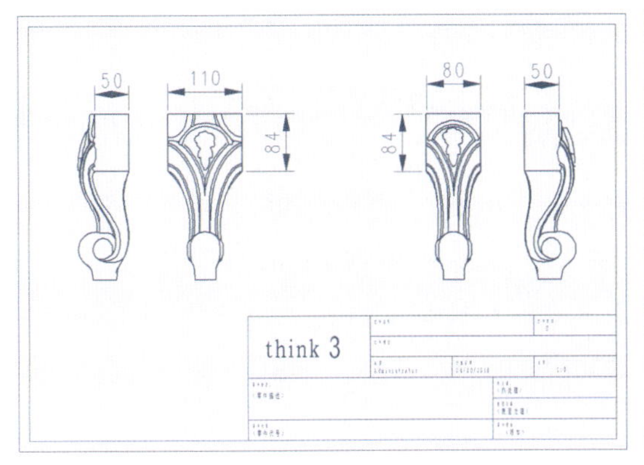
50
110
84
84
80
50
think 3

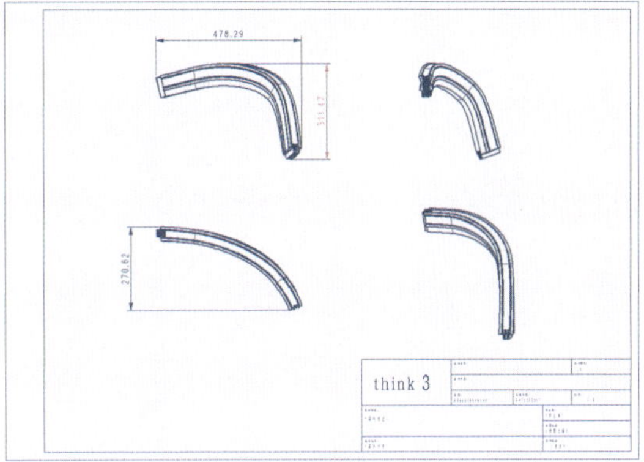
478.29
think 3

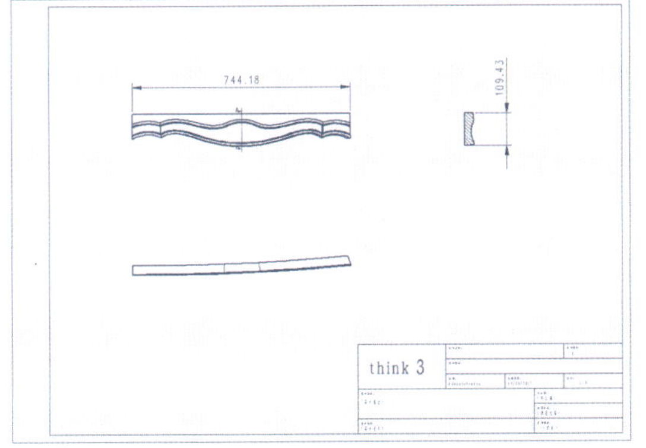
744.18
109.43
think 3

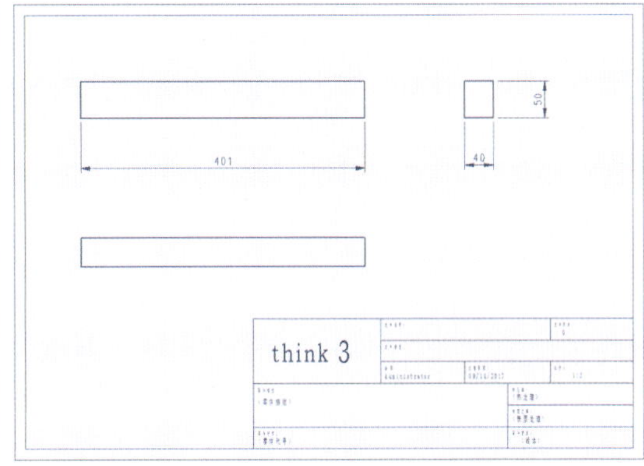
401
50
40
think 3

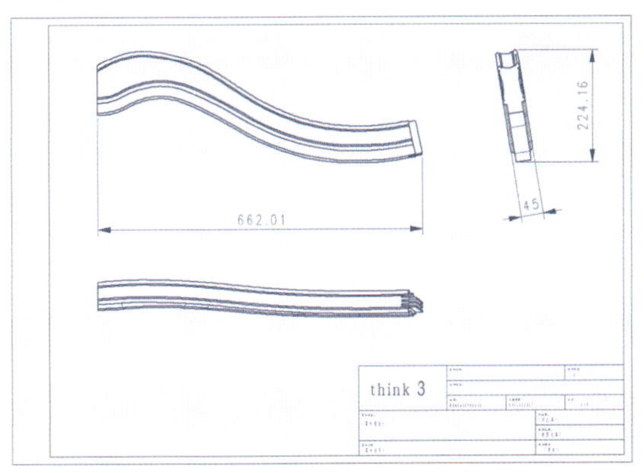
662.01
224.16
45
think 3

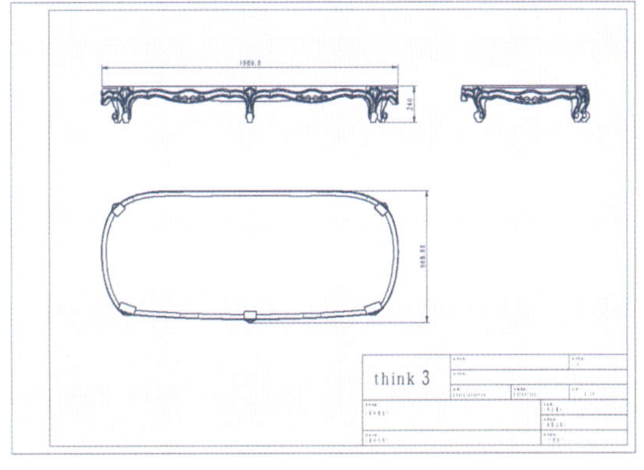
think 3

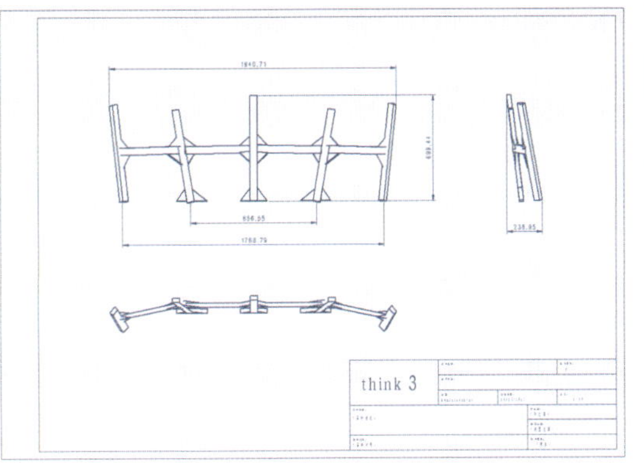
think 3

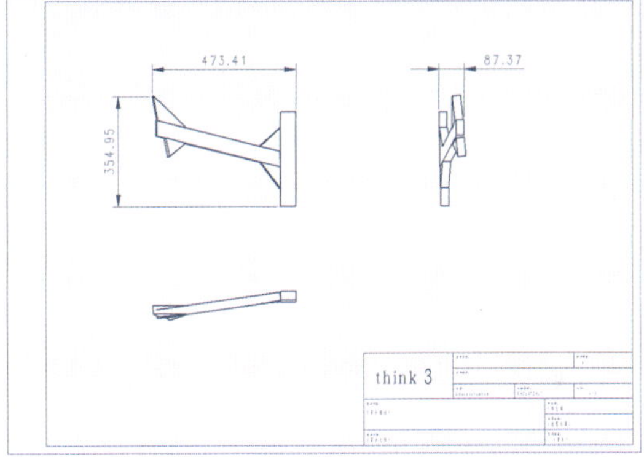
473.41
87.37
354.95
think 3

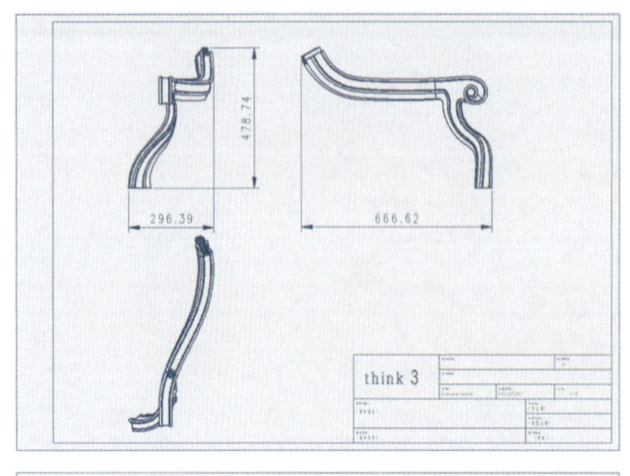
478.74
296.39
666.62
think 3

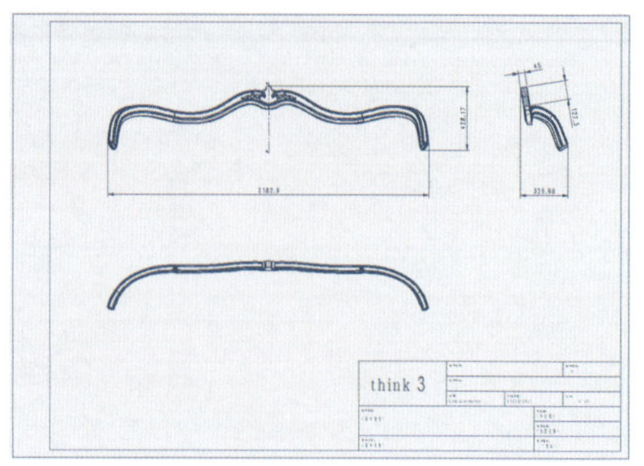
think 3

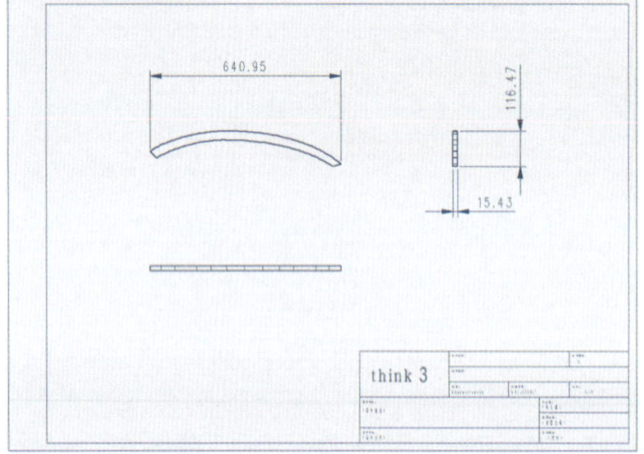
640.95
116.47
15.43
think 3

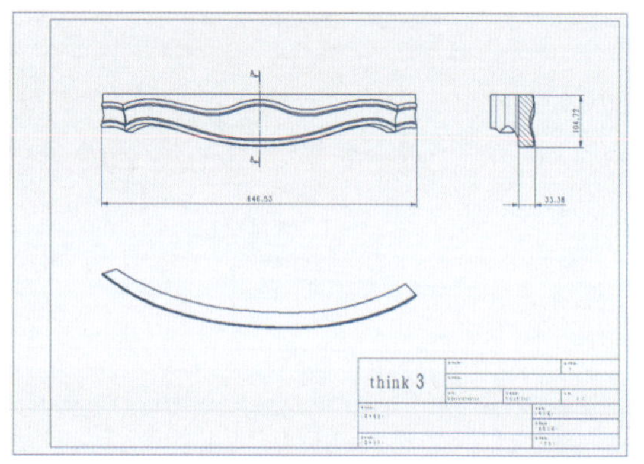
think 3

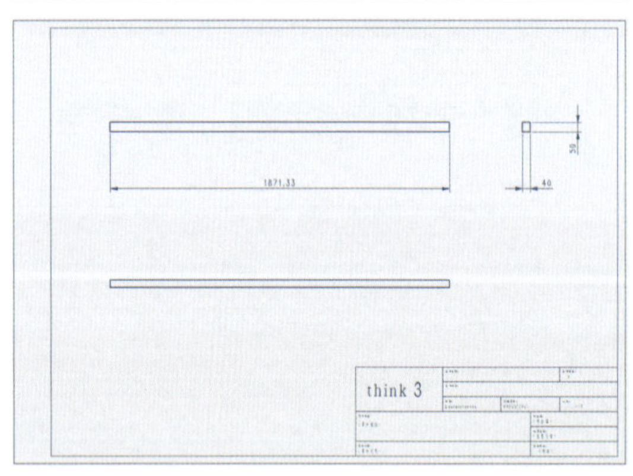
think 3

图 9-173 沙发工程图

沙发爆炸图：

图 9-174　沙发爆炸图

沙发材料明细表：

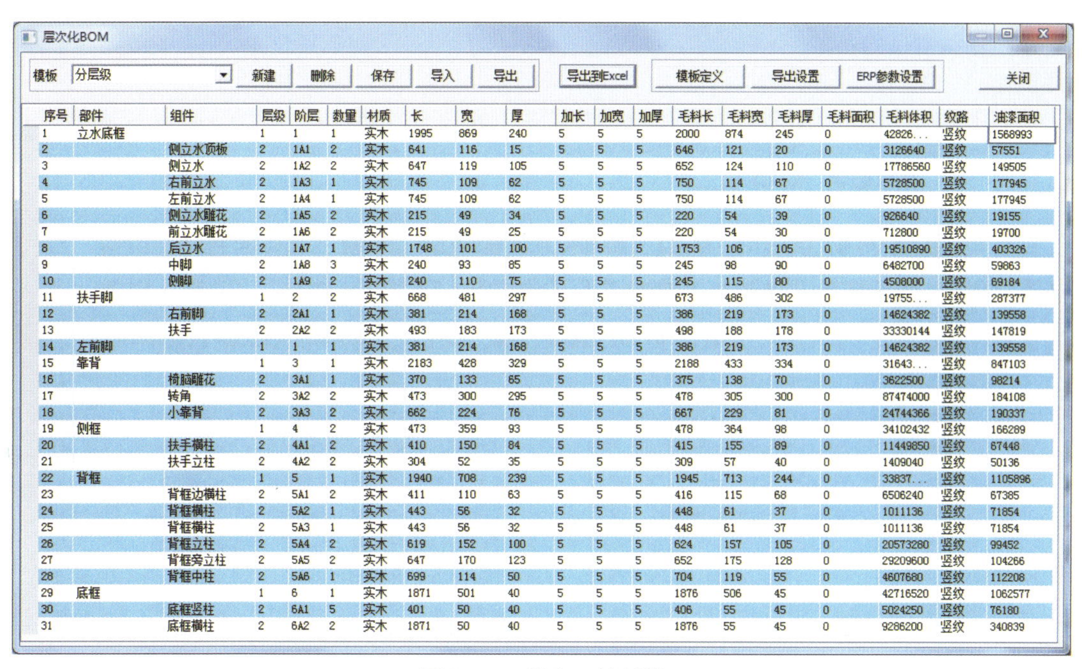

层次化BOM

模板 分层级 新建 删除 保存 导入 导出 导出到Excel 模板定义 导出设置 ERP参数设置 关闭

序号	部件	组件	层级	阶层	数量	材质	长	宽	厚	加长	加宽	加厚	毛料长	毛料宽	毛料厚	毛料面积	毛料体积	纹路	油漆面积
1	立水底框		1	1	1	实木	1995	869	240	5	5	5	2000	874	245	0	42826...	竖纹	1568993
2		侧立水顶板	2	1A1	2	实木	641	116	15	5	5	5	646	121	20	0	3126640	竖纹	57551
3		侧立水	2	1A2	2	实木	647	119	105	5	5	5	652	124	110	0	17786560	竖纹	149505
4		右前立水	2	1A3	1	实木	745	109	62	5	5	5	750	114	67	0	5728500	竖纹	177945
5		左前立水	2	1A4	1	实木	745	109	62	5	5	5	750	114	67	0	5728500	竖纹	177945
6		侧立水雕花	2	1A5	2	实木	215	49	34	5	5	5	220	54	39	0	926640	竖纹	19155
7		前立水雕花	2	1A6	2	实木	215	49	25	5	5	5	220	54	30	0	712800	竖纹	19700
8		后立水	2	1A7	1	实木	1748	101	100	5	5	5	1753	106	105	0	19510890	竖纹	403326
9		中脚	2	1A8	3	实木	240	93	85	5	5	5	245	98	90	0	6482700	竖纹	59863
10		侧脚	2	1A9	2	实木	240	110	75	5	5	5	245	115	80	0	4508000	竖纹	69184
11	扶手脚		1	2	2	实木	668	481	297	5	5	5	673	486	302	0	19755...	竖纹	287377
12		右前脚	2	2A1	1	实木	381	214	168	5	5	5	386	219	173	0	14624382	竖纹	139558
13		扶手	2	2A2	2	实木	493	183	173	5	5	5	498	188	178	0	33330144	竖纹	147819
14	左前脚		1	1	1	实木	381	214	168	5	5	5	386	219	173	0	14624382	竖纹	139558
15	靠背		1	3	1	实木	2183	428	329	5	5	5	2188	433	334	0	31643...	竖纹	847103
16		椅脑雕花	2	3A1	1	实木	370	133	65	5	5	5	375	138	70	0	3622500	竖纹	98214
17		转角	2	3A2	2	实木	473	300	295	5	5	5	478	305	300	0	87474000	竖纹	184108
18		小靠背	2	3A3	2	实木	662	224	76	5	5	5	667	229	81	0	24744366	竖纹	190337
19	侧框		1	4	2	实木	473	359	93	5	5	5	478	364	98	0	34102432	竖纹	166289
20		扶手横柱	2	4A1	2	实木	410	150	84	5	5	5	415	155	89	0	11449850	竖纹	67448
21		扶手立柱	2	4A2	2	实木	304	52	35	5	5	5	309	57	40	0	1409040	竖纹	50136
22	背框		1	5	1	实木	1940	708	239	5	5	5	1945	713	244	0	33837...	竖纹	1105896
23		背框边横柱	2	5A1	2	实木	411	110	63	5	5	5	416	115	68	0	6506240	竖纹	67385
24		背框横柱	2	5A2	1	实木	443	56	32	5	5	5	448	61	37	0	1011136	竖纹	71854
25		背框横柱	2	5A3	1	实木	443	56	32	5	5	5	448	61	37	0	1011136	竖纹	71854
26		背框立柱	2	5A4	2	实木	619	152	100	5	5	5	624	157	105	0	20573280	竖纹	99452
27		背框旁立柱	2	5A5	2	实木	647	170	123	5	5	5	652	175	128	0	29209600	竖纹	104266
28		背框中柱	2	5A6	1	实木	699	114	50	5	5	5	704	119	55	0	4607680	竖纹	112208
29	底框		1	6	1	实木	1871	501	40	5	5	5	1876	506	45	0	42716520	竖纹	1062577
30		底框竖柱	2	6A1	5	实木	401	50	40	5	5	5	406	55	45	0	5024250	竖纹	76180
31		底框横柱	2	6A2	2	实木	1871	50	40	5	5	5	1876	55	45	0	9286200	竖纹	340839

图 9-175　沙发一键拆单

XXX有限公司

产品材料表

客户名称： 订单编号： **产品名称：** **日期:** 2017/9/11 16:31

序号	部件	组件	层级	阶层	数量	材质	模型尺寸			备料尺寸			毛料尺寸			毛料面积	毛料体积	纹路	油漆面积
							长	宽	厚	加长	加宽	加厚	毛料长	毛料宽	毛料厚				
1	立水底框		1	1	1	实木	1995	869	240	5	5	5	2000	874	245	0	4.3E+08	竖纹	1568993
2		侧立水顶板	2	1A1	2	实木	641	116	15	5	5	5	646	121	20	0	3126640	竖纹	57551
3		侧立水	2	1A2	2	实木	647	119	105	5	5	5	652	124	110	0	1.8E+07	竖纹	149505
4		右前立水	2	1A3	1	实木	745	109	62	5	5	5	750	114	67	0	5728500	竖纹	177945
5		左前立水	2	1A4	1	实木	745	109	62	5	5	5	750	114	67	0	5728500	竖纹	177945
6		侧立水雕花	2	1A5	2	实木	215	49	34	5	5	5	220	54	39	0	926640	竖纹	19155
7		前立水雕花	2	1A6	2	实木	215	49	25	5	5	5	220	54	30	0	712800	竖纹	19700
8		后立水	2	1A7	1	实木	1748	101	100	5	5	5	1753	106	105	0	2E+07	竖纹	403326
9		中脚	2	1A8	3	实木	240	93	85	5	5	5	245	98	90	0	6482700	竖纹	59863
10		侧脚	2	1A9	2	实木	240	110	75	5	5	5	245	115	80	0	4508000	竖纹	69184
11	扶手脚		1	2	2	实木	668	481	297	5	5	5	673	486	302	0	2E+08	竖纹	287377
12		右前脚	2	2A1	1	实木	381	214	168	5	5	5	386	219	173	0	1.5E+07	竖纹	139558
13		扶手	2	2A2	2	实木	493	183	173	5	5	5	498	188	178	0	3.3E+07	竖纹	147819
14	左前脚		1	1	1	实木	381	214	168	5	5	5	386	219	173	0	1.5E+07	竖纹	139558
15	靠背		1	3	1	实木	2183	428	329	5	5	5	2188	433	334	0	3.2E+08	竖纹	847103
16		椅脑雕花	2	3A1	1	实木	370	133	65	5	5	5	375	138	70	0	3622500	竖纹	98214
17		转角	2	3A2	2	实木	473	300	295	5	5	5	478	305	300	0	8.7E+07	竖纹	184108
18		小靠背	2	3A3	2	实木	662	224	76	5	5	5	667	229	81	0	2.5E+07	竖纹	190337
19	侧框		1	4	2	实木	473	359	93	5	5	5	478	364	98	0	3.4E+07	竖纹	166289
20		扶手横柱	2	4A1	2	实木	410	150	84	5	5	5	415	155	89	0	1.1E+07	竖纹	67448
21		扶手立柱	2	4A2	2	实木	304	52	35	5	5	5	309	57	40	0	1409040	竖纹	50136
22	背框		1	5	1	实木	1940	708	239	5	5	5	1945	713	244	0	3.4E+08	竖纹	1105896
23		背框边横柱	2	5A1	2	实木	411	110	63	5	5	5	416	115	68	0	6506240	竖纹	67385
24		背框横柱	2	5A2	1	实木	443	56	32	5	5	5	448	61	37	0	1011136	竖纹	71854
25		背框横柱	2	5A3	1	实木	443	56	32	5	5	5	448	61	37	0	1011136	竖纹	71854
26		背框立柱	2	5A4	2	实木	619	152	100	5	5	5	624	157	105	0	2.1E+07	竖纹	99452
27		背框旁立柱	2	5A5	2	实木	647	170	123	5	5	5	652	175	128	0	2.9E+07	竖纹	104266
28		背框中柱	2	5A6	1	实木	699	114	50	5	5	5	704	119	55	0	4607680	竖纹	112208
29	底框		1	6	1	实木	1871	501	40	5	5	5	1876	506	45	0	4.3E+07	竖纹	1062577
30		底框竖柱	2	6A1	5	实木	401	50	40	5	5	5	406	55	45	0	5024250	竖纹	76180
31		底框横柱	2	6A2	2	实木	1871	50	40	5	5	5	1876	55	45	0	9286200	竖纹	340839

图 9-176　沙发料单导出 EXCEL

ThinkDesign

第 10 章

钣金家具实例
——以钣金橱柜为例

10.1 柜体平板

在钣金中，平板类钣金属于基础，实例讲解将由浅到深讲述各类型钣金命令的使用。

如图 10-1 所示，此类钣金主要由矩形平板和数个通孔组成，下面让我们一起了解此类零件如何建模：

图 10-1　柜体平板

打开软件，新建文件，选择【模型】单击【确定】，创建新文件，如图 10-2 所示。

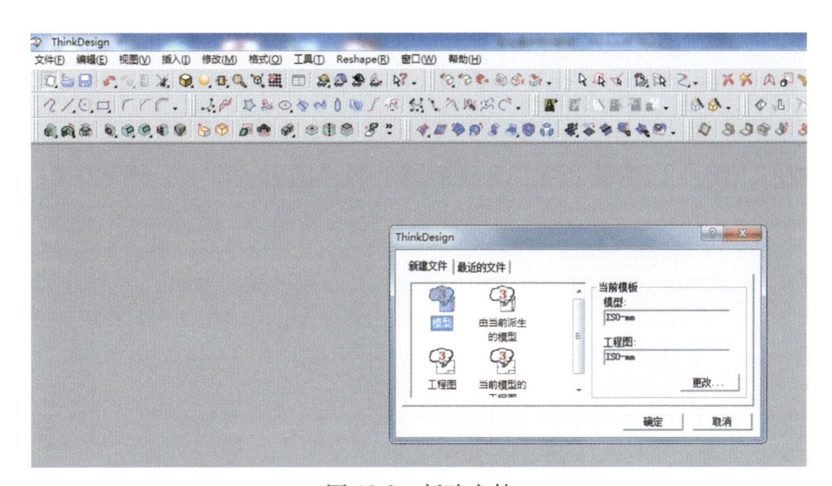

图 10-2　新建文档

点击【2D 草图】命令功能，进入草图绘图界面，如图 10-3 所示。

图 10-3　进入草图界面

点击【绘图】功能【矩形】命令，【模式】选择【中心＋尺寸】，X 大小输入 542，Y 大小输入 670，鼠标在绘图区域空白处单击确定定位点，如图 10-4 所示。

鼠标在绘图区域空白处双击，自动退出【2D 草图】。

单击【线性实体】命令功能，草图选择刚才的矩形，深度输入 1mm，点击键创建平板，如图 10-5 所示。

鼠标在平面上双击，移动“工作坐标系”到平面上，如图 10-6 所示。

单击【2D 草图】命令功能，进入草图界面，选择【中心圆】命令功能，【选项】选择【直径】，如图 10-7 所示。

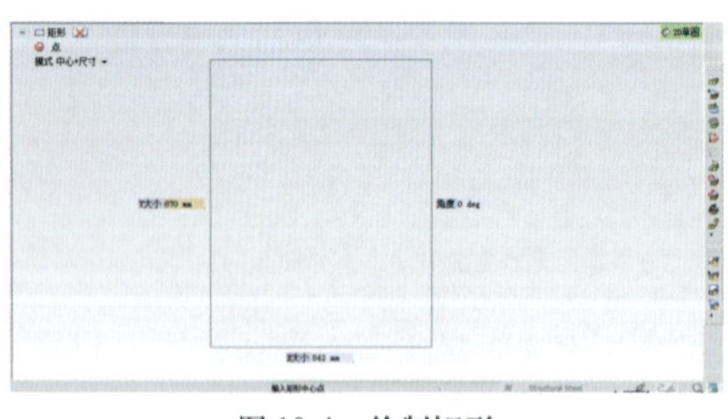

图 10-4　绘制矩形

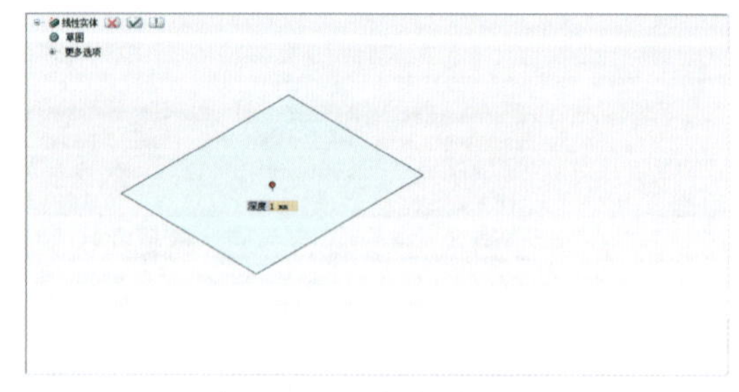

图 10-5　线性创建平板

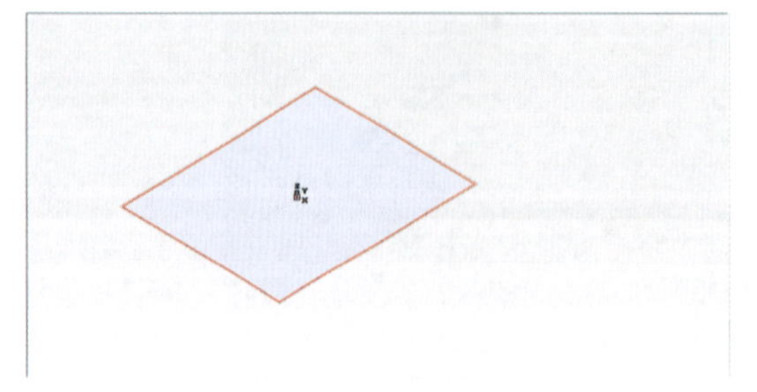

图 10-6　移动坐标

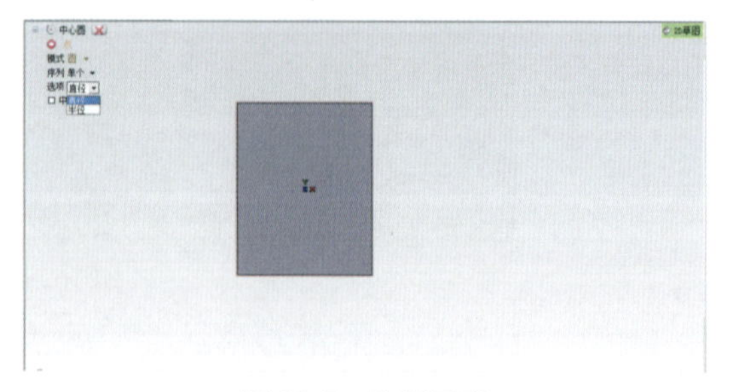

图 10-7　绘制圆形

图 10-8　定位圆形

在平面上绘制一个直径为“11.4mm”的圆，使用【智能尺寸】命令功能进行尺寸约束，圆直径 11.4mm，离边线距离分别为 8mm 和 15mm，如图 10-8 所示。

鼠标在绘图区域空白处双击，自动退出【2D 草图】。

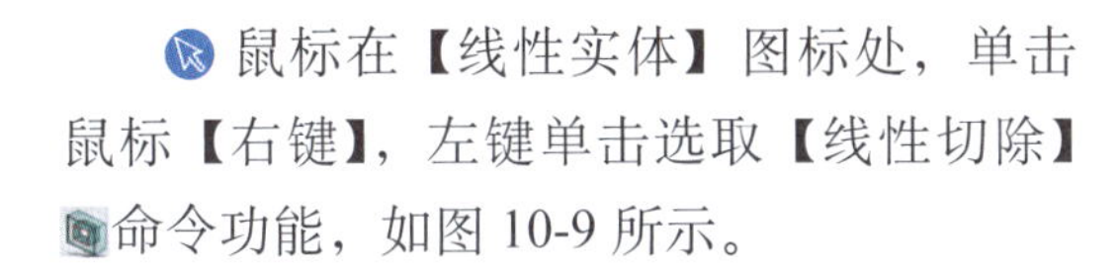

鼠标在【线性实体】图标处，单击鼠标【右键】，左键单击选取【线性切除】命令功能，如图 10-9 所示。

图 10-9　线性切除

【草图】选项选取【2D 草图（4）】，点击键，创建通孔，如图 10-10 所示。

图 10-10　创建通孔

点击【实体阵列】命令功能，【基础对象】选项选取【贯穿切除（10）】，【第一方向】选取红色边界，如图 10-11 所示。

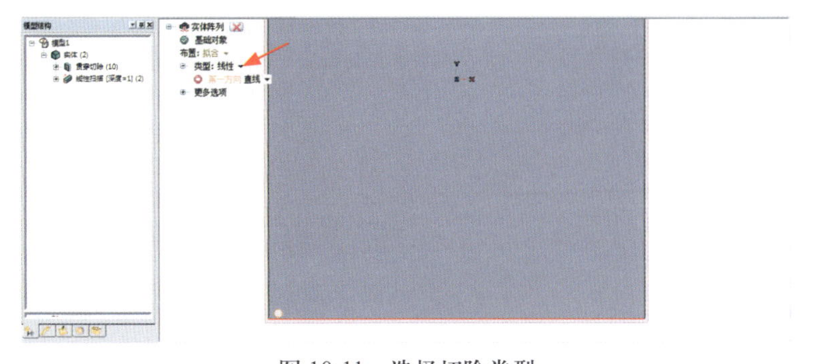

图 10-11　选择切除类型

【布置】选项选择“固定”，第一间距输入130mm，第一副本数量输入5，点击☑键，完成通孔阵列，如图10-12所示。

点击【2D草图】命令，进入图界面，选择【中心圆】命令功能，直径8.1mm，到边线距离分别为:30mm和40mm，然后再绘图区域空白处双击鼠标【左键】，退出草图，如图10-13所示。

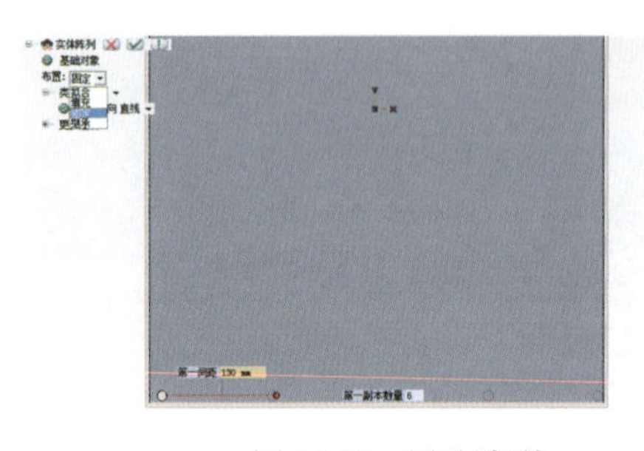

图10-12　通孔阵列

图10-13　绘制圆形

点击【线性切除】命令，【草图】选项选取【2D草图（18)】，点击☑键，如图10-14所示。

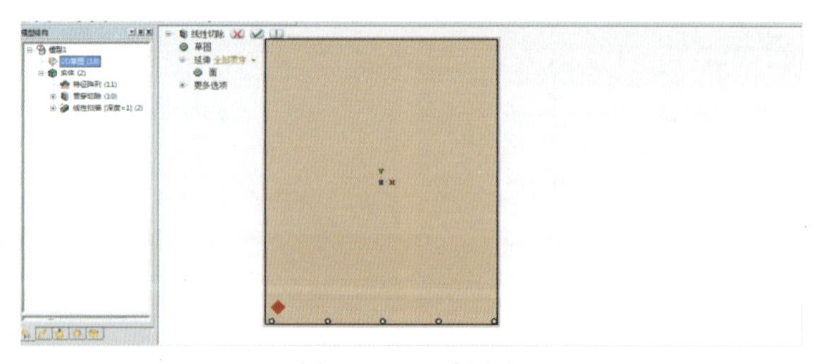

图10-14　切除通孔

点击【实体阵列】功能命令，【基础对象】选取【贯穿切除（21)】,【类型】选择【线性—线性】，【第一方向】选择底下边界，【第二方向】选择左侧边界，第一副本数量和第二副本数量都输入2，第一间距输入470，第二间距输入606，点击☑键完成阵列，如图10-15所示。

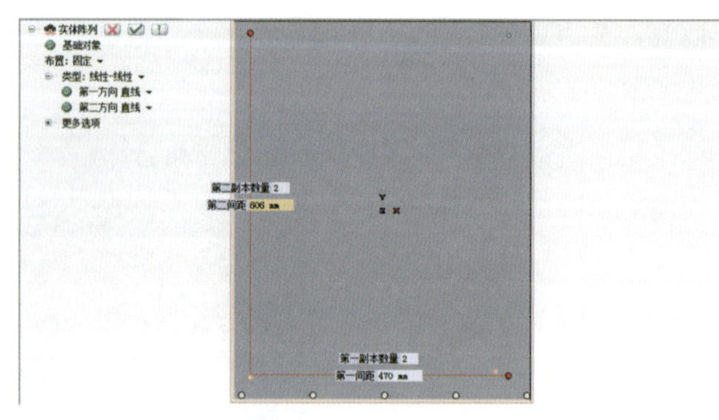

图10-15　孔位阵列

图 10-16 绘制圆形

点击【2D 草图】命令，进入草图界面，选择【中心圆】功能命令，绘制直径 4mm 的圆，如图 10-16 所示，中心点定位在右侧边线中心点，然后在绘图区域空白处，双击鼠标【左键】退出草图界面。

点击【线性切除】命令,【草图】选项选取【2D 草图（28)】，点击键完成切除，如图 10-17 所示。

至此，已完成此案例的建模，主要使用【线性实体】【线性切除】【实体阵列】【2D 草图】等命令完成。点击【保存】命令，保存文件，如图 10-18 所示。

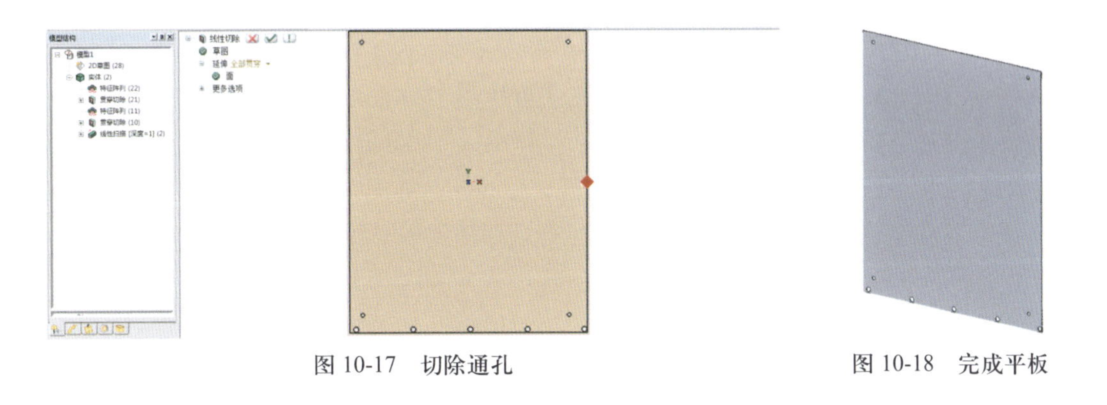

图 10-17 切除通孔

图 10-18 完成平板

10.2 柜体侧板

如图 10-19 所示，此类是典型的板类折弯件，在平板类钣金的基础上增加了折弯边。

新建文件，点击【2D 草图】命令，画长度为 550mm，高度为 670 的矩形，如图 10-20 所示。

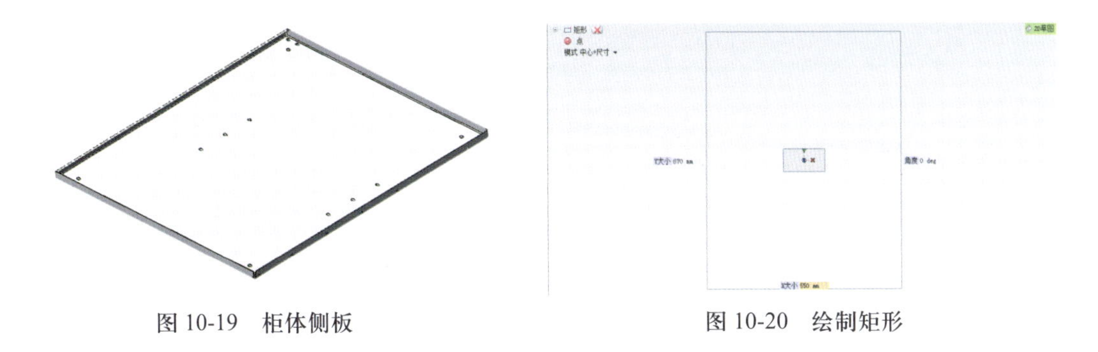

图 10-19 柜体侧板

图 10-20 绘制矩形

单击【线性实体】命令功能，【草图】选择刚才的矩形，深度输入 1mm，点击键创建平板，如图 10-21 所示。

在钣金工具栏找到【法兰】命令，如图 10-22、图 10-23 所示的两组线段，长度数值输入 15.2mm。

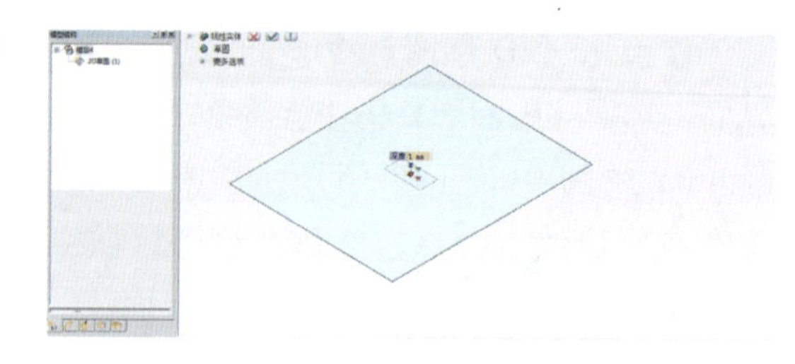

图 10-21　创建平板

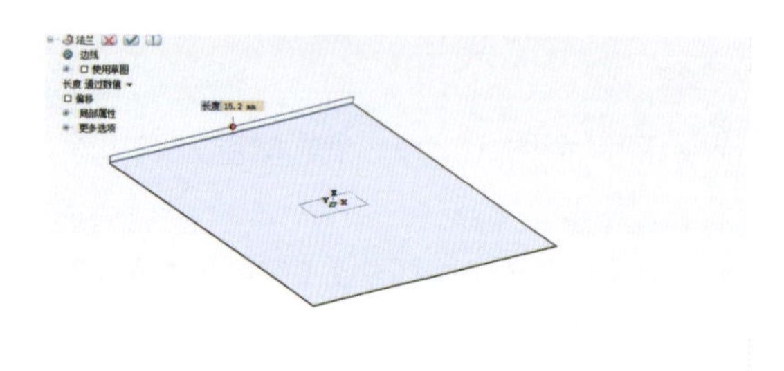

图 10-22　选择第一边界

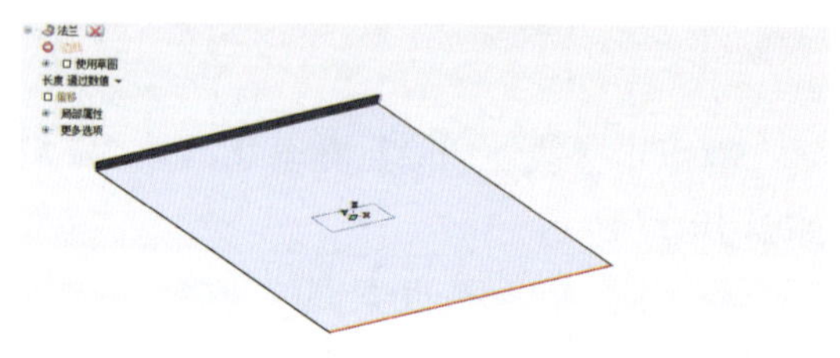

图 10-23　选择第二边界

使用【法兰】命令，选取右侧边界，长度输入 15.4mm，如图 10-24 所示。

使用【法兰】命令，选取左侧边界，长度输入 15.8mm，如图 10-25 所示。

使用【法兰】命令，选取边界，长度输入 8mm，如图 10-26 所示。

鼠标【左键】在平面上双击，将工作坐标系移动到该平面上，如图 10-27 所示。

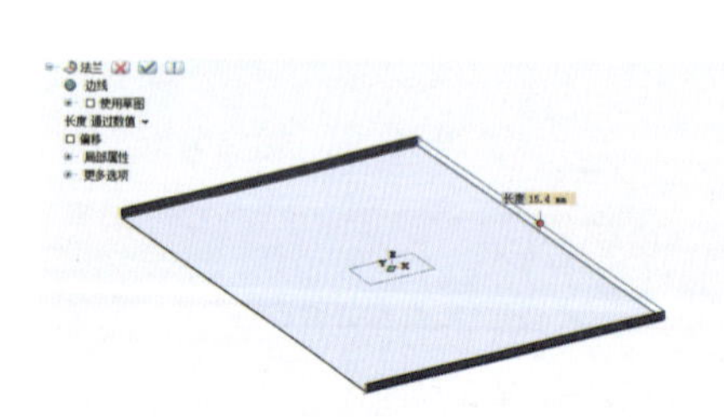

图 10-24　输入右侧数值

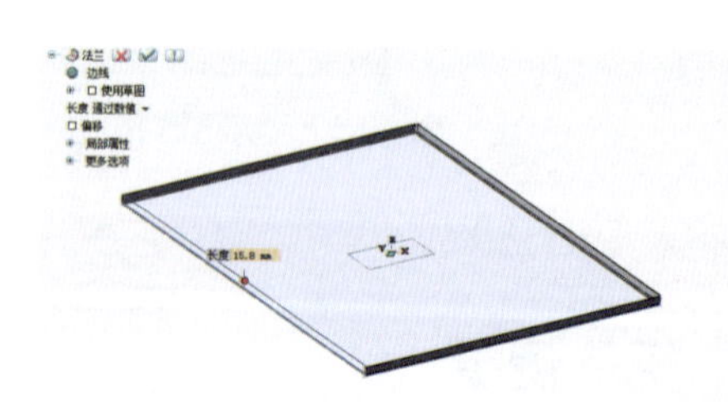

图 10-25　输入左侧数值

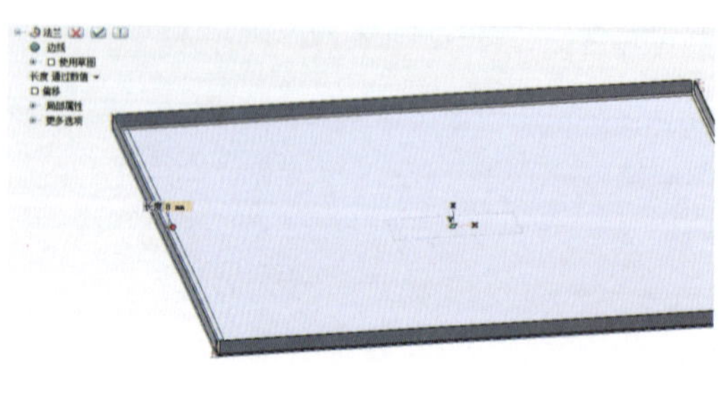

图 10-26　输入长度值

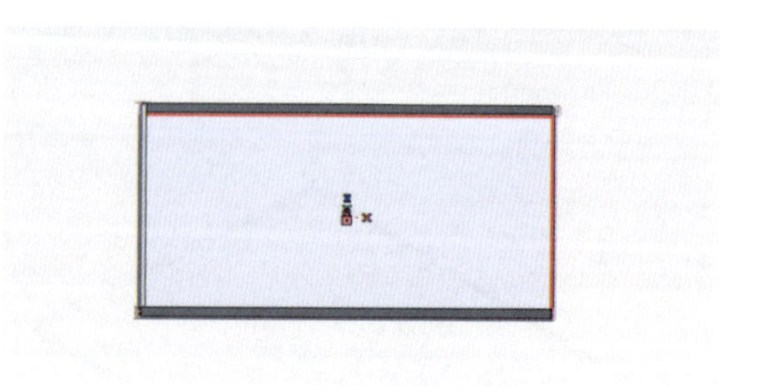

图 10-27　移动坐标

在钣金菜单栏中，点击【展开】命令功能，在【固定面 / 边线】选项中选取平面，点击键退出命令，如图 10-28 所示。

点击【2D 草图】命令，使用【中心圆】命令，画直径 3.2mm 的圆，到边线距离分别为 10mm、10.4mm，如图 10-29 所示。

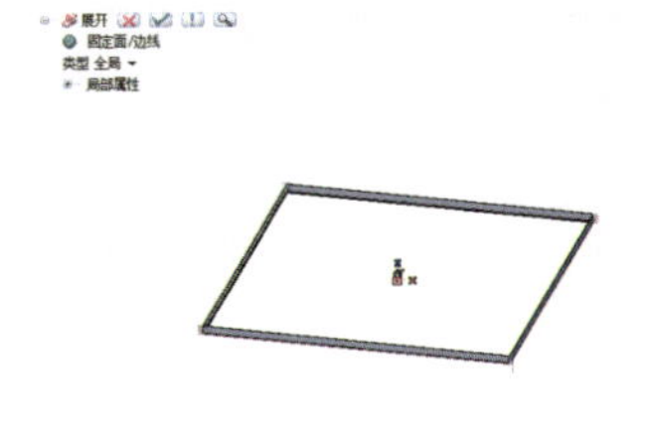

图 10-28　选择平板

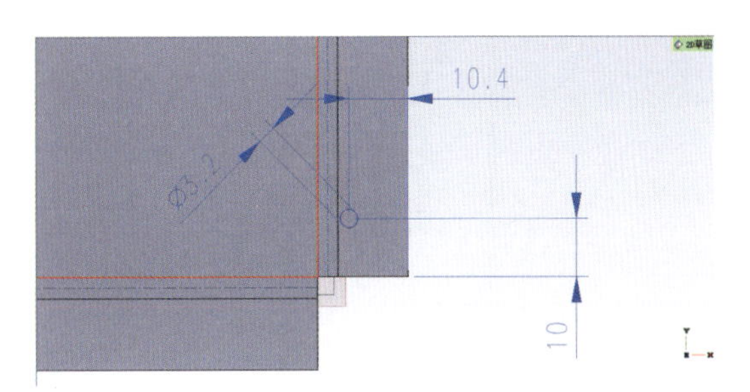

图 10-29　绘制图形

使用【移动 / 复制对象】命令，【对象】选取之前画的圆，起始点选择圆心，如图 10-30 所示，勾选【副本】选项数量为 6，增量 Y 正方向输入 100mm，点击键，绘图区双击退出草图。

点击【线性切除】命令,【草图】选取【2D 草图（30)】；点击键，如图 10-31 所示。

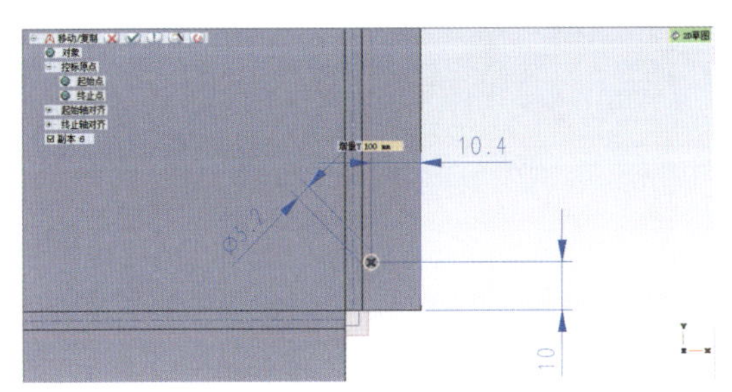

图 10-30　定位圆形

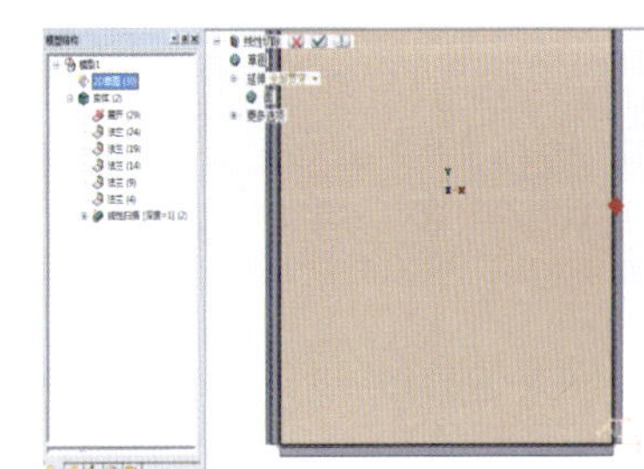

图 10-31　切除孔位

点击【2D 草图】命令，使用【中心圆】命令，画直径 7mm 的圆，到边线距离分别为 30.4mm、23.2mm，如图 10-32 所示。

使用【移动 / 复制对象】命令，【对象】选取之前画的圆，【起始点】选择圆心，勾选【副本】选项数量为 4，增量 X 正方向输入 – 130mm，点击键，如图 10-33 所示绘图区双击退出草图。

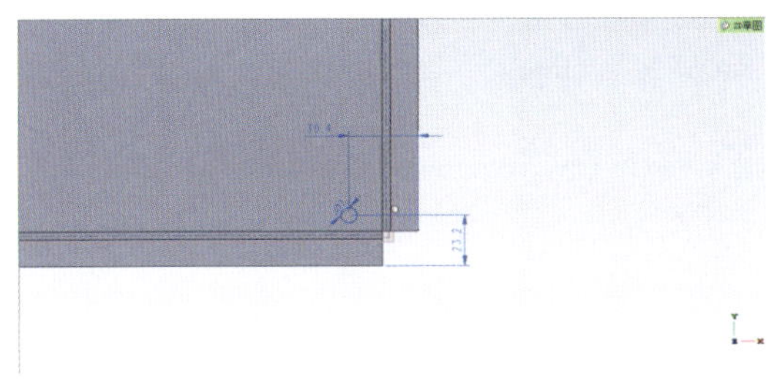

图 10-32　绘制圆形

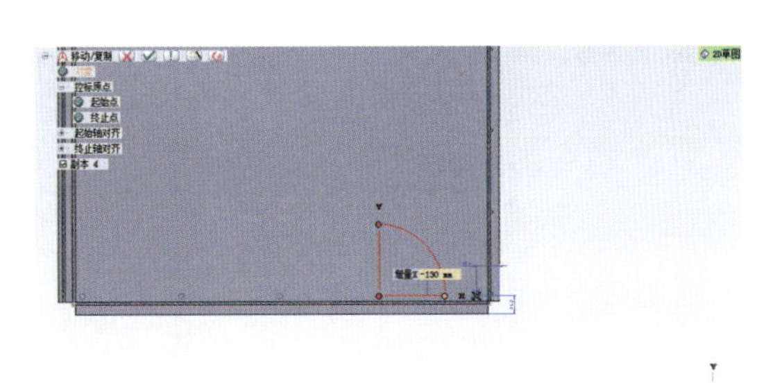

图 10-33　移动圆形

点击【线性切除】命令,【草图】选取【2D 草图 (34)】，点击键，如图 10-34 所示。

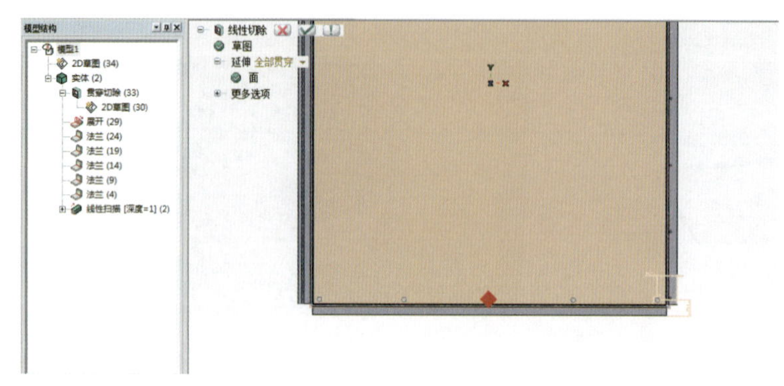

图 10-34　线性切除

点击【2D 草图】命令，使用【中心圆】命令，画直径 8.1mm 的圆，到边线距离分别为 55.4mm、49.2mm，如图 10-35 所示，退出草图。

点击【线性切除】命令,【草图】选取【2D 草图 (38)】，点击键，如图 10-36 所示。

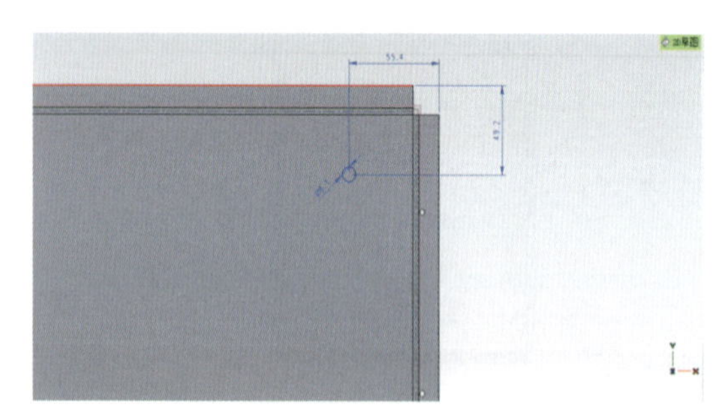

图 10-35　绘制圆形

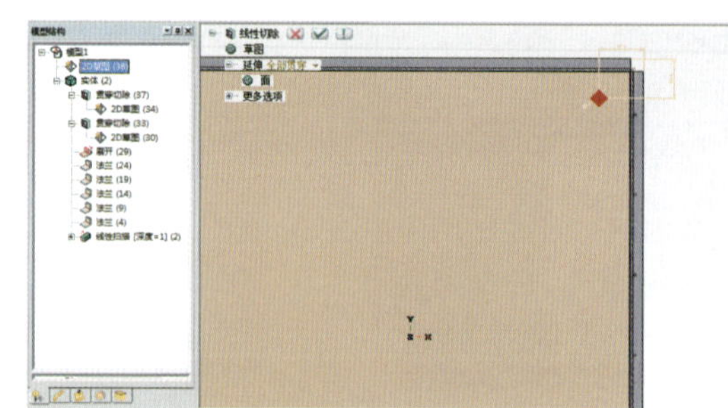

图 10-36　切除通孔

点击【实体阵列】命令功能，【基础对象】选取【贯穿切除 (41)】，【类型】选择【线性—线性】，【第一方向】选择顶下边界，【第二方向】选择右侧边界，第一副本数量和第二副本数量都输入 2，第一间距输入 470，第二间距输入 606，点击键完成阵列，如图 10-37 所示。

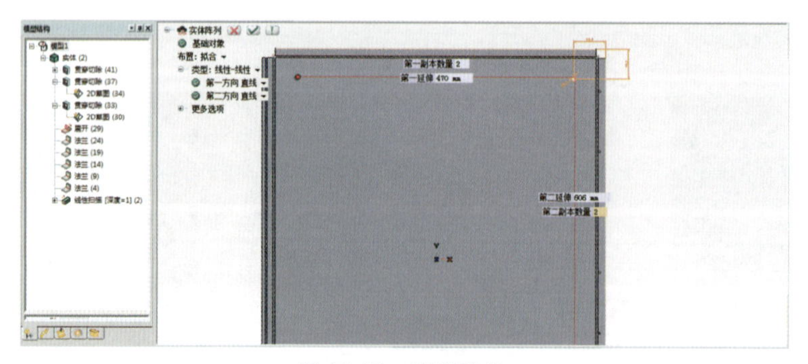

图 10-37　阵列孔位

点击【2D 草图】命令，如图 10-38 所示画出草图。

使用【移动 / 复制对象】命令，【对象】选取之前画的草图，【起始点】选择大圆心，勾选【副本】选项数量为 1，增量 X 正方向输入 137.5mm，增量 Y 负方向输入 –256.5mm，点击键，如图 10-39 所示。

【副本】选项数量为 2，增量 Y 负方向输入 –70，点击键，如图 10-40 所示。

【副本】选项数量为 1，增量 X 负方向输入 350，点击键，如图 10-41 所示。

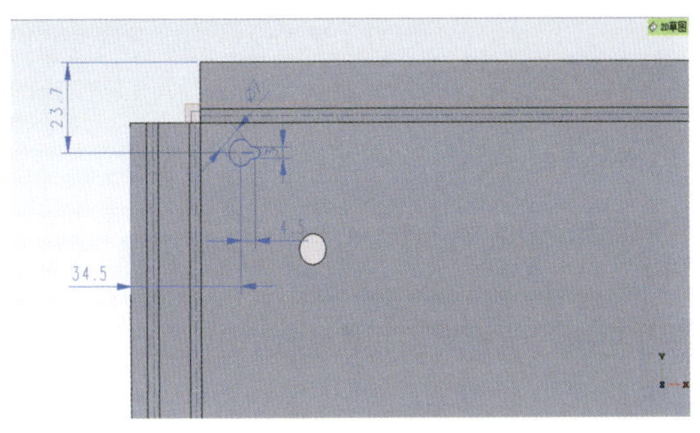

图 10-38　绘制草图

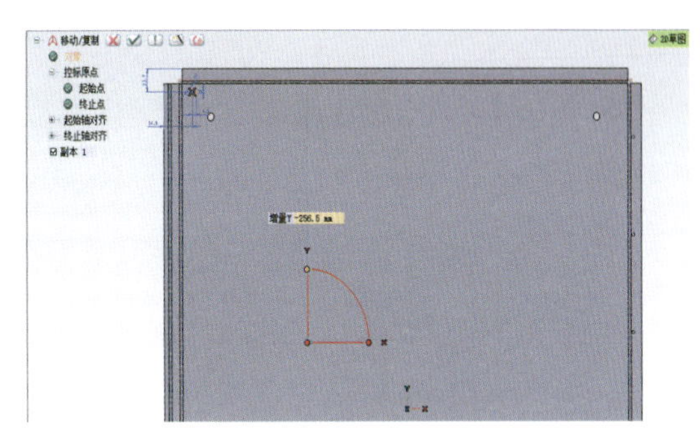
图 10-39　移动草图

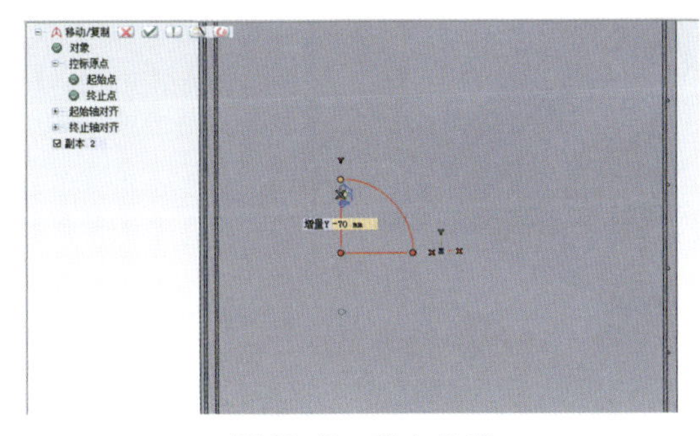
图 10-40　确定位移

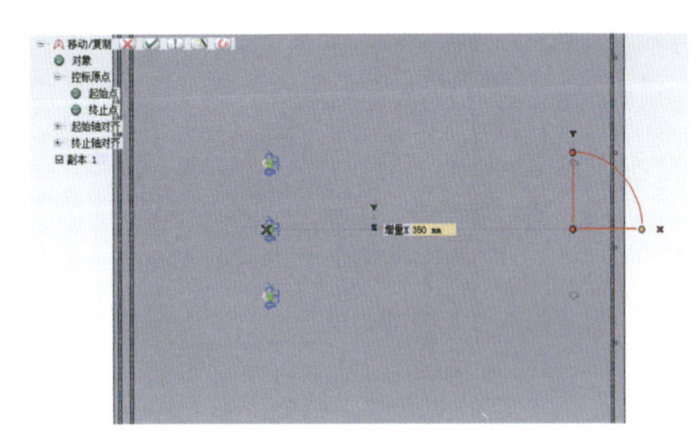
图 10-41　选择副本

使用【移动 / 复制对象】命令，【对象】选取开始画的草图，【起始点】选择大圆心，勾选【副本】选项数量为 1，增量 X 正方向输入 25mm，点击键，如图 10-42 所示。

选取两个草图，【副本】选项数量为 1，增量 X 正方向输入 520mm，增量 Y 负方向输入 –30mm，如图 10-43 所示。

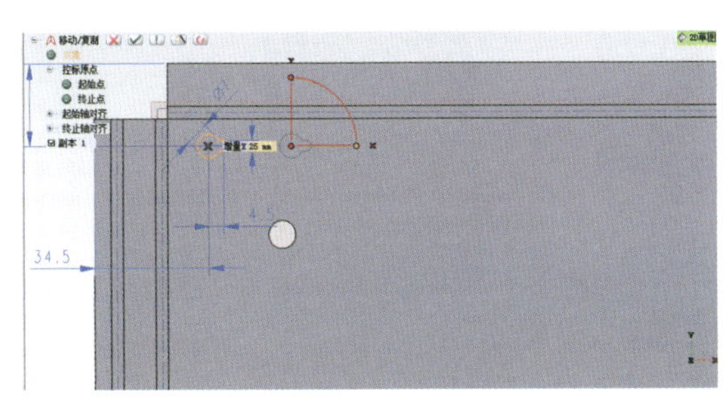

图 10-42　确定 X 轴位移

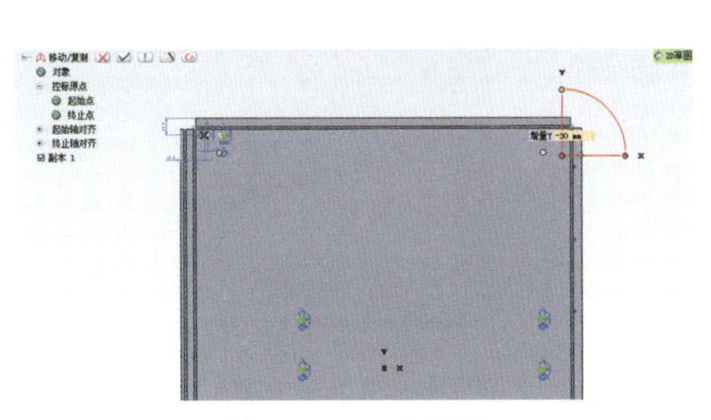
图 10-43　二次位移

旋转角度－90°，点击“☑”键，退出草图，如图 10-44 所示。

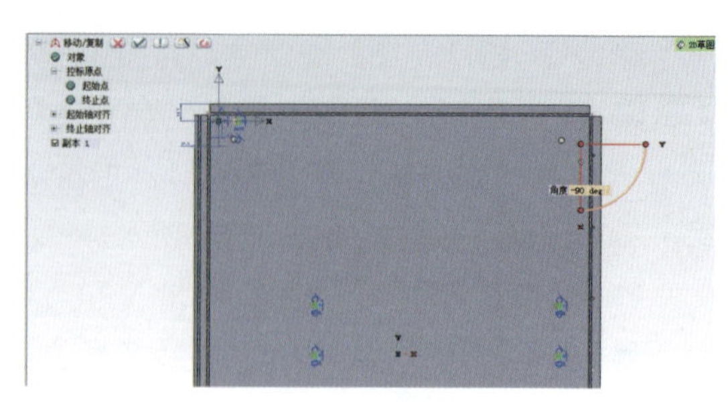

图 10-44 旋转角度

点击【线性切除】命令，【草图】选取【2D 草图 (54)】，点击☑键，如图 10-45 所示。

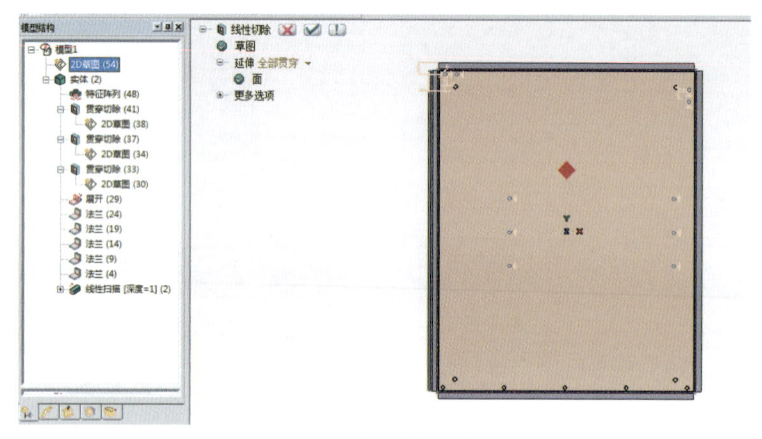

图 10-45 线性切除

点击【再次折弯】命令，【固定面 / 边线】选项选取平面，点击☑键，如图 10-46 所示。

至此，已完成此案例的建模，主要使用【线性实体】【线性切除】【实体阵列】【2D 草图】【移动 / 复制对象】【展开】【再次折弯】等命令完成。

最后，点击【保存】命令，保存文件，如图 10-47 所示。

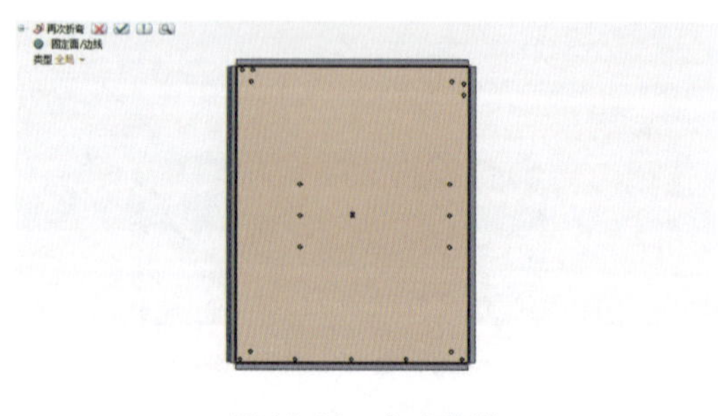

图 10-46 完成建模

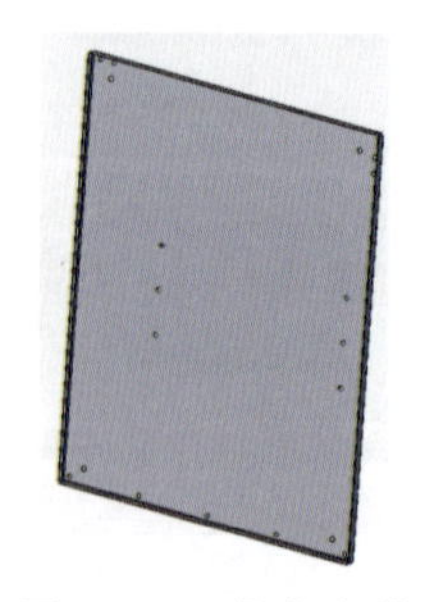

图 10-47 保存文件

10.3 柜体圆角板

创建新文件，点击【2D 草图】命令，进入草图界面，绘制如图 10-48 所示的草图，然后退出草图。

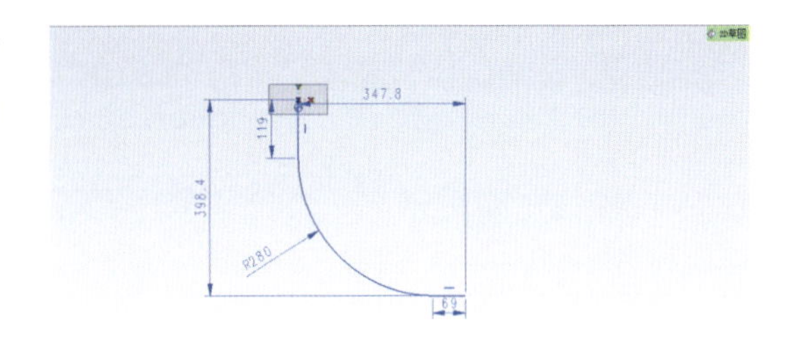

图 10-48　绘制草图

点击【实体法兰】命令，【草图】选项选取【2D 草图（1)】，厚度输入 1mm，长度输入 698mm，如图 10-49 所示。

点击【法兰】命令，边线选取两侧边界线，长度输入 20mm，点击键，如图 10-50 所示。

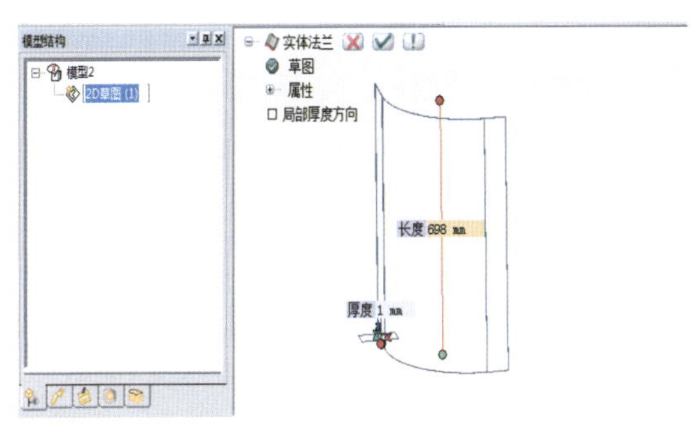

图 10-49　执行实体法兰命令

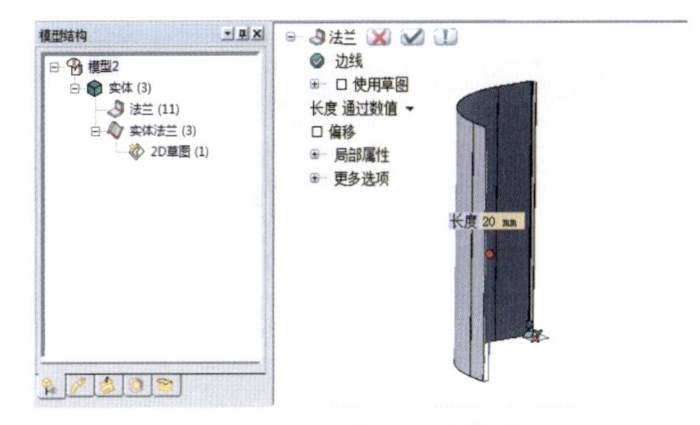

图 10-50　选择法兰边界

点击【展开】命令，【固定面 / 边线】选取如图 10-51 所示平面，然后点击键。

鼠标【右键】双击图 10-52 所示平面，移动工作坐标系到该平面上。

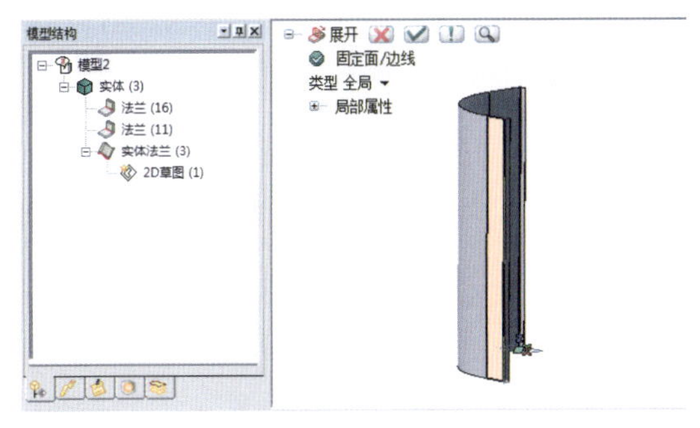

图 10-51　钣金展开

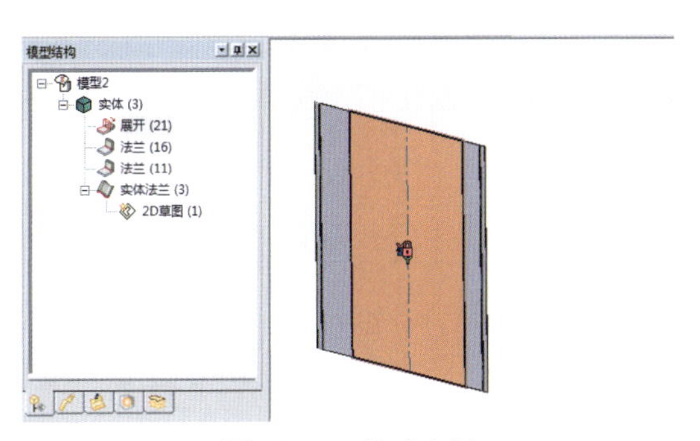

图 10-52　移动坐标

点击【2D 草图】命令，进入草图界面，绘制如图 10-53 所示草图，然后退出草图。

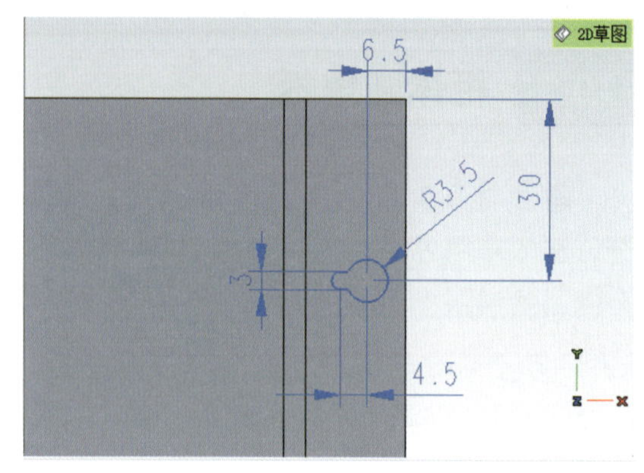

图 10-53　绘制草图

点击【线性切除】命令，【草图】选取【2D 草图（25)】，然后点击键，如图 10-54 所示。

点击【实体阵列】命令，【基础对象】选取【贯穿切除（28)】，【第一方向】选取右侧边线；第一副本数量输入 6，第一间距输入 120mm，点击键，如图 10-55 所示。

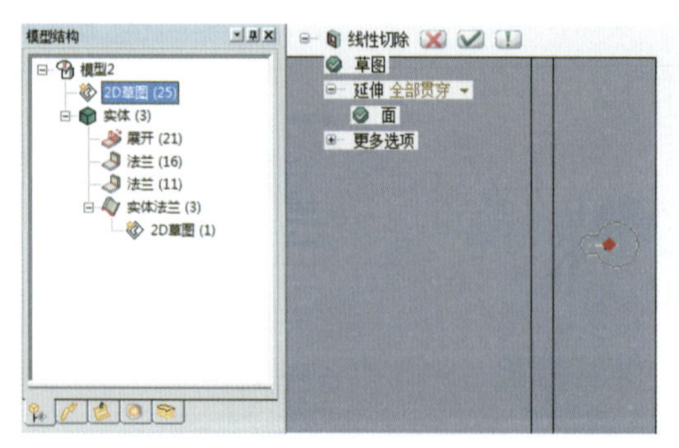

图 10-54　线性切除

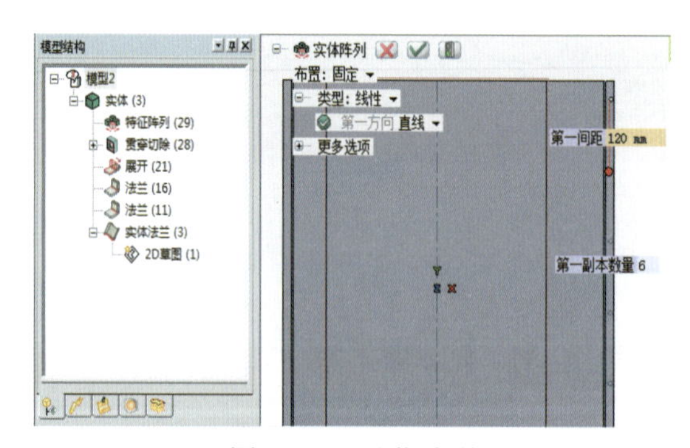

图 10-55　孔位阵列

点击【再次折弯】命令，【固定面 / 边线】选取图 10-56 所示的平面，然后点击键。至此，完成此案例的全部建模，如图 10-57 所示。

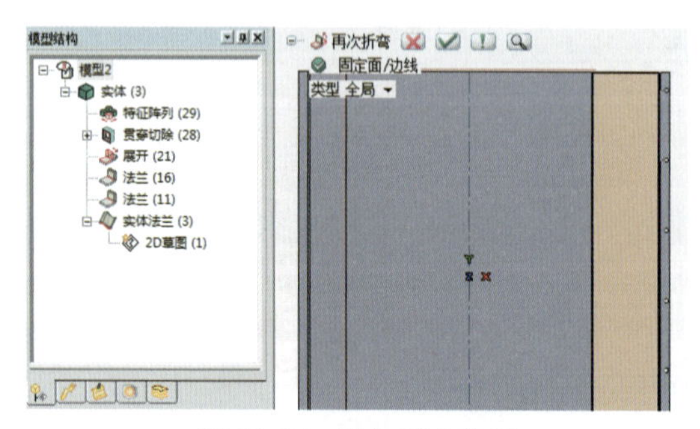

图 10-56　钣金再次弯折

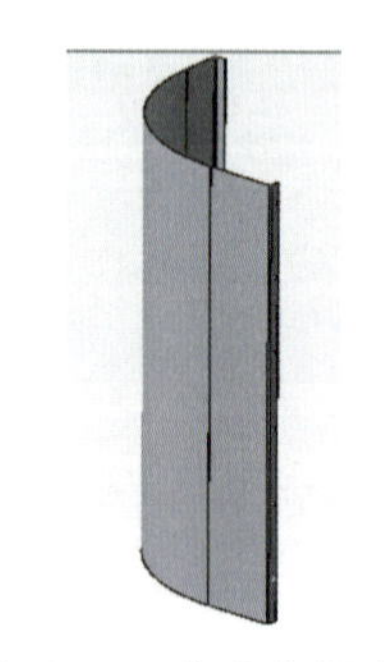
图 10-57　完成案例建模

10.4 柜体“L”型支架

创建新文件，点击【2D 草图】命令，进入草图界面，绘制长 300mm，高 50mm 矩形，如图 10-58 所示。

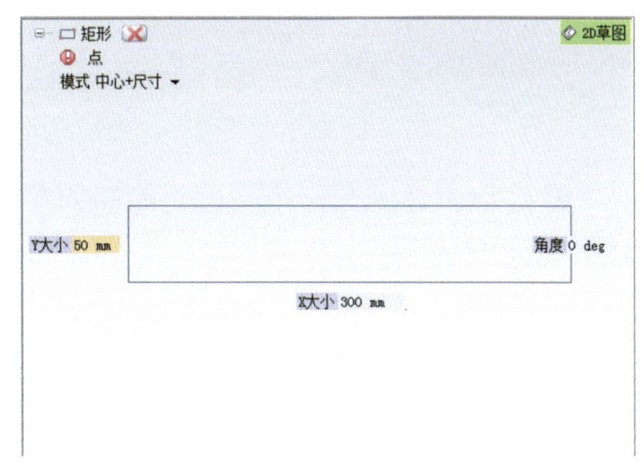

图 10-58　绘制草图

使用【线性实体】命令，深度输入 1.5mm，点击键，如图 10-59 所示。

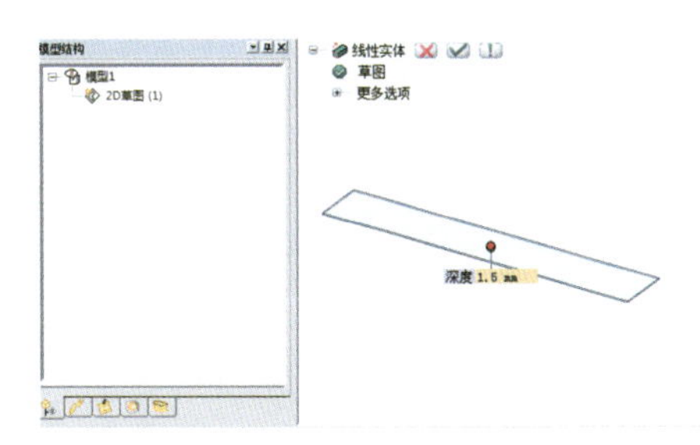

图 10-59　线性实体

使用【法兰】命令，在【更多选项】勾选【方向】，在长度输入 250mm，角度输入 100deg，如图 10-60 所示。

进入草图，绘制两个 U 型槽，如图 10-61 所示。

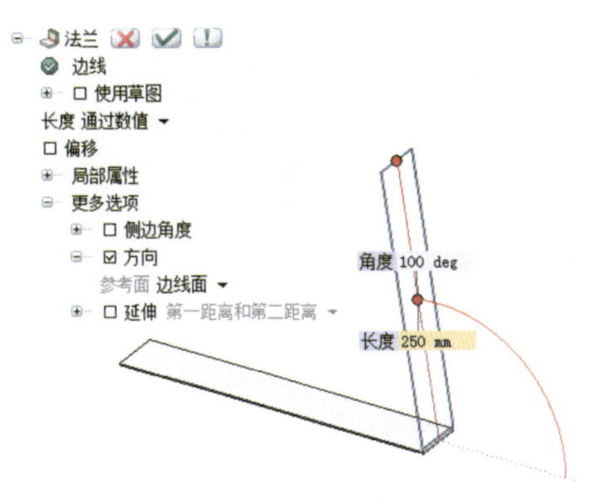

图 10-60　钣金法兰

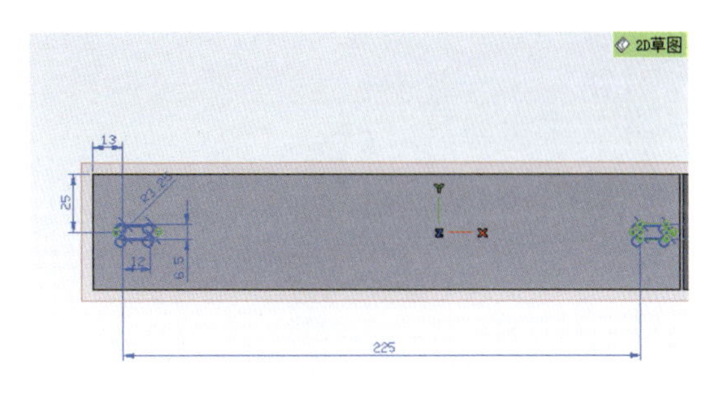

图 10-61　绘制草图

使用【线性切除】命令，【草图】选取【2D 草图（10）】，点击键，如图 10-62 所示。

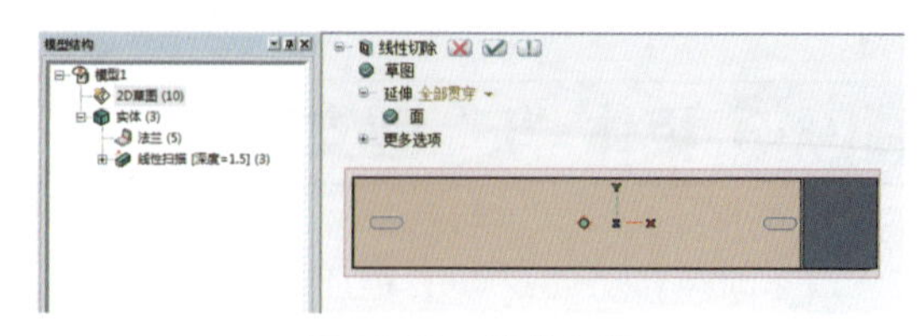

图 10-62　线性切除

选取折弯的另一个平面，绘制如图 10-63 所示的草图。

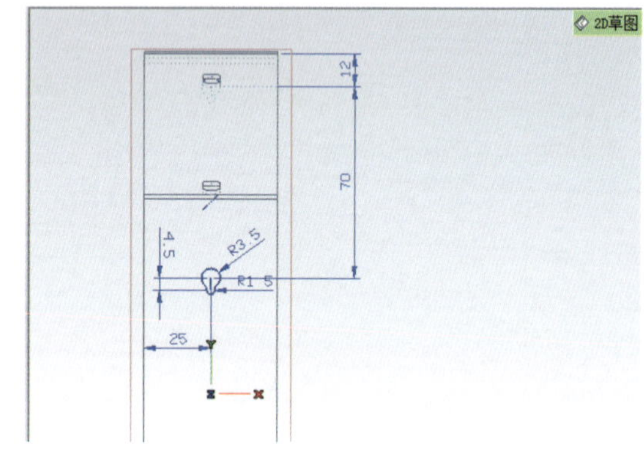

图 10-63　绘制另一个草图

使用【线性切除】命令，【草图】选取【2D 草图（14）】，点击键，如图 10-64 所示。

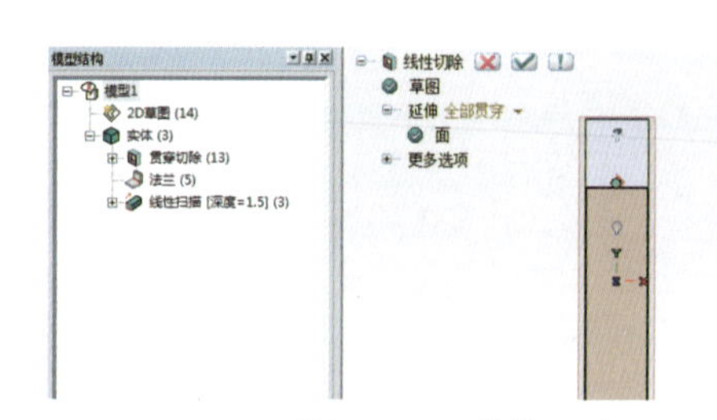

图 10-64　线性切除

使用【多法兰】命令同时选取如图 10-65 所示的四条边线，点击键。

使用【边线圆角】命令，选取四个边上锐角，半径输入 5mm，点击键，如图 10-66 所示。

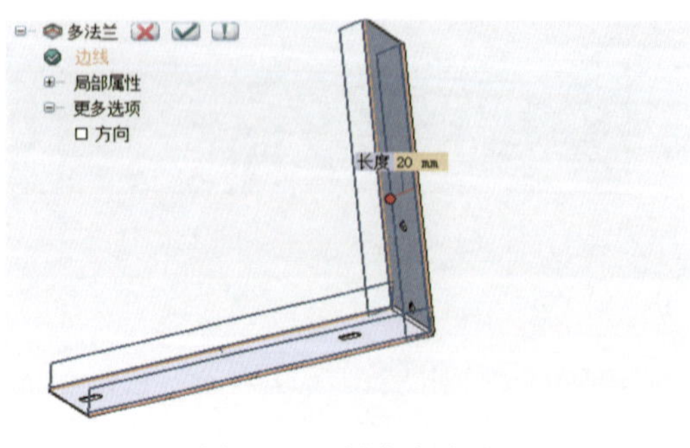

图 10-65　钣金多法兰

图 10-66　倒圆角

至此完成此案例的全部步骤，如图 10-67 所示。注意：使用【多法兰】命令多条边线同时折弯，相邻的折弯会自动斜接；而使用【法兰】逐条边线折弯，相邻的折弯不会自动斜接，需要自己设置边角。

图 10-67　完成该部件建模

10.5 柜体侧板

创建新文件，点击【2D 草图】命令，进入草图界面，绘制长 690mm，宽 327.2mm 的矩形，如图 10-68 所示。

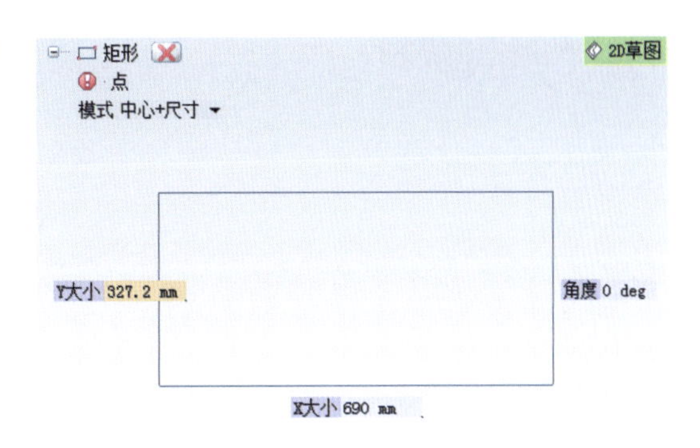

图 10-68　绘制草图

使用【线性实体】命令，深度输入 0.58mm，点击，如图 10-69 所示。

使用【法兰】命令，【对齐】选项选择【折弯线】，【长度】选项选择【内】，长度输入 15.8mm，半径输入 0.5mm，点击键，如图 10-70 所示。

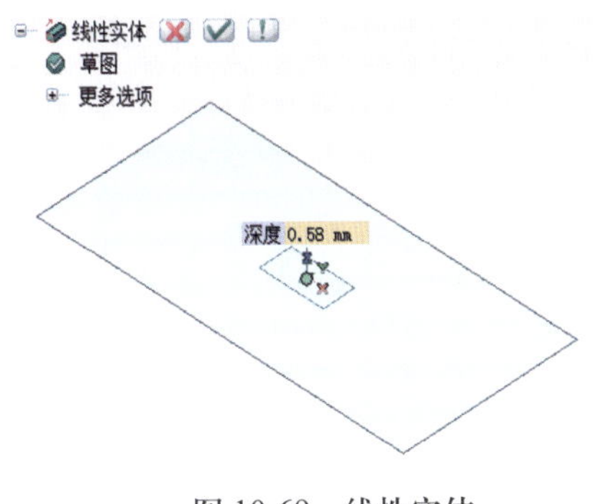

图 10-69　线性实体

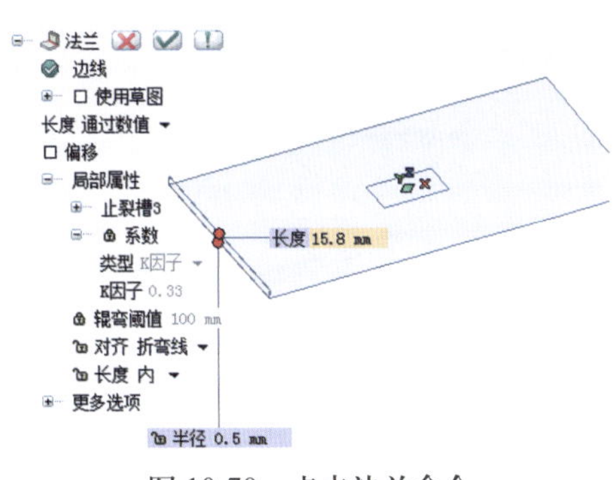

图 10-70　点击法兰命令

选取图 10-71 所示边线，【长度】选项修改为【折弯线】，长度输入 15.8mm，点击☑键。

使用【边线倒角】命令，选边角线，距离输入数值 5.1mm，点击☑键，如图 10-72 所示。

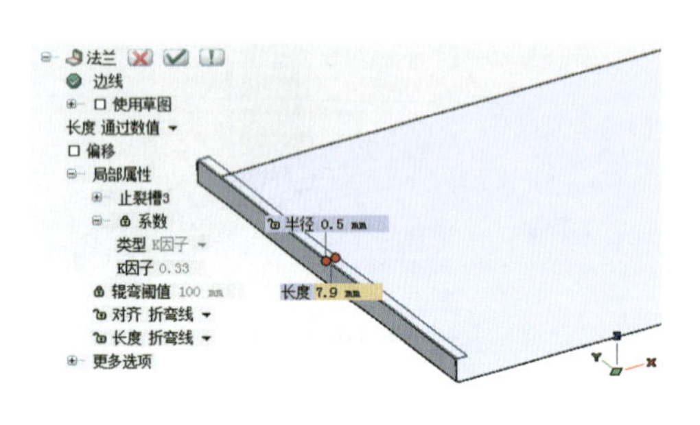

图 10-71 输入数值

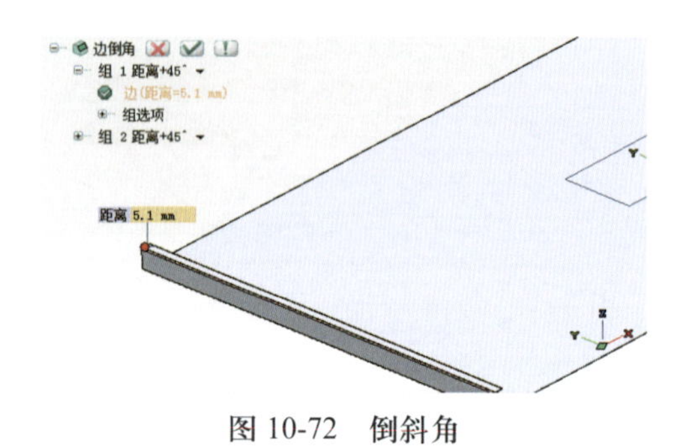

图 10-72 倒斜角

进入草图界面，绘制如图 10-73 所示草图，然后退出草图。

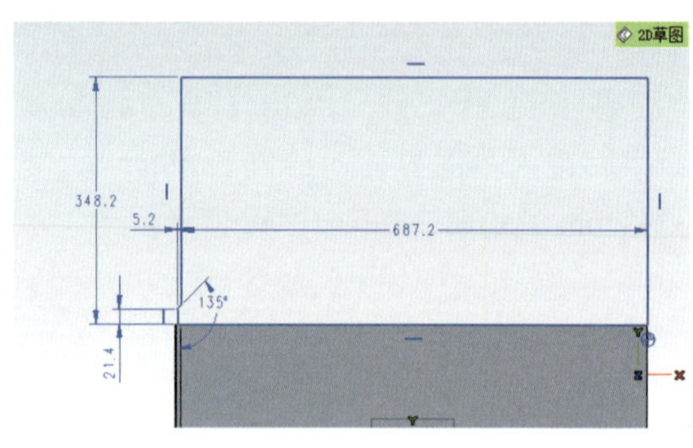

图 10-73 绘制草图

使用【线性凸台】命令，选取上面画好的草图，【面】选项选择【平板面】，点击☑键，如图 10-74 所示。

进入草图界面，绘制长 690mm、高 15.4mm 的矩形，然后退出草图，如图 10-75 所示。

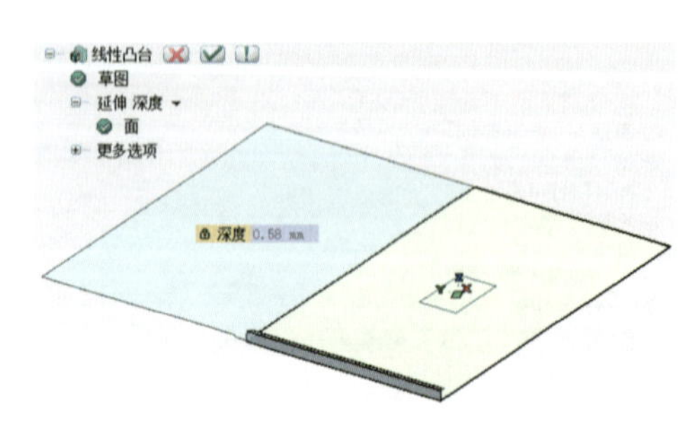

图 10-74 线性凸台

图 10-75 绘制草图

使用【线性凸台】命令，【面】选项选择【平板面】，点击☑键，如图 10-76 所示。

进入草图界面，绘制直线，然后退出草图，如图 10-77 所示。

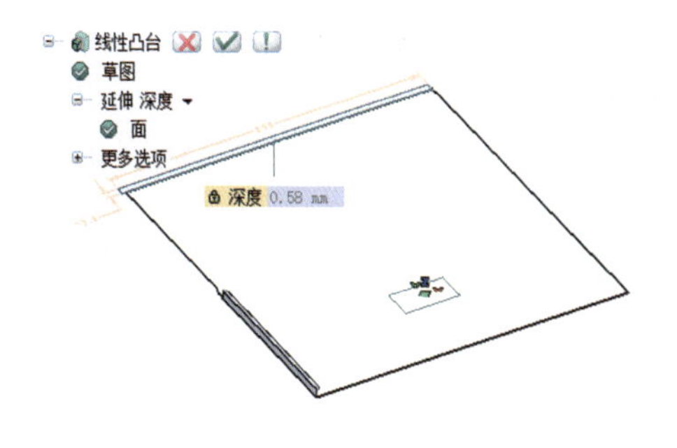

图 10-76　线性凸台

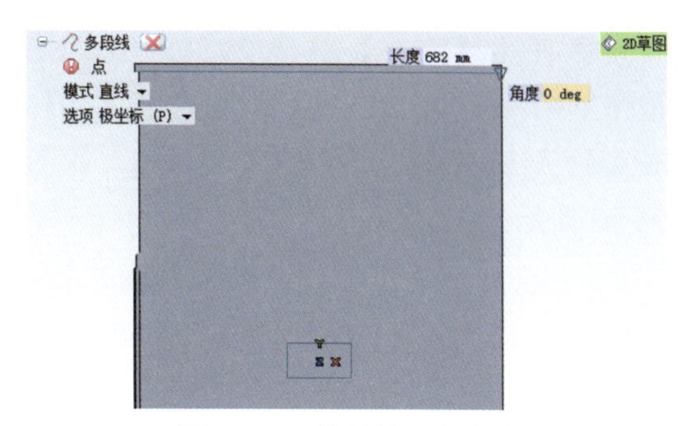

图 10-77　绘制第一条边线

进入草图后，绘制直线，距离折弯边距为 2.8mm，然后退出草图，如图 10-78 所示。

进入草图后，绘制直线，距离上条直线边距为 15.8mm，然后退出草图，如图 10-79 所示。

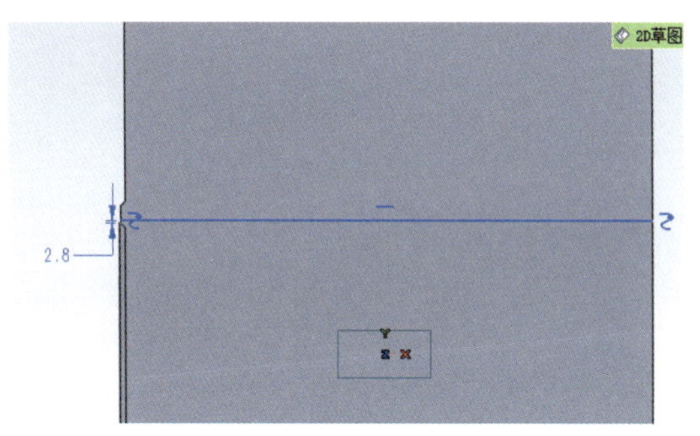

图 10-78　绘制第二条边线

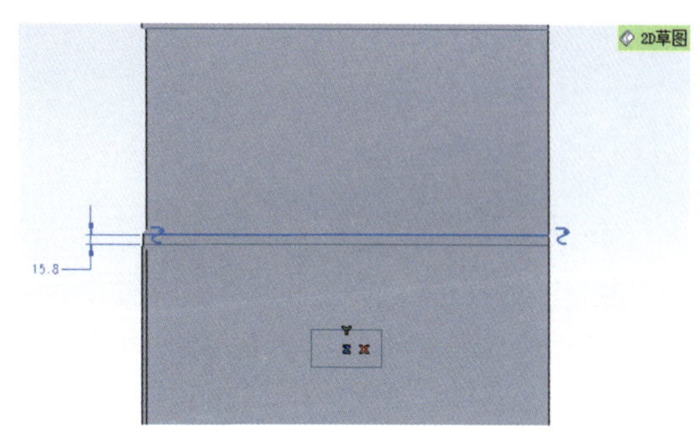

图 10-79　设定边线位置

使用【草绘折弯】命令,【草图】选择【2D 草图（23）】,【对齐】选择【折弯线】,【面】选择【平面】；半径输入 0.5mm（注意更改箭头朝向与图示一致），点击键，如图 10-80 所示。

【草图】选择【2D 草图（25）】，【面】选择【平面】，点击键，如图 10-81 所示。

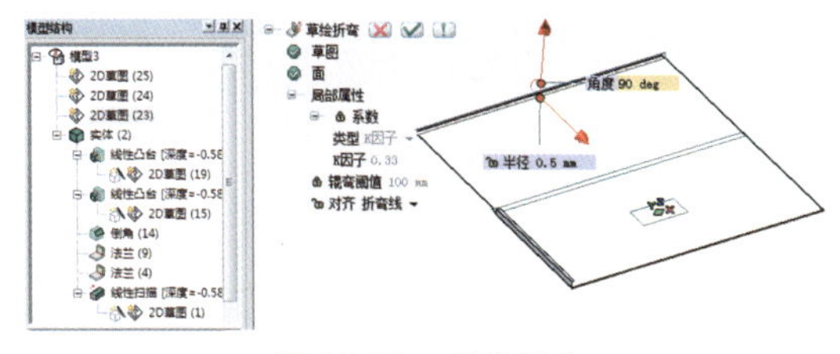
图 10-80　草绘折弯

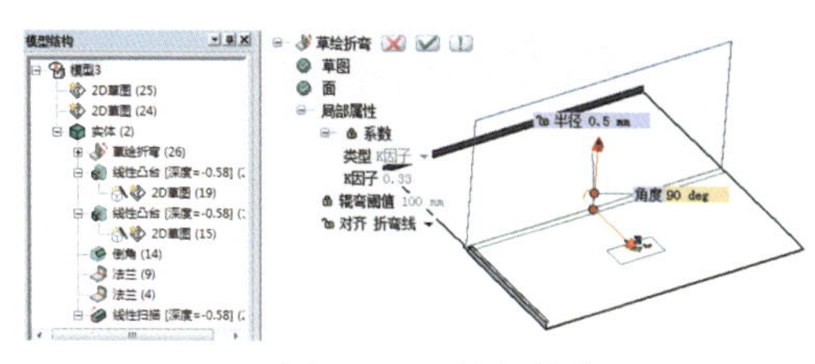
图 10-81　输入数值

【草图】选择【2D 草图（24）】,【面】选择【平面】，点击键，如图 10-82 所示。

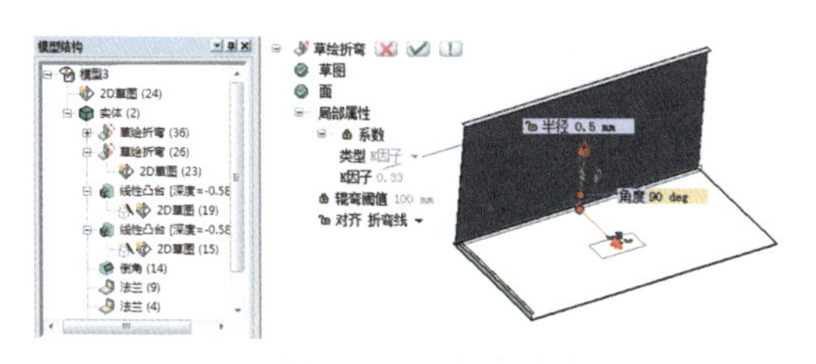
图 10-82　点击确定

使用【法兰】命令，【边线】选取平面右侧边界，【长度】选项选择【外】，长度输入 15.4mm，半径输入 0.5mm，如图 10-83 所示。

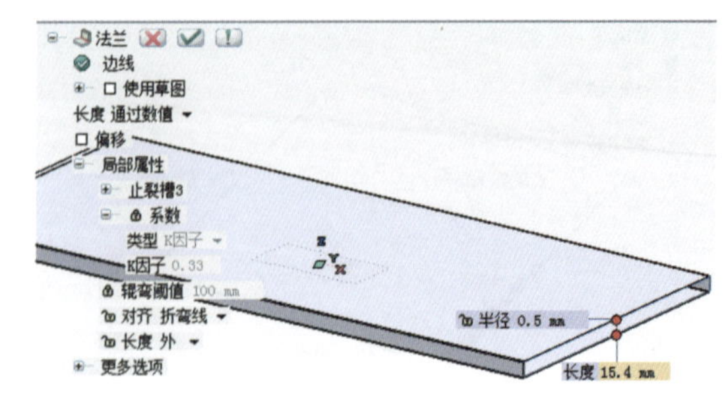

图 10-83　输入数值

使用【展开】命令,【固定面 / 边线】选取底下平面，然后点击键，如图 10-84 所示。

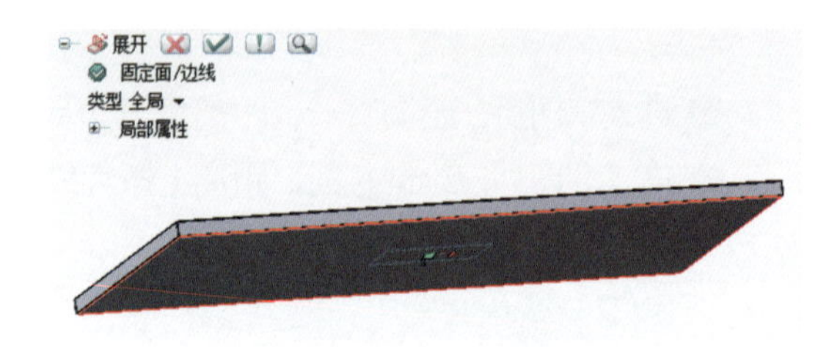

图 10-84　钣金展开

鼠标【左键】双击展开后的平面，移动工作坐标系到该平面上，如图 10-85 所示。

进入草图界面，绘制 3 个直径 7mm 的圆，其中一个离折弯中心线 35mm，其余两个间距为 130mm，如图 10-86 所示。

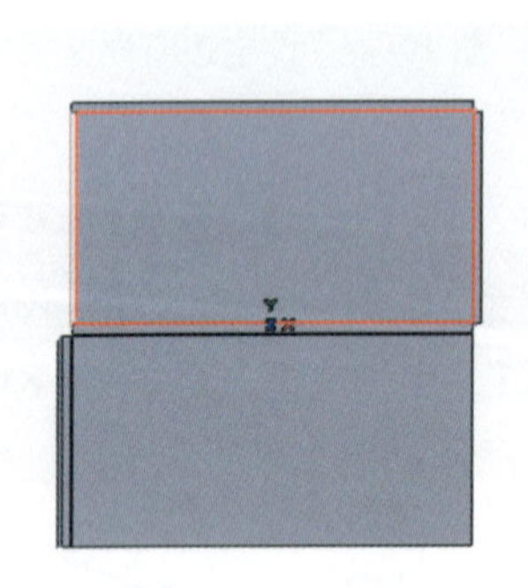

图 10-85　移动坐标

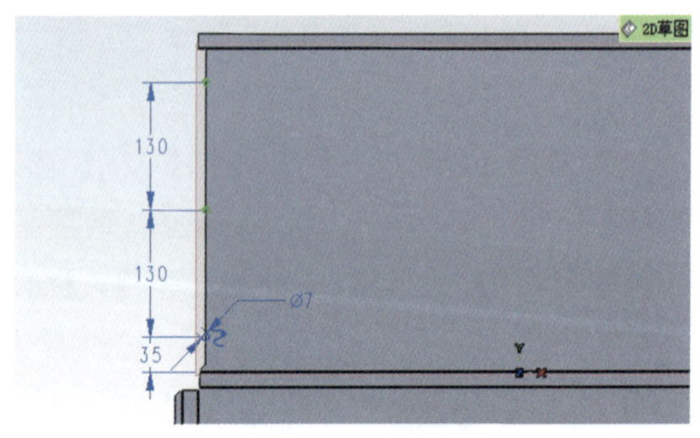

图 10-86　绘制草图

使用【线性切除】命令，【草图】选取【2D 草图（52）】，点击键，如图 10-87 所示。

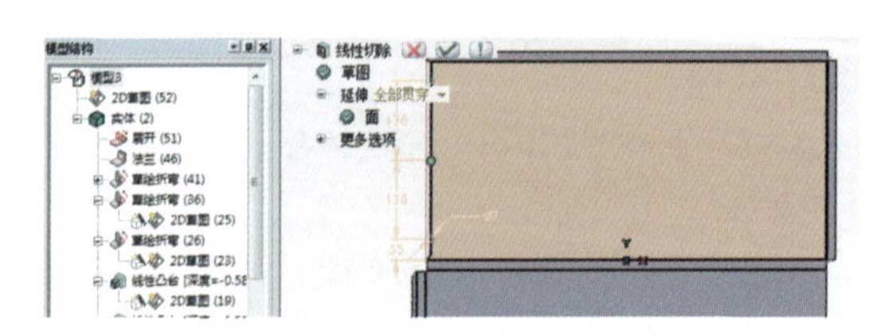

图 10-87　线性切除

进入草图界面，绘制 3 个直径为 7mm 的圆，6 个直径为 11.4mm 的圆，如图 10-88 所示，圆 Y 轴方向到边界距离为 32.2，其余间距为 130,X 轴方向 3 个直径 7mm 的圆中心在边线上，其余两组分别为 31.7 和 674。

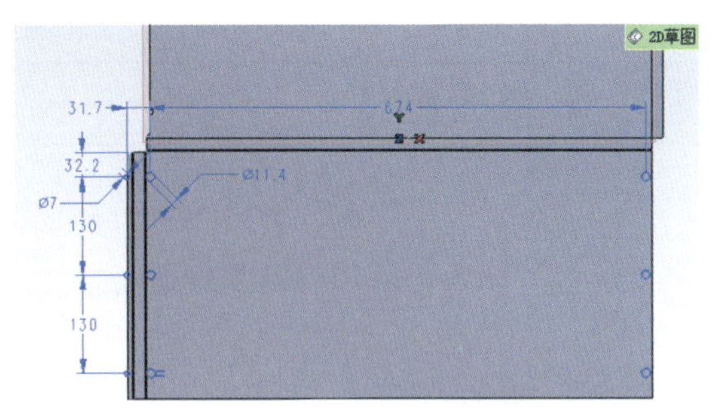

图 10-88　绘制草图

使用【线性切除】命令,【草图】选取【2D 草图 (56)】，点击键，如图 10-89 所示。

进入草图，绘制三个直径为 7mm 的圆，X 轴与边界的距离为 8mm，Y 轴与折弯中心间距为 35mm，其余间距为 130mm，如图 10-90 所示。

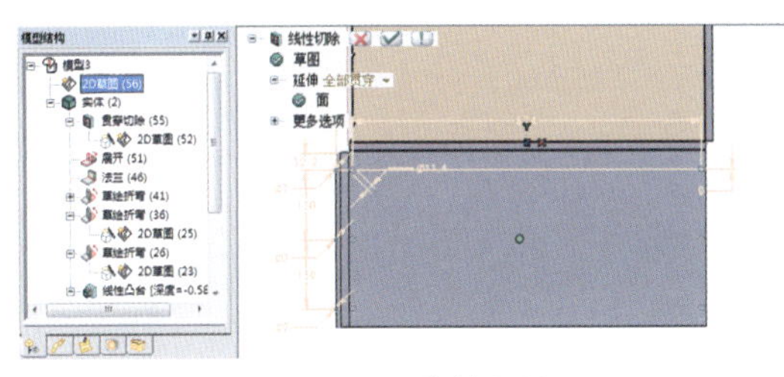
图 10-89　线性切除

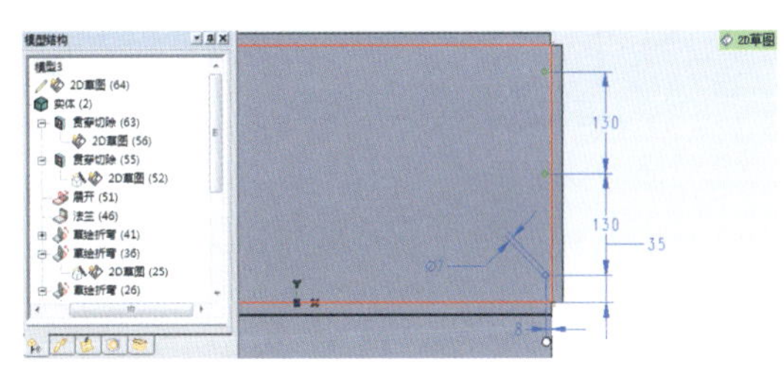
图 10-90　绘制草图

使用【线性切除】命令，选取刚才绘制的草图，点击键，如图 10-91 所示。

使用【再次折弯】命令，选取图 10-92 所示平面，点击键，如图 10-92 所示。

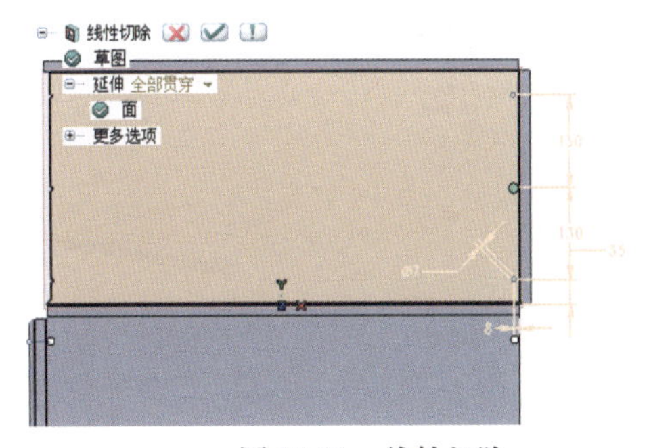

图 10-91　线性切除

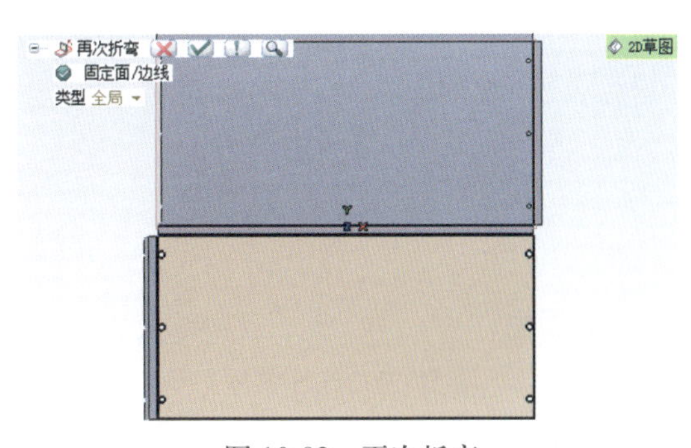

图 10-92　再次折弯

至此已完成此类钣金的建模，主要利用【草图】与【草绘折弯】功能完成此类零件设计，如图 10-93 所示。

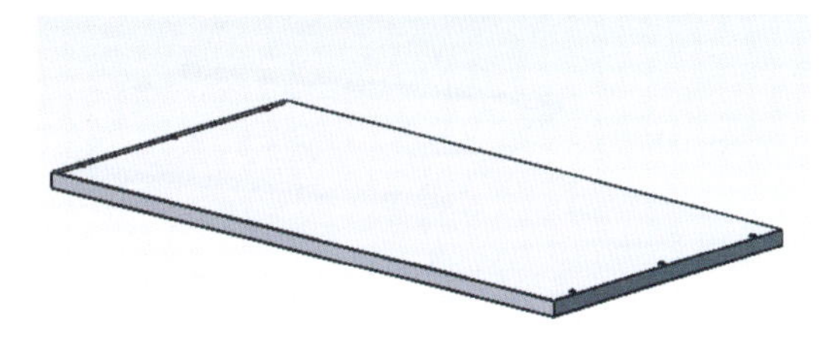
图 10-93　完成该零件建模

10.6 单个柜体

创建新文件，点击【2D 草图】命令，进入草图界面，绘画一个矩形，长 700mm、高 500mm，矩形中心重合在工作坐标原点，如图 10-94 所示。

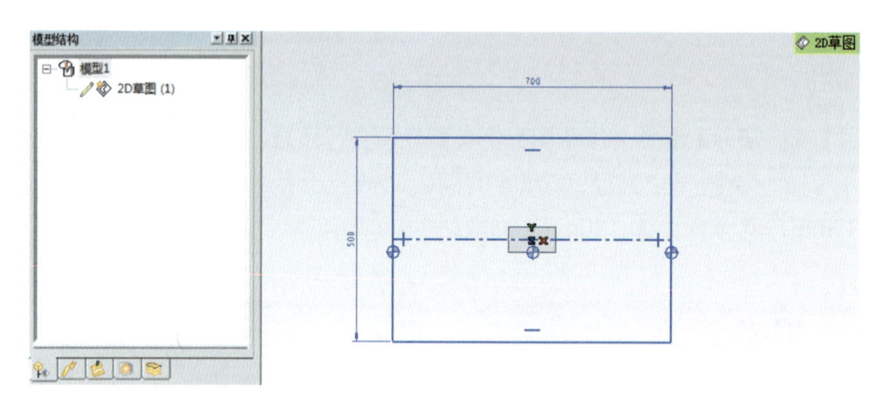

图 10-94　绘制草图

使用【线性实体】命令，向下拉伸 1mm，点击键，如图 10-95 所示。

使用【法兰】命令，将平板四个边线向下折弯 20mm，如图 10-96 所示。

使用【褶边】命令，四个折弯角向内侧增加 12mm 的褶边，如图 10-97 所示。

使用【线性实体】命令，向下拉伸 1mm，向下偏移 20mm，点击键，如图 10-98 所示。

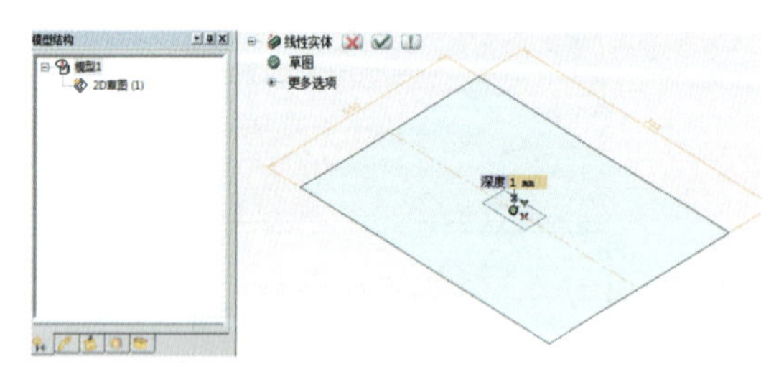

图 10-95　线性实体

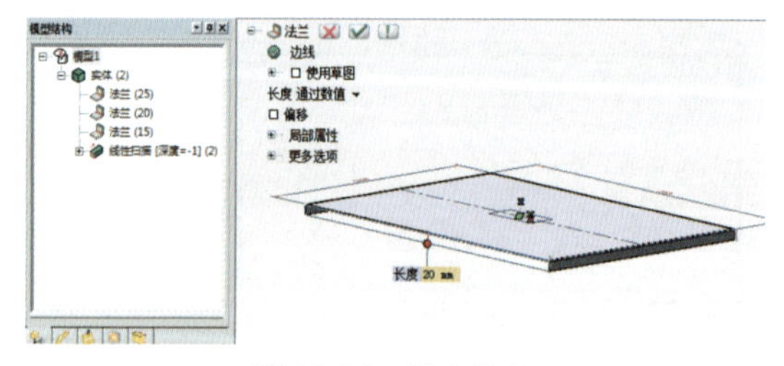

图 10-96　钣金法兰

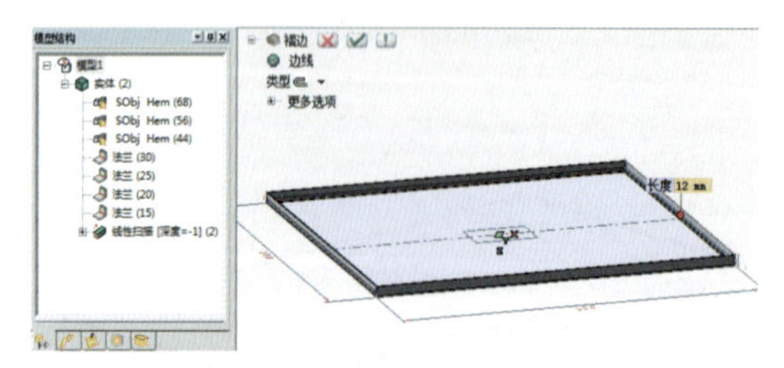

图 10-97　钣金褶边

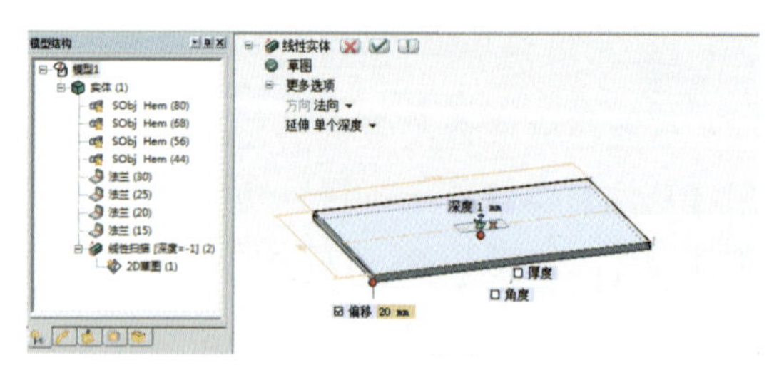

图 10-98　线性实体

为了方便建模，隐藏“实体（1）”，如图 10-99 所示。

使用【相互建模移动面】命令，如图 10-100 所示，将平板四个边面向内部各偏 2mm，如图 10-101 所示。

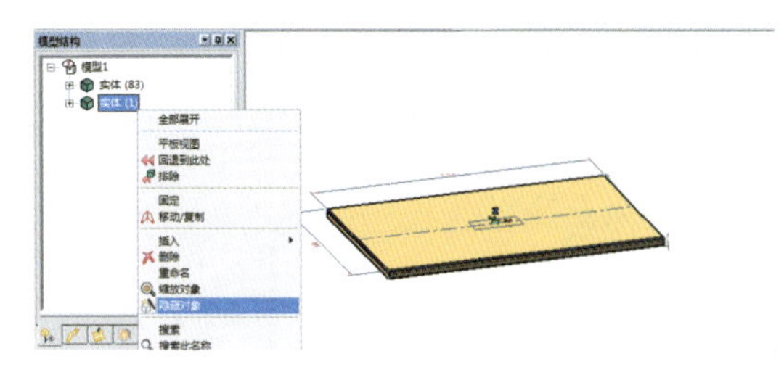
图 10-99 隐藏实体

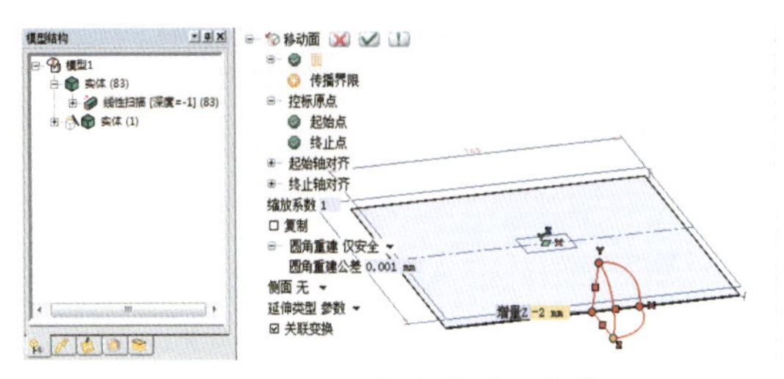
图 10-100 点击移动面命令

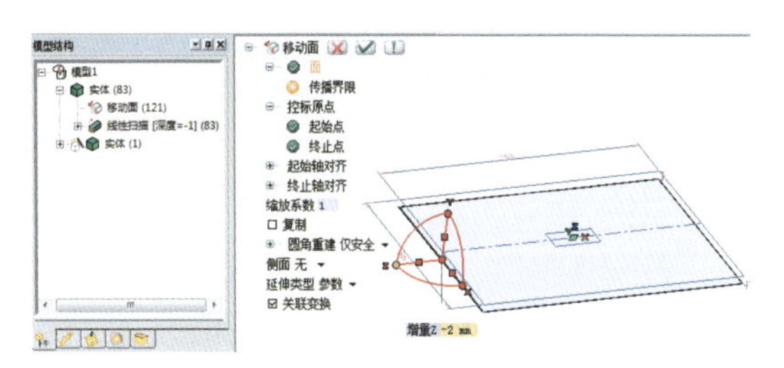
图 10-101 确定移动面距离

使用【法兰】命令，将平板四个边线向 Z 轴正方向折弯 18mm，【更多选项】勾选【侧边角度】，第一角度和第二角度都输入数值 45，如图 10-102 所示。为了方便绘图，隐藏实体，如图 10-103 所示。

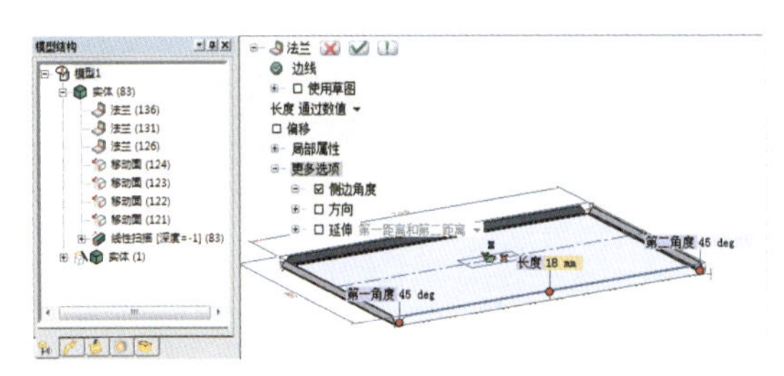
图 10-102 钣金法兰

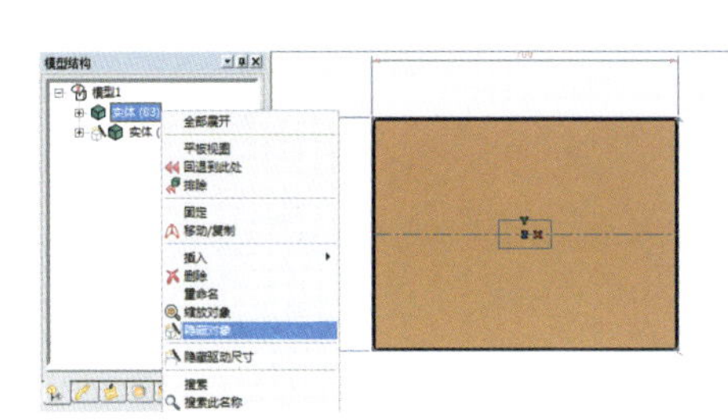
图 10-103 隐藏实体

点击【2D 草图】命令，进入草图界面，用【多段线】命令，线段的两个端点与矩形两个端点重合，如图 10-104 所示。

使用【线性实体】命令，向 Z 轴正方向拉伸 680mm，厚度 1mm 向内拉伸，如图 10-105 所示。

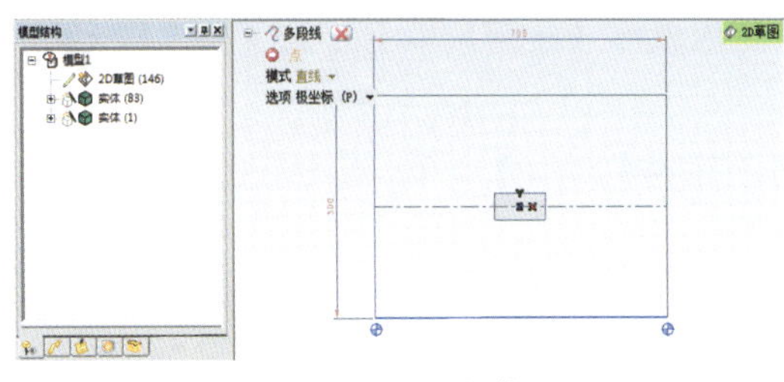
图 10-104 绘制草图

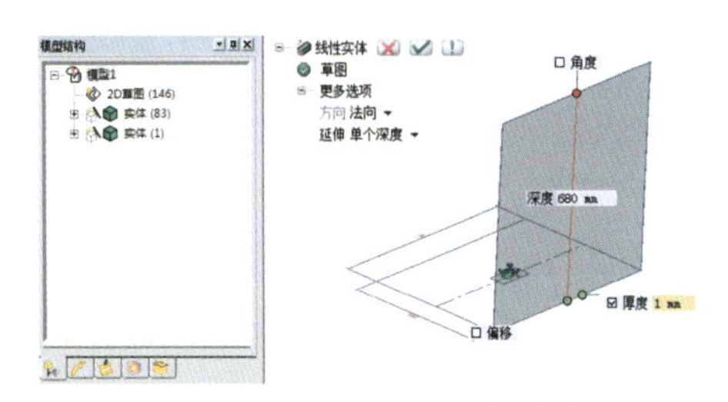
图 10-105 线性实体

使用【法兰】命令，将平板四个边线向Y轴方向折弯20mm，如图10-106所示。

使用【褶边】命令，四个折弯角向内侧增加12mm的褶边，如图10-107所示。

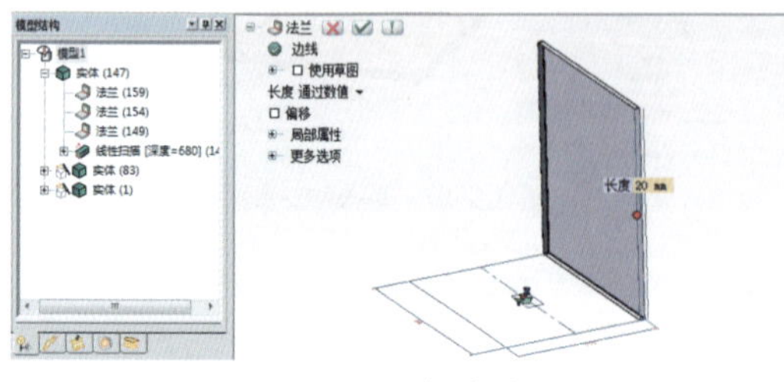
图10-106　钣金法兰

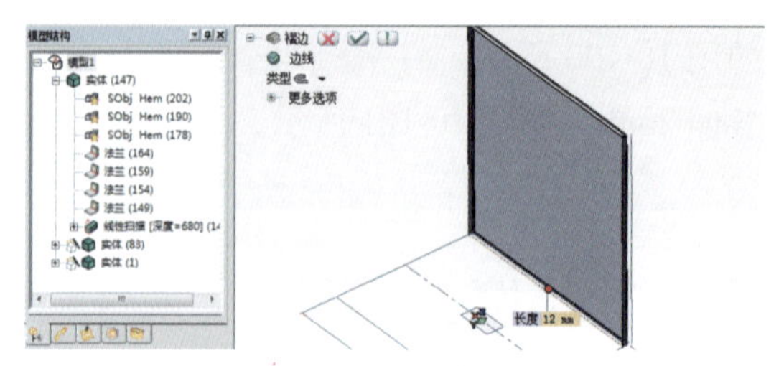
图10-107　钣金褶边

隐藏实体，如图10-108所示。点击【2D草图】命令，进入草图界面，用【多段线】命令，绘制直线，离底边20间距，如图10-109所示。

将实体显示，如图10-110所示。使用【线性实体】命令，深度输入680，厚度输入1mm，向Y轴负方向拉伸，如图10-111所示。

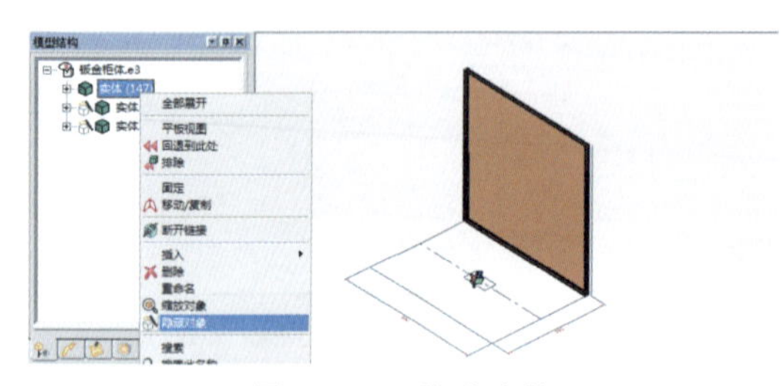
图10-108　隐藏实体

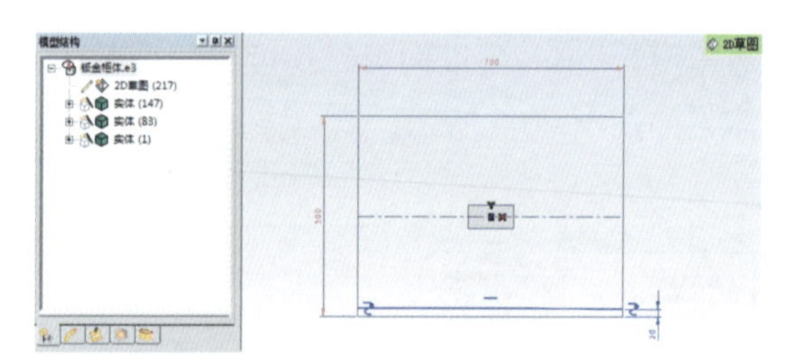
图10-109　绘制草图

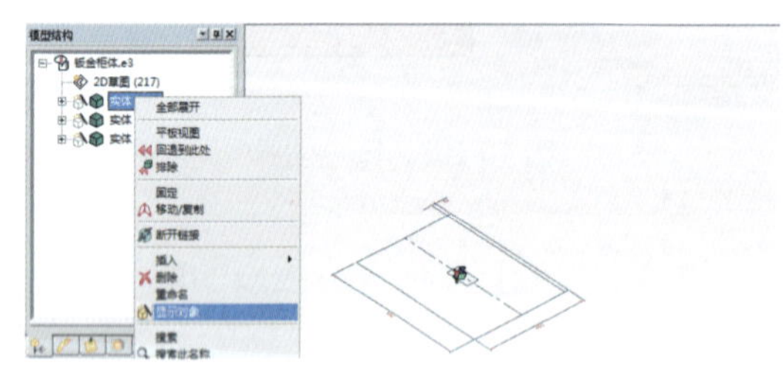
图10-110　显示实体

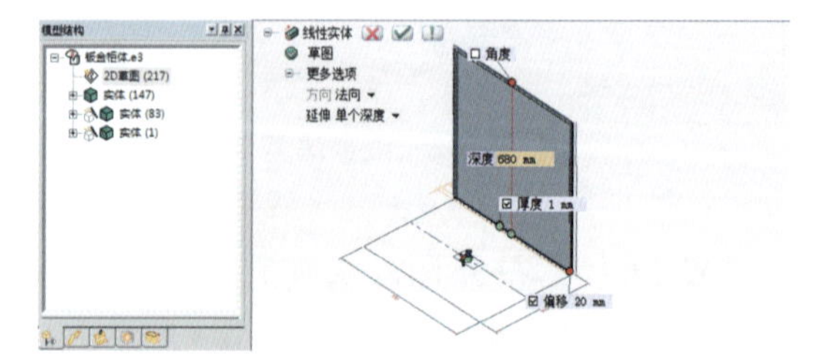
图10-111　线性实体

在【深度】菜单栏右键选择【激活链接尺寸】，如图10-112所示。

【选择】下来菜单栏选取【尺寸】选项，然后鼠标【左键】单击右侧【尺寸】，点击键，如图10-113所示。

隐藏实体，如图10-114所示。使用【相互建模移动面】命令，将平板四个边面向内部各偏2mm，如图10-115所示。

使用【法兰】命令，将平板四个边线向Y轴负方向折弯18mm，【更多选项】勾选【侧边角度】，第一角度和第二角度都输出数值45，如图10-116所示。

隐藏对象，如图 10-117 所示。点击【2D 草图】命令，进入草图界面，用【多段线】命令，绘制直线，使中心点与右侧边线中心点重合，如图 10-118 所示。

使用【智能尺寸】命令，选取线段，鼠标【右键】选取【激活链接尺寸】，选择【尺寸】选项，点击选取 500mm 的标注尺寸，如图 10-119 所示。

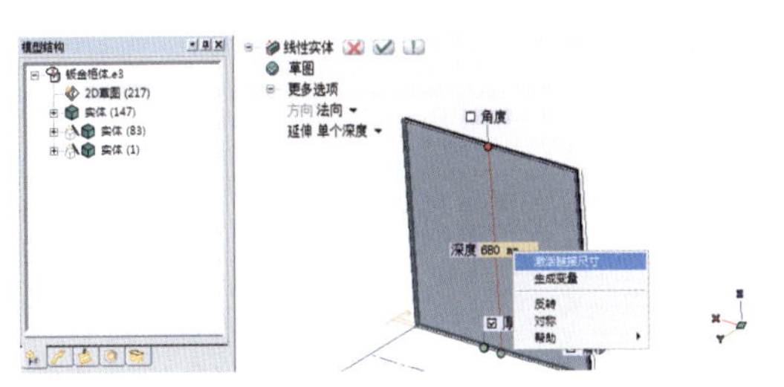

图 10-112　激活链接尺寸

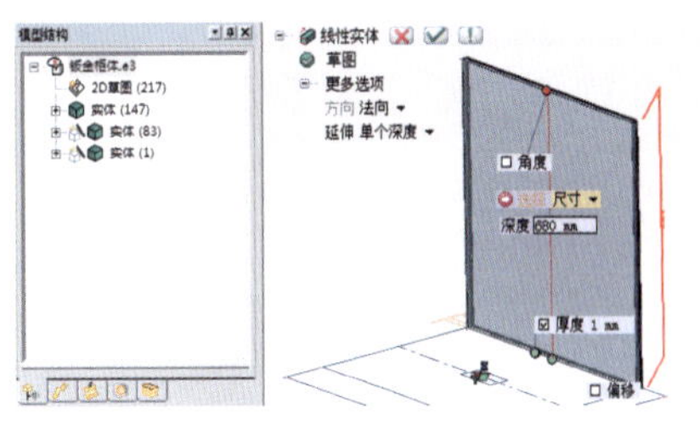

图 10-113　确定线性实体命令

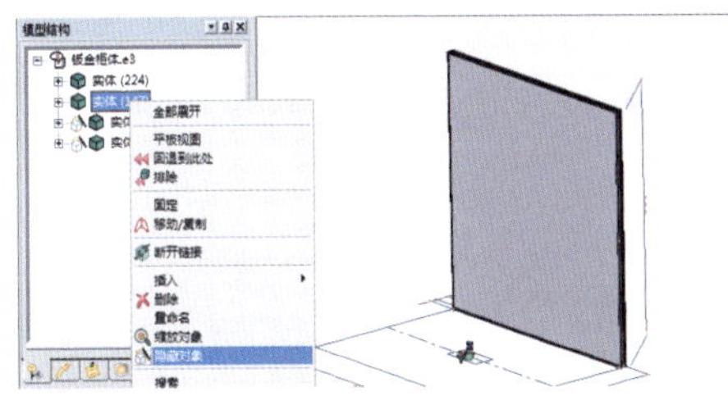

图 10-114　隐藏实体

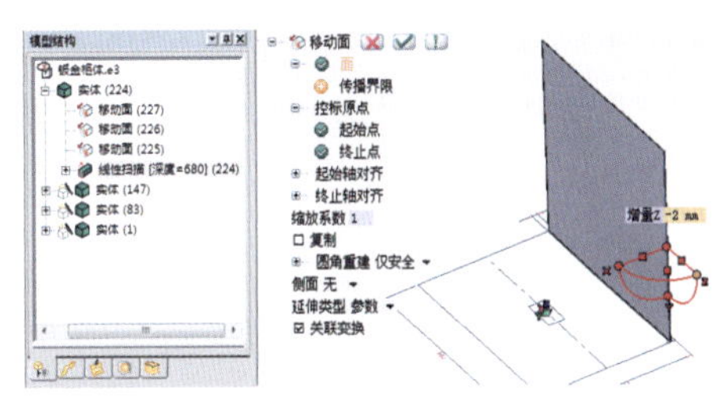

图 10-115　移动面

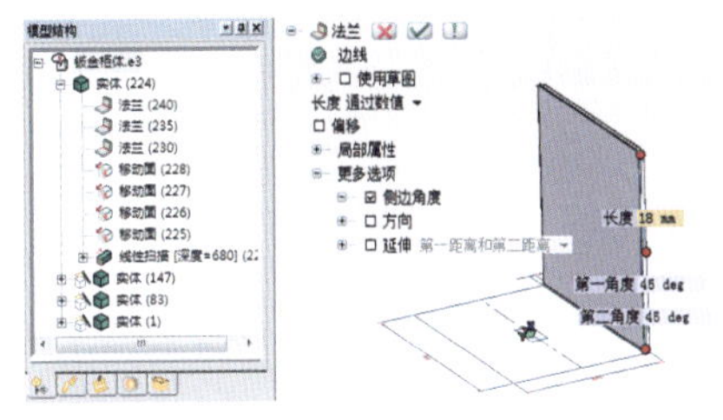

图 10-116　钣金法兰

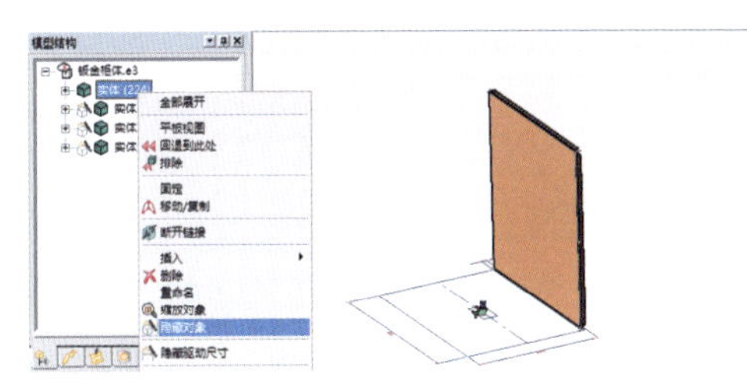

图 10-117　隐藏实体

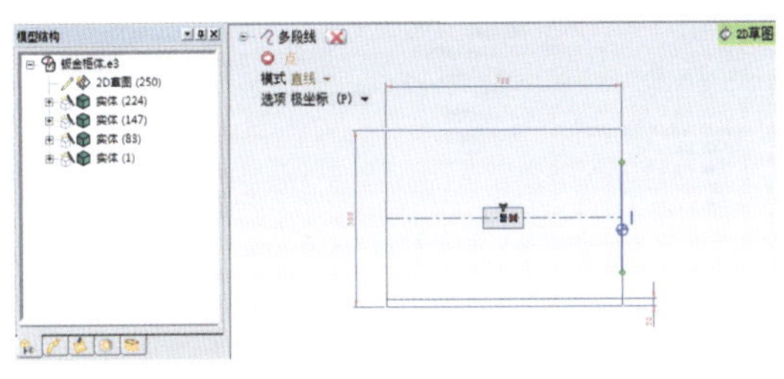

图 10-118　绘制草图

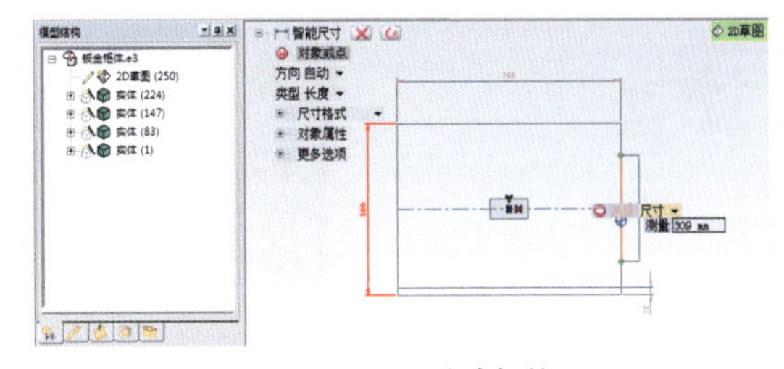

图 10-119　尺寸标注

点击【测量】数值栏，输出公式“$1-40”，点击确认，如图 10-120 所示。

显示实体，如图 10-121 所示。使用【线性实体】命令，【草图】选项中选择刚才绘制的草图，深度输入 680mm, 厚度 1mm，向 X 轴负方向拉伸，如图 10-122 所示。

在【深度】菜单栏右键选择【激活链接尺寸】，选择【尺寸】，选取标注尺寸 680mm，如图 10-123 所示。

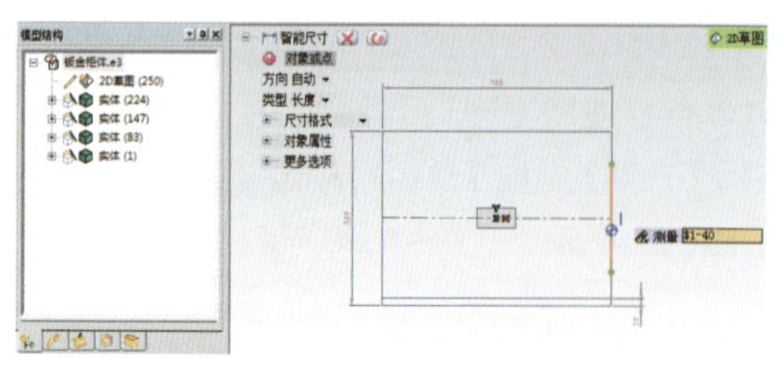
图 10-120　输入尺寸数值

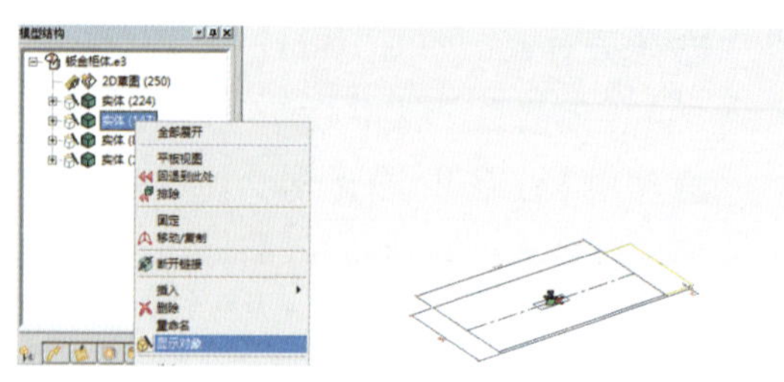
图 10-121　显示实体

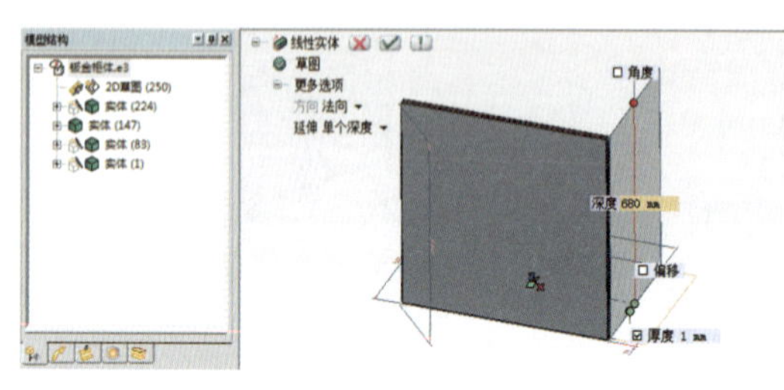
图 10-122　线性实体

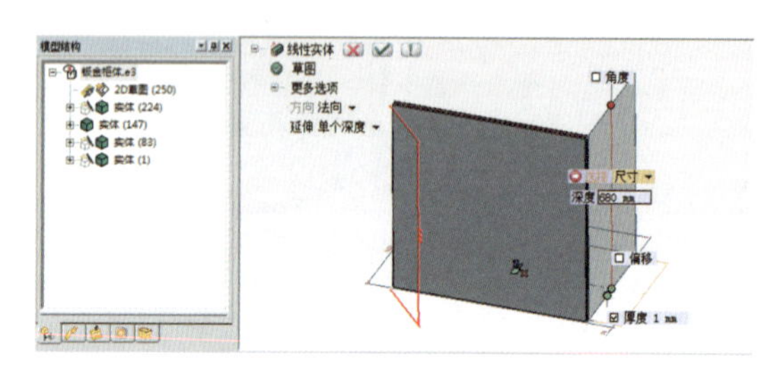
图 10-123　激活链接尺寸

隐藏实体，如图 10-124 所示。使用【法兰】命令，将平板四个边线向 X 轴负方向折弯 20mm，如图 10-125 所示。

隐藏实体，如图 10-126 所示。点击【2D 草图】命令，进入草图界面，用【多段线】命令绘制直线；中心点在大矩形中心线上，到右侧边线间距为 20mm，如图 10-127 所示。

在菜单栏找到【等长度 / 等半径约束】命令，选取刚画的直线与右侧长度 460mm 的直线，如图 10-128 所示。

显示实体，如图 10-129 所示。使用【线性实体】命令，【草图】选择刚才绘制的草图，深度输入 680mm, 厚度 1mm，向 X 轴正方向拉伸，深度链接标准尺寸 680mm，如图 10-130 所示。

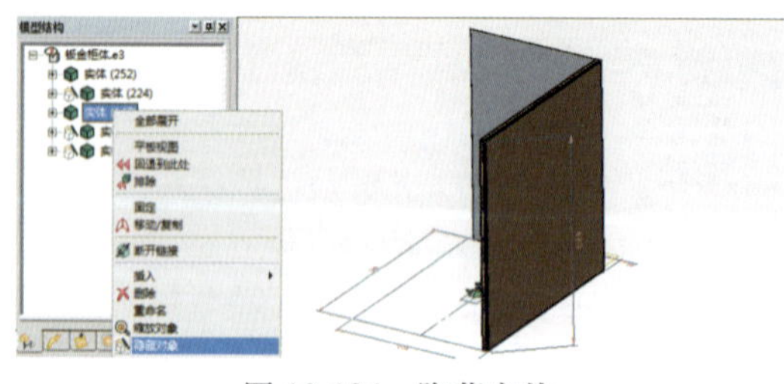
图 10-124　隐藏实体

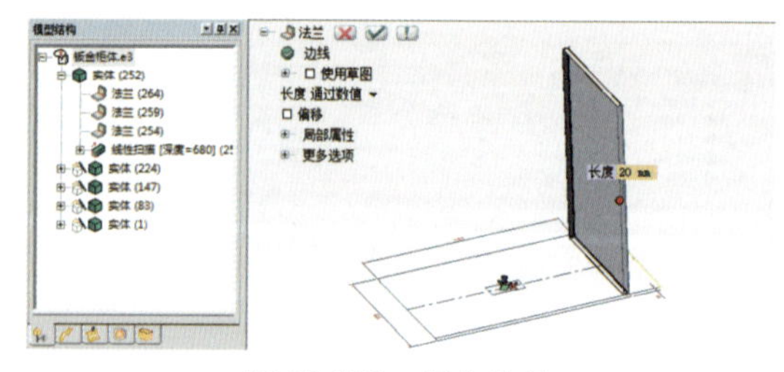
图 10-125　钣金法兰

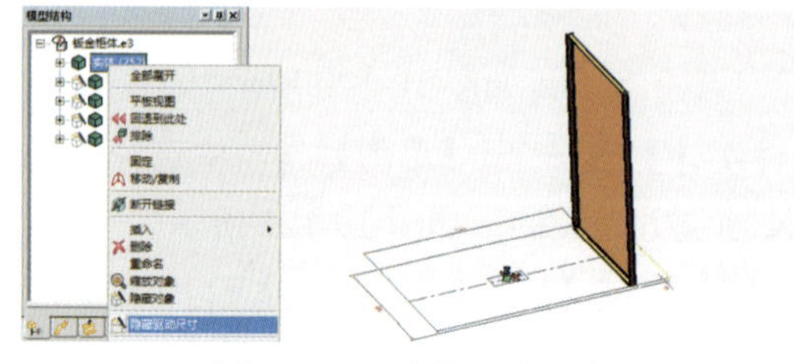
图 10-126　隐藏驱动尺寸

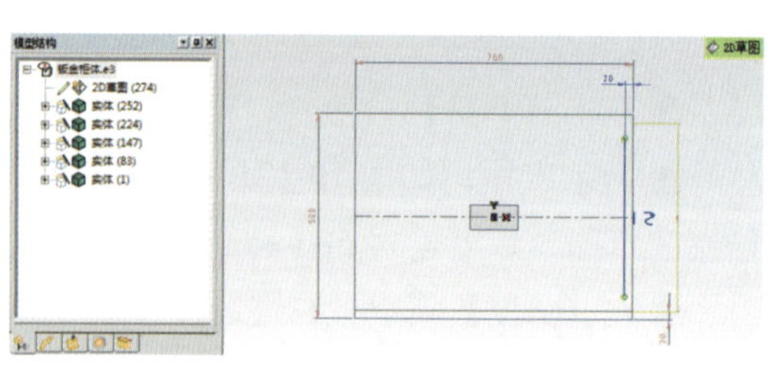
图 10-127　绘制草图

隐藏实体，如图 10-131 所示。使用【相互建模移动面】命令，将平板四个边面向内部各偏 2mm，如图 10-132 所示。

使用【法兰】命令，将平板四个边线向 Z 轴正方向折弯 18mm，【更多选项】勾选侧边角度，第一角度和第二角度都输入数值 45，如图 10-133 所示。

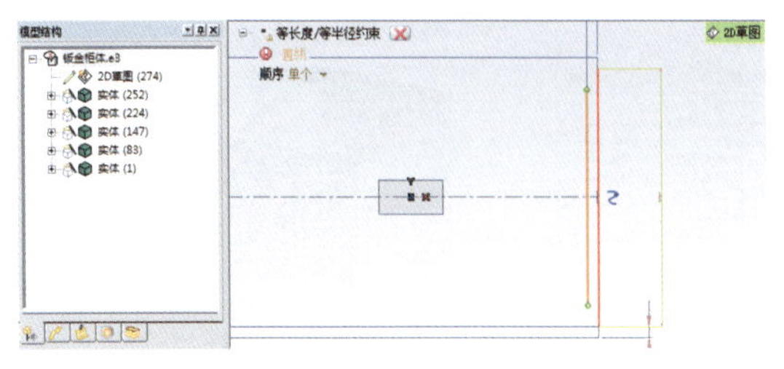

图 10-128　尺寸标注

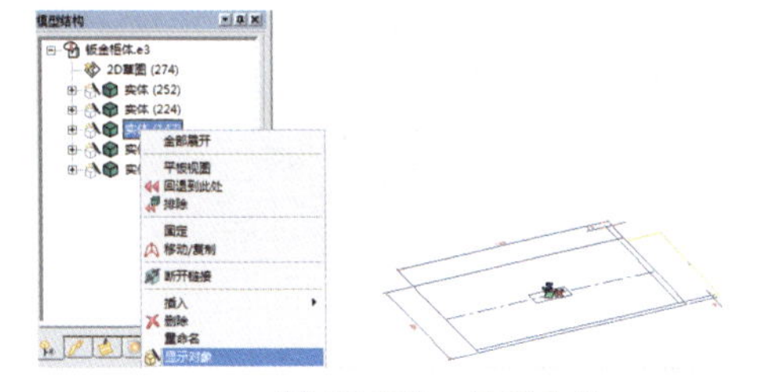

图 10-129　显示实体

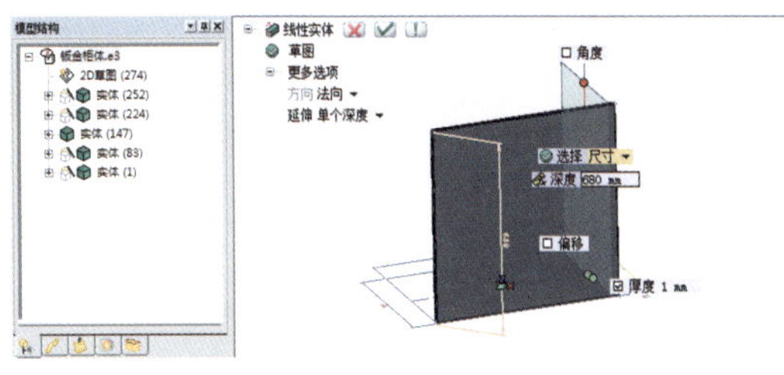

图 10-130　线性实体

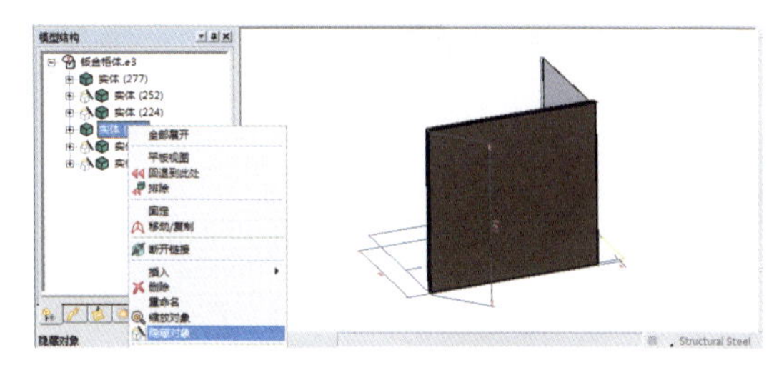

图 10-131　隐藏实体

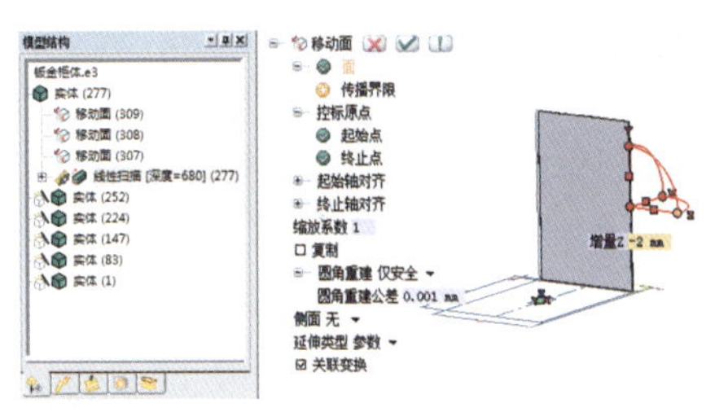

图 10-132　移动面

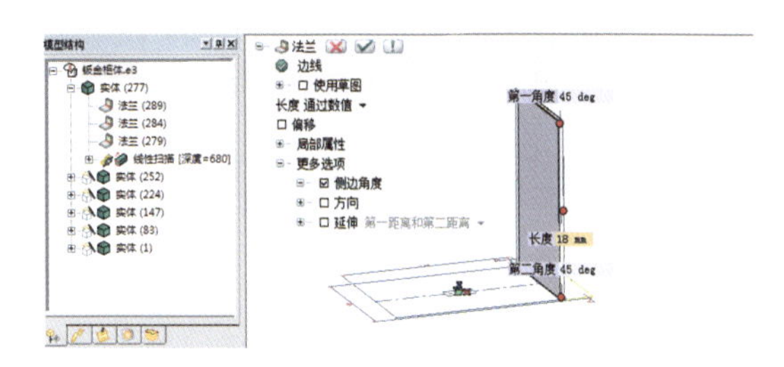

图 10-133　钣金法兰

将隐藏的实体显示出来，然后使用【镜像】命令，如图 10-134 所示。

镜像另外两个实体，如图 10-135 所示。

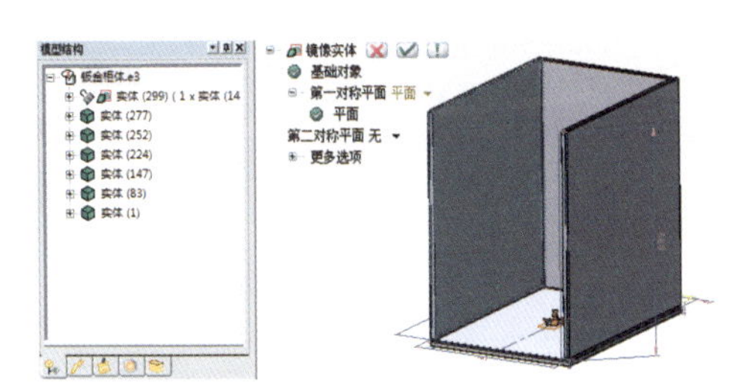

图 10-134　镜像第一实体

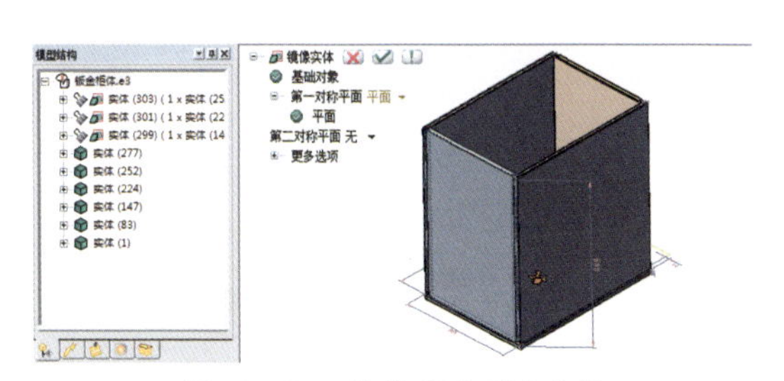

图 10-135　镜像剩余两个实体

到这里就完成了柜体的建模，并可以通过尺寸驱动零件大小；还可以通过双击外围三个大尺寸，来修改整个柜体的整体尺寸。如输入想要修改的数值750mm，点击【重建】命令，如图10-136所示。

还可以通过修改底下矩形草图的尺寸来改变这个柜体的长度跟宽度；只要修改其中一个尺寸，整体零件尺寸就会跟着改变，完成多个零件参数化驱动，如图10-137所示。

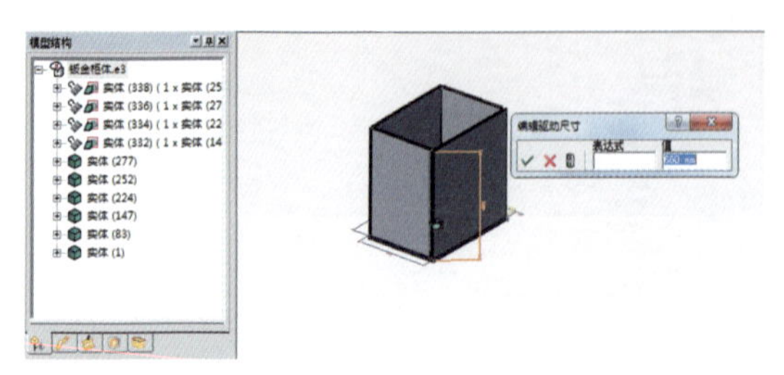

图10-136 修改数值并重建

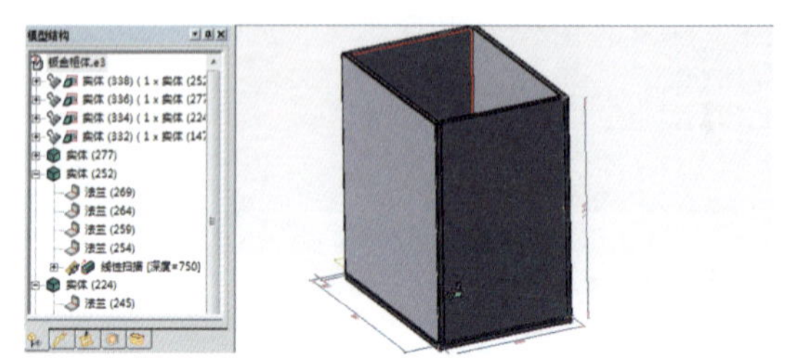

图10-137 零件修改成功

10.7 柜体组装

创建新文件，点击【2D草图】命令，进入草图界面，绘制长2600mm、宽520mm的矩形，如图10-138所示。

使用【线性实体】命令，深度输入30mm，点击键，如图10-139所示。

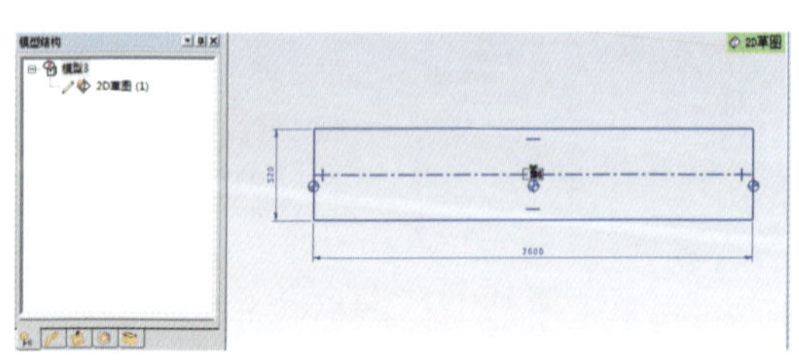

图10-138 绘制草图

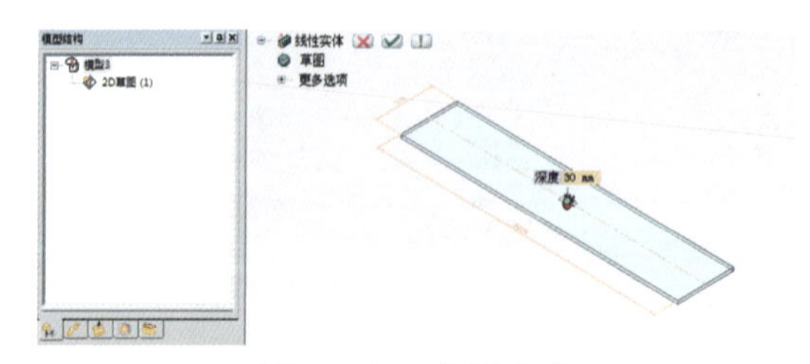

图10-139 线性实体

鼠标【左键】双击底下平面，移动工作坐标系到底下平面，如图10-140所示。

点击【2D草图】命令，进入草图界面，制作如图10-141所示草图。

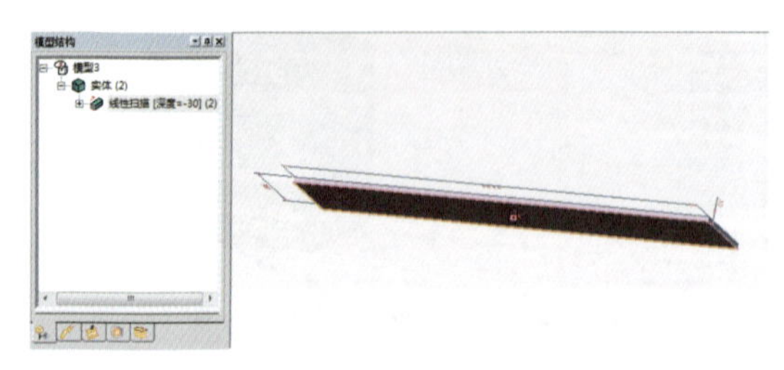

图10-140 移动坐标

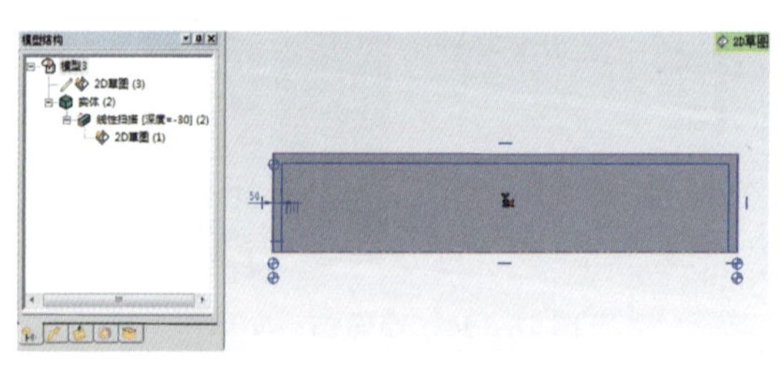

图10-141 绘制草图

使用【实体凸台】命令，拉伸 250mm，点击键，如图 10-142 所示。

在工作坐标系处鼠标【右键】选取【设定到绝对参考坐标系（全局)】，如图 10-143 所示。

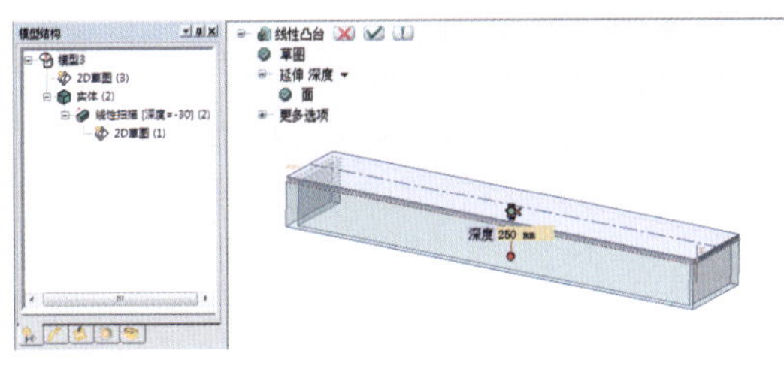

图 10-142　实体凸台

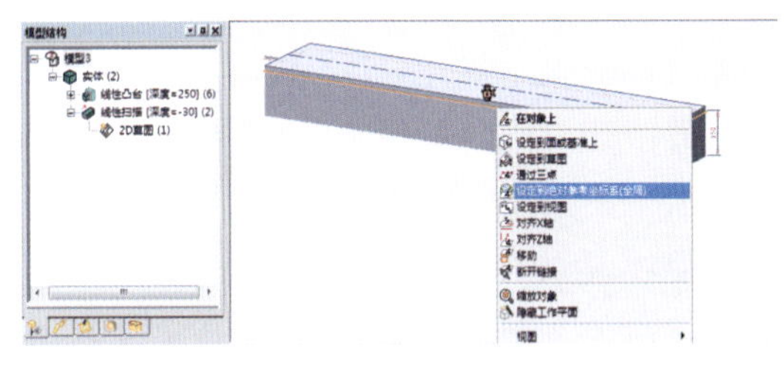

图 10-143　设定坐标

使用【外部参考组件】命令，如图 10-144 所示，导入 10.6 所创建的柜体文件，如图 10-145 所示。

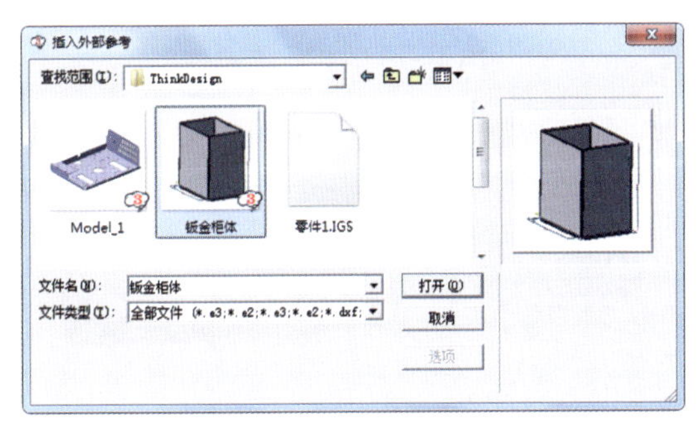

图 10-144　选择外部参考

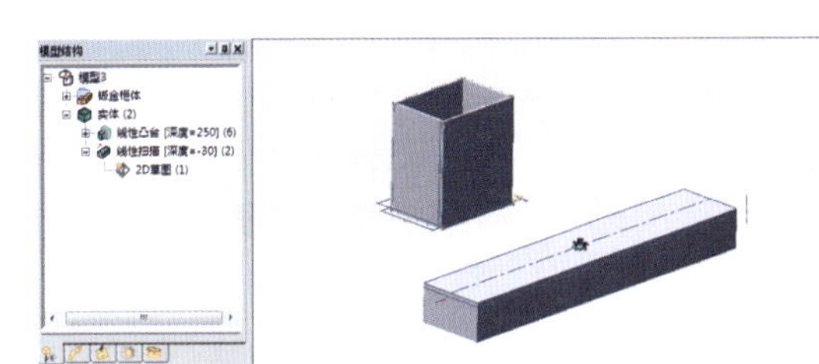

图 10-145　导入外部参考

点击【配合】命令，【第一对象】选取柜体底部平面，如图 10-146 所示，【第二对象】选取底座上平面，如图 10-147 所示，点击键。

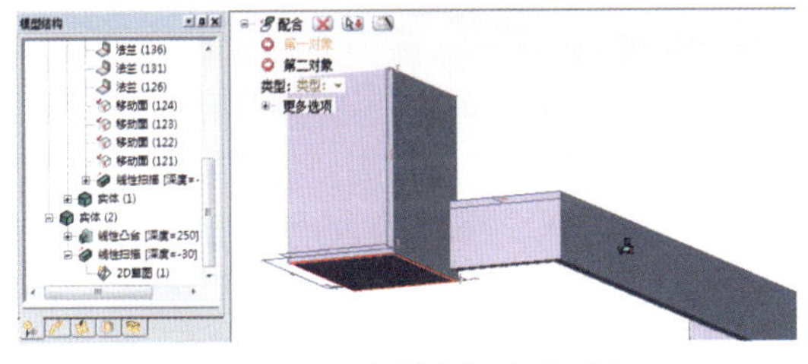

图 10-146　分别选择配合对象

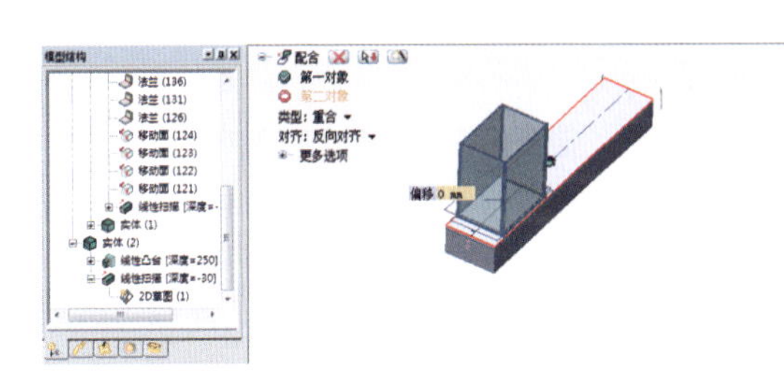

图 10-147　点击配合命令

点击【配合】命令，【第一对象】选取柜体左侧平面，【第二对象】选取底座左侧平面，偏移 20mm，点击键，如图 10-148 所示。

点击【配合】命令，【第一对象】选取柜体前方平面，【第二对象】选取底座前方平面，偏移 10mm，点击键，如图 10-149 所示。

使用【外部参考组件】命令，导入柜体文件，点击【配合】命令，【第一对象】选取柜体底部平面，【第二对象】选取底座顶部平面，点击键，如图 10-150 所示。

点击【配合】命令，【第一对象】选取第 2 柜体左侧平面，【第二对象】选取第 1 柜体右侧平面，点击键，如图 10-151 所示。

点击【配合】命令，【第一对象】选取第 2 柜体前方平面，【第二对象】选取第 1 柜体前方平面，点击键，如图 10-152 所示。

重复以上操作，导入其余两个柜体，如图 10-153 所示。

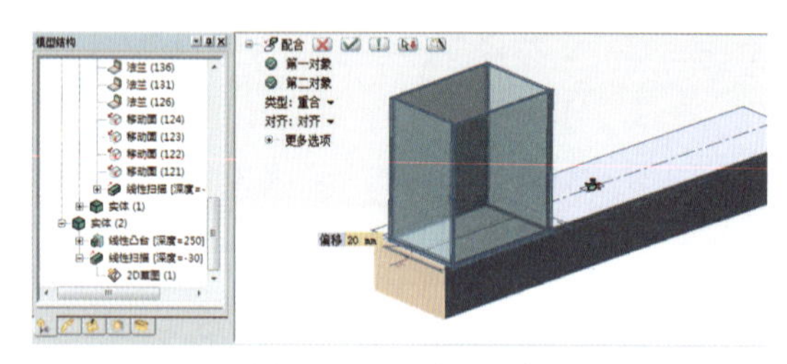

图 10-148　选择对象

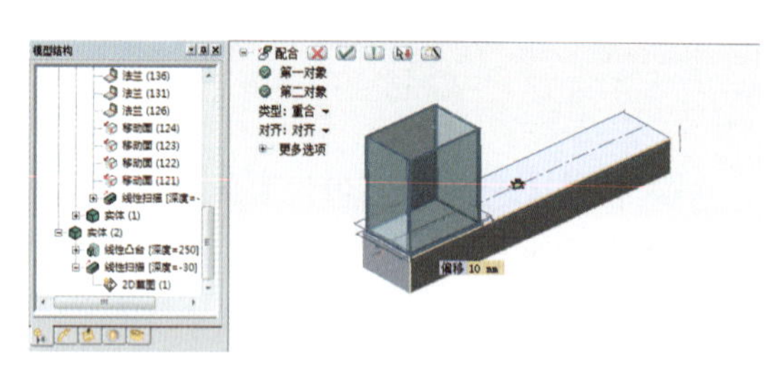

图 10-149　设定类型

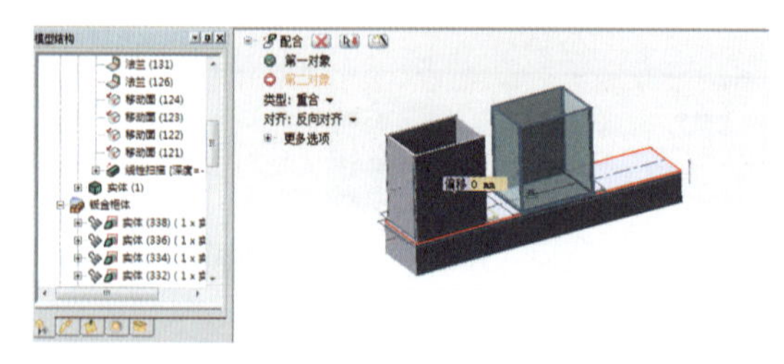

图 10-150　零件配合

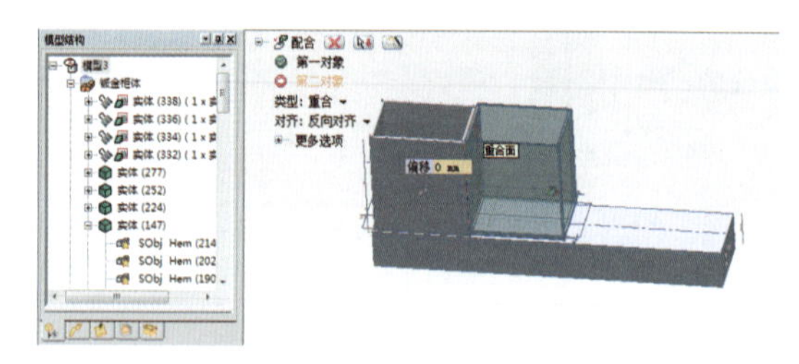

图 10-151　选择配合对象

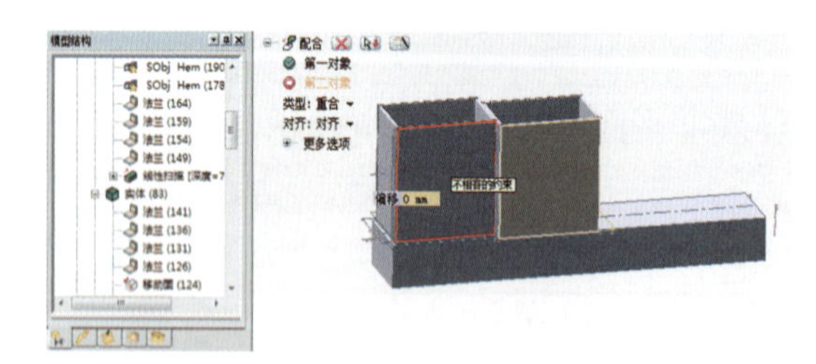

图 10-152　点击确定

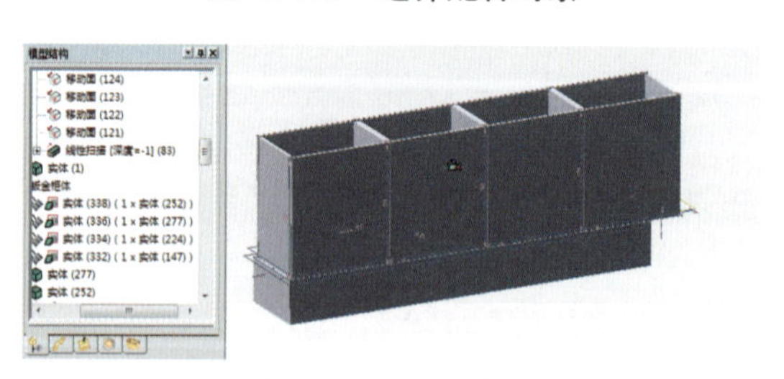

图 10-153　导入柜体

双击柜体长度标注尺寸，将数值改为 640mm，如图 10-154 所示。

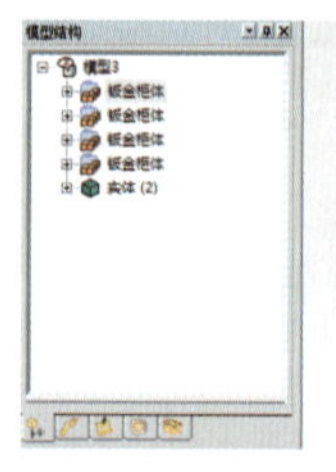

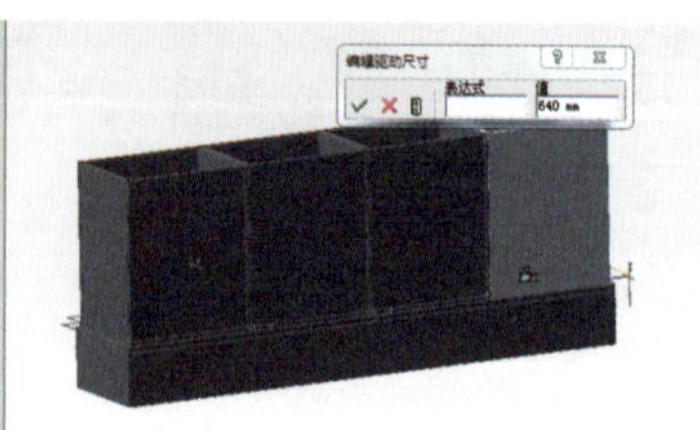

图 10-154　修改数值

在【工作坐标系】处点击鼠标【右键】选取【在对象上】，如图 10-155 所示。然后选取柜体顶上平面，点击✓键，如图 10-156 所示。

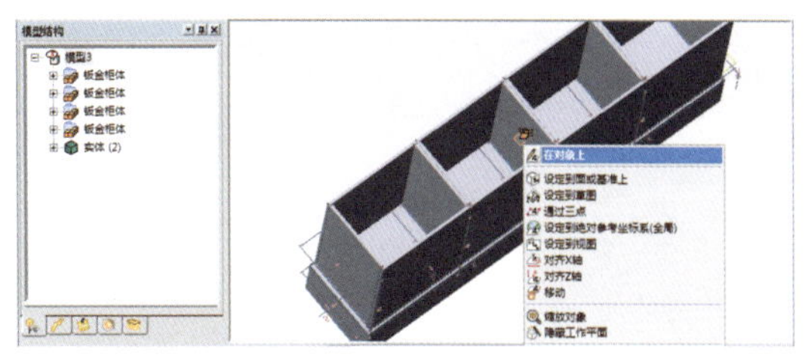
图 10-155　选择对象

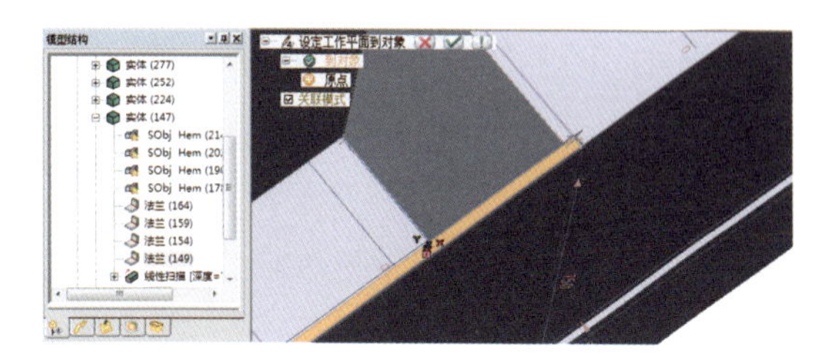
图 10-156　移动坐标

点击【2D 草图】命令，进入草图界面，在如图 10-157 所示草图上，矩形两个端点选取底座的对角端点。

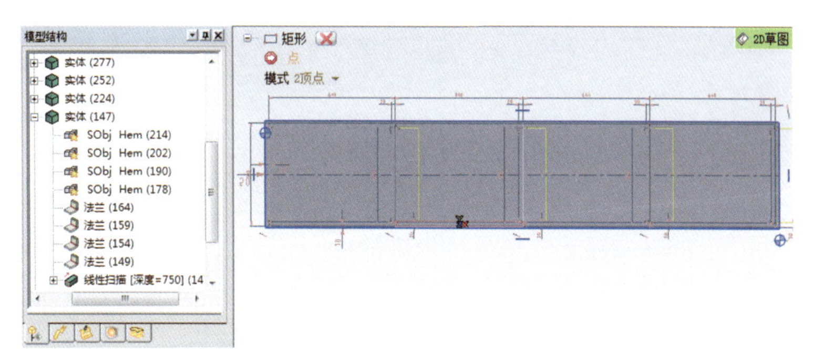

图 10-157　绘制草图

使用【实体凸台】命令，拉伸 50mm，点击✓键，如图 10-158 所示。

使用【边线圆角】命令，半径值为 10mm，将长方体边线倒圆角，点击✓，如图 10-159 所示。

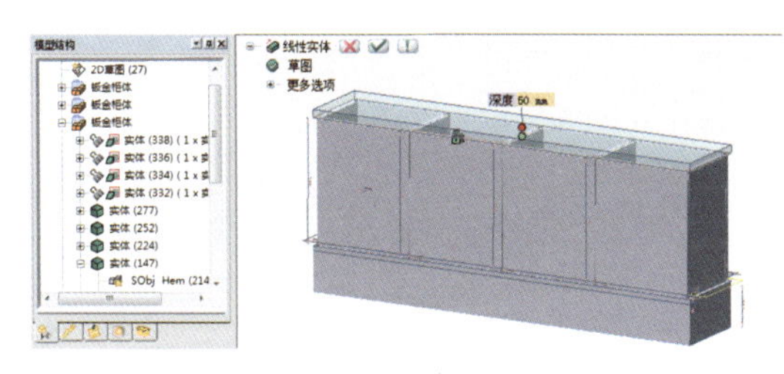
图 10-158　实体凸台

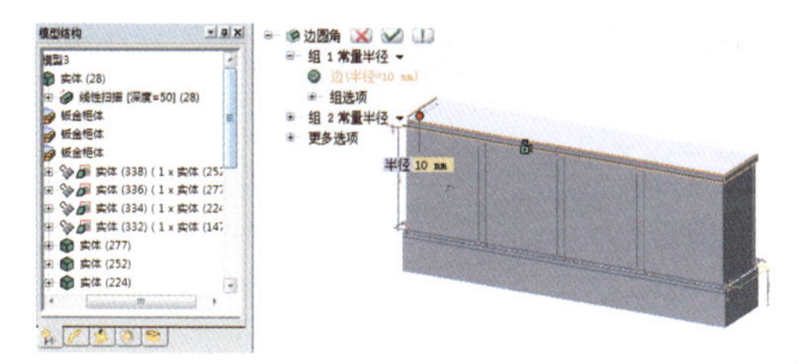
图 10-159　倒圆角

至此已完成柜体的组装，此类型组装可通过修改标注尺寸完成零部件尺寸修改。

10.8 创建智能插件

打开前面创建的“柜体 .e3”文件，如图 10-160 所示。

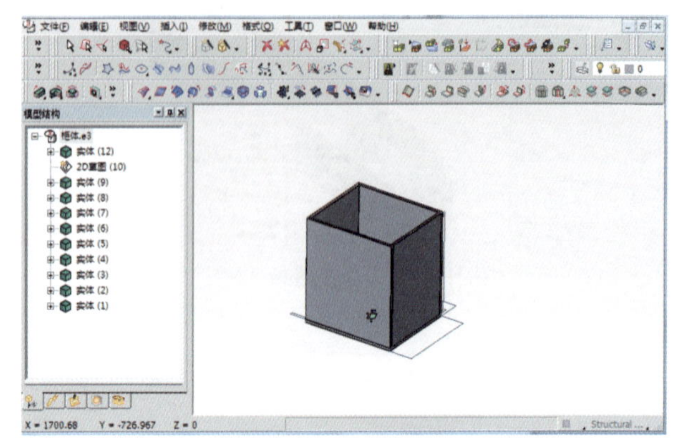
图 10-160 打开文件

如图 10-161 所示右边【模型结构】菜单栏中，在“实体 1”处点击鼠标【右键】，点击【插入】→【新组件】。

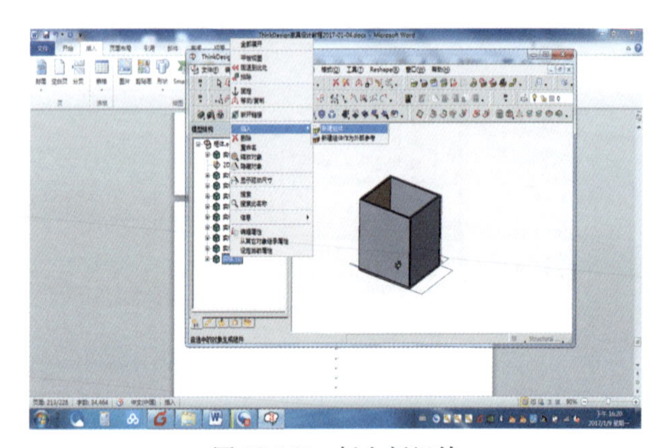
图 10-161 插入新组件

如图 10-162 所示在提示窗口内，可以把“comp1”根据自己需要更改命名，这里就使用默认的名字，点击确定。

如图 10-163 所示在提示窗口内【操作】选项选择【保持】，点击【全部应用】。

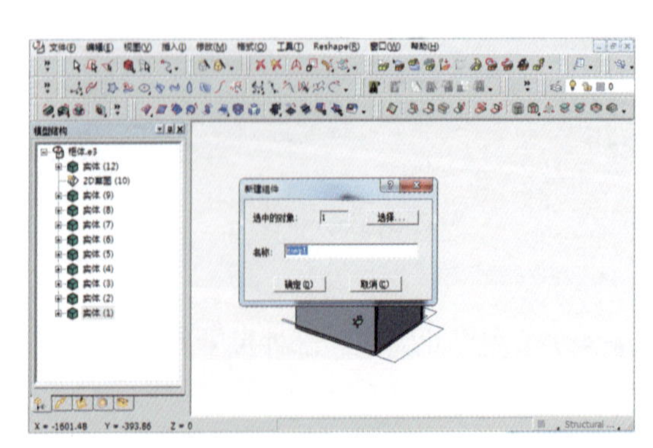
图 10-162 重命名

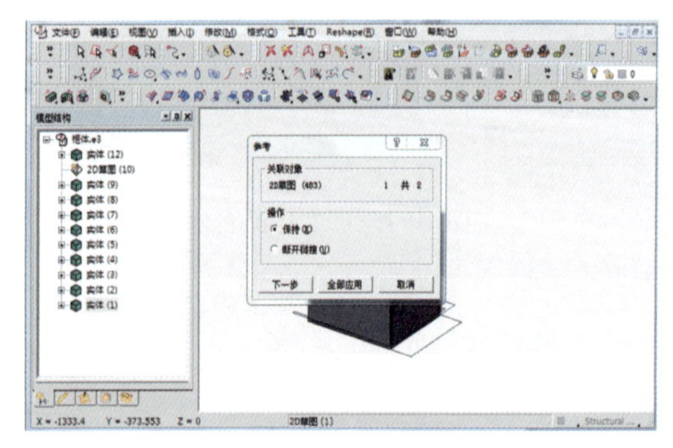
图 10-163 点击应用

如图 10-164 所示，重复上述操作将其余的【实体】全部点击鼠标改为【组件】。

如图 10-165 所示，将【模型结构】中的全部【组件】选上，点击鼠标【右键】→【插入】→【新建组件】。

如图 10-166 所示，在提示窗口点击【全部应用】。

如图 10-167 所示，在上方菜单栏点击【插入】→【智能对象】→【定义】。

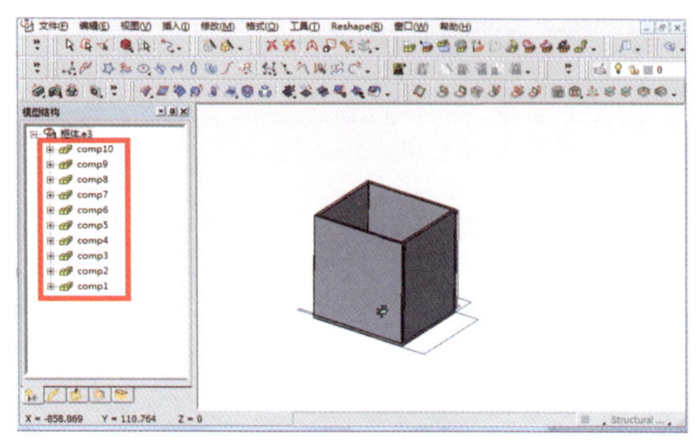

图 10-164　实体改为组件

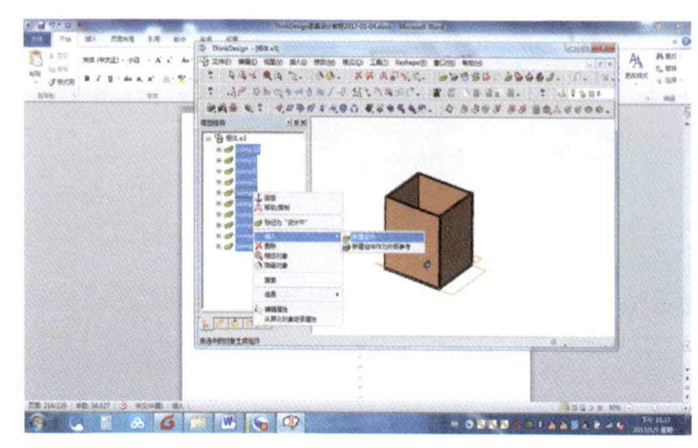

图 10-165　插入新组件

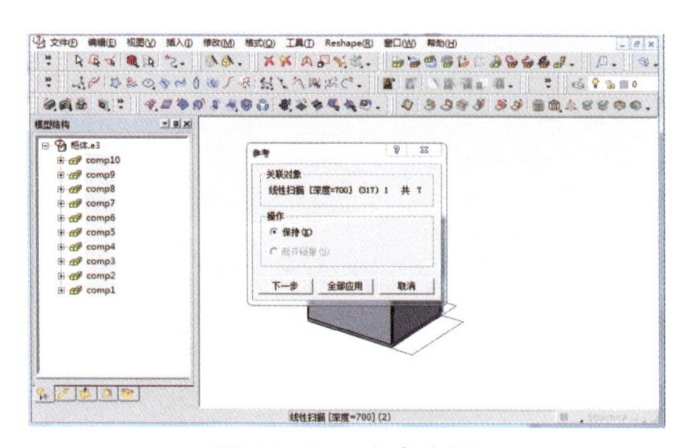

图 10-166　点击应用

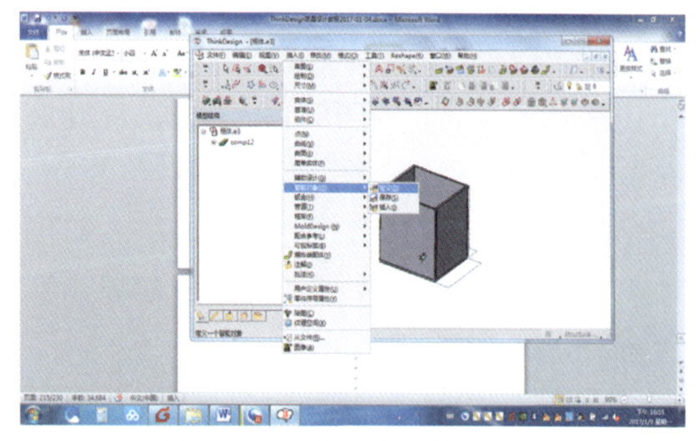

图 10-167　插入定义智能对象

如图 10-168 所示，在【模型结构】的“comp12”，鼠标点击【右键】→【添加】。

如图 10-169 所示，在提示窗口中点击【选项】→【自动拆分】然后点击【确定】。

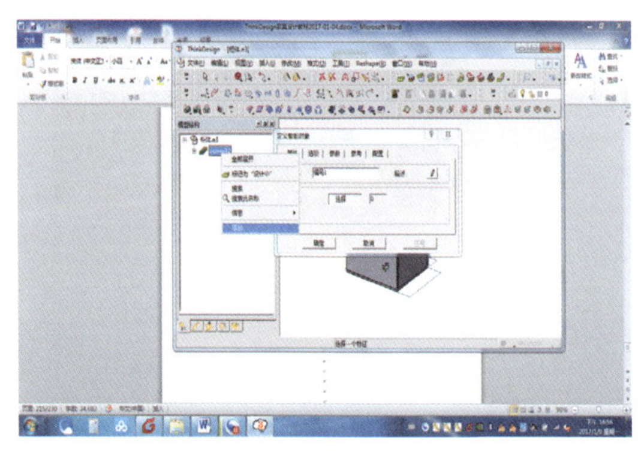

图 10-168　添加智能对象元素

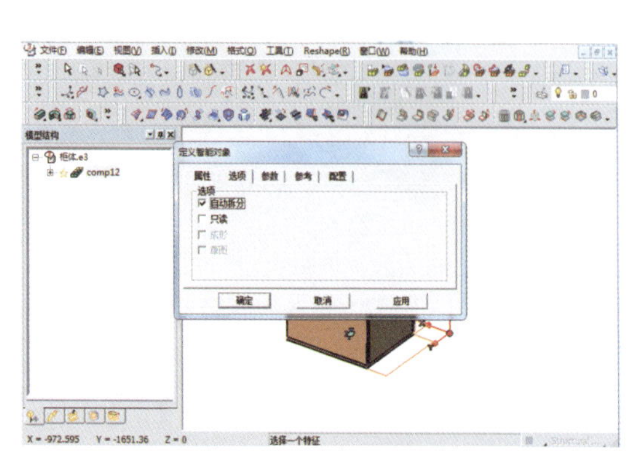

图 10-169　点击确认

如图 10-170 所示，在【模型结构】的“SObj 编号 1（555）”点击鼠标【右键】→【另存为】。

如图 10-171 所示，确定要保存文件名跟路径后点击【保存】。

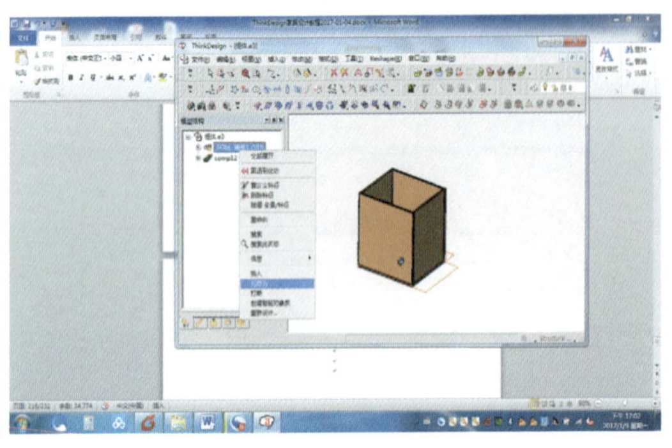

图 10-170 智能对象另存为

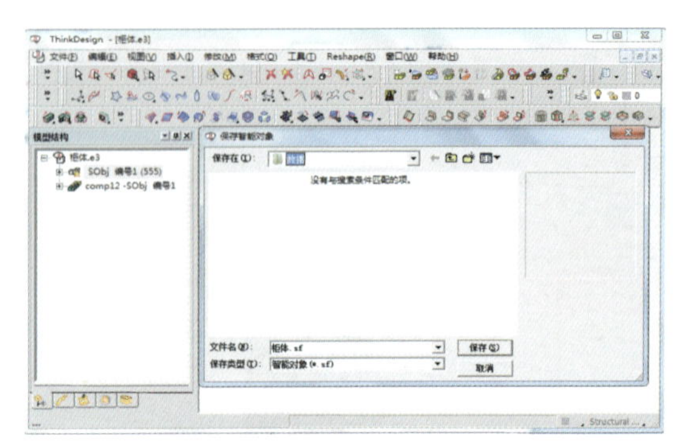

图 10-171 确定保存位置和名称

10.9 橱柜组装

打开附件“橱柜”文件夹，打开文件中的“橱柜 .e3”文件，如图 10-172 所示。

插入智能插件“总柜体 2”，如图 10-173 所示；“点”选择【工作平面原点】，如图 10-174 所示。

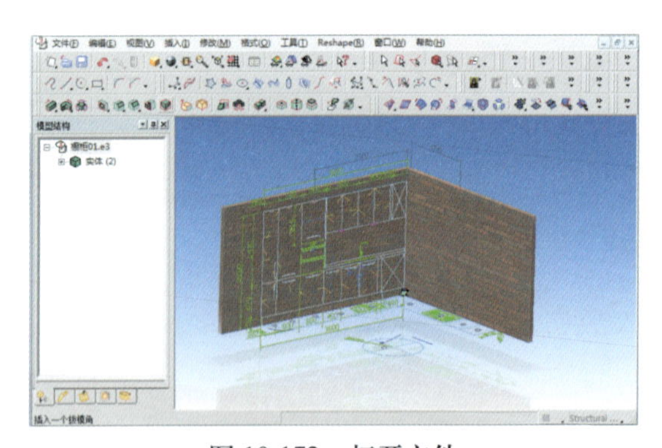

图 10-172 打开文件

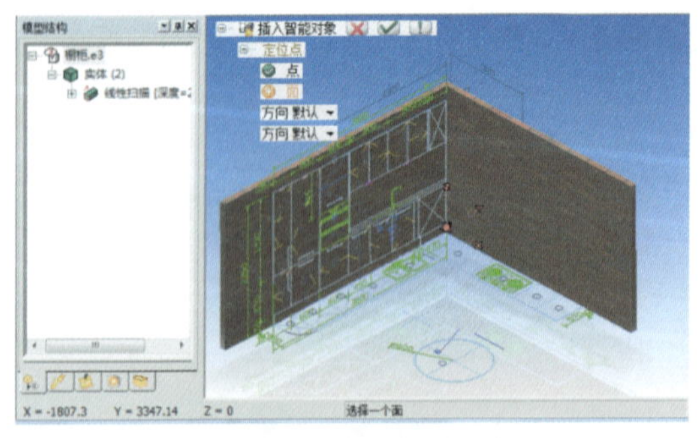

图 10-173 插入智能对象

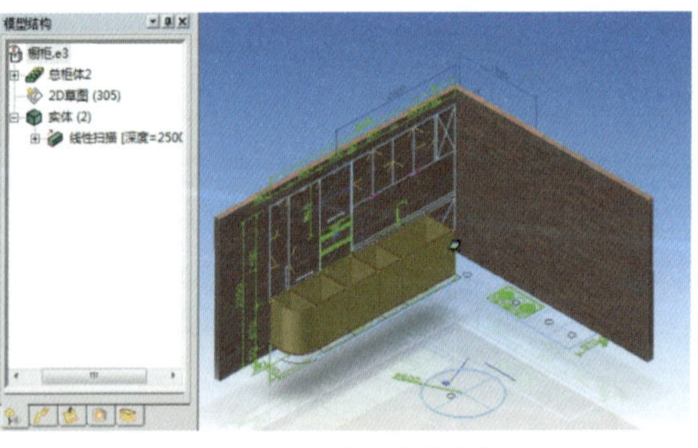

图 10-174 选择定位原点

插入智能插件【柜体 1】，【点】选择【工作平面原点】，如图 10-175 所示。

插入智能插件【柜体 2】，【点】选择【工作平面原点】，如图 10-176 所示。

将【柜体 2】尺寸改为 900mm，点击【重建】命令，如图 10-177 所示。

插入智能插件【柜体 3】，【点】选择【工作平面原点】命令，如图 10-178 所示。

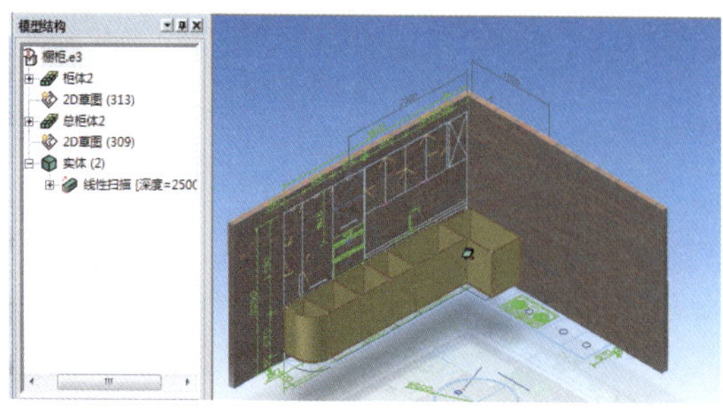

图 10-175　插入智能对象并且定位

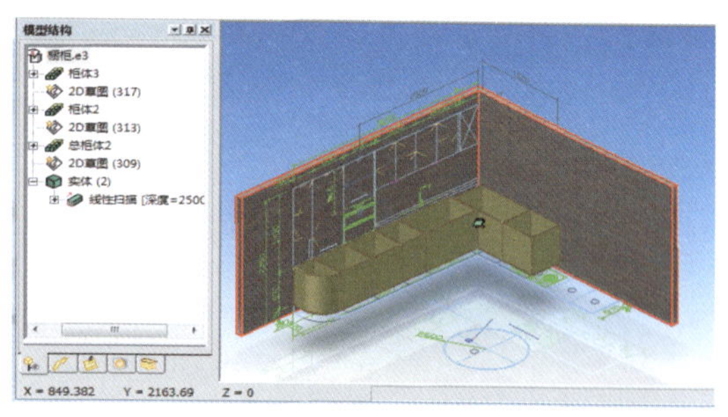

图 10-176　插入智能对象并且定位

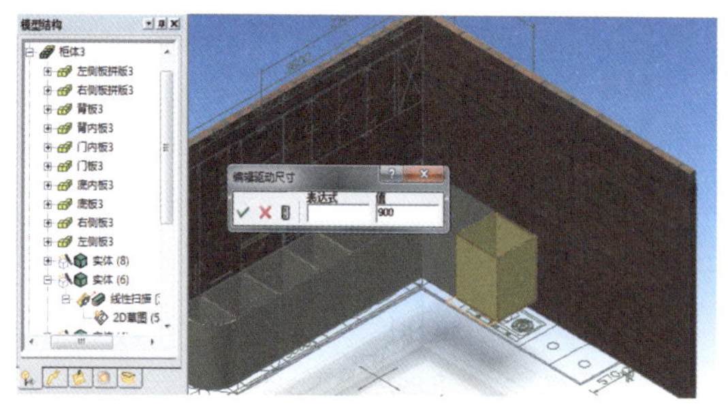

图 10-177　修改数值

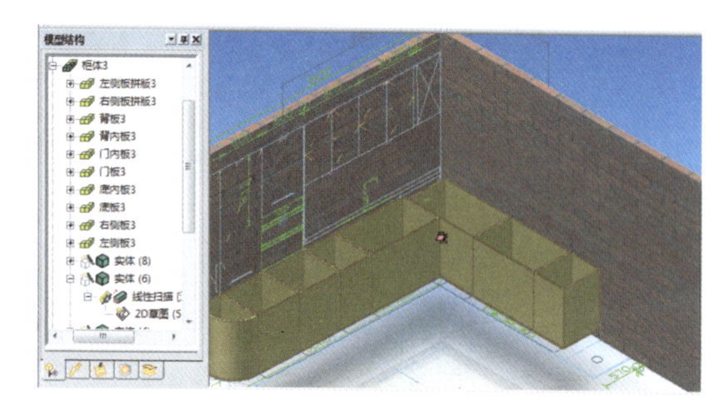

图 10-178　插入智能对象并且定位

选择【柜体 3】点击【移动 / 复制】命令，X 增量 450mm，勾选“副本 1”，如图 10-179 所示。

插入智能插件【面板和顶线】，【点】选择【工作平面原点】，如图 10-180 所示。

插入智能插件【踢脚线】，【点】选择【工作平面原点】，如图 10-181 所示。

如图 10-182 所示，点击【移动 / 复制】命令，增量 Z1340mm，勾选“副本 1”。

如图 10-183 所示，插入智能插件【炉灶】,【面】选择【台面】,【点】放置到合适的位置。

如图 10-184 所示，插入智能插件【洗手盆】，【面】选择【台面】，【点】放置到合适的位置。

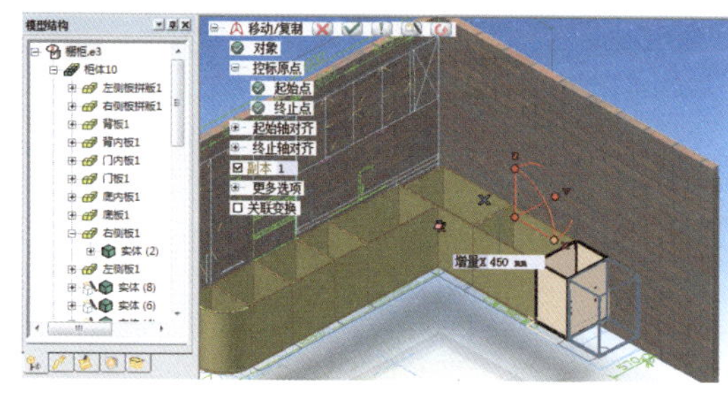

图 10-179　移动对象

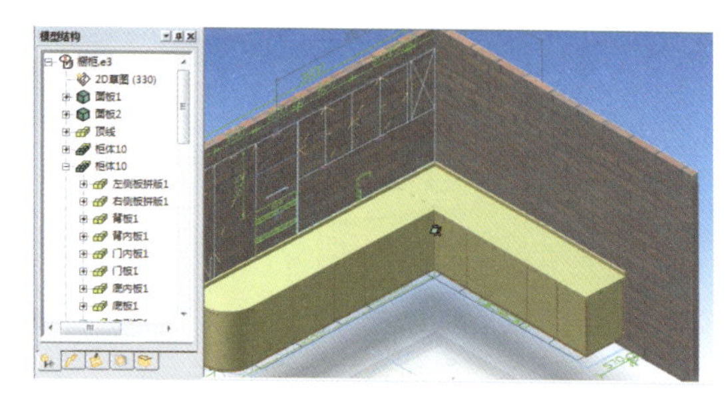

图 10-180　插入智能对象并且定位

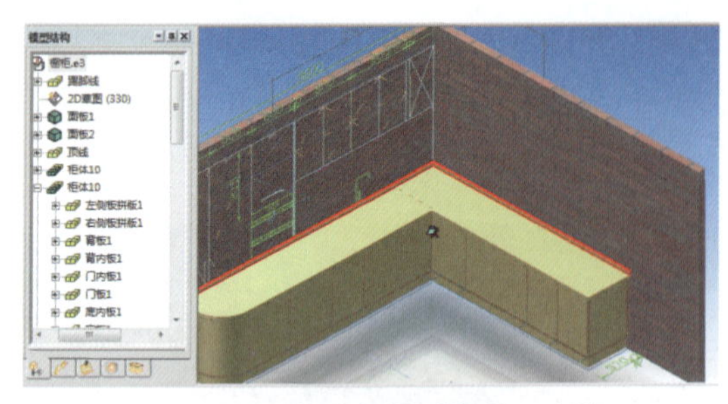

图 10-181　插入智能对象并且定位

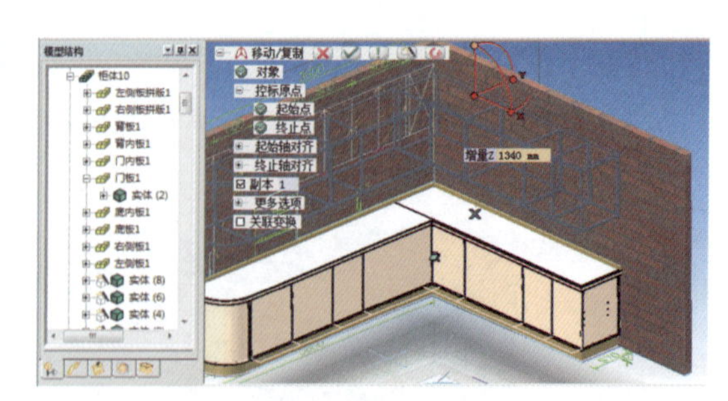

图 10-182　移动对象

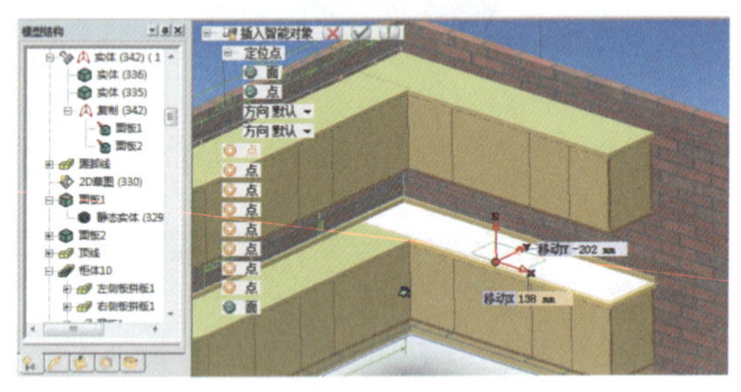

图 10-183　插入智能对象并且定位

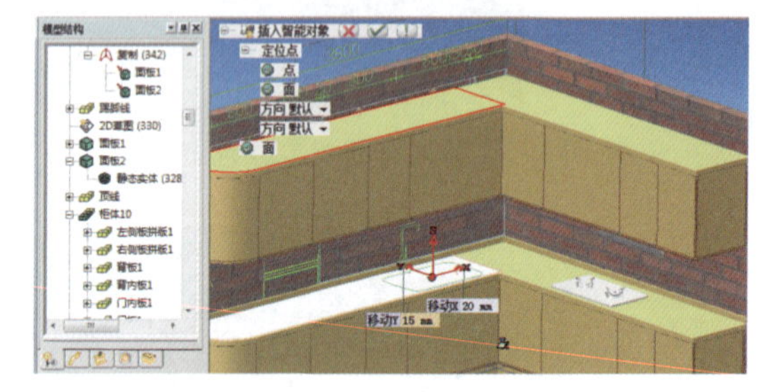

图 10-184　插入智能对象并且定位

到此，橱柜的组装完成，可以根据自己需求，改变柜体大小实现尺寸的定制，如图 10-185 所示。

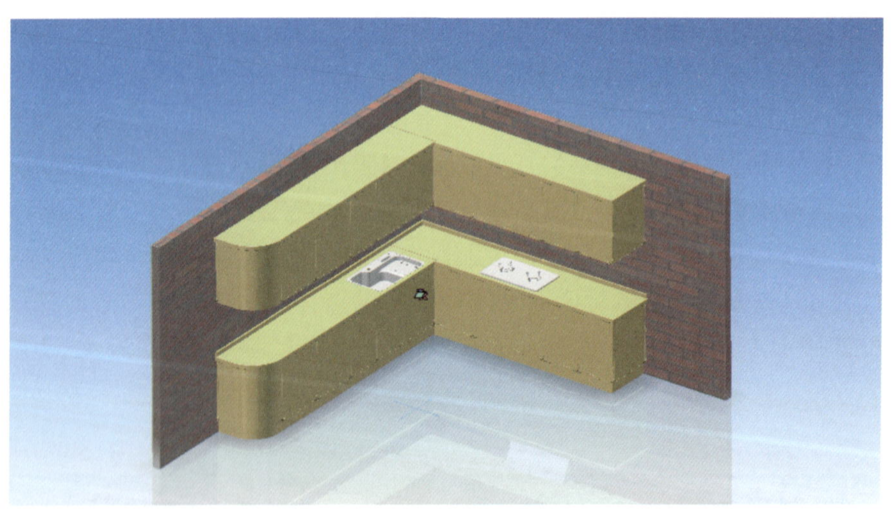

图 10-185　完成橱柜组装

橱柜工程图：

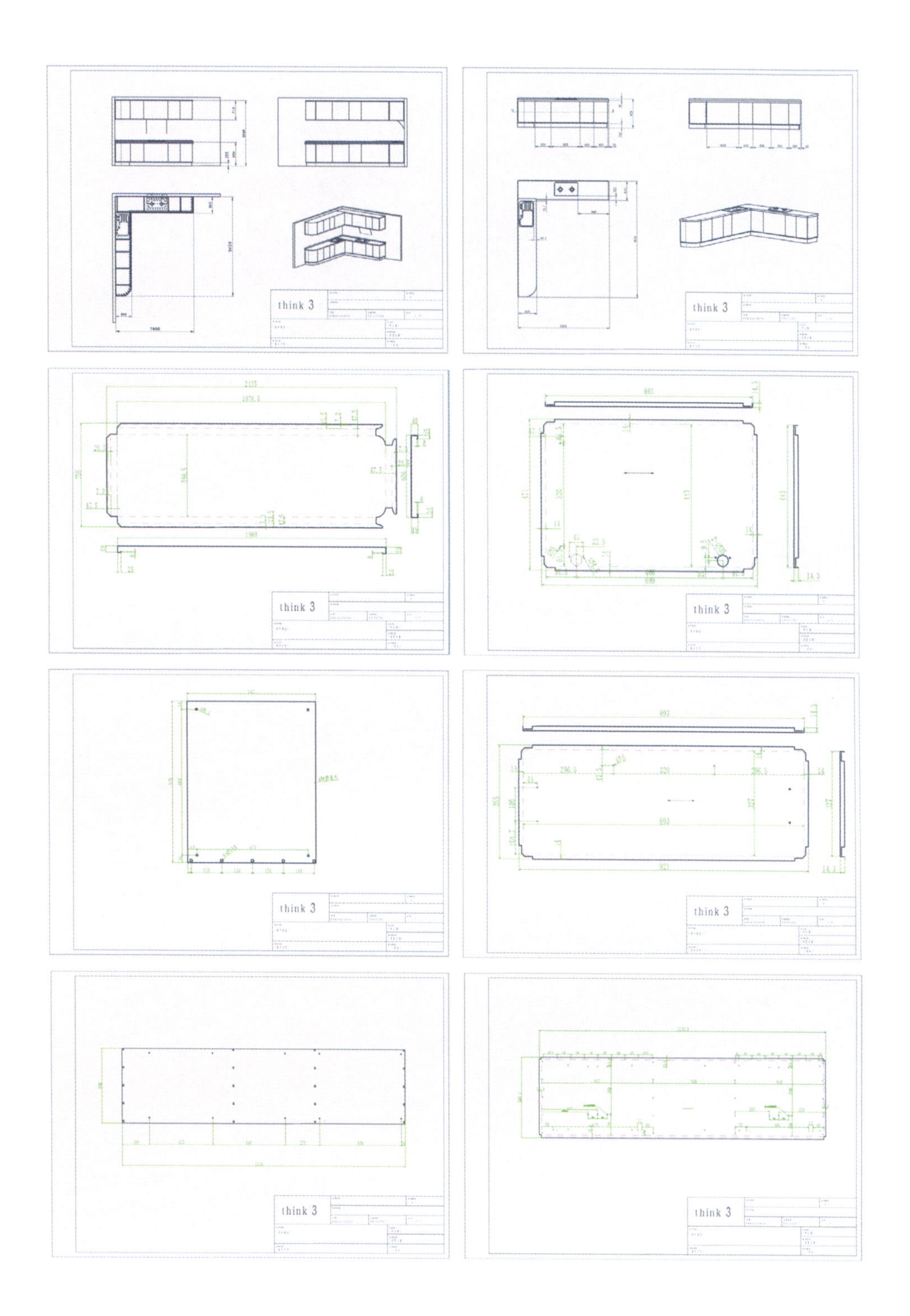

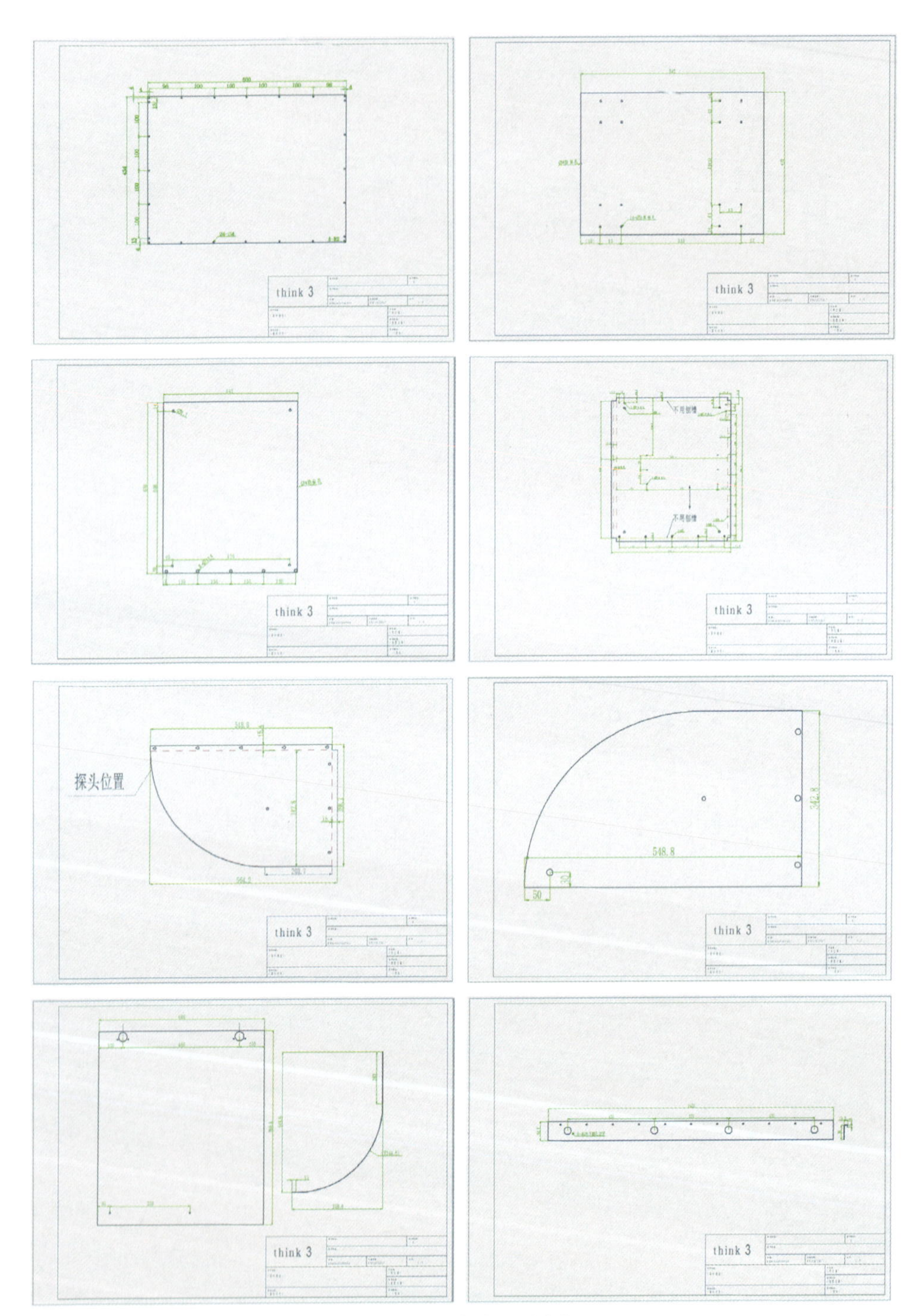

图 10-186　橱柜工程图

橱柜爆炸图：

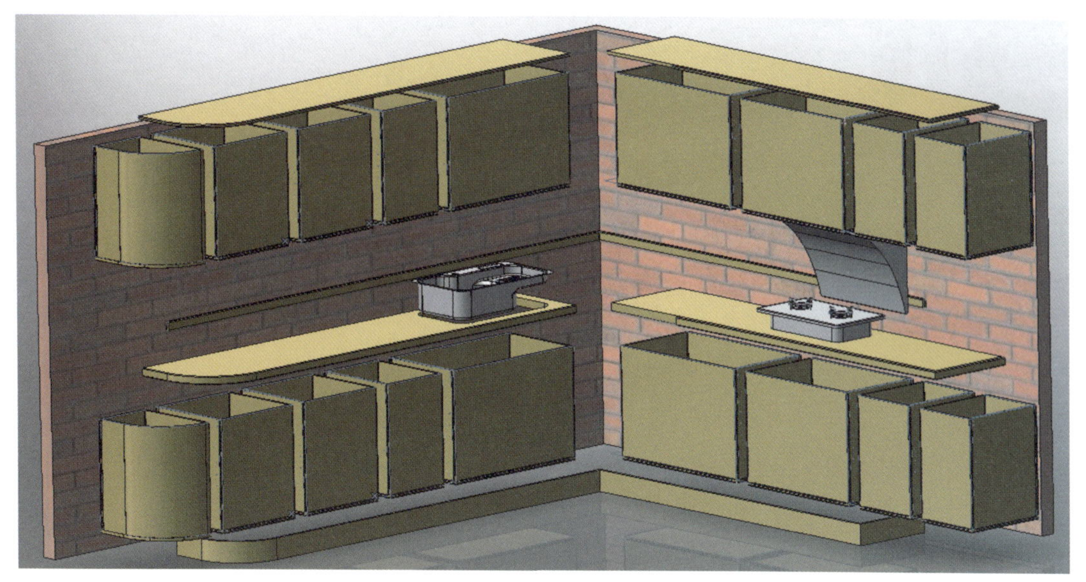

图 10-187　橱柜爆炸图

第 11 章

手绘板建模实例
——以潘顿椅为例

点击主菜单兰中的【插入】→【图片】，把潘顿椅（Panton）的主视和侧视图片导入到软件中，然后把电脑连接好手绘板，如图 11-1 所示。

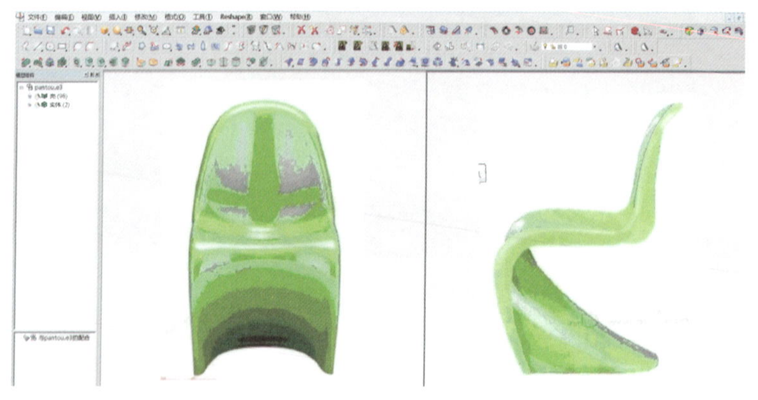

图 11-1　导入图片

点击【插入自由手绘曲线】命令；用手写笔根据产品图片进行描线，，如图 11-2、图 11-3 所示。

图 11-2　手绘描线

图 11-3　手绘描线

点击【2D 转 3D 曲线】命令，把手绘好的平面线，转为空间 3D 曲线，如图 11-4 所示。

点击【连接曲线】命令，把断开的曲线连接好，如图 11-5 所示。

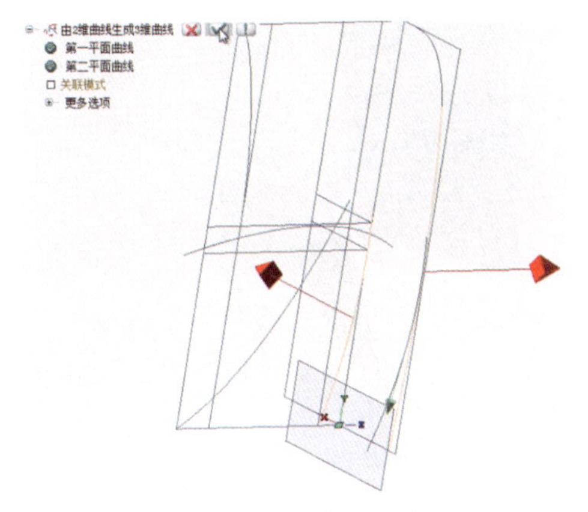

图 11-4　2D 转 3D 线

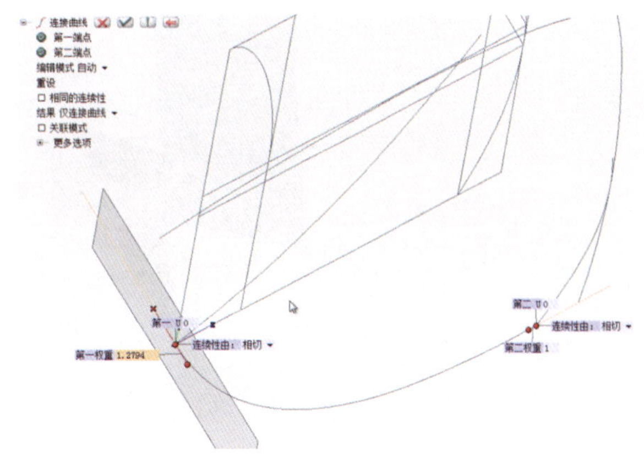

图 11-5　连接曲线

点击【放样曲面】命令，分别放样出椅子的脚、靠背、坐垫三个部分，如图 11-6 ~ 图 11-8 所示。

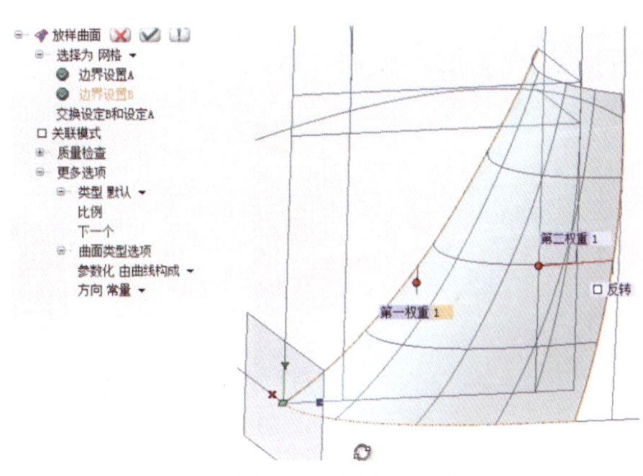

图 11-6　放样曲面—脚

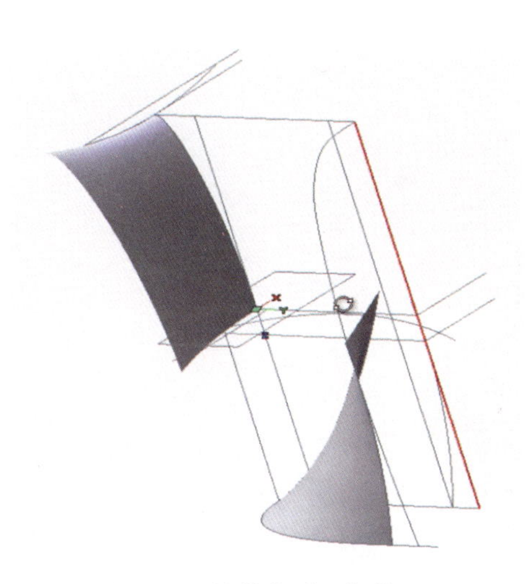

图 11-7　放样曲面—靠背

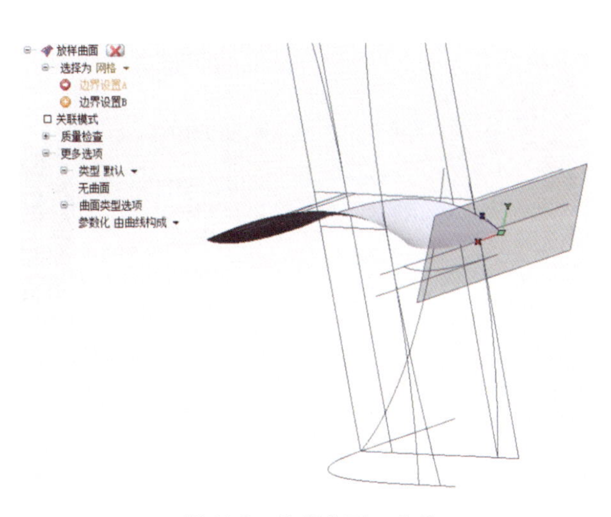

图 11-8　放样曲面—坐垫

点击【剪裁曲面】命令，把上述得到的三个曲面剪裁好，并且使用镜像命令，如图 11-9 ~图 11-11 所示。

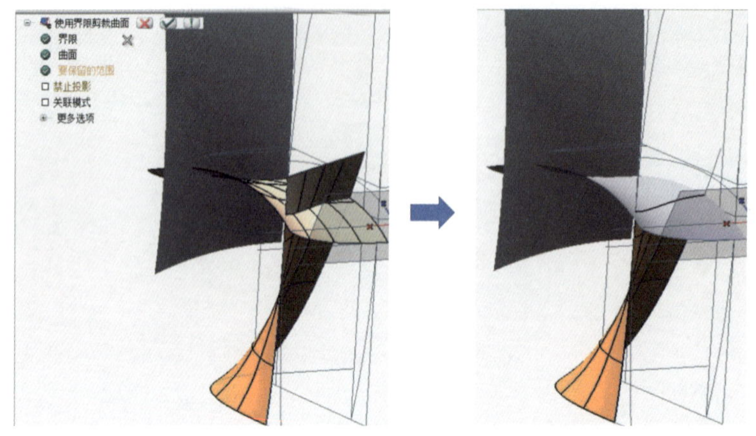

图 11-9　剪裁曲面 1

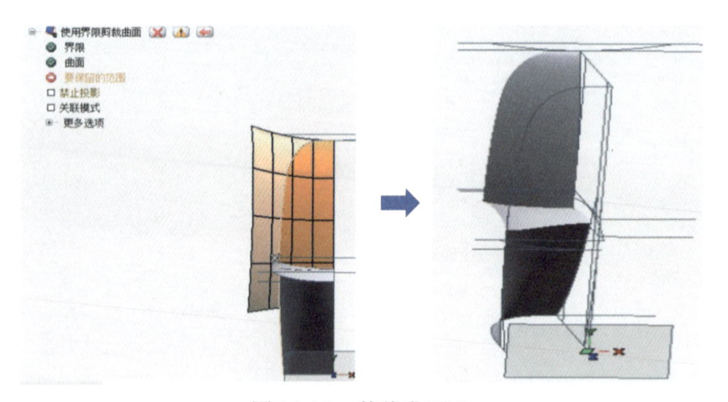

图 11-10　剪裁曲面 2

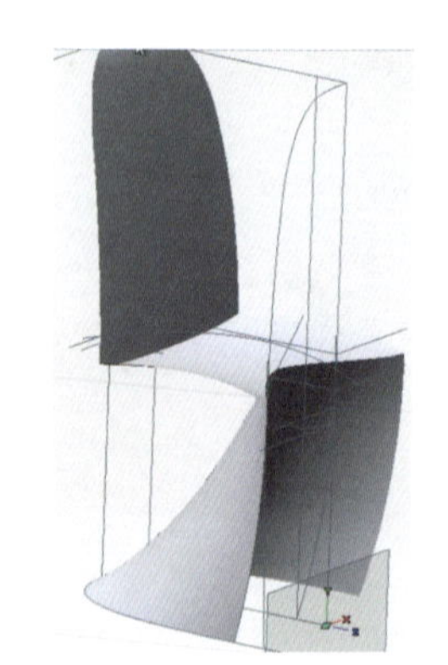

图 11-11　完成外形曲面

点击【生成实体】命令，把曲面合成一个实体属性，如图 11-12 所示。

图 11-12　生成实体

点击【边圆角】命令，对三个面之间的夹角倒圆，如图 11-3、图 11-4 所示。

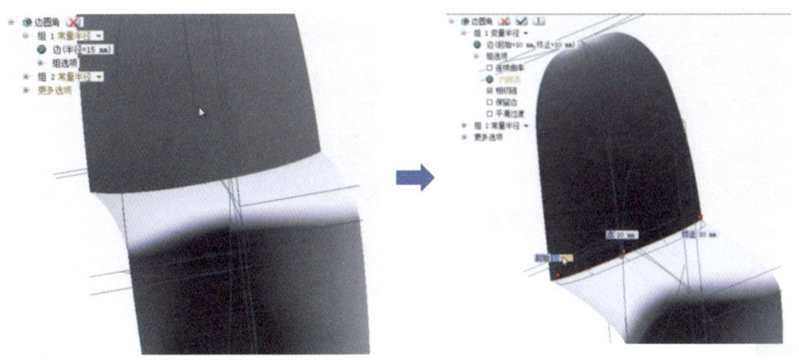

图 11-13　边倒圆

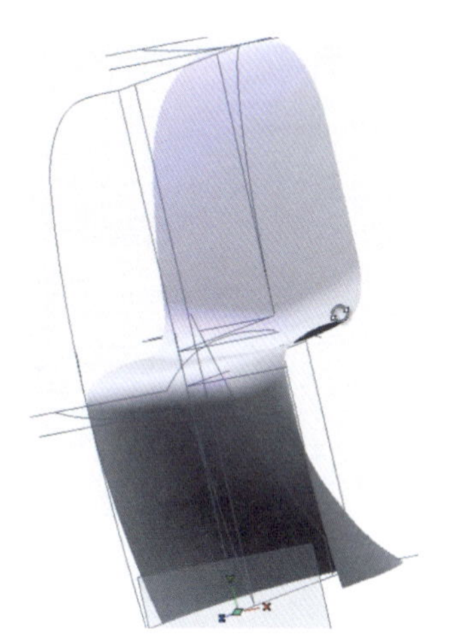

图 11-14　边倒圆

点击【区域建模】命令，点击【通过】，如图 11-15 所示。

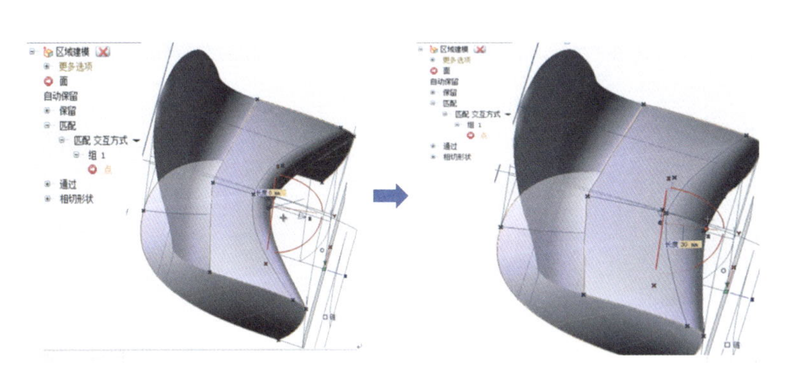

图 11-15　区域建模

点击【全局扫描】命令，扫描出椅子侧边部分的曲面，如图 11-16 所示。

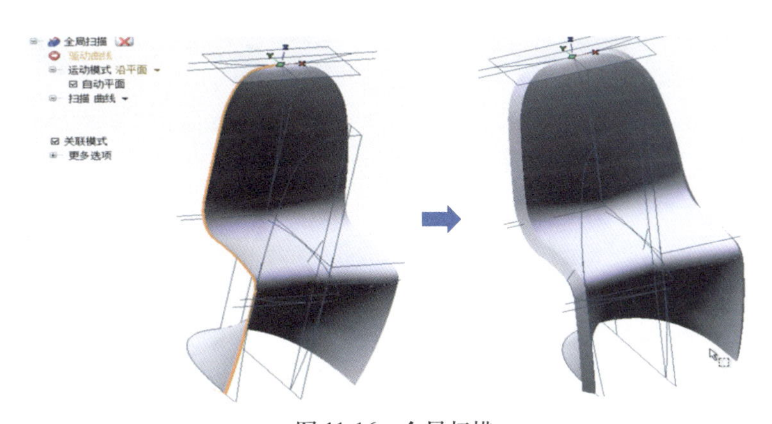

图 11-16　全局扫描

点击【边圆角】命令，对椅子周边进行倒圆，如图 11-17 所示。

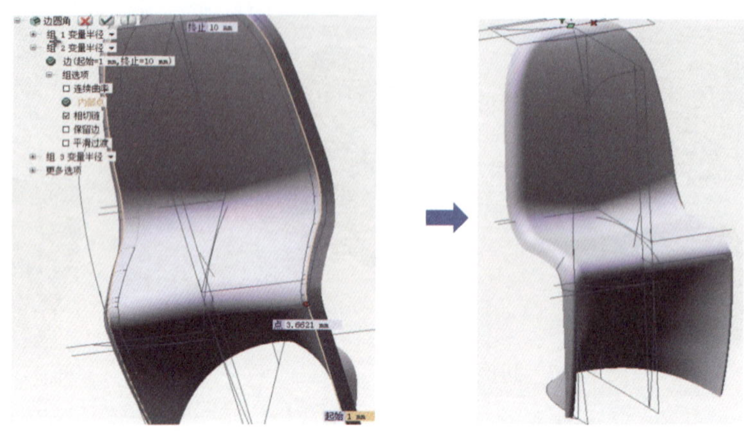

图 11-17　边倒圆

点击【实体抽壳】命令，把椅子加厚到一定厚度，让其变为有厚度的实体，如图 11-18 所示。

最后完成潘顿椅建模，如图 11-19 所示。

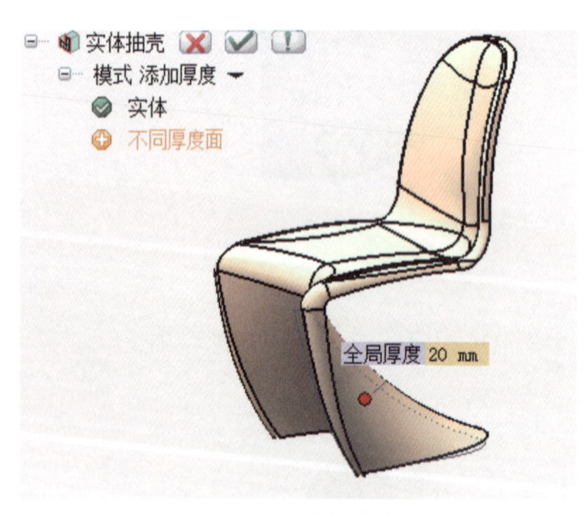

图 11-18　实体抽壳

图 11-19　潘顿椅模型

潘顿椅工程图：

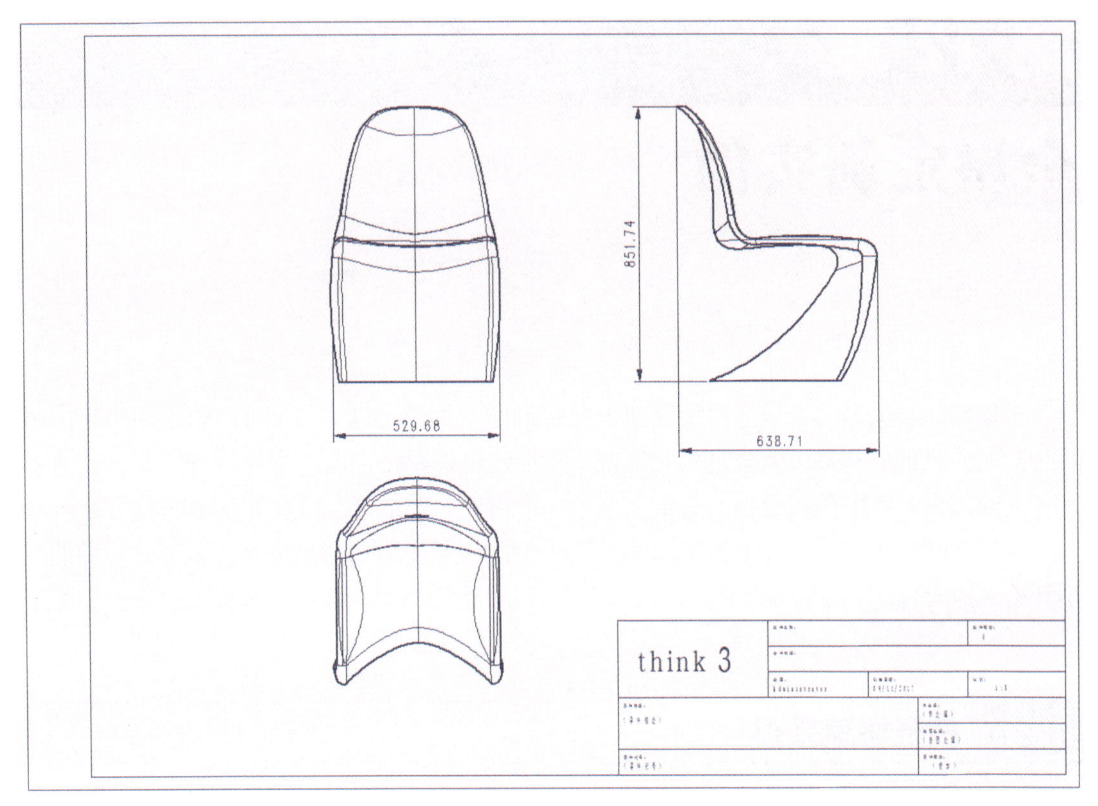

图 11-20　潘顿椅工程图

ThinkDesign

第 12 章

全屋定制实例

全屋定制，顾名思义是家庭装修所有能定制的东西都定制；它既可以合理利用家中的各种空间，又能够和整个家居环境相匹配；并且还可以根据主人的个性特别定制，充分体现主人的品位。其中包括橱柜、衣柜、书柜、电视柜、餐桌椅、沙发等全屋家具的定制。

在 ThinkDesign 当中，有能适配家具定制企业所需要的订单优质方案。从客户提供的户型开始，到最后方案的成本核算，以及加工数据，都能在 ThinkDesign 中很好地快速完成。

12.1 户型快速搭建

点击【文件】→【打开】，打开客户提供的户型数据（例如 CAD 文件），如图 12-1 所示。

点击【编辑】→【复制】，对 CAD 户型曲线进行复制，如图 12-2 所示。

点击【编辑】→【粘贴】，把 CAD 户型曲线粘贴到 E3 模型文件，如图 12-3 所示。

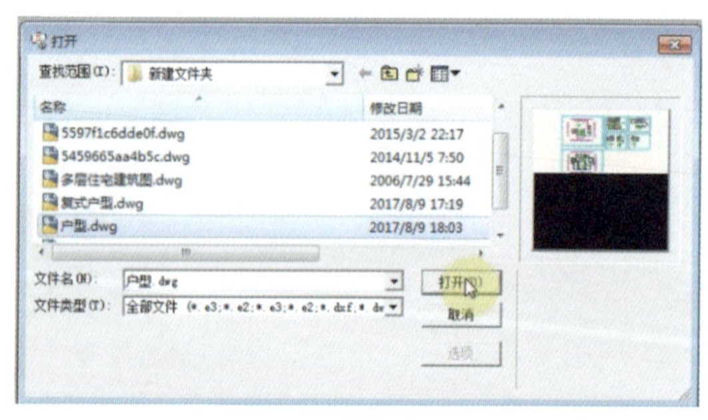

图 12-1 打开户型数据

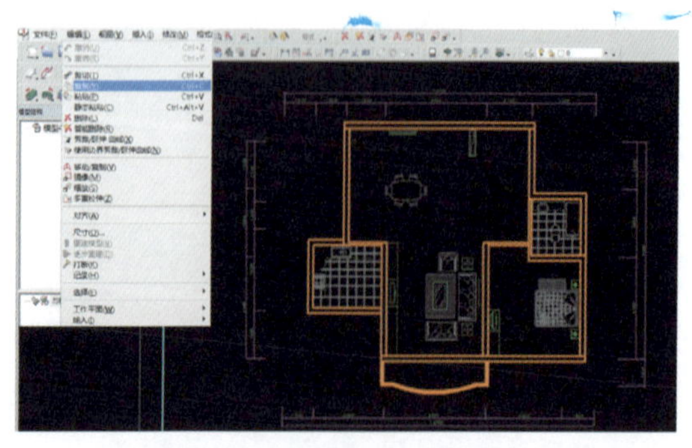

图 12-2 复制 CAD 户型曲线

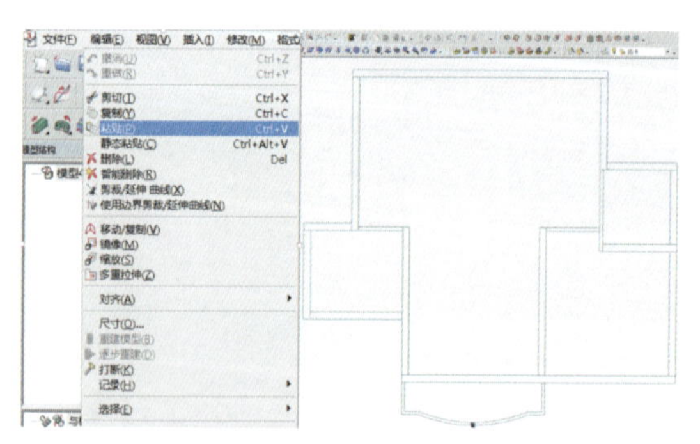

图 12-3 粘贴 CAD 户型曲线

点击【线性实体】图标，根据客户户型高度对 CAD 户型曲线进行三维拉伸，如图 12-4、图 12-5 所示。

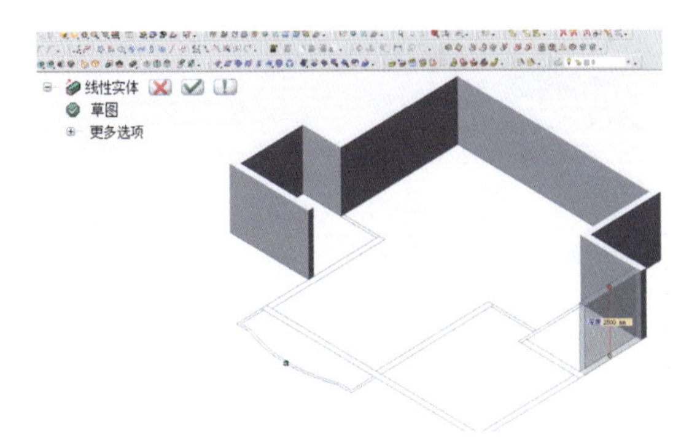

图 12-4　线性拉伸墙体

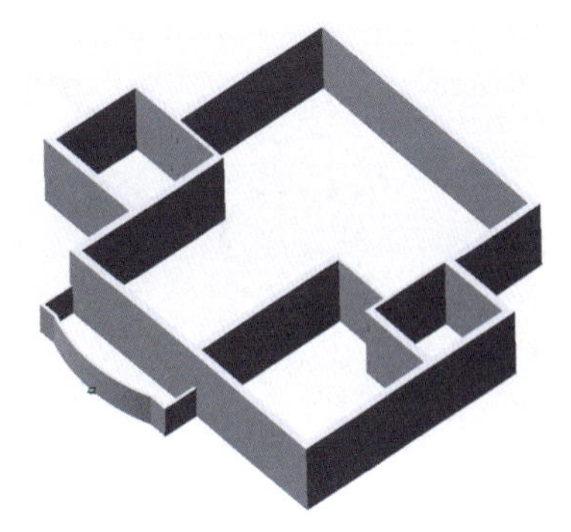
图 12-5　完成墙体拉伸

12.2 室内家具定制

在智能对象库调入定制家具模型，如图 12-6 所示。

点击【视图】→【智能对象库】，选择调入的模型“楼梯”，如图 12-7 所示。

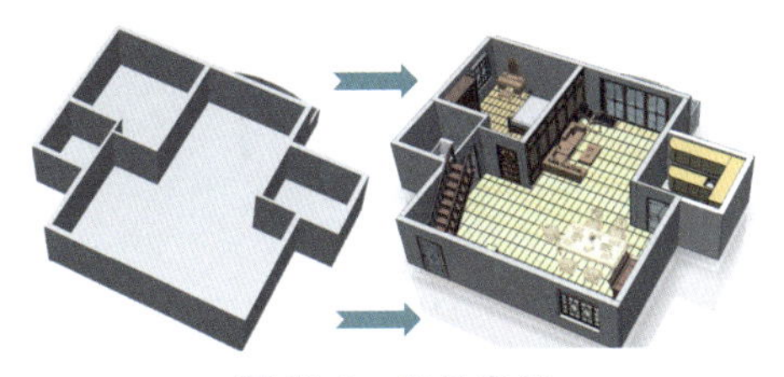
图 12-6　家具定制

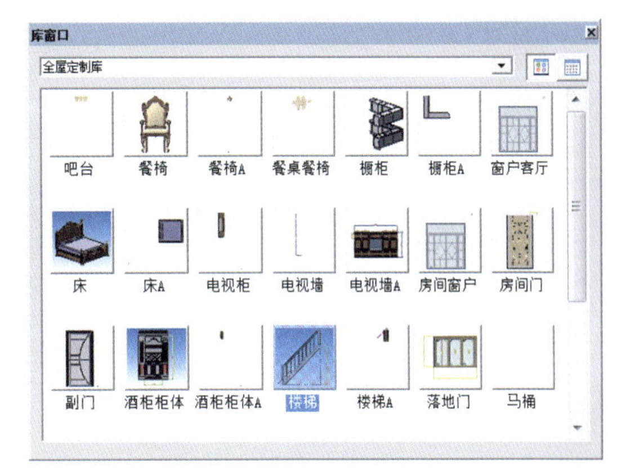

图 12-7　调入楼梯

【定位点】选择【工作平面原点】，如图 12-8 所示。

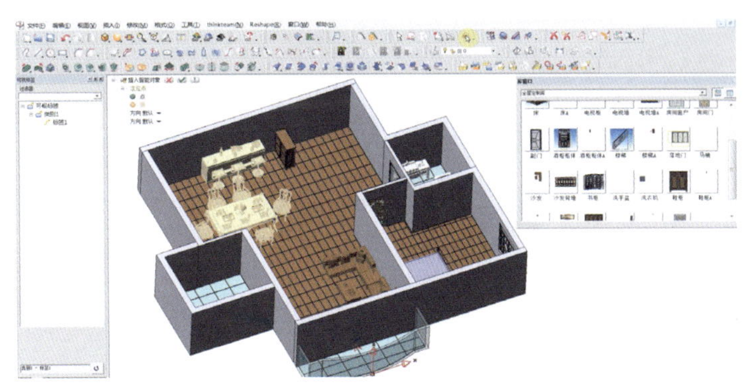
图 12-8　定位楼梯

点击【工具】→【数据表】，打开“楼梯”的数据表，将“L”的“表达式”数值由 2250 改为 2500，点击【重建】，如图 12-9 所示。

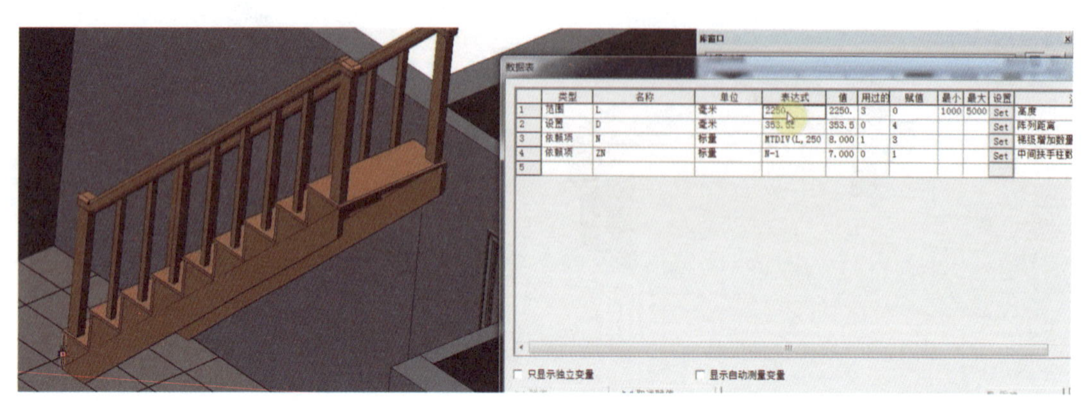

图 12-9 修改楼梯参数

选择“定制库”中“正门”，【定位点】选取墙体左下端点，【面】选择墙体表面，如图 12-10 所示。

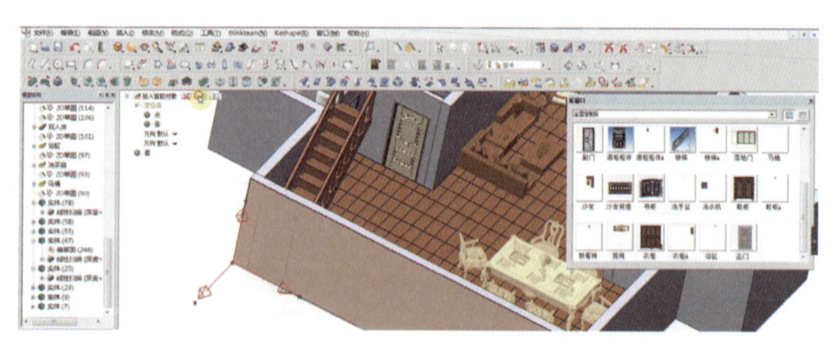

图 12-10 导入门并且定位安装

打开“正门”的数据表，将“D”的“表达式”数值 250 改为 500、将“L”的“表达式”数值 1100 改为 200，点击【重建】，如图 12-11 所示。

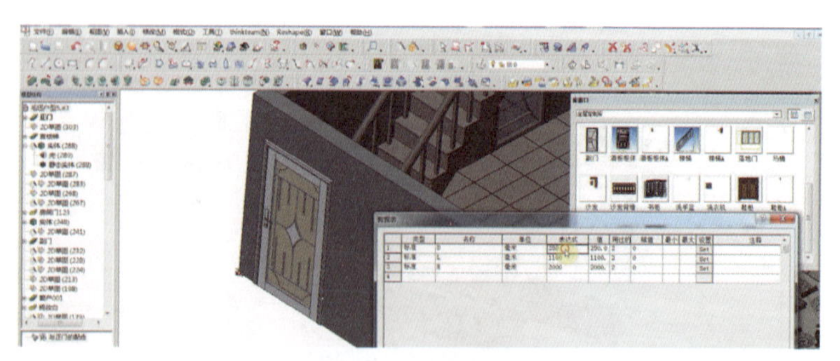

图 12-11 修改门参数

选择调入“窗户”，【定位点】选取墙体的端点，如图 12-12 所示。

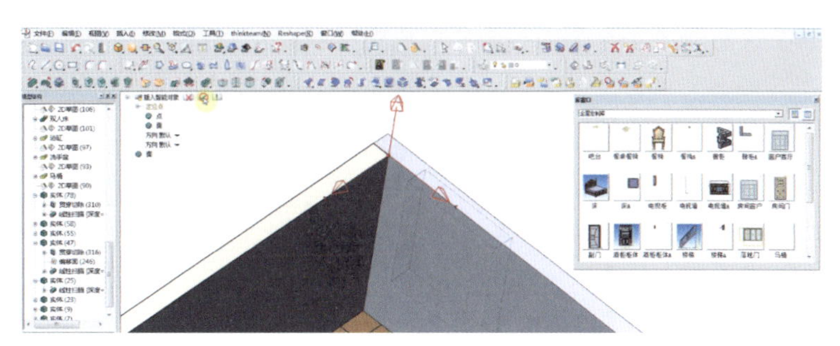

图 12-12　调入窗户并且定位安装

打开“窗户”的数据表，可以修改“表达式”数值改变窗户位置、大小，如图 12-13 所示。

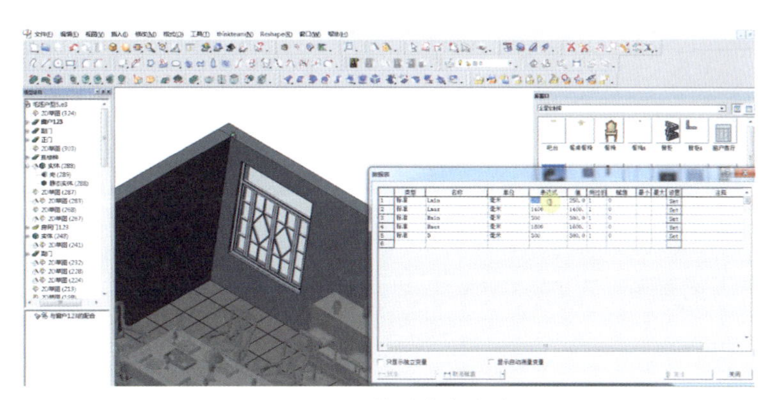

图 12-13　修改窗户参数

根据附件视频所示，将其余家具摆放到合适的区域，完成室内家具定制，如图 12-14 所示。

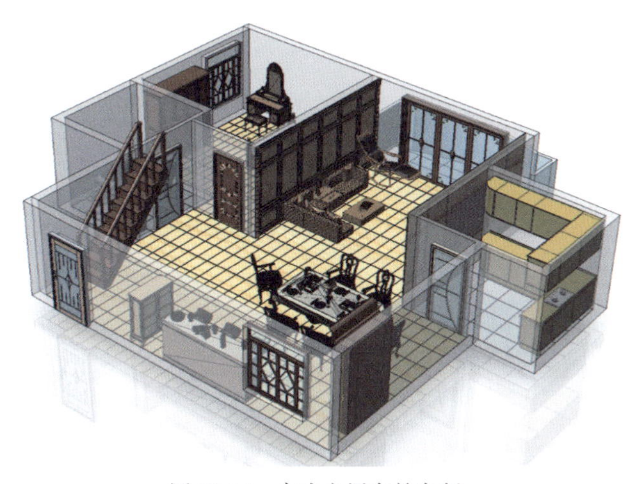

图 12-14　完成全屋家具定制

12.3 工程图纸导出

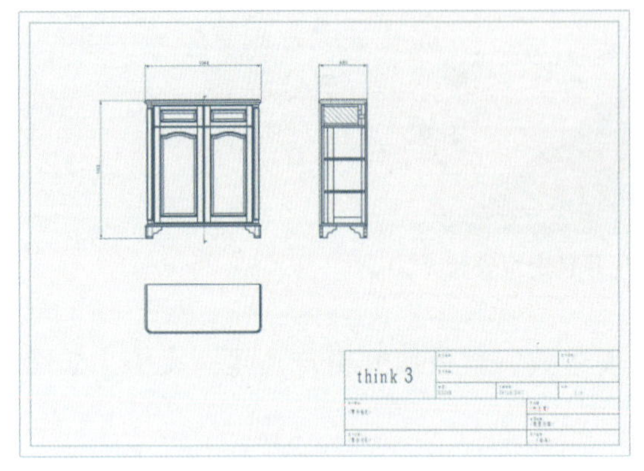

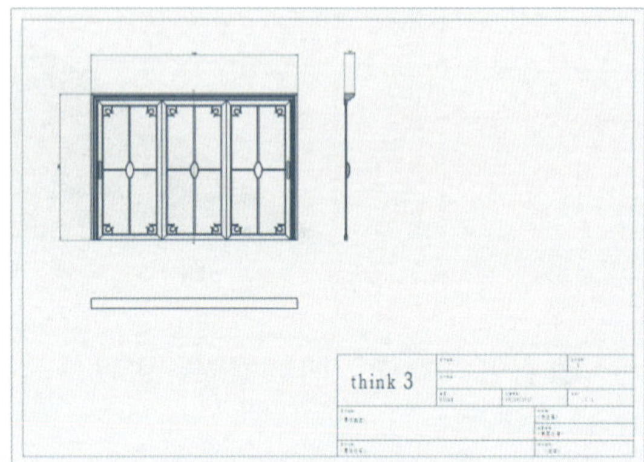

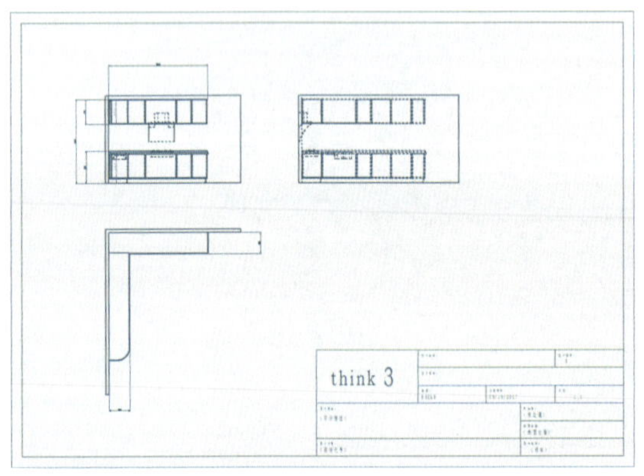

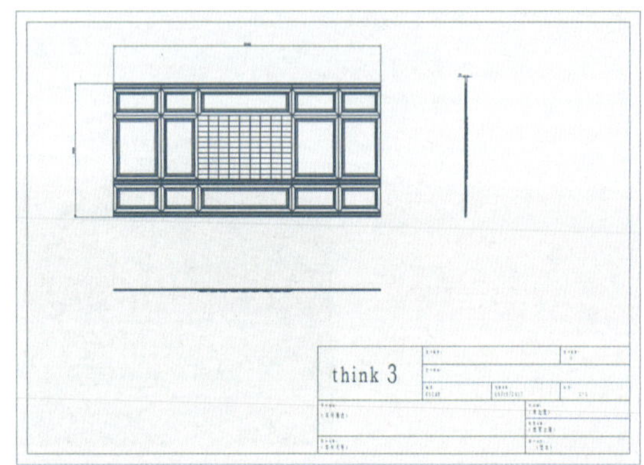

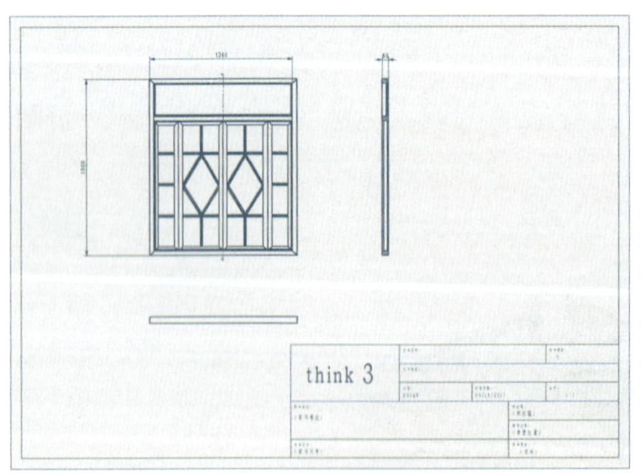

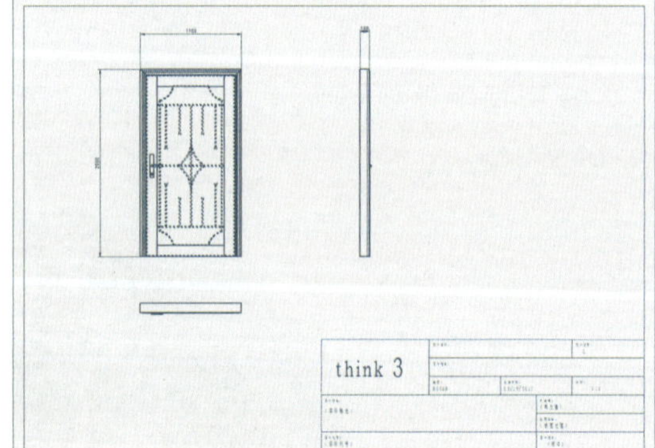

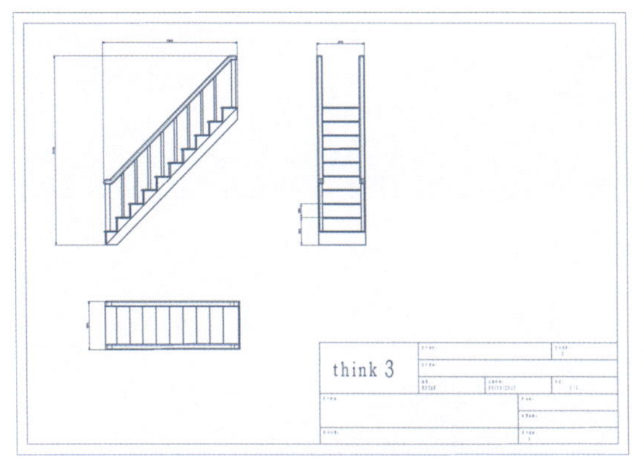

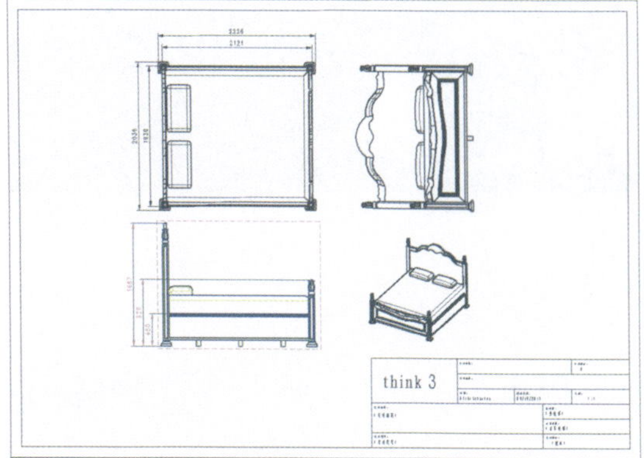

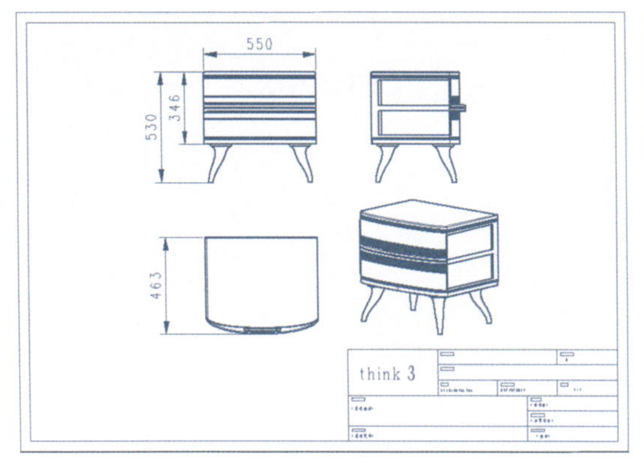

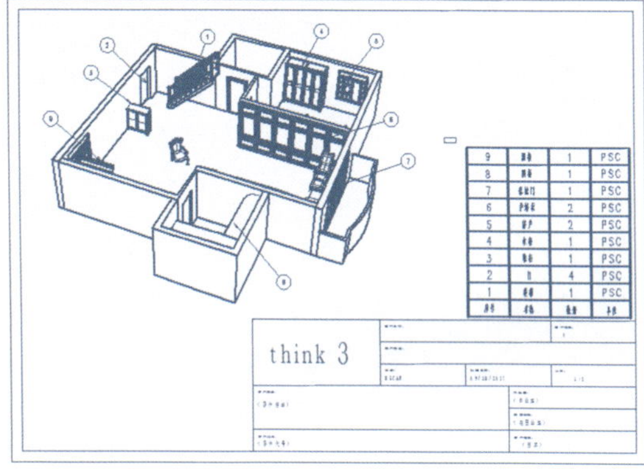

图 12-15　工程图导出

12.4 物料清单生成、成本核算统计

序号	1级	产品编号	数量	单价	合计	材质	长	宽	厚	
1	主柜体	G150684-12	1	6000	6000		2200	1979	619	
2	橱柜组合	D120632-12	1	12800	12800		3030	2450	2390	
3	落地门	M151102-05	1	2450	2450		3200	2200	180	
4	床头柜	C081532-41	2	780	1560		550	530	463	
5	直楼梯	T132684-03	1	9800	9800		3190	2270	880	
6	电视墙	Q141524-62	1	1050	1050		5000	2500	41	
7	窗户001	C161454-02	1	680	680		1600	1400	60	
8	电视柜组合	G325684-01	1	8800	8800		2399	1234	550	
9	酒柜柜体	G417812-29	1	1470	1470		2400	1444	562	
10	窗户123	C161454-04	1	680	680		1600	1600	60	
11	双人床	C661282-32	1	7680	7680		2226	2036	1688	
12	正门	M246512-41	2	5600	11200		2000	1100	124	
13	副门01	M234115-05	1	2100	2100		2000	980	103	
14	墙体A	Q141553-02	1	7800	7800		5001	2500	88	
15	副门2	M234115-06	1	2100	2100		2000	980	103	
16	房间门123	M214433-05	1	1500	1500		1910	940	114	
17	梳妆台	T221822-15	1	4500	4500		1	1	1	
18	摇椅	Y324414-61	1	6500	6500		1831	1149	702	
19	鞋柜	G481226-32	1	800	800		1193	1048	420	
20	吧台	T681248-03	1	4780	4780		1	1	1	
21	沙发1	F143251-06	1	12000	12000		1	1	1	
22	单餐椅	Y125432-55	1	8950	8950		1	1	1	
23	餐桌餐椅	Y125223-14	1	780	780		1	1	1	
24	浴缸	Y413215-02	1	6000	6000		1	1	1	
25	洗手盆	P265432-47	1	400	400		1	1	1	
26	马桶	T694521-21	1	320	320		1	1	1	
					122700					合计

图 12-16　物料清单生成导出

附　录

附录 1　ThinkDesign 2016 安装教程

注意：安装软件前，请关闭所有的防火墙、加密软件和杀毒软件。

ThinkDesign2016 安装教程：

1．打开 THINKDESIGN（以下简称 TD）安装包，双击“SETUP.EXE”安装软件，如图附 -1 所示。

图附 -1

2．安装过程如下：

(1) 选择你需要安装的语言，如图附 -2 所示。

图附 -2

(2) 点击“产品”，如图附 -3 所示。

图附 -3

（3）点击“ThinkDesign 套件”进行安装，如图附 -4 所示。

（4）点击“安装”，如图附 -5 所示。

图附 -4

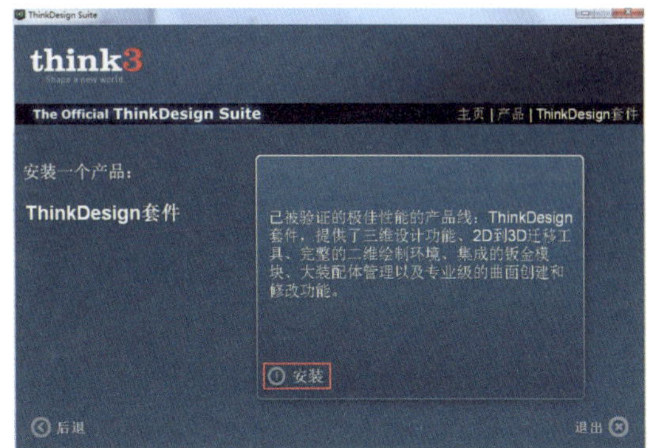

图附 -5

（5）点击“确定”继续，如图附 -6 所示。

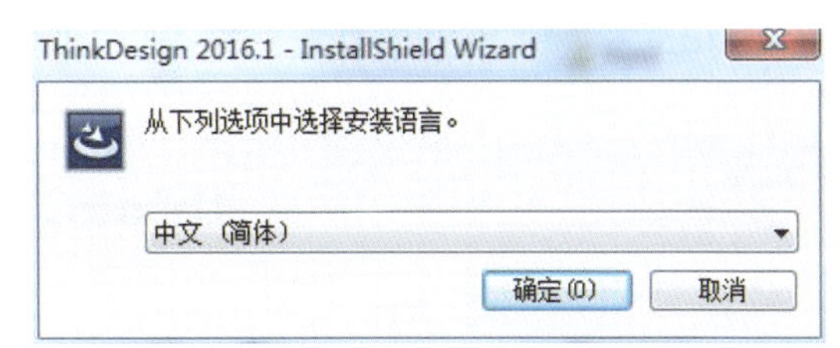

图附 -6

（6）点击“下一步”，如图附 -7 所示。

（7）若系统没有安装 C++, 会有以下提示，点击“安装”，如图附 -8 所示。

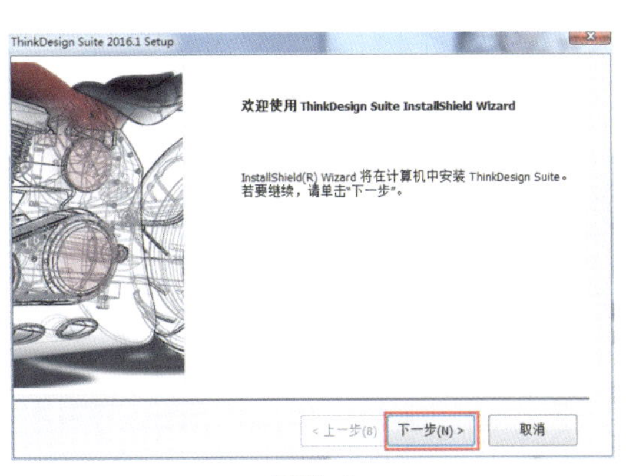

图附 -7

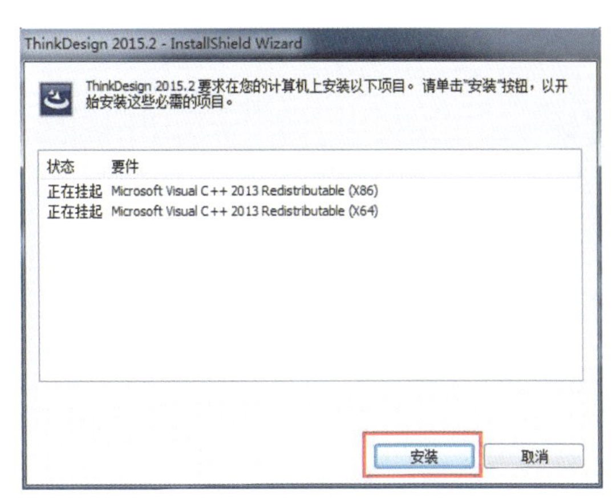

图附 -8

（8）选择“我接受许可证协议中的条款”，然后点击“下一步”，如图附 -9 所示。

（9）如果要更改安装的路径，请点击“浏览”更换安装路径，然后点击“下一步”，如图附 -10 所示。

(10) 安装类型选项中，选择默认的“典型”模型即可，然后点击“下一步”，如图附 -11 所示。

(11) 点击“安装”，如图附 -12 所示。

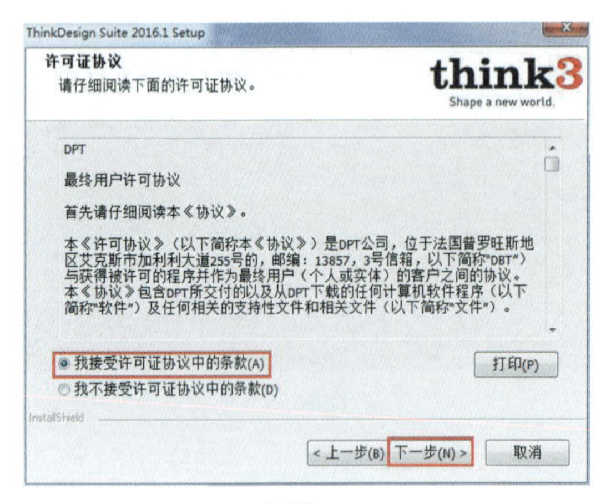

图附 -9

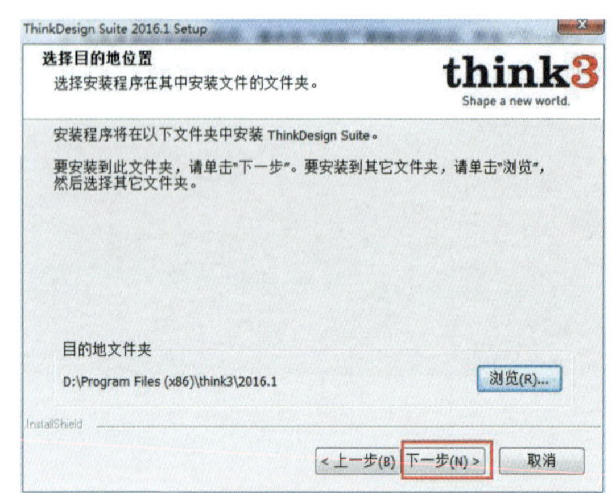

图附 -10

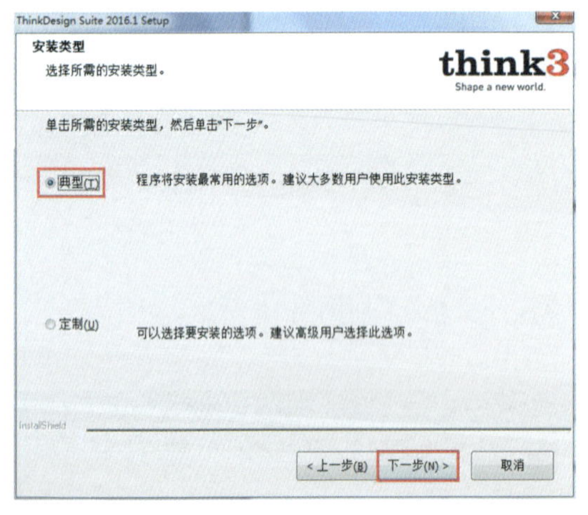

图附 -11

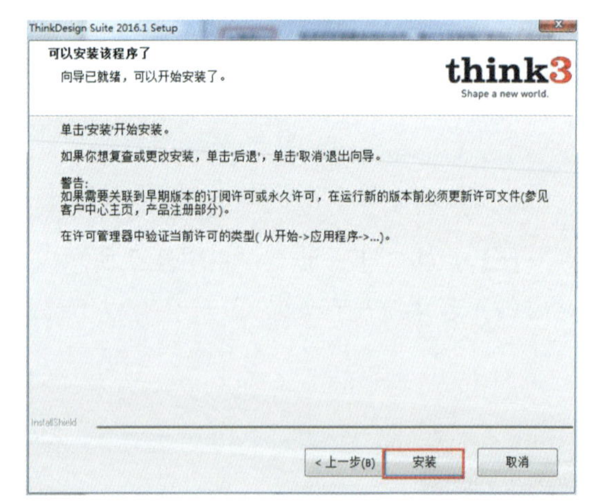

图附 -12

(12) 进入安装状态后，请耐心等待进行条结束，如图附 -13 所示。

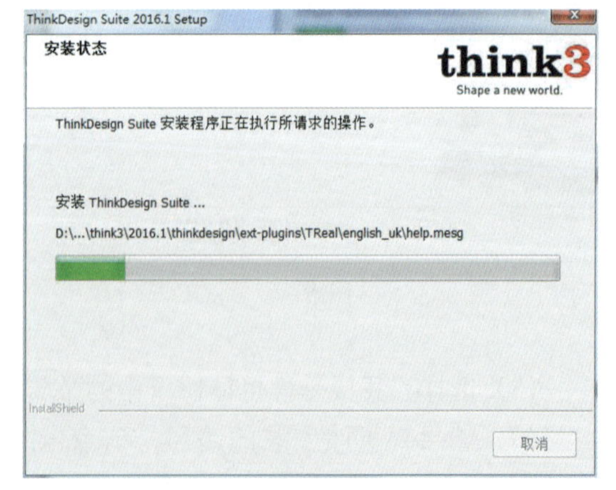

图附 -13

(13) 进行条结束后，会出现安装加密锁驱动的界面，请继续耐心等待，如图附 -14 所示。

图附 -14

(14) 安装加密锁驱动后，会进行 PDF 打印机的安装，继续等待其安装完毕，如图附 -15 所示。

图附 -15

(15) 安装完 PDF 打印机后，会弹出如图附 -16 所示的界面，如果暂不需查看版本注释，可以选择“稍后”，再点击“完成”按钮。

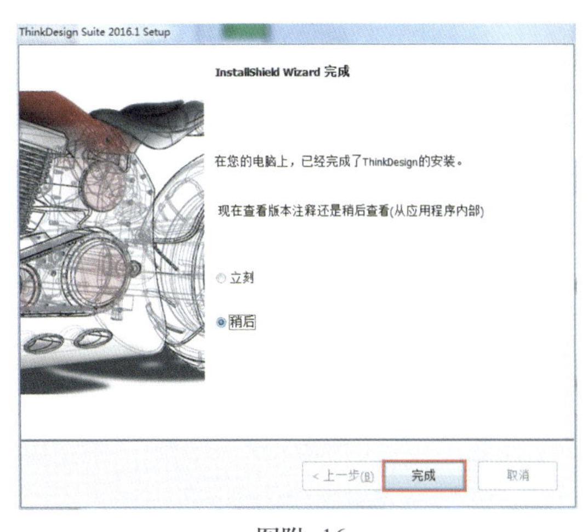

图附 -16

(16) 结束上述的安装过程后，在桌面可以看到 ThinkDesign 2016.1 的图标，然后对其双击运行，如图附 -17 所示。

图附 -17

（17）弹出导向界面后，点击“下一步”，如图附 -18 所示。

（18）选择 GM-mm，再点击“下一步”，如图附 -19 所示。

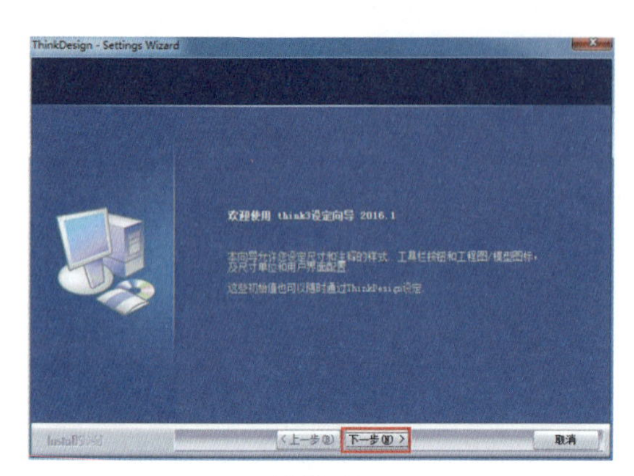

图附 -18

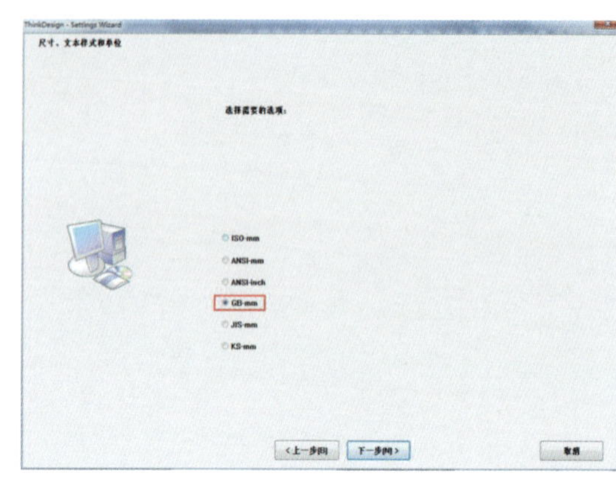

图附 -19

（19）选择“工业设计”，如图附 -20 所示。

（20）此处是新旧外观的选择，建议选择新外观，如图附 -21 所示。

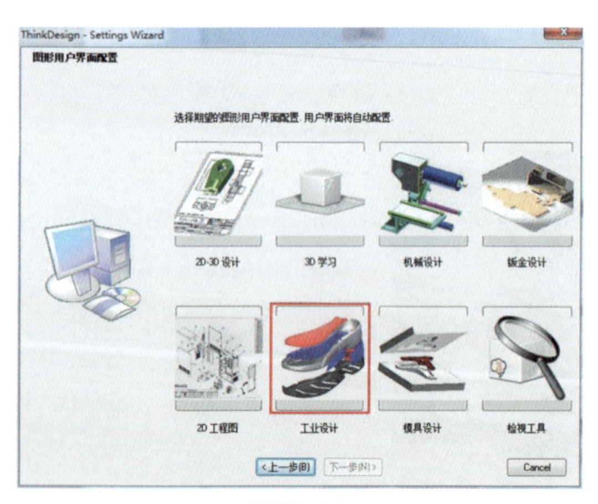

图附 -20

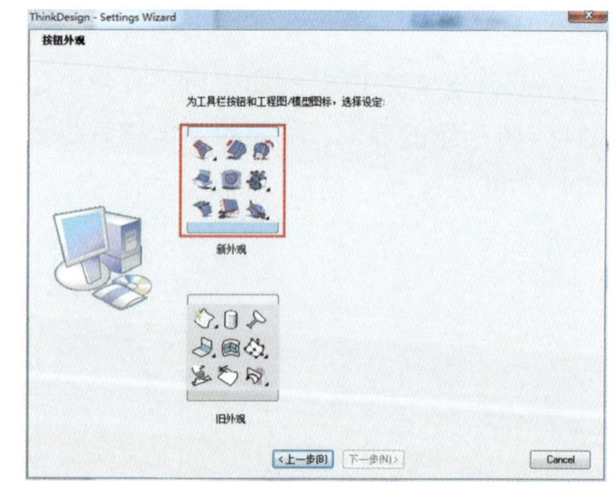

图附 -21

（21）阅读条款后，选择“我同意”，然后点“下一步”即可到完成界面，如图附 -22 所示。

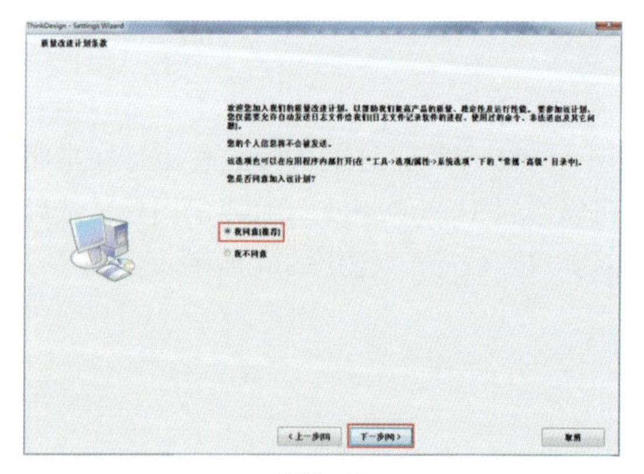

图附 -22

（22）点击“下一步”，如图附 -23 所示。

（23）点击“完成”，即完成 TD 的导向设置，如图附 -24 所示。

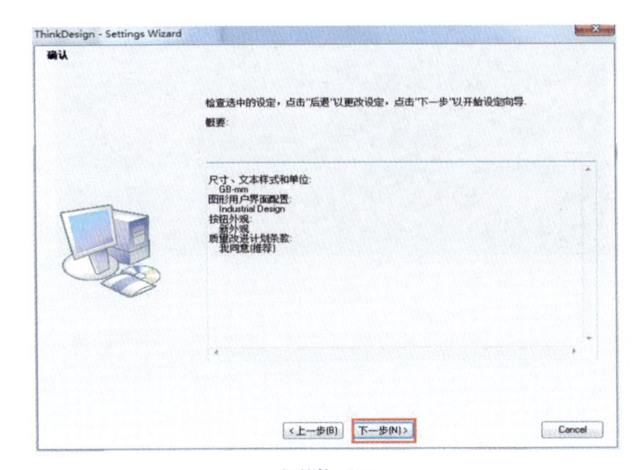

图附 -23

图附 -24

（24）完成以上导向后，运行软件，此时你会看到提示框，显示未找到有效许可。（此时就要进行提取注册文件和导向许可文件的操作），如图附 -25 所示。

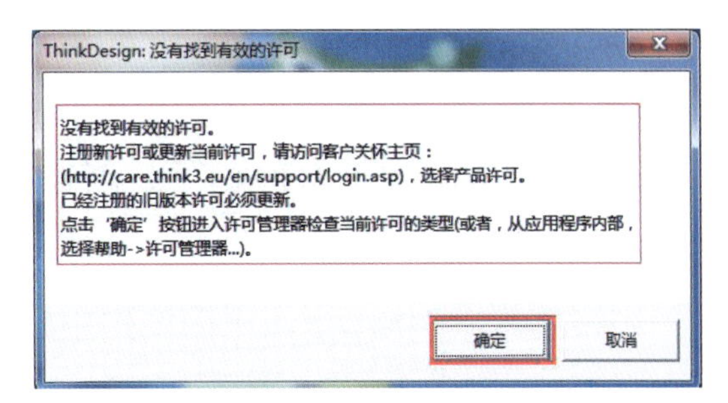

图附 -25

（25）提取注册文件和导入许可文件：

①在 TD 安装路径“D：\ ProgramFiles\ think3\2016.1\commom\utilities”，（以安装到 D 盘为例）中找到“DPTGetC2V.exe”文件，并双击运行“DPTGetC2V.exe”，如图附 -26 所示。

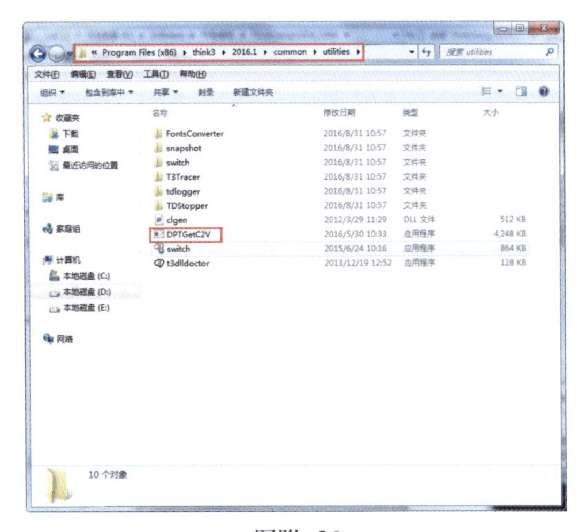

图附 -26

②运行“DPTGetC2V.exe”后，出现以下命令提示框，表示注册文件已经生成。在“C:\Users\Administrator\AppData\Local\Temp”路径下找到“CHENJJPC.110137.c2v”文件（注：CHENJJPC.110137.c2v 中的 CHENJJPC 为你计算机名称），也可以直接在系统盘搜索该文件，

如图附 -27 所示。

③然后把注册文件“CHENJJPC.110137.c2v”通过邮件方式发送给我们，如图附 -28 所示。

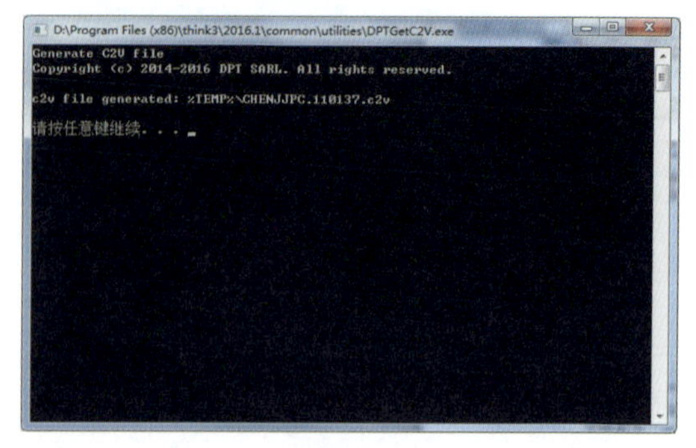

图附 -27

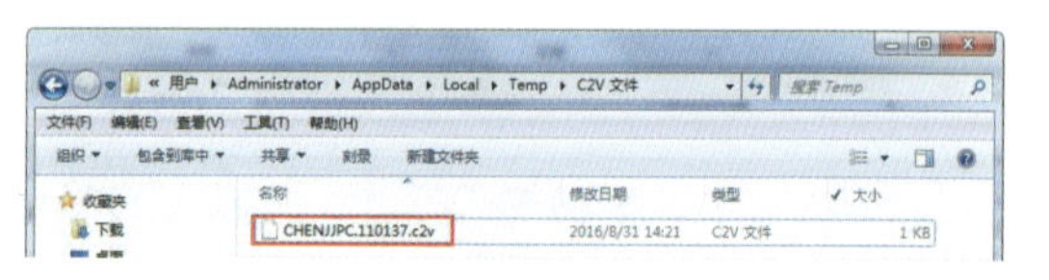

图附 -28

④根据提取的注册文件，进行许可注册。然后软件方会回复一份带有许可文件的邮件，收到邮件后，把该许可文件下载到电脑，如图附 -29 所示。

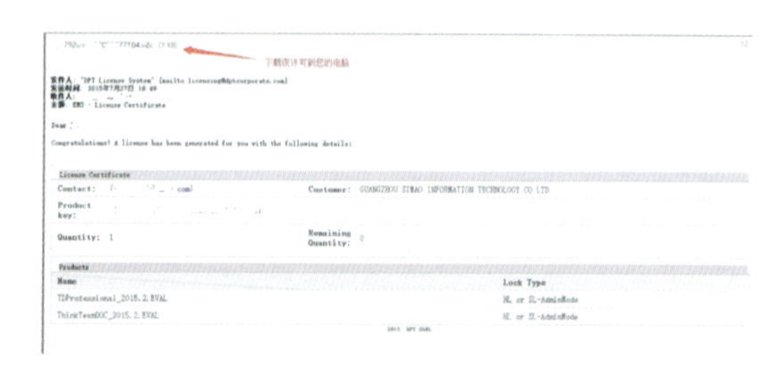

图附 -29

⑤然后登录以下网站进行许可文件的导入：http://localhost:1947/zh-CN.7.0.alp/checkin.html，如图附 -30 所示。

步骤 a. 点击左侧栏的 Update/Attach;

b. 点击 Browse，选择在邮件下载好的许可文件；

c. 点击 Apply File, 进行启动。

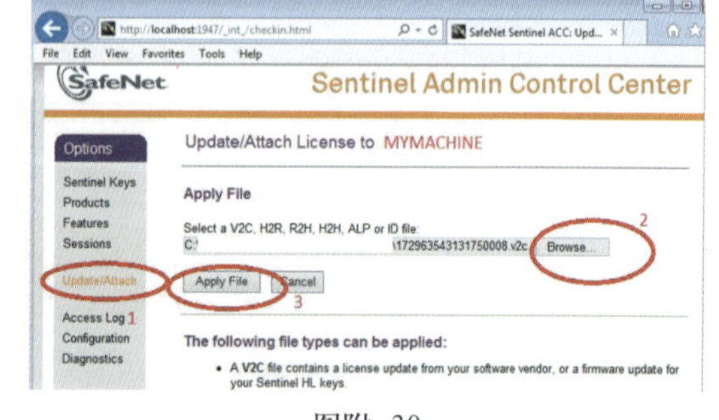

图附 -30

⑥激活启动成功后，就可以正常使用 ThinkDesign2016，如图附 -31 所示。

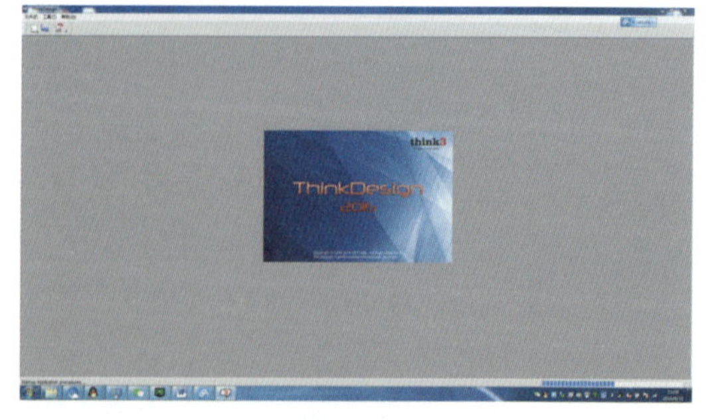

图附 -31

附录 2　ThinkDesign 键盘快捷键对照表

在【工具】→【键盘快捷键】中可以查看 ThinkDesign 默认的键盘快捷键。

类别	命令	键	功能
文件	新建	Ctrl+N	创建一个新文件
文件	打开	Ctrl+O	打开一个文件
文件	打印	Ctrl+P	打印图形区域
编辑	保存	Ctrl+S	保存文件
编辑	复制	Ctrl+C	复制选定对象，放入剪贴板
编辑	粘贴	Ctrl+V	从剪贴板粘贴
编辑	剪切	Ctrl+X	剪切选定对象，放入剪贴板
编辑	重做	Ctrl+Y	重做上次撤销的操作
编辑	撤销	Ctrl+Z	撤销上次操作
编辑	删除	Del	删除选中的对象
编辑	静态粘贴	Ctrl+Alt+W	从剪切板静态粘贴
视图	全部重绘	Shift+R	重绘所有视图
视图	绝对参考坐标系	Shift+W	启用/禁用绝对参考坐标系
视图	整屏显示全图	Ctrl+1	在当前视口缩放显示全部内容
视图	前视图	Ctrl+F	设置为前视图
视图	高亮显示尺寸	Ctrl+H	高亮显示驱动/参考/无关联尺寸
视图	右视图	Ctrl+R	设置为右视图
视图	上视图	Ctrl+T	设置为上视图
视图	放大	Ctrl++	放大当前视图
视图	缩小	Ctrl+-	缩小当前视图
视图	注解	Ctrl+Alt+A	打开/关闭注释选项卡
视图	匹配	Ctrl+Alt+C	打开/关闭配合约束选项卡
视图	隐藏	Ctrl+Alt+D	打开/关闭文档浏览器
视图	图层	Ctrl+Alt+L	打开/关闭图层选项卡
视图	模型结构	Ctrl+Alt+M	打开/关闭模型结构选项卡
视图	渲染	Ctrl+Alt+R	打开/关闭渲染选项卡
视图	共享块	Ctrl+Alt+S	打开/关闭共享图块选项卡
视图	可视标签	Ctrl+Alt+B	打开/关闭可视标签选项卡
视图	工作平面	W	显示/隐藏工作平面
工具	取消捕捉	Shift+N	禁用自动捕捉
窗口	关闭	Ctrl+F4	关闭此窗口

（续）

类别	命令	键	功能
窗口	下一个	Ctrl+F6	切换到下一文档窗口
窗口	上一个	Ctrl+Shift+F6	切换到上一文档窗口
帮助	这是什么	Shift+F1	显示选择命令的帮助
自定义	重设旋转	Num5	重设旋转
自定义	沿Z轴顺时针方向旋转视图	Num1	沿Z轴顺时针方向旋转视图
自定义	沿Z轴逆时针方向旋转视图	Num7	沿Z轴逆时针方向旋转视图
自定义	向左移动	Left	向左移动视图
自定义	向上移动	Up	向上移动视图
自定义	向右移动	Right	向右移动视图
自定义	向下移动	Down	向下移动视图
自定义	断开当前值	B	断开当前参数值
自定义	选择曲线	C	选择一条曲线
自定义	适合当前视图	F	适合当前视图
自定义	选择内部组	G	打开或关闭内部组选择
自定义	选择内部轮廓	I	选择轮廓内部对象
自定义	选择曲面	L	选择剪裁的曲面
自定义	移动/复制	M	移动/复制命令
自定义	下一对象	N	选择下一对象
自定义	选择草图	P	选择一个草图
自定义	快速编辑工作平面	Q	快速编辑工作平面
自定义	重绘当前视图	R	重绘当前视图
自定义	选择面	S	选择一个面
自定义	工作平面在草图上	T	工作平面在选中的草图上
自定义	重建	U	重建草图/实体
自定义	设为当前视图	V	设为当前视图
自定义	选择点	X	选择一个点
自定义	草图坐标系	Y	显示/隐藏草图坐标系
自定义	窗口缩放	Z	放大所选窗口范围
自定义	适合当前视图	Shift+Num5	适合当前视图
自定义	放大	Shift+Left	放大当前视图
自定义	放大	Shift+Up	放大当前视图
自定义	缩小	Shift+Right	缩小当前视图
自定义	缩小	Shift+Down	缩小当前视图
自定义	自动对齐尺寸	Shift+A	打开/关闭自动尺寸对齐

（续）

类别	命令	键	功能
自定义	重绘文本和尺寸	Shift+D	重绘文本和尺寸
自定义	适合所有视图	Shift+F	视图适合所有
自定义	向左移动	Ctrl+Left	向左移动视图
自定义	向上移动	Ctrl+Up	向上移动视图
自定义	向右移动	Ctrl+Right	向右移动视图
自定义	向下移动	Ctrl+Down	向下移动视图
自定义	选择所有	Ctrl+A	选择所有对象
自定义	删除最后的对象	Ctrl+D	删除最后的对象
自定义	更新	Ctrl+U	更新草图/实体
自定义	向下移动	Ctrl+Num2	向下移动视图
自定义	向左移动	Ctrl+Num4	向左移动视图
自定义	向右移动	Ctrl+Num6	向右移动视图
自定义	向上移动	Ctrl+Num8	向上移动视图
自定义	录制&回放时保存预览	Ctrl+F12	录制&回放时保存预览
自定义	沿Y轴顺时针旋转	Alt+Left	沿Y轴顺时针旋转
自定义	沿X轴顺时针旋转	Alt+Up	沿X轴顺时针旋转
自定义	沿Y轴逆时针旋转	Alt+Right	沿Y轴逆时针旋转
自定义	沿X轴逆时针旋转	Alt+Down	沿X轴逆时针旋转
自定义	沿X轴轴旋转工作平面	Alt+X	沿X轴轴旋转工作平面
自定义	沿Y轴轴旋转工作平面	Alt+Y	沿Y轴轴旋转工作平面
自定义	沿Z轴轴旋转工作平面	Alt+Z	沿Z轴轴旋转工作平面
自定义	注释	Ctrl+Alt+Shift+A	把注释选项卡设为当前
自定义	配合约束	Ctrl+Alt+Shift+C	把配合约束选项卡设为当前
自定义	图层	Ctrl+Alt+Shift+L	把图层选项卡设为当前
自定义	模型结构	Ctrl+Alt+Shift+M	把模型结构选项卡设为当前
自定义	渲染	Ctrl+Alt+Shift+R	把渲染选项卡设为当前
自定义	共享图块	Ctrl+Alt+Shift+S	把共享组选项卡设为当前
自定义	可视标签	Ctrl+Alt+Shift+B	把可视标签选项卡设为当前
主视图	移动到上一个参数框	Shift+Tab	移动到上一个参数框
主视图	重复命令	Enter	启用上一次命令
主视图	切换窗口	Ctrl+Tab	切换窗口
主视图	选择对象	Esc	中断当前命令
主视图	移动到下一个参数框	Tab	移动到下一个参数框
主视图	重建	F2	重建草图/实体

（续）

类别	命令	键	功能
主视图	窗口选择模式	F3	切换窗口选择模式：在内/在外
主视图	I/O窗口	F4	显示I/O窗口
主视图	重绘	F5	重绘
主视图	前一视图	F6	前一视图
主视图	显示/隐藏参数框	F7	显示/隐藏参数框
主视图	工作平面视图	F8	设定为工作平面视图
主视图	点坐标	F9	打开/关闭点坐标
主视图	切换点坐标类型	F10	切换点坐标类型
主视图	全屏显示	F11	启用/关闭全屏显示
主视图	窗口截图	F12	窗口截图
主视图	显示/隐藏控标和参数框	Shift+F7	显示/隐藏控标和参数框
主视图	切换3D立体显示	Shift+F11	启用/关闭3D立体显示
主视图	区域截图	Shift+F12	区域截图
主视图	折叠/展开选择列表	Ctrl+F7	折叠/展开选项列表

附录 3　电脑配置参数表

项目	最低配置	推荐配置
处理器	Intel Pentium4 4.2GHz或同等以上CPU	Intel 64或同等以上CPU
操作系统	Windows 7（32-bit） Windows 8（32-bit） Windows10	Windows 7（64-bit） Windows 8（64-bit） Windows 10
内存	2 GB	4 GB
硬盘空间	2 GB	2 GB
显卡	500 MB OpenGlTM2.0 图形加速器	1 GB OpenGlTM2.0 图形加速器
其他需求	Microsoft.NET Framework Version 3.5 Microsoft.NET Framework Version 4.0 MicrosoftInternet Explorer 8.0 or higher	Microsoft.NET Framework Version 3.5 Microsoft.NET Framework Version 4.0 Microsoft Internet Explorer 8.0 or higher